"十四五"高等教育学校教材
化学化工精品系列图书

现代材料测试分析方法

张　倩　毛　俊　曹　峰　主　编

U0333012

哈尔滨工业大学出版社

内 容 简 介

全书分为三大部分,共 17 章。第一部分光谱分析(第 1~6 章):首先概述光谱分析方法,然后从简单的原子光谱入手,分别讲解原子吸收光谱、原子发射光谱和原子荧光光谱,进而详细讲述几大分子光谱,包括红外光谱、紫外—可见吸收光谱、分子荧光光谱、散射光谱——拉曼光谱。第二部分热分析(第 7~13 章):简要介绍热分析基本概念,引入热学相关理论,重点讲述常见的几种热分析方法,包括差热分析、差示扫描量热法、热重分析、热机械分析、热导率测试和其他热分析方法。第三部分扫描探针显微分析(第 14~17 章):宏观了解扫描探针显微分析方法,在此基础上具体阐述几种典型的扫描探针显微分析方法,包括扫描隧道显微镜、原子力显微镜和其他类型扫描探针显微镜。每个部分内容均涵盖概论、原理、方法、应用、分析等几方面,让读者全面了解各种测试分析方法。

本书可作为高等院校材料、物理、化学等专业的本科生和研究生的教材或教学参考书,也可用作材料类及相关专业工程技术人员的参考书。

图书在版编目(CIP)数据

现代材料测试分析方法/张倩,毛俊,曹峰主编
.—哈尔滨:哈尔滨工业大学出版社,2023.11
　ISBN　978-7-5767-0479-2

　Ⅰ.①现…　Ⅱ.①张…②毛…③曹…　Ⅲ.①材料科
学—测试技术　Ⅳ.①TB3

中国版本图书馆 CIP 数据核字(2022)第 245470 号

策划编辑　王桂芝
责任编辑　李青晏
出版发行　哈尔滨工业大学出版社
社　　址　哈尔滨市南岗区复华四道街 10 号　邮编 150006
传　　真　0451－86414749
网　　址　http://hitpress.hit.edu.cn
印　　刷　哈尔滨市工大节能印刷厂
开　　本　787 mm×1 092 mm　1/16　印张 20.5　字数 512 千字
版　　次　2023 年 11 月第 1 版　2023 年 11 月第 1 次印刷
书　　号　ISBN 978-7-5767-0479-2
定　　价　68.00 元

前　　言

　　"材料测试分析方法"课程是各高校材料相关专业的专业基础课,该方面知识是从事材料科学研究的相关科研与技术人员必须掌握的基本知识。本书将聚焦三大类典型的材料分析测试方法,系统介绍各类方法的基本知识和最新研究进展。通过本书的讲解,希望能够帮助读者熟悉这些分析表征技术的工作原理、仪器构造和数据分析方法,了解每一种分析测试方法的优势与局限,在实际学习和研究过程中正确地使用相应的测试技术。

　　全书分为三大部分,共17章。第一部分光谱分析(第1~6章):首先概述光谱分析方法,然后从简单的原子光谱入手,分别讲解原子吸收光谱、原子发射光谱和原子荧光光谱,进而详细讲述几大分子光谱,包括红外光谱、紫外—可见吸收光谱、分子荧光光谱、散射光谱——拉曼光谱。第二部分热分析(第7~13章):简要介绍热分析基本概念,引入热学相关理论,重点讲述常见的几种热分析方法,包括差热分析、差示扫描量热法、热重分析、热机械分析、热导率测试和其他热分析方法。第三部分扫描探针显微分析(第14~17章):宏观了解扫描探针显微分析方法,在此基础上具体阐述几种典型的扫描探针显微分析方法,包括扫描隧道显微镜、原子力显微镜和其他类型扫描探针显微镜。每个部分内容均涵盖概论、原理、方法、应用、分析等几方面,让读者全面了解各种测试分析方法。

　　本书基于编者在"材料测试分析方法"课程教学中积累的相关教学经验,并总结国内外相关前沿研究进展编写而成。张倩教授负责第一部分的编写,毛俊教授负责第二部分的编写,曹峰副教授负责第三部分的编写。博士后王晓东、李孝芳、赵鹏、马晓静,博士生王心宇、程谨轩、伍作徐、王建、侯帅航、孙晓宇、芝世珍,硕士生刘可佳、乔友卫参与了文献整理和书稿修改工作,在此表示感谢。书中参阅了大量相关文献和书籍,在此也向这些研究者表示最真挚的感谢!

　　由于编者水平有限,书中疏漏之处在所难免,恳请广大读者批评指正。

编　者

2023 年 6 月

目　　录

第 1 章 光谱分析概论

1.1 光谱分析历史

早在 17 世纪,牛顿就发现了日光通过三棱镜后的色散现象,并把实验中得到的彩色光带称为光谱。1748～1749 年,英国人梅耳维尔用棱镜观察了多种材料放进酒精灯火中所产生的光谱。1801 年,英国化学家伍郎斯顿首先观察到太阳光谱的不连续性,发现其中有多条暗线,但他误认为这些暗线是太阳光谱中各种色光的分界线,没有做进一步的研究。1814 年,德国物理学家夫琅禾费为了测定玻璃折射率和色散,对太阳光谱进行了仔细的观测。他在太阳光谱中发现了大量的暗线,推断它们来自太阳,并选取在主要颜色部位的 8 条线,命名为 A、B、…、H,这些暗线后来成为比较不同玻璃折射率的标准。此外,他发现这些暗线不仅仅在直接从太阳射来的光中可以看到,而且在从月亮、行星及地上物体上反射出的太阳光中都可发现,由此他推断暗线的来源是太阳。1821～1822 年间,夫琅禾费又详细研究了光的衍射现象,利用光的波动理论研究出了由衍射图样求波长的方法,测定了太阳光谱中主要暗线的波长。他还发明了衍射光栅,即将金箔贴在玻璃板上,用金刚石在金箔上刻画出多条平行线,为光谱的观察创造了良好的新设备,为光谱分析的定量研究开辟了道路。

在夫琅禾费之后,许多人对光谱进行了实验研究,认识到光谱与物质的化学成分有关,促使了光谱分析的诞生。1832 年,布儒斯特发现当太阳光透过发烟硝酸时,其光谱中有暗线。1845 年,英国化学家米勒研究了金属盐类火焰的吸收光谱和发射光谱,查明钠的明线和太阳光谱中的 D 线恰好重合。1849 年,傅科把苏打涂在弧光灯碳棒前端,首先在 D 线位置处得到暗线,如果让太阳光通过,则太阳光谱中的 D 线明显变暗。由此傅科得出结论:同一电弧在产生 D 线的同时,还吸收别处来的 D 线。这一切使英国物理学家斯托克斯产生了钠蒸气具有光学共振的思想,并认为太阳周围的大气肯定存在钠的蒸气。以上现象为德国物理学家基尔霍夫创建光谱分析理论开辟了道路。

1858～1859 年间,基尔霍夫和本生进行了合作,他们把各种各样的物质放入本生灯的无色火焰中,研究了这些物质所产生的光谱,正确解释了夫琅禾费线,奠定了一种新的化学分析方法——光谱分析法的基础。他们两人被公认为光谱分析法的创始人。他们共同探索通过辨别焰色进行化学分析的方法,并决定制造一架能辨别光谱的仪器。把一架直筒望远镜和三棱镜连在一起,设法让光线通过狭缝进入三棱镜分光。"光谱仪"安装好以后,他们就开始合作去系统地分析各种物质,本生在接物镜一端灼烧各种化学物质,基尔霍夫在接目镜一端进行观察、鉴别和记录。这种方法可以研究太阳及其他恒星的化学成分,为以后天体化学的研究奠定了坚实的基础。

1.2 光谱分析简介

凡是基于检测能量作用于待测物质后产生的辐射信号或所引起的变化的分析方法称为光分析法。根据测量的信号是否与能级的跃迁有关分为光谱法和非光谱法。随着学科的发展,除光辐射外,基于检测 X 射线、微波和射频辐射等作用于待测物质而建立起来的分析方法,也归类于光分析法。任何光分析法均包含三个主要过程:(1)能源提供能量;(2)能量与被测物质相互作用;(3)产生被检测信号。

非光谱法测量的信号不包含能级的跃迁。测量电磁辐射某些基本性质,如折射、散射、干涉、衍射和偏振等变化。不涉及物质内部能量的跃迁,不测定光谱,电磁辐射只改变了传播方向、速度或某些物理性质。这类分析方法包括折射法、旋光法、比浊法、偏振法、光散射法、干涉法、衍射法、旋光法和圆二色性法等。

与能级跃迁有关的光分析法称为光谱分析法。光谱分析法是基于电磁辐射与物质相互作用时,测量由物质内部发生量子化的能级之间的跃迁而产生的发射、吸收或散射辐射的特征光谱波长和强度,以此来鉴别物质及确定它的化学组成和相对含量的方法。它涉及物质的能量状态、状态跃迁及跃迁强度等方面。这些光谱是由于物质的原子或分子的特定能级的跃迁所产生的,根据其特征光谱的波长可进行定性分析。光谱的强度与物质的含量有关,可进行定量分析。通过物质的组成、结构及内部运动规律的研究,可以解释光谱学的规律。通过光谱学规律的研究,可以揭示物质的组成、结构及内部运动的规律。光谱分析发展迅速、方法门类众多,能够适应各个领域所提出的新任务,已经成为现代分析的重要方法,并向多技术综合联用、自动化高速分析的方向迅速发展。

1.3 光谱分析基本原理——物质的结构与能态

对于光谱分析来说,其过程同样包括:(1)能源提供能量;(2)能量与被测物质相互作用;(3)产生被检测信号。其中特征光谱可以用来对样品进行定性分析,而强度改变可以对样品进行定量分析。外部能量为电磁辐射,包括 X 射线、紫外(UV)光、可见(Vis)光、红外光等。

1.3.1 原子结构与原子能态

19 世纪初,美国科学家道尔顿认为原子是自然界中最小的颗粒;1889 年,汤姆逊发现了电子,他认为正电荷均匀分布在原子中,电子均匀分布在正电荷的周围;1911 年,核物理学家卢瑟福建立了原子模型的假说,认为原子具有原子核,原子核周围有很多电子沿着一定的轨道旋转;1913 年,玻尔在卢瑟福的基础上完善了原子核的理论模型,提出了原子量子轨道和能级的理论,由此确立了现代的原子核理论,他认为:电子沿着量子轨道旋转,它不辐射能量;$E_2 - E_1 = hc/l$。总之,原子结构的确认经过了一个漫长的过程。原子的中心是一个体积不大的带正电荷的核(由质子和中子组成),称为原子核,其质量几乎等于原子的全部质量,核外是高速旋转着的电子。对中性原子来说,核内的电荷数与核外电子数相等。

　　原子是由原子核以及核外电子组成的,核外电子围绕原子核运动,按照量子力学的概念,原子核外电子只能在一些确定的轨道上围绕原子核运动,不同的轨道具有不同的能量,它们分别处于一系列不连续的、分立的稳定状态,这种不连续的能态,称为能级(energy level)。这就是说原子中的电子只能具有某些分立而位置顺序固定的能级,对于自由电子能级中间的能量值是禁止的。为了形象起见,往往按某一比例并以一定高度的水平线代表具有一定能量的能级,把这些不同状态的能量级按大小依次排列,得到的原子能级示意图如图 1.1 所示。原子里所能具有的各种状态中能量最低的状态,即稳定态(E_0)称为基态(ground state)。如果外层电子(又称价电子)吸收了一定的能量就会迁移到更外层的轨道上,这时电子就处于较高能量,高于基态的量子状态称为激发态(excited state)。而从一个能级所对应的状态到另一个能级所对应的状态的变化称为跃迁(transition)。电子从基态 E_0 能级,跃迁到 E_1 能级,由于 $E_1 > E_0$,则可以说电子吸收了能量使它处在激发态了,同样,E_2 相对于 E_1 和 E_0,E_3 相对于 E_2、E_1 和 E_0 也都是激发态。处在激发态的电子是不稳定的,它将通过发射光子或与其他粒子发生作用释放多余的能量,重新回复到原来的基态。

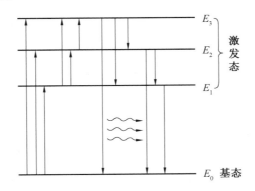

图 1.1　原子能级示意图

　　当外界能量(热能、电能、光能)供给原子时,原子中处于低能级的电子吸收了一定量的能量而被激发到离核较远的轨道上。受激发的电子处于不稳定状态,为了达到新的稳定状态,则要在极短的时间($10^{-7} \sim 10^{-8}$ s)内,跃迁到离核较近的轨道上,这时原子内能减少,减少的内能以辐射电磁波的形式释放能量。原子吸收了一定波长的光,由基态跃迁到激发态;当它由激发态回到基态时,发射同一波长的光。由于原子可能被激发到的能级很多,而由这些能级可能跃迁到的能级也很多,所以原子被激发后发射的辐射具有许多不同的波长。由于电子的轨道是不连续的,因而电子跃迁时的能级也是不连续的,因此得到的光谱是不连续的线状光谱。每个单一波长的辐射,对应于一根谱线,因此原子光谱(AS)是由许多谱线组成的线状光谱。

1.3.2　分子运动与能态

　　分子光谱要比原子光谱复杂得多,这是由于在分子中,除了分子中的电子在不同的状态中运动,分子自身由原子核组成的框架也在不停地振动和转动。按照量子力学,这三种运动能量都是量子化的,并对应有一定的能级。图 1.2 所示为双原子分子中电子能级、振动能级和转动能级示意图,图中 v 和 v' 表示不同能量的电子能级。在每一电子能级上有许多间距较小的振动能级,在每一振动能级上又有许多更小的转动能级。若用 ΔE_e、ΔE_v、ΔE_r 分别表示电子能级、振动能级、转动能级差,即有 $\Delta E_e > \Delta E_v > \Delta E_r$。处在同一电子能级的分子,可能因其振动能量不同,而处在不同的振动能级上。当分子处在同一电子能级和同一振动能级时,它的能量还会因转动能量不同,而处在不同的转动能级上。所以分子的总能量可以认为是这三种能量的总和,即

$$E = E_e + E_v + E_r \tag{1.1}$$

当用频率为 v 的电磁波照射分子,而该分子的较高能级与较低能级之差 ΔE 恰好等于该电磁波的能量 hv 时,即有 $\Delta E = hv$,式中,h 为普朗克常数。此时,在微观上出现分子由较低的能级跃迁到较高的能级,在宏观上则透射光的强度变小。若用一连续辐射的电磁波照射分子,将照射前后光强度的变化转变为电信号,并记录下来,就可以得到一张光强度变化对波长的关系曲线图——分子吸收光谱图。分子在不同能级之间的跃迁以光吸收或光辐射形式表现出来,就形成了分子光谱。分子光谱包括转动、振动和电子三种形式的能级跃迁,因此是复杂的带状光谱。

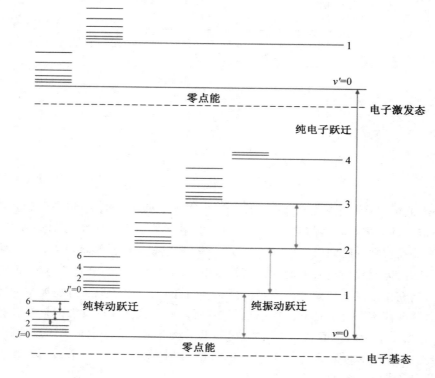

图 1.2　双原子分子中电子能级、振动能级和转动能级示意图

1.3.3 电磁辐射和电磁波谱

电磁辐射(电磁波、光)是以巨大速度通过空间,而不需任何物质作为传播媒介的一种能量(光子流)。电磁辐射具有波粒二象性。它的波动性表现为如光的折射、衍射、偏振和干涉等,可以用经典的正弦波加以描述。通常用周期(T)、波长(λ)、频率(ν)和波数($\tilde{\nu}$)等进行表征。电磁波按所处波长或频率的不同区域,分为 X 射线、紫外光、可见光、红外光、微波和无线电波等,如图 1.3 所示。电磁辐射可以在空间进行传播,不同波长和频率的电磁辐射在真空中的传播速度均等于光速 c($c = 2.998 \times 10^8$ m/s)。在光谱分析中,波长的单位常用纳米(nm)或微米(μm)表示;频率的单位用赫兹(Hz)表示;波长的倒数称为波数,常用单位 cm^{-1},表示在真空中单位长度内所具有的波的数目,即

$$\tilde{\nu} = 1/\lambda \tag{1.2}$$

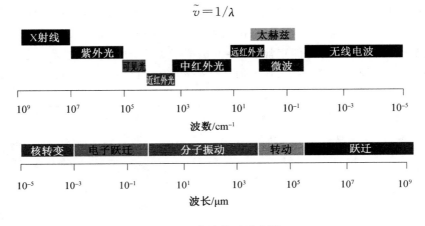

图 1.3 光波谱区示意图

电磁辐射还具有微粒性,表现为电磁辐射的能量不是均匀连续分布在它传播的空间,而是集中在辐射产生的微粒上。因此,电磁辐射不仅具有广泛的波长(或频率、能量)分布,而且由于电磁辐射波长和频率的不同而具有不同的能量和动量,通常用 eV 表示电磁辐射的能量,1 eV 为一个电子通过 1 V 电压降时所具有的能量。电磁辐射能量与动量、波长的关系分别为

$$E = h\nu = hc/\lambda \tag{1.3}$$
$$p = h\nu/c = h/\lambda \tag{1.4}$$

光的吸收、发射和光电效应等,都是电磁辐射的微粒性的现实表现。不同波长或频率区域的电磁波对应不同的量子跃迁,因而以不同波长或频率区域的电磁波为基础建立起来的各种电磁波谱方法也不尽相同。例如,紫外—可见吸收光谱是由分子价电子在电子能级间的跃迁产生的;分子的振动和转动能级的跃迁产生了红外光谱(IR);而 X 射线衍射是高速运动的电子束轰击原子内层电子的结果。由电磁辐射提供能量致使量子从低能级向高能级的跃迁过程,称为吸收;由高能级向低能级跃迁并发射电磁辐射的过程,称为发射;由低能级吸收电磁辐射向高能级跃迁,再由高能级跃迁回低能级并发射相同频率电磁辐射,同时存在弛豫现象的过程,称为共振。

同一振动态内不同转动能级之间跃迁所产生的光谱称为转动光谱,转动能级的能量

差为 $10^{-3} \sim 10^{-6}$ eV,转动频率在远红外到微波区,特征是线光谱。同一电子态内不同振动能级之间跃迁所产生的光谱称为振动光谱,振动能级的能量差为 10^{-2} eV,振动频率为近红外光(NIR)到中红外光区,振动光谱呈现出谱带特征。在不同电子态之间的跃迁称为电子光谱,电子能级的能量差为 $1 \sim 20$ eV,波长落在紫外一可见区,电子光谱呈现谱带系特征。由于不同形式的运动之间有耦合作用,分子的电子运动、振动和转动无法严格分离。

表 1.1 列出了电磁波谱的主要参数。表中的紫外光区分为远紫外光区和近紫外光区,通常由于空气中的气体成分吸收远紫外线,因此远紫外光区也称为真空紫外光区;红外光区分为近红外光区、中红外光区和远红外光区。常用波数表示波长范围,1 m(米)=10^6 μm(微米)=10^9 nm(纳米)=10^{10} Å(埃)=10^{12} pm(皮米);光子能量单位为 eV(电子伏特),1 eV=$1.602\ 2 \times 10^{-19}$ J(焦耳),相当于频率 $\nu = 2.418\ 6 \times 10^{-14}$ Hz,或波长 $\lambda = 1.239\ 5 \times 10^{-6}$ m,或波数 $\tilde{\nu} = 8\ 067.8$ cm^{-1} 的光子所具有的能量。能量和波长换算所涉及的常数及换算关系包括:普朗克常数 $h = 6.626 \times 10^{-34}$ J·s;玻尔兹曼常数 $k = 1.381 \times 10^{-23}$ J/K;电子的静止质量 $m = 9.109 \times 10^{-28}$ g;电子电荷 $-e = -1.602 \times 10^{-19}$ C(库仑)。

表 1.1 电磁波谱的主要参数

波谱区域	波长范围	波数 $\tilde{\nu}$/cm^{-1}	频率范围 /MHz	光子能量 /eV	主要跃迁能级类型	光谱分析方法
γ射线	$5 \sim$ 140 pm	$2 \times 10^{10} \sim$ 7×10^7	$6 \times 10^{14} \sim$ 2×10^{12}	$2.5 \times 10^6 \sim$ 8.3×10^3	核能级	γ射线发射光谱、穆斯堡尔谱
X射线	$10^{-3} \sim$ 10 nm	$10^{10} \sim$ 10^6	$3 \times 10^{14} \sim$ 3×10^{10}	$1.2 \times 10^6 \sim$ 1.2×10^2	内层电子能级	X射线吸收、发射光谱
远紫外光	$10 \sim$ 200 nm	$10^6 \sim$ 5×10^4	$3 \times 10^{10} \sim$ 1.5×10^9	$125 \sim 6$	—	真空紫外吸收光谱
近紫外光	$200 \sim$ 400 nm	$5 \times 10^4 \sim$ 2.5×10^4	$1.5 \times 10^9 \sim$ 7.5×10^8	$6 \sim 3.1$	原子及分子的价电子或成键电子能级	紫外一可见(UV—Vis)吸收光谱、荧光光谱(FL)
可见光	$400 \sim$ 750 nm	2.5×10^4 $\sim$ 1.3×10^4	$7.5 \times 10^8 \sim$ 4×10^8	$3.1 \sim 1.7$	—	—
近红外光	$0.75 \sim$ 2.5 μm	1.3×10^4 $\sim$ 4×10^3	$4 \times 10^8 \sim$ 1.2×10^8	$1.7 \sim 0.5$		
中红外光	$2.5 \sim$ 50 μm	$4\ 000 \sim$ 200	1.2×10^8 $\sim$ 6×10^6	$0.5 \sim 0.02$	分子振动一转动能级	红外吸收光谱、拉曼光谱(RS)

续表1.1

波谱区域	波长范围	波数 $\bar{v}/\text{cm}^{-1}$	频率范围 /MHz	光子能量 /eV	主要跃迁能级类型	光谱分析方法
远红外光	$50\sim$ $1\,000\ \mu m$	$200\sim10$	$6\times10^{6}\sim$ 10^{5}	$2\times10^{-2}\sim$ 4×10^{-4}	—	
微波	$0.1\sim$ $100\ cm$	$10\sim0.01$	$10^{5}\sim$ 10^{2}	$4\times10^{-4}\sim$ 4×10^{-7}	分子转动能级、电子自旋能级	微波吸收波谱、顺磁共振波谱、电子自旋共振波谱
射频	$1\sim$ $1\,000\ m$	$10^{-2}\sim$ 10^{-5}	$10^{2}\sim0.1$	$4\times10^{-7}\sim$ 4×10^{-10}	核自旋能级	核磁共振(NMR)波谱

1.4　光谱分析分类

光谱分析法种类繁多,为了方便记忆和区分可以将这些方法进行分类。光谱分析的分类方式也是多种多样的。本节主要根据发生作用的物质微粒、电磁辐射的传递方式、吸收或发射光谱的波长范围三种方式进行分类。

前节分别了解了原子结构与原子能态、分子运动与能态。原子外层电子的跃迁可以形成原子光谱(AS),该类光谱为线状光谱,主要包括原子发射光谱(AES)、原子吸收光谱(AAS)、原子荧光光谱(AFS)和 X 射线荧光光谱(XRF)等。分子中原子的外层电子,以及组成分子的原子框架的振动和转动形成分子光谱,该类光谱较为复杂,为带状光谱,主要包括紫外－可见吸收光谱、红外吸收光谱、分子荧光光谱、分子磷光光谱、核磁共振(NMR)、化学发光光谱和拉曼光谱等。

根据电磁辐射的传递方式可以分为吸收光谱法、发射光谱法和散射光谱法。不同波长的光通过某物质时,其中某些频率的光将被物质选择性地吸收,使得光的强度减弱。被吸收的光能使物质的原子或者分子由较低的能级(基态)跃迁到较高能级(激发态)。被吸收的光子的能量恰好等于基态和激发态的能量之差。不同物质基态与激发态的能量差不同,因此,对光能的选择性为鉴定物质提供了理论基础。其中单原子粒子的吸收由价电子产生跃迁引起,称为原子吸收光谱法,内层电子的跃迁吸收峰可能在 X 射线区才出现。分子吸收比较复杂,分子的总能量由转动、振动和电子能量三者加和,电子能级中包括多个振动能级,振动能级中包括多个转动能级。由于能级的这些分布特征,分子吸收光谱呈现较宽波长范围的吸收带。分子吸收光谱法主要包括紫外－可见吸收光谱法和红外吸收光谱法。另外,某些元素的电子或者核受到磁场作用时,由于粒子的磁性质产生了量子化的能级分裂,这些分裂的能级间能量差很小,由低频长波的吸收激发引起跃迁,称为磁场诱导吸收。对原子核的磁场诱导吸收跃迁采用无线电波,对电子的磁场诱导吸收跃迁常用微波。核磁共振是研究磁场中原子核的吸收情况,而电子自旋共振是研究电子在磁场中的吸收情况。

当被激发的电子、分子、离子回到低能级时,以光的形式辐射释放能量,产生发射光谱。发射光谱法主要包括原子发射法、原子荧光法、分子荧光法、分子磷光法、化学发光法和 X 射线荧光法等。此外,还有一种散射光谱法,主要是指拉曼光谱法。电磁波与物质发生相互作用后部分光子偏离原来的入射方向而分散传播。物质中与入射的电磁波相互作用而致其散射的基本基元称为散射基元。散射基元是实物粒子,可能是分子、原子中的电子等。散射波取决于物质结构及入射波的波长大小等因素。

依据吸收或发射光谱的波长范围的不同进行分类是最简单直接的方式。一般直接命名为红外光谱法、紫外-可见光谱法、X 射线光谱法等。光谱分析的分类方法并不局限于上述三种,通过不同分类方式能够帮助理解每种分析方法的内在原理。所有光谱分析方法都有着非常广泛的应用,可以根据不同应用场景选择合适的方法进行分析。

1.5　光谱分析应用

光谱分析法在人们生产、生活的各个领域都发挥着不可替代的作用。在材料科学领域可以鉴别新材料,认识材料的结构与性能等;在环境科学领域可以进行环境监测,以及污染物分析等;在生命科学领域可以协助 DNA 测序,活体检测等;在化学领域有助于新化合物的结构表征,保证分子层次上的分析判断;在药物领域能够帮助获得天然药物的有效成分与结构,以及它们的构效关系;在空间科学领域已经实现了微型、高效、自动、智能化仪器的研制,实现了空间外层空间的探索;在社会科学领域的应用更加重要和多种多样,如体育(兴奋剂)、生活产品质量(化妆品优劣、海鲜新鲜度、食品添加剂、农药残留量)、环境质量(污染实时监测、空气质量状况)、交通法规(司机酒精含量检测)、法庭化学(DNA 技术、物证(油墨笔迹鉴定))等。

光谱分析法能够有如此多的应用,主要是因为它具有以下特点:

(1)分析速度较快:用于炼钢炉前分析,在 1～2 min 内,同时分析出 20 多种元素。

(2)操作简便:有些样品不需经化学处理。在毒剂报警、大气污染检测等方面,不需采集样品,在数秒钟内,便可发出警报或检测出污染程度。

(3)不需纯样品:只需利用已知谱图,即可进行光谱定性分析。

(4)可同时测定多种元素或化合物:省去复杂的分离操作。

(5)选择性好:可测定化学性质相近的元素和化合物。

(6)灵敏度高:可进行痕量分析。相对灵敏度达到千万分之一至十亿分之一。

(7)样品损坏少:可用于古物及刑事侦查等领域。

虽然光谱分析具有很多优势,但也存在很多局限性。光谱定量分析建立在相对比较的基础上,必须有一套标准样品作为基准,而且要求标准样品的组成和结构状态应与被分析的样品基本一致,这常常比较困难。

本章参考文献

[1] 武汉大学.分析化学(上册)[M].北京:高等教育出版社,2006.
[2] 武汉大学.分析化学(下册)[M].北京:高等教育出版社,2007.

［3］邢梅霞,夏德强.光谱分析［M］.北京:中国石化出版社,2012.

［4］范康年.谱学导论［M］.北京:高等教育出版社,2004.

［5］魏福祥.现代仪器分析技术及应用［M］.北京:中国石化出版社,2011.

［6］黄新民,解挺.材料分析测试方法［M］.北京:国防工业出版社,2015.

［7］杨玉林,范瑞清,张立珠,等.材料测试技术与分析方法［M］.哈尔滨:哈尔滨工业大学出版社,2014.

［8］朱和国,尤泽升,刘吉梓,等.材料科学研究与测试方法［M］.南京:东南大学出版社,2019.

［9］王晓春,张希艳.材料现代分析与测试技术［M］.北京:国防工业出版社,2009.

第 2 章　原子光谱分析方法

2.1　原子光谱分析方法简介

原子是由原子核和核外电子组成的稳定体系;原子核外有特定的轨道,每条轨道上运动的电子都具有一定的能量;电子在这些特定的轨道上运动时,既不辐射能量也不吸收能量。电子从某一能级跃迁到另一能级,完成基态、激发态之间的转变。原子外层电子在不同能级之间跃迁产生的光谱即为原子光谱(AS)。原子光谱分析法包括原子吸收光谱(AAS)法、原子发射光谱(AES)法、原子荧光光谱(AFS)法和 X 射线荧光光谱(XRF)法。几种原子光谱法的共同点是均为原子外层电子在能级之间跃迁的结果;不同点是各自的跃迁方式不同。AAS 属于受激吸收跃迁;AES 属于自发发射跃迁,光谱发射是各向同性的。AFS 产生的过程中,荧光激发同于 AAS,是受激吸收跃迁;荧光发射同于 AES,是各向同性的自发发射跃迁,当激发光源停止辐照后,原子荧光发射立即停止。

X 射线荧光光谱法也是一种原子分析方法。当照射原子核的 X 射线能量与原子核的内层电子的能量在同一数量级时,核的内层电子共振吸收射线的辐射能量后发生跃迁,而在内层电子轨道上留下一个空穴,使整个原子体系处于不稳定的激发态,激发态原子寿命为 $10^{-12} \sim 10^{-14}$ s,处于高能级的外层电子自发地跳回低能级的空穴,将过剩的能量以 X 射线的形式放出,这个过程称为弛豫过程。所产生的 X 射线即为代表各元素特征的 X 射线荧光谱线,其能量等于原子内壳层电子的能级差。只要测出一系列 X 射线荧光谱线的波长,即能确定元素的种类;测得谱线强度并与标准样品比较,即可确定该元素的含量,由此建立了 X 射线荧光光谱法。设入射 X 射线使 K 层电子激发生成光电子后,L 层电子落入 K 层空穴,此时就有能量释放出来,如果这种能量是以辐射形式释放,产生的就是 K_α 射线,即 X 射线荧光。

弛豫过程可以是辐射跃迁,如发射 X 荧光;也可以是非辐射跃迁,如发射 Auger(俄歇)电子和光电子等。当较外层的电子跃入内层空穴所释放的能量不在原子内被吸收,而是以辐射形式放出,便产生 X 射线荧光,其能量等于两能级之间的能量差。因此,X 射线荧光的能量或波长是特征性的,与元素有一一对应的关系。当较外层的电子跃迁到空穴时,所释放的能量随即在原子内部被吸收而逐出较外层的另一个次级光电子,称为 Auger 效应,亦称次级光电效应或无辐射效应,所逐出的次级光电子称为 Auger 电子。它的能量是特征的,与入射辐射的能量无关。

2.2　原子吸收光谱分析的基本原理和技术

1801 年,英国化学家伍郎斯顿在研究太阳连续光谱时,发现了太阳连续光谱中出现的暗线。十几年后,德国物理学家夫琅禾费在研究太阳连续光谱时,再次发现了这些暗线,由于当时尚且不了解产生这些暗线的原因,于是就将这些暗线称为夫琅禾费线。1858 年,基尔霍夫与本生在研究碱金属和碱土金属的火焰光谱时,发现钠蒸气发出的光通过温度降低的钠蒸气时,会引起钠光的吸收,并根据钠发射线与暗线在光谱中的位置相同这一事实,断定太阳连续光谱中的暗线正是太阳外围大气层中的钠等金属元素对太阳内部的光辐射发生吸收的结果。原子吸收的基本理论在以后的几十年中又有所发展,但这一方法的实际意义却在很长的一段时间内没有被人们所认识。直到 1955 年,澳大利亚物理学家沃尔什发表了著名的论文《原子吸收光谱在化学分析中的应用》,奠定了原子吸收光谱分析方法的理论与应用基础,诞生了世界上第一台原子吸收分光光度计。

2.2.1　原子吸收光谱法

原子吸收光谱法是基于测量待测元素的基态原子对其特征谱线的吸收程度而建立起来的分析方法,也称原子吸收分光光度法。具体来说,就是从光源辐射出的具有待测元素特征谱线的光,通过样品蒸气时被蒸气中待测元素基态原子所吸收,从而由辐射特征谱线光被减弱的程度来测定样品中待测元素的含量。

1.原子吸收光谱的产生

原子吸收光谱是由于基态原子吸收特征波长的光(也称特征谱线),从基态跃迁到激发态而产生的。处于基态的原子核外电子,如果外界提供的能量恰好等于核外电子基态与某一激发态之间的能量差时,核外电子将吸收特征能量的光辐射由基态跃迁到相应的激发态,此时所产生的吸收谱线称为共振吸收线。其中,电子吸收一定能量后,从基态跃迁到第一激发态时所产生的吸收谱线称为主共振吸收线,或者称为第一共振吸收线,抑或者称为吸收线。由于基态与第一激发态之间的能量差最小,跃迁概率最大,因此主共振吸收线一般用于原子吸收光谱分析的吸收谱线。当称第一共振吸收线为共振吸收线时,第二共振吸收线、第三共振吸收线等就为非共振吸收线。

2.原子吸收谱线轮廓

从原理上来说原子光谱应该是线状谱,但是实际原子光谱谱线并非线状,而是呈现出谱线强度随频率分布急剧变化的情况,如图 2.1 所示。原子吸收谱线轮廓通常以吸收系数 K_ν 为纵轴,频率 ν 为横轴。K_ν 的极大值处称为峰值吸收系数(K_0),与其对应的频率称为特征频率(ν_0),吸收谱线轮廓的宽度以半宽度($\Delta\nu$)表示。该变宽的曲线反映出原子核外层电子对不同频率的光辐射具有选择性吸收特性。

原子吸收谱线变宽的原因主要分为两个方面:一方面是由激发态原子核外层电子的性质决定,如自然变宽;另一方面是受到外界因素的影响,如多普勒(Doppler)变宽、压力变宽、场致变宽和自吸变宽等。

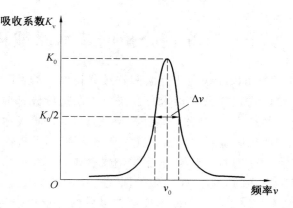

图 2.1　原子吸收谱线轮廓示意图

（1）自然变宽 $\Delta\nu_N$：谱线的固有宽度，与原子核外层电子激发态的平均寿命有关，平均寿命越长，则谱线宽度越窄，自然变宽一般只有约 10^{-5} nm。根据量子力学的测不准原理，微观粒子的动量和位置是不能被同时准确测定的，在 Δt 时间内所观察到的粒子，其能量只能被确定为 ΔE，能量的不确定性导致频率的不确定值 $\Delta\nu_N$。

（2）多普勒变宽 $\Delta\nu_D$：也称为热变宽，主要是由于自由原子做无规则热运动引起的变宽。多普勒变宽由式（2.1）决定：

$$\Delta\nu_D = 7.162 \times 10^{-7}\nu_0\sqrt{\frac{T}{A_r}} \qquad (2.1)$$

$\Delta\nu_D$ 与 $T^{1/2}$ 成正比，与 $A_r^{1/2}$ 成反比，其中 A_r 为吸收原子的相对原子质量。当原子化器中的温度为 $1\,500 \sim 3\,000$ K，$\Delta\nu_D$ 约为 10^{-3} nm 数量级，比 $\Delta\nu_N$ 大了约两个数量级。

（3）压力变宽：也称为碰撞变宽，主要是由原子之间的碰撞引起的，包括洛伦兹（Lorentz）变宽 $\Delta\nu_L$ 和赫尔兹马克（Holtzmank）变宽 $\Delta\nu_R$ 两种。

洛伦兹变宽来源于待测元素的原子和其他共存元素的原子之间的碰撞。洛伦兹变宽随原子化器内原子蒸气压力增大和温度升高而增大，通常约为 10^{-3} nm 数量级，与 $\Delta\nu_D$ 的数量级相同。赫尔兹马克变宽是由待测原子自身的相互碰撞引起的，一般原子化器中待测原子的密度很低，$\Delta\nu_R$ 约为 10^{-5} nm 数量级。压力变宽以洛伦兹变宽为主。

（4）场致变宽：包括电场效应引起的斯塔克变宽和磁场效应引起的塞曼变宽。斯塔克变宽是由于在电场作用下原子的电子能级产生分裂，塞曼变宽是由于在强磁场中谱线分裂。在通常的原子吸收光谱分析条件下可以不予考虑。

（5）自吸变宽：光源在某区域发射的光子，在其通过温度较低的光路时，被处于基态的同类原子所吸收，致使实际观测到的谱线强度减弱而轮廓增宽，此种现象称为自吸变宽。

3.原子吸收谱线的测量

对图 2.1 中的 $K_\nu - \nu$ 曲线积分，可以得到吸收的全部能量，即积分吸收，指吸收线轮廓所包围的峰面积。理论上，积分吸收与吸收光辐射的基态原子数（N_0）成正比：

$$\int_0^\infty K_\nu d\nu = \frac{\pi(-e)^2}{mc}fN_0 \qquad (2.2)$$

式中，$-e$ 为电子电荷；m 为电子质量；c 为光速；f 为振子强度（表示每个原子中能被入射光激发的平均电子数,在一定条件下对一定元素可视为定值);N_0 为单位体积原子蒸气中的基态原子数。对半宽 $\Delta\nu$ 约为 10^{-3} nm 的吸收谱线进行积分难度极大,目前仪器还很难做到,因此原子吸收分析法在很长一段时间内未得到很好的应用。

1955 年,Walsh 提出可采用锐线光源来测量峰值吸收。根据经典理论,推导出峰值吸收系数 K_0 与被测元素的基态原子数 N_0 也成正比。若在温度不太高的稳定火焰中,仅考虑气态原子多普勒变宽时,有

$$K_\nu = K_0 \exp\left\{-\left[\frac{2\sqrt{\ln 2}\,(\nu-\nu_0)}{\Delta\nu_D}\right]^2\right\} \tag{2.3}$$

将式(2.3)代入式(2.2)得到

$$\frac{1}{2}\sqrt{\frac{\pi}{\ln 2}}\,K_0\Delta\nu_D = \frac{\pi(-e)^2}{mc}fN_0 \tag{2.4}$$

整理后得到

$$K_0 = \frac{2}{\Delta\nu_D}\sqrt{\frac{\ln 2}{\pi}}\frac{\pi(-e)^2}{mc}fN_0 \tag{2.5}$$

由式(2.5)可以看出,在一定测定温度下,多普勒半宽度是常数;对一定的待测元素,振子强度 f 也是常数。因此,吸收系数 K_0 与被测元素的基态原子数 N_0 成正比。这样,可以采用峰值吸收(即极大值吸收)来测量基态原子对特征频率(或特征波长)的光的吸收。

需要说明的是,原子吸收光谱法是利用待测元素原子蒸气中基态原子对该元素的共振线的吸收来进行测定的。但是,在原子化过程中,待测元素由分子解离成的原子,不可能全部是基态原子,其中必有一部分为激发态原子。在一定温度下,当处于热力学平衡时,激发态原子数与基态原子数之比服从玻尔兹曼分布定律:

$$\frac{N_i}{N_0} = \frac{g_i}{g_0}\exp\left(-\frac{E_i-E_0}{k_B T}\right) \tag{2.6}$$

式中,N_i 和 N_0 为单位体积内处于第 i 个激发态和基态的原子数;g_i 和 g_0 为第 i 个激发态和基态的统计权重,是和相应能级的简并度有关的常数,值为 $2J+1$;E_i-E_0 为由基态激发到第 i 个激发态所需要的能量;k_B 为玻尔兹曼常数;T 为光源温度。在将样品转化为原子蒸气后,只要火焰温度合适,对大多数元素来说,N_i/N_0 的值都小于百分之一,即热激发中的激发态原子数远小于基态原子数,故可认为基态原子数实际代表待测元素的原子总数。

由于光源的发射线也具有一定的半宽度,因此采用极大值吸收测量的必要条件:发射线与吸收线的特征波长要一致;发射线的半宽度要明显小于吸收线的半宽度,如图 2.2 所示。此时,吸收就是在 K_0 附近,相当于峰值吸收。为此,必须采用锐线光源,即能发射出谱线半宽度很窄的发射线的光源。实际测试中,采用与待测元素相同的金属制成锐线光源,可以同时满足具有半宽很窄的发射线,以及发射线与吸收线频率一致的要求。此外,光源能量能被原子充分吸收,测定的灵敏度高。如果用连续光源,则吸收光的强度只占入射光强度的极少部分,使测定的灵敏度极差。A.Walsh 提出的峰值吸收理论和锐线光源设想对原子吸收光谱法的发展起到了极其重要的作用。

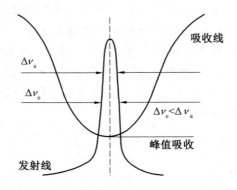

图 2.2　锐线光源的发射线与极大值吸收示意图

4.原子吸收光谱定量分析依据

根据光吸收定律：

$$I_t = I_0 \exp(-K_v L) \tag{2.7}$$

式中，I_t 为出射光强；I_0 为入射光强；K_v 为吸收系数；L 为原子蒸气吸收光程。此时，定义吸光度：

$$A = -\log T = \log (I_0/I_t) \tag{2.8}$$

式中，T 为透光度，$T = I_t/I_0$。

使用锐线光源时，对于一定待测元素来说，共振线的频率是一定的，可用 K_0 代替 K_v。因此，将式(2.5)代入式(2.7)和式(2.8)可得

$$A = \log [1/\exp(K_0 L)] = 0.43 K_0 L = 0.43 \frac{2}{\Delta \nu_D} \sqrt{\frac{\ln 2}{\pi}} \frac{\pi e^2}{mc} f N_0 L \tag{2.9}$$

式(2.9)中，在一定实验条件下，$\Delta \nu_D$、f 和 L 都是常数，则

$$A = k N_0 \tag{2.10}$$

由于 $N_0 \propto C$，C 是待测元素浓度，因此

$$A = kC \tag{2.11}$$

在一定的仪器条件和原子化条件下，吸光度与待测元素浓度成正比，其关系符合朗伯－比尔(Lambert－Beer)定律。式(2.11)即为原子吸收光谱分析法中常用的定量分析公式。

5.原子吸收光谱定量分析应用

在选定的实验条件下，被测元素的气态基态原子对特征谱线的吸光度与待测元素在溶液中的浓度成正比，即符合朗伯－比尔定律($A = kC$)。根据该公式可以进行原子吸收光谱的定量分析，常用的定量分析方法包括标准曲线法和标准加入法。

(1)标准曲线法。

在符合朗伯－比尔定律的浓度范围内，配制已知浓度的标准溶液系列，在一定的仪器条件下，依次测出它们的吸光度，以加入的标准浓度为横坐标，相应的吸光度为纵坐标，采用最小二乘法回归 A_i－C_i 线性方程绘制标准曲线，如图2.3所示。试样经适当处理后，在与测量标准曲线吸光度相同的实验条件下测量其吸光度，根据试样溶液的吸光度，在标

准曲线上即可查出试样溶液中被测元素的含量,再换算成原始试样中被测元素的含量。标准曲线法适用于基体效应影响较小的试样溶液分析;在满足实验室质量控制的要求时,一条标准曲线可以同时分析多个试样溶液。

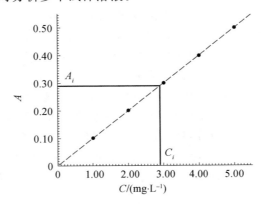

图 2.3　标准曲线法示意图

(2)标准加入法。

将一定量已知浓度的标准溶液加入待测样品中,测试吸光度。具体操作可如下,取若干份体积相同的待测样品溶液,按比例加入不同量的待测元素的标准溶液,然后将样品溶液稀释到一定体积,此时加入的标准溶液的浓度为 C_i,分别测试每份样品溶液的吸光度 A_i,采用最小二乘法回归 $A_i - C_i$ 线性方程绘制标准曲线,将曲线外推到吸光度为 0 时与浓度轴的交点,即为稀释后试样溶液的浓度,最后换算成原始试样中被测元素的含量。加入标准溶液后的浓度将比加入前的高,其增加的量应等于加入的标准溶液中所含的待测物质的量。如果样品中存在干扰物质,则浓度的增加值将小于或大于理论值。标准曲线法适用于标准曲线的基体和样品的基体大致相同的情况,优点是速度快,缺点是当样品基体复杂时不正确。标准加入法可以有效克服以上缺点,但是速度较慢,同时该法只能消除基体效应带来的影响,不能消除分子吸收、背景吸收等的影响,一条标准加入曲线只能分析一个试样溶液,且注意曲线的斜率不宜过小,从而引起较大的误差。

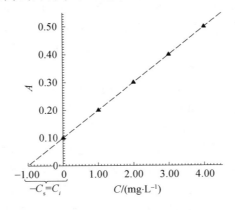

图 2.4　标准加入法示意图

2.2.2　原子吸收分光光度计

用来测试原子吸收光谱的仪器称为原子吸收分光光度计。原子吸收分光光度计包括光源、原子化系统、分光系统(单色器)、检测系统、信号处理及显示系统,如图 2.5 所示。原子吸收分光光度计分为单光束系统和双光束系统。其中,单光束系统是指由光源发出的待测元素的光谱线经过火焰,其中的共振线部分被火焰中的待测元素的原子蒸气吸收,透射光进入单色器分光后,再照射到检测器上,产生直流电信号并经放大器放大后,就可以从记录器读出吸光值。单光束系统结构简单,光信号强,信噪比高;但如果光源电压不稳,发射的光强度不稳,会使测试结果产生误差,基线漂移大。双光束系统是指光源发出的光被切光器分成两束光:一束是测量光;另一束是参比光(不经过原子化器)。两束光交替地进入单色器,然后进行检测。由于两束光来自同一光源,可以通过参比光束的作用,克服光源不稳定造成的漂移的影响。双光束系统基线漂移小,稳定性好;但是光能损失大,结构复杂。

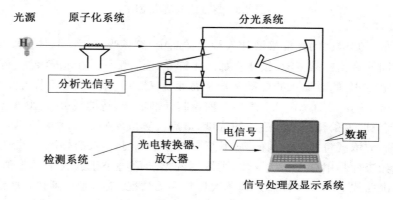

图 2.5　原子吸收分光光度计结构示意图

1.光源

光源的作用是发射待测元素的特征谱线。原子吸收分光光度计的光源要求是锐线光源,其具有辐射强度大、稳定性高、背景小等特点。一般采用空心阴极灯,测定每种元素都要用该元素的空心阴极灯。此外还有无极放电灯、蒸气放电灯等。

图 2.6 所示为空心阴极灯的组成结构示意图。它是由空心阴极(内壁为待测金属)、阳极和内充惰性气体组成(一般为氖气或氩气)的,整体密封在带石英或耐热玻璃窗的玻璃筒中。其中,空心阴极是由待测元素的金属或合金制成空心阴极圈和钨或其他高熔点金属制成的;阳极由金属钨或金属钛制成,金属钛兼有杂质气体吸收剂的作用。空心阴极灯在工作过程中产生一种特殊的低气压放电现象,也称其为辉光放电灯。在阴、阳两极之间加以 300～500 V 的电压,这样两极之间形成一个电场,电子在电场中运动,并与周围充入的惰性气体分子发生碰撞,使这些惰性气体电离。气体中的正离子高速移向阴极,阴极在高速离子碰撞的过程中溅射出阴极元素的基态原子,这些基态原子与周围的其他离子发生碰撞被激发到激发态,这些被激发的高能态原子在返回基态的过程中会发射出该元素的特征谱线。

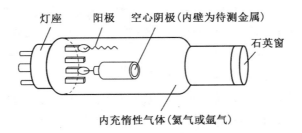

图 2.6　空心阴极灯的组成结构示意图

2.原子化系统

原子化系统可用来提供能量,使得样品干燥、蒸发和原子化。将待测试液中的待测元素转化成气态基态原子,以便吸收特征谱线。原子吸收光谱法主要有火焰原子吸收光谱法(FAAS)、石墨炉原子吸收光谱法(GFAAS)、氢化物发生原子吸收光谱法(HGAAS)、冷原子吸收光谱法等。石墨炉原子吸收光谱法、氢化物发生原子吸收光谱法和冷原子吸收光谱法又称为无火焰原子吸收光谱法。氢化物发生原子吸收光谱法和冷原子吸收光谱法又被称为低温原子吸收光谱法或者化学原子吸收光谱法。

(1)火焰原子吸收光谱法:利用气体燃烧形成的火焰进行原子化,使用的原子化器为火焰原子化器。火焰原子化器主要包括:喷雾器,将试样溶液转为雾状;雾化室,内装撞击球和扰流器(去除大雾滴并使气溶胶均匀);燃烧器,产生火焰并使试样蒸发和原子化。该种方法操作简单、火焰稳定、重现性好、精密度高、应用范围广;但是它原子化效率低,灵敏度低,通常只可以液体进样。

(2)石墨炉原子吸收光谱法:利用低压、大电流来使石墨管升温进行原子化。使用的原子化器为石墨炉原子化器,又称为电热原子化器。石墨炉原子化器工作流程:干燥,去除溶剂,防止样品溅射;灰化,使基体和有机物尽量挥发出去;原子化,待测化合物分解为基态原子;净化,样品测试完成,高温去残渣,净化石墨管。该方法可达 3 500 ℃ 高温,且升温速度快;绝对灵敏度高,一般元素可达 $10^{-9}\sim10^{-12}$ g;可分析 70 多种金属和类金属元素;样品原子化是在惰性气体中和强还原性介质内进行的,有利于难熔氧化物的原子化;所用试样量少(1~100 μL)。但是该方法的分析速度较慢,分析成本高,操作难度大,精密度差,背景吸收、光辐射和基体干扰比较大。

(3)氢化物发生原子吸收光谱法:利用氢化物发生反应使待测元素原子化。用来测定锡、铅、砷、锑、铋、硒和碲等元素。这些元素在强还原剂硼氢化物作用下生成沸点低、易热解的共价氢化物,由惰性气体导入低温原子化器测定。该方法可将被测元素从大量溶剂中分离出来,检出限比火焰法低 1~3 个数量级,选择性好、灵敏度高、基体干扰小、化学干扰小;但是精密度较差,测定元素少。

(4)冷原子吸收光谱法:主要是用于测汞元素,汞蒸气压高,易于汽化,在常温下以化学还原法使汞转变为气相后,再导入气体吸收池内测定。

3.分光系统(单色器)

单色器由入射狭缝、出射狭缝、反射镜和色散元件组成。色散元件一般为光栅。单色器可将被测元素的共振吸收线与邻近谱线分开。单色器置于原子化器后边,防止原子化器内发射辐射干扰进入检测器,也可避免光电倍增管疲劳。锐线光源的谱线比较简单,对单色器分辨率要求不高。

4.检测系统

原子吸收光谱法中的检测器通常使用光电倍增管,光电倍增管的工作电源应有较高的稳定性,如工作电压过高、照射的光过强或光照射时间过长,都会引起疲劳效应。其作用是将光信号转变成电信号并放大。

5.信号处理及显示系统

信号处理及显示系统负责信号的采集、记录、处理、显示和输出。

在测试时有以下几个方面需要注意。

(1)狭缝宽度的选择:测定时可选择较宽的狭缝,从而使光强增大,提高信噪比,但若吸收线附近有干扰线,应选择较窄的狭缝。

(2)分析线的选择:由于主共振线吸收线的分析灵敏度高,常作为分析线使用,当有光谱干扰或样品含量高时,可选择灵敏度较低的其他谱线。

(3)光源的灯电流的选择:保证输出稳定和适宜光强的条件下,尽量选用较低的工作电流。

(4)原子吸收光谱法的选择:根据各种原子吸收光谱法的优缺点和实验的具体情况选择合适的原子吸收光谱法。

2.2.3 原子吸收光谱分析中的干扰及消除

1.物理干扰

由于待测溶液与标准溶液的物理性质不同而影响试样的雾化、蒸发和原子化过程,因此原子吸收的程度发生变化,这种变化一般会使测定结果偏低。这些物理性质包括溶液的黏度、蒸气压和表面张力等。如何来消除这种干扰呢?

(1)对待测溶液进行适当的稀释。

(2)配制与待测试样溶液基体相一致的标准溶液,当配制该种溶液有困难时,采用标准加入法进行定量分析。

(3)避免用黏度较大的硫酸或磷酸对样品进行前处理,应尽量采用硝酸和高氯酸来处理样品。

2.化学干扰

原子化过程中待测元素与共存组分发生化学反应生成难解离的化合物而使原子化效率降低。主要影响待测元素化合物的熔融、蒸发、解离和原子化等过程。化学干扰可以增强原子吸收信号,也可以降低原子吸收信号,是原子吸收光谱法中的主要干扰。如何来消除这种干扰呢?

(1)加入释放剂。待测元素和干扰元素在火焰原子化器中形成稳定化合物所产生的干扰,通过加入一种称为释放剂的物质使其与干扰物质生成更稳定或更难挥发的化合物,从而使待测元素释放出来。

（2）加入保护剂。加入一种物质使得待测元素不与干扰元素形成难挥发的化合物，可以保护待测元素不受干扰，加入的物质称为保护剂。

（3）提高火焰温度或火焰特性。利用提高火焰温度或者使用强还原性气氛火焰有利于形成难熔、难挥发氧化物的元素的原子化。

（4）加入缓冲剂。在试样溶液和标准溶液中都加入一种过量的物质，使该物质产生的干扰恒定，进而抑制或消除对分析结果的影响，这种物质称为缓冲剂。

（5）采取萃取、沉淀、离子交换等。

（6）采用标准加入法。

3.电离干扰

在原子化过程中部分所产生的基态原子在高温下会进一步发生电离，而使参加原子吸收的基态原子数减少，导致测定结果偏低。元素电离度与原子化温度和元素的电离能有密切关系。电离干扰主要发生在电离势较低的碱金属和部分碱土金属中，且随着原子化温度的增加而增加。如何来消除这种干扰呢？

（1）加入大量易电离的碱金属元素加以抑制，这种试剂也称为消电离剂；

（2）利用温度较低的火焰，降低电离度，可消除电离干扰；

（3）利用富燃火焰也可抑制电离干扰，由燃烧不充分的碳粒电离，使火焰中离子浓度增加；

（4）标准加入法可以在某种程度上减少或消除电离干扰。

4.光谱干扰

原子吸收光谱法应该是在选用的光谱通带内，仅有一条锐线光源所发射的谱线和原子化器中基态原子与之相对应的一条吸收谱线。当光谱通带中存在其他谱线时，就会产生光谱干扰，同时分子吸收和光散射也属于光谱干扰。前三种干扰均发生在原子化系统，而光谱干扰既可来源于光源，也可发生在原子化系统。

（1）非共振线干扰：主要是由于光谱通带中多一条或几条的发射线，也就是非共振线。解决方法一般是缩小狭缝宽度，使多出的发射线不进入检测器。此干扰使得测试的灵敏度降低，噪声升高。

（2）背景干扰：主要由分子吸收和光散射引起。分子吸收是指原子化过程中生成的气态分子对待测元素的分析线产生吸收，这属于假的原子吸收，使测定结果偏高。光散射是指原子化过程中形成的微小固体颗粒对光产生散射造成透过光减少，看起来吸收值增加。可采用适当的方法进行测试的校正，主要包括空白校正法、氘灯校正法和塞曼效应校正法等。

2.2.4　原子吸收光谱分析的特点与应用

1.原子吸收光谱分析的特点

（1）选择性强。

由于原子吸收光谱采用锐线光源，谱线范围很窄，仅出现在主线系，比原子发射谱线少，谱线重叠概率较发射光谱要小得多，所以光谱干扰较小，选择性强，而且光谱干扰容易克服。在大多数情况下,共存元素不对原子吸收光谱分析产生干扰。由于其选择性强,因此分析准确快速。

(2)灵敏度高。

原子吸收光谱分析是目前最灵敏的方法之一。采用火焰原子吸收光谱分析,其相对灵敏度为微克每毫升数量级到纳克每毫升数量级($\mu g/mL \sim ng/mL$);如采用无火焰原子吸收光谱法,其绝对灵敏度在 $10^{-10} \sim 10^{-14}$ g 之间。由于该方法的灵敏度高,分析快速,需样品量少,可适用于微量和痕量的金属与类金属元素的定量分析。

(3)分析范围广。

目前应用原子吸收法可测定的元素已超过 70 种。对分析对象的含量而言,既可测定主含量元素,又可测定微量、痕量甚至超痕量元素;对分析对象的性质而言,既可测定金属元素、类金属元素,又可间接测定某些非金属元素,也可间接测定有机物;对分析对象的状态而言,既可测定液态样品,也可测定气态样品,甚至可以直接测定某些固体样品,这是其他分析技术所不能比拟的。

(4)精密度好。

火焰原子吸收光谱法的精密度较好,精密度为 1%~3%,如果仪器性能良好,采用高精密测量,其精密度可再提高一个数量级。无火焰原子吸收光谱法精密度较低,目前一般可控制在 15% 以内,若采用自动进样技术,则可改善测定的精密度到 5% 左右。

(5)操作方便快捷。

原子吸收光谱法与紫外一可见分光光度法的分析原理和仪器结构类似,但却省略掉烦琐与复杂的显色反应,分析操作较方便,分析速度也较快。

(6)局限性。

原子吸收光谱法通常采用单元素空心阴极灯作为锐线光源,每检测一种元素就必须选用该元素的空心阴极灯,使得操作较麻烦,且不适用于多元素混合物的定性分析,尚存在某些干扰问题有待解决;对于形成氧化物、复合物或碳化物后,熔点较高,难以原子化元素的分析灵敏度低。如何进一步提高灵敏度和降低干扰,仍是当前和今后原子吸收分析测试方面需要研究的重要课题。

2.原子吸收光谱分析的应用

(1)理论研究中的应用。

原子吸收光谱分析可作为物理和物理化学的一种实验手段,对物质的一些基本性能进行测定和研究。电热原子化器容易做到控制蒸发过程和原子化过程,所以用它测定一些基本参数有很多优点,还可以测定一些元素离开机体的活化能、气态原子扩散系数、解离能、振子强度、光谱线轮廓的变宽、溶解度、蒸气压等。

(2)元素分析中的应用。

原子吸收光谱分析,由于其灵敏度高、干扰少、分析方法简单快速,现已广泛地应用于工业、农业、生化、地质、冶金、食品、环保等各个领域,目前原子吸收光谱分析已成为金属元素分析的强有力工具之一,而且在许多领域已作为标准分析方法。

原子吸收光谱分析的特点决定了它在地质和冶金分析中的重要地位,它不仅取代了许多一般的湿法化学分析,而且还与 X 射线荧光分析,甚至与中子活化分析有着同等的地位。目前原子吸收光谱分析已用来测定地质样品中 70 多种元素,并且大部分能够达到足够的灵敏度和很好的精密度。

钢铁、合金和高纯金属中多种痕量元素的分析现在也多采用原子吸收光谱分析。原子吸收光谱分析在食品分析中的应用也越来越广泛。食品和饮料中的 20 多种元素均采用原子吸收光谱分析方法进行分析。生化和临床样品中必需元素和有害元素的分析现也采用原子吸收光谱分析方法。

有关石油产品、陶瓷、农业样品、药物和涂料中金属元素的原子吸收光谱分析的文献报道近些年来也越来越多。水体和大气等环境样品的微量金属元素分析同样成为原子吸收光谱分析的重要领域之一。利用间接原子吸收光谱分析尚可测定某些非金属元素。

(3)有机物分析中的应用。

利用间接法可以测定多种有机物。8－羟基喹啉(Cu)、醇类(Cr)、醛类(Ag)、酯类(Fe)、酚类(Fe)、联乙酰(Ni)、酞酸(Cu)、脂肪胺(Co)、氨基酸(Cu)、维生素 C(Ni)、氨茴酸(Co)、雷米封(Cu)、甲酸奎宁(Zn)、有机酸酐(Fe)、苯甲基青霉素(Cu)、葡萄糖(Ca)、环氧化物水解酶(Pb)、含卤素的有机化合物(Ag)等多种有机物,均可通过与相应的金属元素之间的化学计量反应而间接测定。

(4)金属化学形态分析中的应用。

通过气相色谱(GC)和液体色谱分离,然后用原子吸收光谱加以测定,可以分析同种金属元素的不同有机化合物。例如汽油中的 5 种烷基铅,大气中的 5 种烷基铅、烷基硒、烷基肿、烷基锡,水体中的烷基肿、烷基铅、烷基汞、有机铬,生物中的烷基铅、烷基汞、有机锌、有机铜等多种金属有机化合物,均可通过不同类型的原子吸收光谱联用方式加以鉴别和测定。

原子吸收光谱分析的应用也有一定的局限性,即每种待测元素都要有一个能发射特定波长谱线的光源。原子吸收光谱分析中,首先要使待测元素呈原子状态,而原子化往往是将溶液喷雾到火焰中去实现,这就存在理化方面的干扰,使对难溶元素的测定灵敏度还不够理想,因此实际效果理想的元素仅 30 余个;由于仪器使用中,需用乙炔、氢气、氩气、氧化亚氮(俗称笑气)等,操作中必须注意安全。

2.3　原子发射光谱分析的基本原理和技术

原子发射光谱法是根据物质的气态原子或离子受激发后所发射的特征光谱的波长和强度来测定物质中元素组成和含量的分析方法。1859 年,德国学者基尔霍夫和本生合作制造了第一台用于光谱分析的分光镜,并获得了某些元素的特征光谱,奠定了光谱定性分析的基础。20 世纪 20 年代,Gerlarch 为了解决光源不稳定性问题,提出了内标法,为光谱定量分析提供了可行性依据。30 年以后,塞伯和罗马金建立了塞伯－罗马金公式,实现了光谱定量分析。20 世纪 60 年代,电感耦合等离子体(ICP)光源的引入,大大推动了发射光谱分析的发展。近年来,随着固态成像检测器件的使用,多元素同时分析能力大大提高。

原子发射光谱法具有以下特点:

(1)可以多元素同时检测,各元素同时发射各自的特征光谱,目前采用不同类型的光源可以激发 70 多种元素。

（2）分析速度快，试样无须预处理，操作简单，自动化程度高，能够同时对几十种元素进行定量分析。

（3）选择性好，各元素的特征光谱不同。

（4）检出限低，一般光源可达 g/g（或 g/mL），如采用电感耦合等离子体（ICP）作为光源，则可降低至 $10^{-3} \sim 10^{-4}$ g/g（或 g/mL）；由于检出限低，所以需用样品量少，一次分析只需几毫克到几十毫克，如采用激光显微光源每次样品量只要几微克。

（5）精密度高，一般光源为 ±10％ 左右，采用 ICP 作为光源，精密度可达到 ±1％ 及以下。

（6）采用火焰光源，线性范围较窄；采用电弧或火花光源，自吸现象较弱，分析的线性范围较宽，约两个数量级；采用 ICP 光源，线性范围可扩大至 4～6 个数量级。

基于以上特点，原子发射光谱分析方法可有效地用于同时测量高、中、低含量的元素，试样消耗少；但是，非金属元素测定较困难。

2.3.1　原子发射光谱

原子的外层电子由高能级向低能级跃迁，能量以电磁辐射的形式发射出去，这样就得到发射光谱。原子发射光谱是线光谱。

（1）原子发射光谱的产生。

原子发射光谱的产生过程：基态原子通过电、热或光致激发等激发源作用获得能量，蒸发后形成气态原子，外层电子从基态跃迁到较高能级变为激发态，激发态不稳定，经过约 10^{-8} s，会从高能级跃迁回低能级，多余的能量会以电磁辐射的形式发射出来，这样便可得到一条光谱线。根据原子（或离子）在一定条件下受激后所发射的特征光谱来研究物质的化学组成（定性）及含量（定量）的方法，称为原子发射光谱法。基于检测器不同可分为看谱法、摄谱法和光电直读法。基于激发源不同可分为火焰光谱法和原子荧光光谱法。其中火焰光谱法由电能、热能激发，属于一次发射光谱，如火焰光度计、原子发射光谱仪等；原子荧光光谱法由光能激发，属于二次荧光光谱，如原子荧光光度计。由于待测原子的结构不同，因此发射谱线特征不同，这是原子发射光谱定性分析的依据；由于待测原子的浓度不同，因此发射谱线强度不同，这是原子发射光谱定量分析的依据。

（2）原子能级与玻尔兹曼分布。

原子光谱是原子的外层电子（或称价电子）在两个能级之间跃迁而产生的。核外电子在原子中存在运动状态，可以用 4 个量子数（n, l, m, m_s）来规定。主量子数 n 决定电子的能量和电子离核的远近。角量子数 l 决定电子角动量的大小及电子轨道的形状，在多电子原子中也影响电子的能量。磁量子数 m 决定磁场中电子轨道在空间的伸展方向不同时电子运动角动量分量的大小。自旋量子数 m_s 决定电子自旋的方向，电子自旋在空间的取向只有两个，一个顺着磁场，另一个逆着磁场，因此，自旋角动量在磁场方向上有两个分量。4 个量子数的取值：$n = 1, 2, 3, \cdots, \pm n$；$l = 0, 1, 2, \cdots, n-1$，相应的符号为 s, p, d, f, $\cdots$；$m = 0, \pm 1, \pm 2, \cdots, \pm m$；$m_s = \pm 1/2$。电子的每一运动状态都与一定的能量相联系。把原子中所有可能存在状态的能级及能级跃迁用图解的形式表示出来，称为能级图。

原子中某一外层电子由基态激发到高能级所需要的能量称为激发能。由激发态向基态跃迁所发射的谱线称为共振线。由第一激发态向基态跃迁发射的谱线称为第一共振线，第一共振线具有最小的激发能，因此最容易被激发，为该元素最强的谱线。

在热力学平衡条件下，某元素的原子或离子的激发情况，即分配在各激发态和基态的原子浓度遵守统计热力学中的麦克斯韦－玻尔兹曼（Maxwell－Boltzman）分布定律，即

$$N_i = N_0 \frac{g_i}{g_0} \exp\left(-\frac{E_i}{k_B T}\right) \tag{2.12}$$

式中，N_i 和 N_0 为单位体积内处于第 i 个激发态和基态的原子数；g_i 和 g_0 为第 i 个激发态和基态的统计权重，是和相应能级的简并度有关的常数，其值为 $2J+1$；E_i 为由基态激发到第 i 激发态所需要的能量（激发能或者激发电位）；k_B 为玻尔兹曼常数；T 为光源的温度（热力学温度），即激发温度。

玻尔兹曼分布定律表明，处于不同激发态的原子数目的多少，主要与温度和激发能量有关。温度越高越容易把原子或离子激发到高能级，处于激发态的数目就越多；而在同一温度下，激发电位越高的元素，激发到高能级的原子或离子数越少；就是对同一种元素而言，激发到不同的高能级所需要的能量也是不同的，能级越高所需能量越大，原子所在的能级越高，其数目就越少。

（3）谱线强度。

由于外层电子激发时可以激发到不同的高能级，又可能以不同的方式回到不同的低能级，因而可以发射出许多条不同波长的谱线。电子在不同能级之间的跃迁，只要符合光谱选择规律就可能发生，这种跃迁发生可能性的大小称为跃迁概率。设电子在某两个能级之间的跃迁概率为 A_i，这两个能级的能量分别为 E_i 和 E_0，发射的谱线频率为 ν。则一个电子在这两个能级之间跃迁时所放出的能量，即这两个能级之间的能量差 $\Delta E = E_i - E_0 = h\nu$。在热力学平衡条件下，共有 N_i 个原子处在第 i 激发态，故产生的谱线强度为

$$I = N_i A_i h\nu \tag{2.13}$$

将式（2.12）代入式（2.13）可得

$$I = N_0 \frac{g_i}{g_0} \exp\left(-\frac{E_i}{k_B T}\right) A_i h\nu \tag{2.14}$$

根据式（2.14）可得，影响谱线强度的主要因素：

①基态原子数 N_0。谱线强度与基态原子数成正比。在一定条件下，基态原子数与试样中该元素浓度成正比。因此，在一定条件下谱线强度与被测元素浓度成正比，这是光谱定量分析的依据。

②统计权重。谱线强度与激发态和基态的统计权重之比成正比。

③激发电位 E_i。由于谱线强度与激发电位呈负指数关系，所以激发电位越高，处在该能量状态的原子数越少，谱线强度越小。

④跃迁概率 A_i。跃迁概率是指电子在某两个能级之间每秒跃迁的可能性的大小，可以通过实验数据计算出来。对于遵守光谱选择规律的那些跃迁，一般跃迁概率在 $10^6 \sim 10^9$ s^{-1} 之间。跃迁概率是与激发态寿命成反比的，即原子处于激发态的时间越长，跃迁概率就越小，产生的谱线强度越小。

⑤激发温度 T。温度升高,谱线强度增大。随着温度的升高,虽然激发能力增强,同时也增强了原子的电离能力,但该元素的离子数不断增多而使原子数不断减少,致使原子线的强度反而减小。各种谱线的强度都不是温度越高而越大的,只有在各自合适的温度范围内,谱线才有最大的强度。实际上,谱线强度随温度的变化是比较复杂的。在进行光谱分析时,只有控制在一定温度范围内,才能获得最高的灵敏度。

目前进行定量分析多采用相对或比较的方法。虽然并不是按照公式进行定量分析,但这些公式说明了哪些是影响谱线强度的主要因素,对光谱定量分析具有理论指导意义。另外,谱线强度还受许多其他因素的影响,如狭缝宽度,曝光时间,光源,光谱仪,激发的方式和条件,样品的状态、大小、形状、组成的改变及各种干扰等,这些因素之间往往还有一定的内在联系,所以在进行光谱分析时要综合考虑许多因素,选择最佳的工作条件,才能获得理想的分析结果。同时还要采取一些必要的措施控制工作条件,抑制各种干扰,以提高分析的灵敏度和准确度。

(4)自吸与自蚀。

发射光谱是通过物质的蒸发、激发、迁移和射出弧层而得到的。弧焰具有一定的厚度,弧焰中心的温度最高,边缘的温度较低。从弧焰中心发射出的辐射,必须通过整个弧焰才能射出。由于弧层边缘的温度较低,这里处于基态的同类原子较多。这些低能级的同类原子能吸收高能级发射出来的光而产生吸收光谱。由中心区域发射的辐射被边缘的同种基态原子吸收,使辐射强度降低,这种现象称为自吸现象。

弧层越厚,弧焰中被测元素的原子浓度越大,则自吸现象越严重。随着浓度增加,自吸增强,当达到一定含量时,由于自吸严重,谱线中心的辐射完全被吸收,如图 2.7 所示,出现两条发射谱线,这种现象称为自蚀现象。

在光谱定量分析中,由于自吸和自蚀现象严重影响谱线强度,所以其是必须注意的问题。

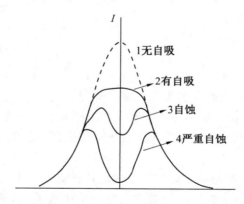

图 2.7　自吸与自蚀谱线示意图

2.3.2　原子发射光谱仪

原子发射光谱仪是用来观察和记录原子发射光谱并进行光谱分析的仪器,其原子发射光谱仪包括激发源、分光系统、检测放大系统、记录显示系统。原子发射光谱仪按照使用色散元件不同可以分为棱镜光谱仪和光栅光谱仪；按照检测方法不同可以分为光电直读光谱仪和摄谱仪。

（1）激发源。激发源为试样蒸发、解离、原子化和激发提供能量，从而产生发射光谱。特点：灵敏度高、稳定性好、再现性好、谱线背景低、适应范围广。分类：直流电弧、交流电弧、高压电火花、电感耦合等离子体（ICP）等。

①直流电弧：弧焰温度为 4 000～7 000 K，可激发 70 种以上的元素，但尚难以激发电离能高的元素。其特点是电极头温度高，蒸发能力强，适用于难挥发试样；绝对灵敏度高；放电不稳定，重现性差；弧较厚，自吸现象严重。一般适用于光谱定性分析。但是该种方法可以很好地应用于矿石等的定性、半定量分析和痕量元素的定量分析。

②交流电弧：由高频高压引火、低频低压燃弧可以产生交流电弧。交流电弧是介于直流电弧和电火花之间的一种电源。交流电弧的电极头温度较直流电弧低，不利于难挥发元素的挥发；但是弧温高于直流电弧，有利于元素的激发；有控制放电装置，稳定性好；弧层稍厚，也容易产生自吸现象。适用于一般的光谱定性分析和定量分析。这种激发源常用于金属、合金中低含量元素的定量分析。

③高压电火花：火花放电温度可达 10 000 K 以上，弧焰温度很高，激发能量大，可激发电离能高的元素，产生的谱线主要是离子线；由于电火花是以间隙方式工作的，平均电流密度不高，电极头温度较低，不利于元素的蒸发；弧焰半径小，弧层较薄，自吸不严重，适用于高含量元素的分析；稳定性高，重现性好。适用于易熔金属合金样品的分析、高含量元素和难激发元素的定量分析。

④电感耦合等离子体：是利用等离子体放电产生高温的一种新型激发源。常用的 ICP 光源的激发温度为 4 000～6 500 K，适用于光谱定性分析和定量分析。等离子体是指具有相当电离程度的气体，它由离子、电子及未电离的中性粒子组成。其正负电荷密度几乎相等，从整体看它呈电中性，但与一般气体不同，等离子体可以导电。ICP 的主要特点：能产生具有很高的激发温度的环状通道，具有较高的稳定性，电极放电较稳定；检出限低、稳定性好、精密度高、灵敏度高、基体效应小、光谱背景小、准确度高、自吸效应小、工作线性范围宽；但对非金属元素测定灵敏度低、仪器价格昂贵、维持费用较高。

（2）分光系统。分光系统可将样品中待测元素的激发态原子或者离子所发射的特征光经分光后得到按波长顺序排列的光谱。原子发射光谱的分光仪主要采用三种类型，包括滤光片、棱镜和光栅。

①滤光片：当采用低级烷烃火焰作为激发源时，由于火焰温度较低，只有较少元素的原子能产生较强的发射线，且各自的原子发射光谱波长相差较大，此时只需滤光片便可以使谱线分离。主要用于火焰光度计。

②棱镜：是利用棱镜对不同波长的光有不同的折射率来实现分光的，可用来色散紫外、可见和红外辐射。

③光栅：光栅通常由一个镀铝的光学平面或凹面上刻有等距离的平行沟槽组成。它利用光在光栅上产生的衍射和干涉来实现分光。光栅比棱镜具有更高的色散与分辨能力。

（3）检测放大系统。检测放大系统可将原子的发射光谱记录和检测出来，进行分析。

常用的检测方法有看谱法、摄谱法和光电直读法。看谱法仅适用于可见光波段,常用仪器为看谱镜,专门用于钢铁及有色金属的半定量分析。摄谱检测系统(摄谱法):利用感光板记录光谱、摄谱、显影、定影、放大比较。光电检测系统(光电直读法):利用光电转换器连接在分光系统的出口狭缝处,将谱线的光信号变成电信号,放大后直接由指示仪表显示。通过同标准谱图相比较,或者通过比长计测定待测谱线的波长来进行定性分析;通过测微光度计测定谱线的强度可进行定量分析。

(4)记录显示系统:记录并输出分析结果。

2.3.3　原子发射光谱分析中的干扰及消除

原子发射光谱分析中的干扰分为光谱干扰和非光谱干扰两种。

(1)光谱干扰:发射光谱分析中最重要的光谱干扰是背景干扰。带状光谱、连续光谱、光学系统的杂散光等都会造成光谱的背景。光源中未离解的分子所产生的带状光谱是传统光源背景的主要来源。光源温度越低,未解离的分子就越多,背景就越强。如在空气中使用石墨电极时,碳会与空气中的氮在高温下生成氰,它在 $360\sim450$ nm 波长范围内会辐射出几个很强的氰分子谱带。若被测元素的灵敏线在此波长范围内,氰带就会影响被测元素的测定,甚至使得分析无法进行。若改用金属电极或在不含氮的气氛中进行激发就可以有效地消除氰带的干扰。校准背景的方法包括校准法和等效浓度法。

(2)非光谱干扰:主要来源于试样组成对谱线强度的影响,亦被称为基体效应。这种影响与试样在光源中的蒸发和激发过程有关。

物质经过原子化后,原子或者离子在等离子体温度下被激发,激发态的原子或者离子跃迁回较低能级或者基态,发射一定波长的特征辐射。激发的温度与光源等离子体中主体元素的电离能有关,电离能越低,则激发温度越低;电离能越高,则激发温度越高。所以,激发温度受试样基体组成的影响,进而会影响谱线的强度。

此外,标准试样与试样的基体组成差异常常较大,会存在基体效应,使得测量结果产生误差。所以应尽量采用基体成分与试样一致的标准试样,但是实际试样种类繁多,很难做到都有合适的标准试样。在实际工作中常向试样和标准试样中加入一些添加剂来减小此类基体效应,提高分析的准确性和灵敏度。

2.3.4　原子发射光谱分析方法

各种元素的原子结构不同,在激发光源的作用下,每种元素都会发射自己的特征光谱。原子发射光谱分析方法可以分为定性分析、半定量分析和定量分析三种。

(1)定性分析——铁光谱比较法。

光谱定性分析一般采用摄谱法,最常用的定性分析方法是铁光谱比较法,也称为标准光谱图比较法。摄谱法是指样品中所有元素只要达到一定含量,都可以有谱线射谱在感光板上。该种方法操作简单、价格便宜、方便快速,是目前定性检测的最好方法。

采用铁的光谱作为波长的标尺,判断其他元素的谱线是否存在。这是由于铁的谱线较多,且分布在相当广的波长范围内($210\sim660$ nm 内有几千条谱线),谱线间相距很近且每条谱线波长都已经精确测定,载于谱线表内,有标准光谱图对照进行分析。将待测样品和纯铁同时并列摄谱于同一块感光板上,摄得的谱片置于映谱仪(放大仪)上放大 20 倍,再与标准光谱图进行比较。标准光谱图是在相同条件下,在铁光谱上方准确地绘出 68 种元素的逐条谱线并放大 20 倍的图片。在映谱仪上先用摄得的铁谱和元素标准光谱图中的铁谱对准,然后检查样品中的元素谱线,如果待测元素的谱线与标准光谱图中标明的某元素谱线重合,则可认为试样中可能存在该种元素,一般需要出现 3～5 条该元素的灵敏线,铁光谱比较法可同时进行多元素分析鉴定。

　　每种元素发射的特征谱线有多有少,多的可达几千条。当进行定性分析时,不需要将所有的谱线全部检出,只需检出几条合适的谱线就可以了。进行分析时所使用的谱线称为分析线。如果只检到某元素的一条谱线,不能断定该元素确实存在于样品中,因为有可能是其他元素谱线的干扰。检出某元素是否存在,必须有两条以上不受干扰的最后线与灵敏线。灵敏线多是共振线。最后线是指当样品中某元素的含量逐渐减少时,最后仍能观察到的几条谱线,它也是该元素的最灵敏线。

　　(2)半定量分析——比较黑度法。

　　光谱半定量分析常采用摄谱法中的比较黑度法。配制一个基体与样品组成近似的被测元素的标准系列。在相同条件下,在同一块感光板上标准系列与样品并列摄谱;然后在映谱仪上用目视法直接比较样品与标准系列中被测元素分析线的黑度。若黑度相同,则可作出样品中被测元素含量与标准样品中某个被测元素含量近似相等的判断。光谱半定量分析可以给出样品中某元素的大致含量。若分析任务对准确度要求不高,多采用光谱半定量分析。如对钢材与合金的分类、矿产品位的大致估计等,特别是分析大批样品时,采用光谱半定量分析,尤为简单而快速。

　　(3)定量分析——计算发射谱线强度。

　　谱线强度 I 与试样中元素浓度 C 的函数关系:
$$I = aC \tag{2.15}$$
式中,a 为与试样组成、试样形态、谱线性质、实验条件等有关的常数。此为进行光谱定量分析的基本关系式。

　　当考虑谱线自吸时,有
$$I = aC^b \tag{2.16}$$
式中,b 为自吸系数。当浓度很小无自吸时,$b=1$。

　　由于 a 受多种条件的影响,在实验中很难保持为常数,通常不采用绝对强度进行光谱定量分析,而是采用"内标法"。

　　在被测元素的谱线中选择一条作为分析线,在基体元素的谱线中选择一条与分析线激发电位和电离电位相近的谱线作为内标线,这两条谱线组成所谓的分析线对。分析线和内标线的绝对强度的比值称为相对强度。内标法就是根据测量分析线对的相对强度进行定量分析的。该方法可以在很大程度上消除光源放电不稳定等因素带来的影响,因为光源变化对分析线和内标线的影响基本是一致的,即分析线和内标线的相对影响不大,这也是内标法的重要优点。

　　设分析线强度为 I,内标线强度为 I_0,被测元素浓度与内标元素浓度分别为 C 和 C_0,b 和 b_0 分别为分析线和内标线的自吸系数,则

$$I = aC^b \tag{2.17}$$
$$I_0 = a_0 C_0^{b_0} \tag{2.18}$$

分析线强度与内标线强度之比 R 称为强度比：

$$R = I/I_0 = aC^b/(a_0 C_0^{b_0}) \tag{2.19}$$

式中，内标元素 C_0 为常数，实验条件一定时，$A = a/(a_0 C_0^{b_0})$ 为常数，则

$$R = I/I_0 = AC^b \tag{2.20}$$

两边取对数，可得

$$\log R = b\log C + \log A \tag{2.21}$$

此式为内标法光谱定量分析的基本关系式。

通常对于内标元素的选择可遵循以下原则。金属光谱分析中的内标元素一般用基体元素。矿石光谱分析中，由于组分变化很大，且基体元素的蒸发行为与待测元素也多不相同，故一般都不用基体元素作为内标元素，而是加入定量的其他元素，此时加入的内标元素应该符合下列几个条件：

①内标元素与被测元素在光源作用下应有相近的蒸发性质。

②内标元素若是外加的，必须是试样中不含或含量极少可以忽略的。

③分析线对选择需匹配。两条都是原子线或离子线。

④分析线对两条谱线的激发能相近。若内标元素与被测元素的电离能相近，分析线对激发能也相近，这样的分析线对称为"均匀线对"。

⑤分析线对波长应尽可能接近。分析线对两条谱线应没有自吸或自吸很小，并不受其他谱线的干扰。

⑥内标元素含量要恒定。

原子发射光谱定量分析方法分为标准曲线法和标准加入法两种。

①标准曲线法。在确定的分析条件下，用三个或三个以上含有不同浓度被测元素的标准试样与试样在相同的条件下激发光谱，以分析线强度 I、内标分析线对的强度比 R 或 $\log R$ 对浓度 C 或 $\lg C$ 作校准曲线。再由校准曲线求得试样被测元素含量。

②标准加入法。当测定低含量元素时，找不到合适的基体来配制标准试样时，一般采用标准加入法。设试样中被测元素含量为 C_x，在几份试样中分别加入不同浓度 C_1、C_2、C_3 的被测元素；在同一实验条件下，激发光谱，然后测量试样与不同加入量试样内标分析线对的强度比 R。在被测元素浓度低时，自吸系数 $b=1$，$R-C$ 图为一直线，将直线外推，与横坐标相交截距的绝对值即为试样中待测元素含量 C_x。

2.4　原子荧光光谱分析的基本原理和技术

原子荧光光谱法是 20 世纪 60 年代初期由 Winfordner 和 Vickers 提出原子荧光分析技术后发展起来的一种原子光谱分析方法。它是利用光能激发产生的原子荧光谱线的波长和强度进行物质的定性定量分析的方法，属于光致激发。原子荧光光谱与原子发射光谱均为激发态原子发射的线光谱，不同点是激发的机理不同。原子发射光谱是电能或热能激发，遵守玻尔兹曼定律，粒子非弹性碰撞而被激发；原子荧光光谱属于光致激发，不遵

守玻尔兹曼定律,原子荧光光谱发射的谱线较原子发射光谱简单。

2.4.1　原子荧光光谱的产生

气态和基态原子吸收了光谱的特征辐射后,原子的外层电子跃迁到较高能级,然后又返回到基态或较低能级,同时发射出与原激发光波长相同或者不同的光辐射,即为原子荧光。原子荧光为光致发光(PL),当光辐射停止激发时,荧光发射就立即停止。此外,当激发态原子与其他离子碰撞时,有一部分能量变成热运动或其他形式的能量,因而会发生无辐射的去激发过程,使荧光强度降低或者消失,称为荧光的猝灭。

(1)原子荧光的分类。

原子荧光分为共振荧光、非共振荧光和敏化荧光三种,图 2.8 所示为共振荧光和非共振荧光产生机理图。其中非共振荧光包括斯托克斯(Stokes)荧光和反 Stokes 荧光,而 Stokes 荧光又分为直跃线荧光和阶跃线荧光。图中 A 为光吸收过程,F 为光发射过程,H_1 为热助激发过程,H_2 为无辐射跃迁过程。

①共振荧光:气态自由原子吸收共振线被激发后,再发射与原吸收波长相同的荧光称为共振荧光,如图 2.8(a)中的 A 与 F。锌、镍和铅原子分别吸收和发射 213.86 nm、232.00 nm 和 283.31 nm 共振线,是共振荧光的典型例子。若核外层电子先被热助激发(H_1)处于亚稳态(E_1),吸收激发光源中适宜的共振线后被激发至激发态(E_2),然后发射出与吸收频率相同的共振荧光,这一过程产生的荧光称为热助共振荧光,如图 2.8(a)中的 A′ 与 F′。铟和镓原子分别吸收并再发射 451.13 nm 和 417.21 nm 共振线,是对应于热助共振荧光的例子。共振荧光的跃迁概率最大,荧光强度最强,在原子荧光分析中最为常用。

②非共振荧光:非共振荧光是指激发波长与发射波长不相同的荧光,主要分为 Stokes 荧光和反 Stokes 荧光。Stokes 荧光所发射光辐射频率比所吸收光辐射的频率低,而反 Stokes 荧光所发射光辐射频率比所吸收光辐射的频率高。根据斯托克斯荧光产生的机理不同,又可分为直跃线荧光和阶跃线荧光。

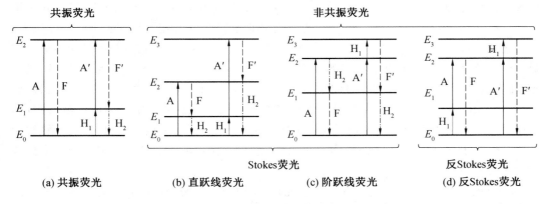

图 2.8　共振荧光和非共振荧光产生机理图

a.直跃线荧光:是指激发谱线和荧光谱线的高能级相同时所产生的荧光。即原子受到光辐射而被激发,从基态(E_0)跃迁到较高的激发态(E_2),然后直接跃迁到能量高于基态的亚稳态能级(E_1),发射出波长比激发光波长要长的原子荧光,如图 2.8(b)中的 A 与 F。基态(E_0)受热助激发(H_1)至亚稳态(E_1)的原子核外层电子被激发至较高的激发态(E_3),跃迁回较低激发态(E_2)时所发射的荧光称为热助直跃线荧光,如图 2.8(b)中的 A′与 F′。处于基态的铅原子吸收 283.31 nm 谱线,随后发射 405.78 nm 和 722.90 nm 谱线是简单直跃线荧光的典型例子。类似的例子还有铊、铟和镓的基态原子吸收 377.55 nm、410.18 nm 和 403.30 nm 谱线而被激发,并分别发射 535.05 nm、451.13 nm 和 417.21 nm 谱线。

b.阶跃线荧光:是指当激发谱线和发射谱线的高能级不同时所产生的荧光,也分为正常阶跃线荧光和热助阶跃线荧光两种类型。正常阶跃线荧光是基态(E_0)原子核外层电子被激发至较高的激发态(E_2),以非辐射形式(H_2)跃迁回较低能级(E_1),再以光辐射形式返回基态(E_0)而发射出的荧光,如图 2.8(c)中的 A 与 F。热助阶跃线是原子核外层电子被激发至较高的激发态(E_2)后,受热助(H_1)过程进一步被激发至激发态(E_3),以光辐射形式返回较低激发态(E_1)而发射出荧光,如图 2.8(c)中的 A′与 F′。只有在两个或两个以上的能级能量相差很小,足以由于吸收热能而产生由低能级向高能级跃迁时,才能发生热助阶跃线荧光。如钠原子吸收 330.30 nm 谱线被激发后,发射出 589.00 nm 的荧光谱线,即属于正常阶跃线荧光。

c.反斯托克斯荧光:是指荧光谱线波长比激发谱线波长短的荧光。光子能量的不足,通常由热能所补充,因而也可以称为"热助荧光"。反斯托克斯荧光也有两种发射荧光的方式:一种是受热助激发(H_1)至亚稳态(E_1)的原子核外层电子被光辐射激发至激发态(E_2),由激发态(E_2)跃迁回基态(E_0)时发射出的荧光,如图 2.8(d)中的 A 与 F;另一种是基态(E_0)原子核外层电子被光辐射激发至较高的激发态(E_2),受热助(H_1)过程进一步激发至激发态(E_3),由激发态(E_3)跃迁回基态(E_0)时发射出的荧光,如图 2.8(d)中的 A′与 F′。很明显,反斯托克斯荧光是直跃线荧光或阶跃线荧光的特殊情况。铟有一较低的亚稳能级,吸收热能后处在这一能级上的原子可吸收 451.13 nm 的辐射而被进一步激发,然后跃迁至基态发射 410.18 nm 的荧光。铬原子吸收 359.35 nm 的辐射被激发后再吸收热能跃迁到更高能态,然后发射出很强的 357.87 nm、359.35 nm 和 360.53 nm 三重谱线。应该指出,与反斯托克斯荧光一起往往同时会产生在特定共振波长上的共振荧光。

③敏化荧光:受光辐射激发的原子(给予体)与另一个原子碰撞时,把激发能传递给这个原子并使其激发,受碰撞被激发的原子以光辐射形式跃迁回基态或低能态而发射出荧光,即为敏化荧光。铊和高浓度的汞蒸气相混合,用 253.65 nm 汞线激发,可观察到铊原子 377.57 nm 和 535.05 nm 的敏化荧光。产生敏化荧光的条件是给予体的浓度要很高,而在火焰原子化器中原子浓度通常是较低的,同时给予体原子主要是通过碰撞去激发,所以在火焰原子化器中,难以观察到原子敏化荧光,但在某些非火焰原子化器中能观察到这类荧光。

除上述三种荧光之外,还有多光子荧光,是指原子吸收两个(或两个以上)相同光子的能量跃迁到激发态,随后以辐射跃迁形式直接跃迁到基态所产生的荧光。因此,对双光子荧光来说,其荧光波长为激发波长的二分之一。在原子荧光光谱分析中,共振荧光是最重要的测量信号,其应用最为普遍。当采用高强度的激发光源(如激光)时,所有的非共振荧光,特别是直跃线荧光也是很有用的。由于敏化荧光和多光子荧光的强度很低,在分析中很少应用。在实际的分析中,非共振荧光比共振荧光更具优越性,因为此时激发波长与荧光波长不同,可以通过色散系统分离激发谱线,从而达到消除严重的散射光干扰的目的。另外,通过测量那些低能级(不是基态)的非共振荧光谱线,还可以克服因自吸效应所带来的影响。

(2)荧光强度与浓度的关系。

气态和基态原子核外层电子对特定频率光辐射的吸收强度(I_a)、发射出的荧光强度(I_f)和荧光量子效率(ϕ)的关系为

$$I_f = \phi I_a \tag{2.22}$$

依据原子吸收定量关系式:

$$A = 0.43 \frac{2}{\Delta\nu_D}\sqrt{\frac{\ln 2}{\pi}}\frac{\pi e^2}{mc}fN_0 L = kLN_0 \tag{2.23}$$

将式(2.23)代入式(2.22)得到

$$I_f = \phi I_0 [1 - \exp(-kLN_0)] \tag{2.24}$$

上式经级数展开和忽略级数展开项中高幂次方项后,得到

$$I_f = \phi I_0 kLN_0 \tag{2.25}$$

因为 N_0 正比于试样的浓度 C,所以

$$I_f = KC \tag{2.26}$$

式(2.26)是原子荧光光谱法定量分析的依据,K 为常数。

受到光激发的原子,可能发射共振荧光,也可能发射非共振荧光,还可能无辐射跃迁至低能级,所以量子效率一般小于 1。

(3)原子荧光光谱的特点。

①检出限低、灵敏度高。尤其是锌、镉等元素的检出限比其他分析方法低 1～2 个数量级,Cd 为 0.001 ng/cm,Zn 为 0.04 ng/cm。现已有 20 多种元素低于原子吸收光谱法的检出限。由于原子荧光的辐射强度与激发光源成比例,采用新的高强度光源可进一步降低其检出限。

②干扰较少、谱线简单。采用日盲光电倍增管和高增益的检测电路,可制作非色散原子荧光分析仪,这种仪器结构简单,操作简便。

③同时进行多元素测定。原子荧光是向各个方向进行辐射的,便于制作多道仪器,可同时进行多元素测定;另外用高强度的连续光源和电子计算机控制的快速扫描仪器,可以大大提高原子荧光分析的效率。

④分析曲线的线性好。尤其是用激光光源作为激发光源时,分析曲线的线性范围要比其他光度法宽 2～3 个数量级。

(4)原子荧光光谱的应用。

原子荧光光谱分析可以用于辅助理论研究,也可以用于测试某些原子光谱常数,如原子在火焰中的阻尼常数、受激原子的寿命、二级碰撞的有效原子截面、各种气体受激原子的特殊猝灭截面及扩散研究等。原子荧光光谱分析的应用领域极其广泛,包括冶金、地质、石油、农业、生物医学、地球化学、环境化学、材料化学、食品、医学等。

例如:原子荧光光谱仪能让医学人员掌握到样品内精准的元素含量,而且还可以通过对不同药品或不同检测样品的分析检测,检查出医学领域中的各种不同元素,帮助提供有效的数据分析及科研或治疗方案参考。在各种食品加工生产领域,可以进行有效的分析,分析出食品中各种成分的含量从而有效地进行生产控制,并可以用来对不同的食品进行质量的评价或反馈。在地质行业经常会使用到原子荧光光谱仪进行不同元素的检测,可以通过对不同地质或地表物质的检测分析检测出不同元素的存在,以便于地质领域进行各种数据分析及研发并进行后续开发工作。原子荧光光谱对于国家标准的制定也起到了关键的作用,如天然饮用矿泉水和生活饮用水中 Se、As、Hg 的含量测定;食品卫生检验中 As、Pb、Hg、Se、Sb、Sn、Ge 的含量测定等。

2.4.2 原子荧光光谱仪

原子荧光光谱法的原理是待测试液转化为原子蒸气,吸收特征波长的光能后由基态激发到高能态,由高能态返回基态时发射出共振荧光。单色器分离出荧光,将此光信号转变为电信号后放大,再输出分析数据。

与原子吸收光谱仪类似,原子荧光光谱仪也包括光源、原子化系统、单色器、检测器、处理器几部分。在原子荧光光谱仪中,激发光源与检测器设置为直角,这是为了避免激发光源发射的辐射对原子荧光检测信号的影响。

(1)激发光源:在原子荧光光谱中激发光源可以使用锐线光源,如高压空心阴极灯、无极放电灯、激光等;也可以使用连续光源,如高压氙灯。由于原子荧光是二次发光,而且产生的原子荧光谱线比较简单,因此,受吸收谱线分布和轮廓的影响并不显著,可以使用连续光源。连续光源稳定、调谐简单、寿命长,能用于多元素同时分析,但检出限较差;锐线光源辐射强度高,稳定,检出限好。

(2)原子化器:原子荧光光谱仪中的原子化器与原子吸收光谱仪中的原子化器相同。

(3)色散系统:原子荧光光谱仪分为色散型和非色散型,两种光谱仪的主要区别在于色散系统。色散型光谱仪以光栅为色散元件;非色散型光谱仪则用滤光器分离分析线和邻近谱线,可降低背景。

(4)检测系统:色散型原子荧光光度计采用光电倍增管。非色散型原子荧光光度计则多采用日盲光电倍增管,它的光阴极由 Cs—Te 材料制成,对 $160 \sim 280$ nm 波长的辐射灵敏度很高,对大于 320 nm 波长的辐射不灵敏。

2.5 原子光谱分析方法的研究进展

原子发射光谱(AES/OES)可对物质的组成进行元素的定性与定量分析,其中最常用的为电感耦合等离子体(ICP)原子发射光谱,具有稳定性好、检出限低、快速分析、抗干扰能力强等特点,在诸多领域具有重要应用。

在锂金属电池方面,加州大学圣地亚哥分校孟颖教授联合中国科学院宁波材料所刘兆平及周旭峰团队,报告了一种用于定量区分 Ah 级锂金属软包电池中循环锂金属负极中的活性 Li^0 和非活性 Li^0 的分析方法,从而揭示实际锂金属电池的真实可逆性和不可逆性的比例,其中分离的活性 Li^0 则采用电感耦合等离子体光谱(ICP—OES)进行定量分析。通过使用这种定量分析方法以及定性形态表征,可以揭示锂金属负极的组成和结构演变,明确不同条件下(包括堆叠压力、充电/放电速率、截止电压和工作温度)镀/脱锂可逆性的差异,确定了一组描述实际电池中镀/脱锂隐藏行为的关键参数(图 2.9),是深入了解锂金属负极电化学行为和评估锂金属电池真实可逆性的有力工具。

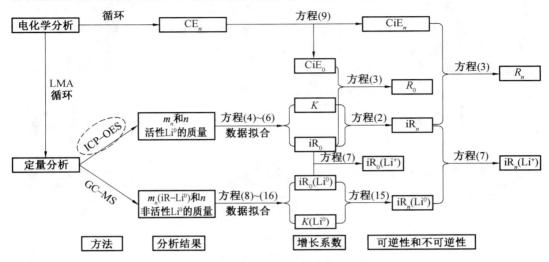

图 2.9 描述锂金属电池中镀/脱锂隐藏行为关键参数的计算路径(图中量和方程引自参考文献[2])
LMA—锂金属阳极;GC—MS—气相色谱—质谱法

除此之外,德国明斯特大学 Till—Niklas Kröger 团队采用分类(CL)—单粒子(SP)—ICP—OES 技术直接观察了锂离子电池电极中多晶 $Li(Ni_{0.5}Mn_{0.3}Co_{0.2})O_2$(NMC532)层状过渡金属氧化物的粒子间电荷状态的分布。实验设计示意图如图 2.10 所示。该方法能够快速筛选单个阴极活性材料粒子的锂含量,从而对电极中不同粒子之间的中观尺度电荷状态分布进行统计学上合理的阐明。该团队深入讨论了所研究的 NMC532 的局部化学和结构分支对非均相活性材料利用的影响,发现电极的电荷状态不均一性与电流密度密切相关。通过直接的量化方法进一步研究了与容量衰减相关的容量利用率的降低,揭示了持续不活跃的锂对容量衰减的显著贡献。对于容量衰减机制分析,研究结果强调了对于层状锂过渡金属氧化物电池电极的持续中观尺度电荷密度异质性分析具有重要意义。

在催化剂方面,荷兰乌得勒支大学 Krijin P.de Jong 等人通过离子交换技术控制了 Pt—沸石—氧化铝复合催化剂上的 Pt 位置,使用 $Pt(NH_3)_4(NO_3)_2$ 作为 Pt 前体,或使用 H_2PtCl_6 控制离子吸附,通过电感耦合等离子体光谱法确定了复合催化剂中 Pt 的实际载量,发现在沸石或氧化铝黏结剂表面形成 Pt 团簇,而不是在沸石通道内部形成 Pt 团簇,可以减少 Pt 用量,提高同分异构体选择性,同时保持最佳性能。

在农业工程技术方面,电感耦合等离子体光谱法常与其他检测手段联用,有效增强了其应用范围。近期,葡萄牙科英布拉大学 Beatriz Rito 团队采用电感耦合等离子体质谱仪(ICP—MS)压缩校准了矿渣生物金属。通过研究经生物处理的葡萄牙 Panasqueira 矿

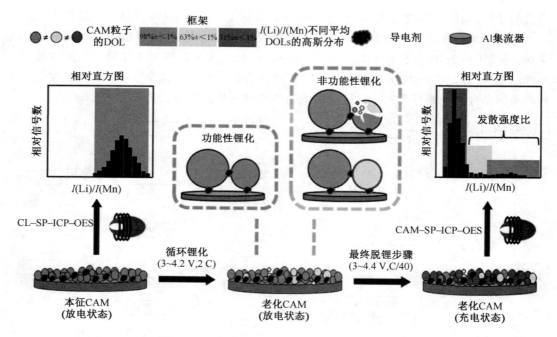

图 2.10 CL—SP—ICP—OES实验设计示意图

CAM—阴极活性材料;DOL—锂化程度

场尾矿释放的金属,从而制订提高矿场废渣中关键金属相对浓度的策略。比较了对当地微生物群的生物刺激和使用本土 Diaphorobacter polyhydroxybutyrativorans 菌株(B2A2W2)的生物增强方法。采用 ICP—MS 对浸出液中释放的金属进行多元素外标分析,用较少的数据点进行校准的策略被证明是有效的,并加快了分析过程。基于初步的 ICP—MS 强度测量,开发了一种新的数据处理方法,即用初步的 ICP—MS 强度扫描来量化浸出液中非初始目标金属的浓度。

原子荧光光谱法(AFS)的灵敏度较原子吸收光谱法高,仪器简单,采集和运行成本低,是常见的原子光谱法,已广泛应用于各领域的痕量元素 Cd、Se、Zn、Hg、As、Sb、Sn、Pb、Ga 和 In 等的分析测定。黄珂等人开发了一种无须色谱分离的新型紫外原子化原子荧光光谱法(UV—AFS),用于测定食物样品中汞(无机汞 Hg^{2+} 和甲基汞$MeHg^+$)的定量形态。使用 $0.1\%(m/V)KBH_4$ 作为还原剂,通过使用非紫外线辐射模式测量了无机汞。在紫外原子化下,由 KBH_4 生成的挥发性 $MeHg^+$ 氢化物(MeHgH)可以转化为元素汞蒸气,并且在该 UV—AFS 模式下检测总 $Hg(MeHg^+$ 和 $Hg^{2+})$。在优化的实验参数条件下,Hg^{2+} 和 $MeHg^+$ 的检出限分别为 $0.015 ng/mL$ 和$0.081 ng/mL$。

类似地,原子荧光光谱法可以用于检测泥炭地土壤剖面中的汞浓度,B.M.Toner等采用冷蒸气原子荧光光谱法对甲基汞(MeHg)浓度与有机二硫化物的空间相关性展开研究,发现二者存在显著的正空间相关($p<0.05$)。同时观察到有机单硫化物与甲基汞之间存在显著的负相关,这与通过络合反应降低汞(Ⅱ)的生物利用度结果一致。相关研究结果指出了无论是作为底物和产物,或是 Hg(Ⅱ)生物利用度的潜在抑制剂,有机硫物质在汞甲基化过程中均具有重要的作用。对于具有亚摩尔浓度的泥炭地系统孔隙水硫酸盐和

硫化氢浓度,具有大硫浓度范围的固相硫池更易于微生物的活动或与孔隙水的交换。

徐等人采用液相色谱结合原子荧光光谱法,对水中硒元素含量进行检测,提出一种通过引入 Cd 离子交换的光化学催化器,其原理在于 Cd 离子的引入能够有效地与 Se 元素形成均一的 CdSe 荧光纳米材料,进而能够产生增强的原子荧光光谱,有效提供对不同水质中 Se 元素的监测。通过优化检测液成分及浓度,Se(Ⅳ)/Se(Ⅵ) 的检出限为 0.49/0.78 ng/mL。

习　题

1. 当用火焰原子吸收光谱法测定浓度为 10 mg/mL 的某元素的标准溶液时,光强减弱了 20%,若在同样条件下测定浓度为 50 mg/mL 的溶液,光强将减弱多少?

2. 用原子吸收光谱法测定试液中的 Pb,准确移取 50 mL 试液两份,采用铅空心阴极灯在波长 283.3 nm 处,测得一份试液的吸光度为 0.325,在另一份试液中加入浓度为 50.0 mg/L 的铅标准溶液 300 mL,测得吸光度为 0.670。计算试液中铅的质量浓度(g/L)为多少?

3. 在原子吸收光谱分析中,Zn 的共振线为 Zn_I 213.9 nm,已知 $g_j/g_0=3$,试计算处于 3 000 K 的热平衡状态下,激发态锌原子和基态锌原子数之比。已知玻尔兹曼常数 $k_B=1.38×10^{-23}$ J/K。

4. 以原子吸收光谱法分析尿样中铜的含量,分析线为 324.8 nm。测得数据如表 2.1 所示,计算试样中铜的质量浓度(mg/mL)。

表 2.1　原子吸收光谱法分析尿样中铜含量时测得的数据

加入铜的质量浓度/(mg·mL^{-1})	吸光度 A
0.0	0.28
2.0	0.44
4.0	0.60
6.0	0.757
8.0	0.912

5. 测定血浆试样中锂的含量时,将三份 0.50 mL 血浆试样分别加至 5.0 mL 水中,然后在这三份溶液中加入(1)0 mL、(2)10.0 mL、(3)20.0 mL 的 0.05 mol/L LiCl 标准溶液,在原子吸收分光光度计上测得读数(任意单位)依次为(1)23.0、(2)45.3、(3)68.0。计算此血浆中锂的质量浓度。

6. 用原子吸收光谱法测锑,用铅作为内标。取 5.0 mL 未知锑溶液,加入 2.0 mL 4.13 mg/mL 的铅溶液并稀释至 10.0 mL,测得 $A_{Sb}/A_{Pb}=0.808$。另取相同浓度的锑和铅溶液,$A_{Sb}/A_{Pb}=1.31$,计算未知溶液中锑的质量浓度。

7. 用原子吸收分光光度法分析尿样品中的铜,分析线为 324.8 nm。由一份尿样得到的吸光度读数为 0.28,在 9 mL 尿样中加入 1 mL 4.0 mg/mL 的铜标准溶液,这一混合液得到的吸光度读数为 0.835,问尿样中铜的浓度是多少?

8. 原子吸收光谱法存在哪些主要的干扰?如何减少或消除这些干扰?

9.何谓锐线光源？在原子吸收光谱分析中为什么要用锐线光源？

10.在原子吸收光谱分析中,若采用火焰原子吸收光谱法,是否火焰温度越高,测定灵敏度就越高？为什么？

11.从工作原理、仪器设备上比较原子吸收光谱法及原子荧光光谱法。

12.为什么一般原子荧光光谱法比原子吸收光谱法对低浓度元素含量的测定更具有优越性？

13.原子吸收光谱中为什么选择共振线作为吸收线？

14.简述空心阴极灯的工作原理。

15.区分原子吸收光谱法定量分析时采用的标准曲线法和标准加入法。

本章参考文献

[1] 汪正.原子光谱分析基础与应用[M].上海:上海科学技术出版社,2015.

[2] DENG W,YIN X,BAO W,et al.Quantification of reversible and irreversible lithium in practical lithium-metal batteries[J].Nature Energy,2022,7:1031-1041.

[3] KRÖGER T-N,HARTE P,KLEIN S,et al.Direct investigation of the interparticle-based state-of-charge distribution of polycrystalline NMC532 in lithiumion batteries by classification-single-particle-ICP-OES[J].Journal of Power Sources,2022,527:231204.

[4] CHENG K,SMULDERS L C J,VAN DER WAL L I,et al.Maximizing noble metal utilization in solid catalysts by control of nanoparticle location[J].Science,2022,377(6602):204-208.

[5] RITO B,ALMEIDA D,COIMBRA C,et al.Post-measurement compressed calibration for ICP-MS-based metal quantification in mine residues bioleaching[J].Scientific Reports,2022,12(1):16007.

[6] YAO Z,LIU M,LIU J,et al.Sensitivity enhancement of inorganic arsenic analysis by in situ microplasma preconcentration coupled with liquid chromatography atomic fluorescence spectrometry [J].Journal of Analytical Atomic Spectrometry,2020,35(8):1654-1663.

[7] HU P,WANG X,YANG L,et al.Speciation of mercury by hydride generation ultraviolet atomization-atomic fluorescence spectrometry without chromatographic separation [J].Microchemical Journal,2018,143:228-233.

[8] PIERCE C E,FURMAN O S,NICHOLAS S L,et al.Role of ester sulfate and organic disulfide in mercury methylation in peatland soils [J].Environmental Science Technology,2022,56(2):1433-1444.

[9] LI M,XIA H,LUO J,et al.Homogeneous catalysis for photochemical vapor generation for speciation of inorganic selenium by high performance liquid chromatography-atomic fluorescence spectrometry [J].Journal of Analytical Atomic Spectrometry,2021,36(10):2210-2215.

第 3 章 红外光谱分析方法

早在 1800 年,Herschel 就通过实验证实了红外线的存在,但由于红外线的检测比较困难,因此直到 20 世纪初才较系统地研究了几百种有机和无机化合物的红外吸收光谱,并发现了某些吸收谱带与分子基团间存在着相互关系。此时,红外光谱开始逐渐被人们所重视。到 20 世纪 30 年代,化学家开始考虑把红外光谱作为分析工具的可能性,并且着手研制红外光谱仪,20 世纪 40 年代开始,商业红外光谱仪开始投入应用。1970 年以后,傅里叶变换红外光谱仪(FTIR)出现并普及,其他红外测定技术,如全反射红外、显微红外、光声光谱、气相色谱—红外、液相色谱—红外联用等技术不断发展,陆续开展了大量的红外光谱研究工作,积累了丰富的资料。现在红外光谱法已经成为有机结构分析中最成熟和最主要的手段之一。

红外光谱法使用广泛,是根据物质分子对红外辐射的特征吸收来鉴别分子结构的方法。红外光谱最重要的应用是中红外区有机化合物的结构鉴定,因此本章重点讲解中红外光谱法。在中红外区内,几乎所有的有机物和有特定原子团的无机物都有其特征峰,这是中红外光谱法得以应用的基础。但因该区集中了太多的信息,使得该区的图谱非常复杂,相邻峰之间重叠严重,给分析鉴定带来了困难。近年来,红外光谱的定量分析也有不少报道,尤其是近红外区和远红外区的定量报道。如近红外区用于含有与 C、N、O 等原子相连基团化合物的定量研究,远红外区用于无机化合物的定量研究等。

因为分子振动不是完全的协调振动,有很多非协调性。近红外光谱法是以禁带跃迁的谐波和组合频率为基础的光谱法。谐波和组合频率发生率低,吸收比中红外弱。因此,近红外光谱法是处理非常弱带的光谱法。但是,因为只有质量较轻的原子形成的官能团或原子团等能在近红外区有吸收,所以近红外光谱较简单。加之近红外光谱由倍频和合频吸收峰组成,使邻近的吸收峰之间频率差增大,减少了重叠。此外,近红外光谱法基本上属于无损检测,具有前处理简单及无化学污染等特点。中红外光谱给出的是基团振动峰,能通过峰位鉴别出结构信息;近红外光谱则给出的是含氢基团振动的倍频和合频的复杂的信息,必须通过数学手段对所得到的图谱信息进行处理,才能得到所要的信息。

3.1 红外光谱分析概论

自然界中存在大量分子,这些分子并不是静止存在的,而是在不断运动的。分子运动分为移动、转动、振动、分子内的电子运动。因此,分子总能量 $E=E_0+E_t+E_e+E_v+E_r$。其中,分子内的能量 E_0 不随分子运动而改变;分子动能 E_t 只是温度的函数,不产生光谱;和产生光谱有关的能量变化主要为分子内的电子运动能量 E_e、分子的振动能量 E_v、分子的转动能量 E_r。每一种能量都是量子化的,能级的间隔不均匀。每种能量都有一定的基态能级和多个激发态能级。图 3.1 是分子能级示意图。其中,电子的能级间隔 ΔE_e 最大,它从分子的基态到电子激发态的能量间隔一般在 $1\sim20$ eV 之间,电子能级跃迁所吸收的辐射能量在电磁波的可见区和紫外区,因为是价电子跃迁产生的光谱,所以称为电子光谱。振动能级的间隔 ΔE_v 比 ΔE_e 小 10 倍,在 $0.05\sim1$ eV 之间,能级跃迁所吸收的辐射能量在电磁波的中红外区,产生的光谱称为振动光谱。转动能级的间隔 ΔE_r 比 ΔE_v 小 10 倍或 100 倍,小于 0.05 eV,转动能级所吸收的辐射能量一般在电磁波的远红外和微波区,产生的光谱称为转动光谱。

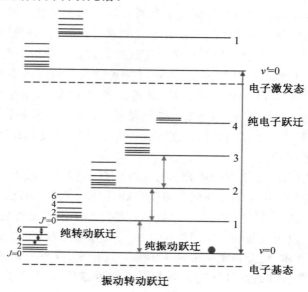

图 3.1　分子能级示意图

　　分子的振动能量比转动能量大,当发生振动能级跃迁时,不可避免地伴随有转动能级的跃迁,所以无法测量纯粹的振动光谱,而只能得到分子的振动—转动光谱,这种光谱称为红外吸收光谱。红外光谱是一种分子吸收光谱,为带光谱。当样品受到频率连续变化的红外光照射时产生分子振动和转动能级从基态到激发态的跃迁,分子振动或转动运动引起偶极矩的净变化,当吸收某些频率的辐射时,使相应于这些吸收区域的透射光强度减弱,产生红外吸收光谱。记录红外光的百分透射比与波数或波长关系曲线,得到红外吸收光谱图,如图 3.2 所示。红外光谱图一般以红外光通过样品的透光度(T,单位为％,也称透射比)或吸光度(A)为纵坐标,以红外光的波数 $\tilde{\nu}$ 或者波长 λ 为横坐标。红外吸收光谱图中一般会反映四个要素,即峰位、峰数、峰形、峰强。在第 3.3 节中将针对该四要素进行详细讲解。

　　在第 1 章介绍过,光具有波粒二象性,光在传播过程中,光速 c、波长 λ 和频率 ν 具有如下关系:

$$c = \lambda\nu \tag{3.1}$$

按照普朗克公式则有

$$E = h\nu = h(c/\lambda) \tag{3.2}$$

式中,λ 为波长,$\lambda = 1/\tilde{\nu}$,$\tilde{\nu}$ 为波数,量纲是 $\mathrm{cm^{-1}}$。

红外光谱中通常使用波数表示吸收谱带的位置,波数代表每厘米距离中包括的电磁波的数目。采用波数表示红外光谱吸收谱带位置的优点是能量随 $\tilde{\nu}$ 的增长呈线性增长,吸收谱带形状的数学描述更加简单,谱带轮廓对称规整。

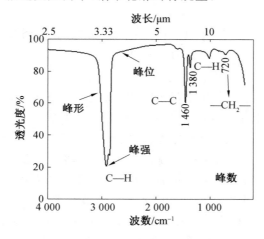

图 3.2　典型的红外吸收光谱图

红外光谱波长范围为 $0.75 \sim 1\,000\ \mu m$,一般将红外光区分为三个区:近红外光区 $0.75 \sim 2.5\ \mu m$;中红外光区 $2.5 \sim 25\ \mu m$;远红外光区 $25 \sim 1\,000\ \mu m$。表 3.1 列出了红外光的波长、波数、频率及能量的取值范围。

表 3.1　红外光的波长、波数、频率及能量的取值范围

波长	$0.75 \sim 1\,000\ \mu m$
波数	$13\,334 \sim 10\ \mathrm{cm^{-1}}$
频率	$3.8 \times 10^{14} \sim 3 \times 10^{11}\ \mathrm{Hz}$
能量	$1.489 \times 10^{-12} \sim 1.986 \times 10^{-15}\ \mathrm{erg}$ $0.924\ \mathrm{eV} \sim 1.239 \times 10^{-3}\ \mathrm{eV}$

3.2　红外光谱法基本原理

红外吸收光谱是由分子振动能级跃迁产生的。因为分子振动能级差为 $0.05 \sim 1.0\ \mathrm{eV}$,比转动能级差($0.000\,1 \sim 0.05\ \mathrm{eV}$)大,因此分子发生振动能级跃迁时,不可避免地伴随转动能级的跃迁,因而无法测得纯振动光谱。为讨论方便,从经典力学理论出发,采用谐振子模型,以双原子分子振动光谱为例说明。若把双原子分子的两个原子(A 和 B)看作两个小球,把连接它们的化学键看成质量可以忽略不计的弹簧,则两个原子间的伸缩振动,可近似地看成沿键轴方向的简谐振动。由量子力学可以证明,该分子的振动总能量(E_n)为

$$E_n = \left(n + \frac{1}{2}\right)h\nu, \quad n = 1, 2, 3, \cdots \tag{3.3}$$

在室温时,分子处于基态$(n=0)$,$E_n=1/2 \cdot h\nu$,此时,伸缩振动的振幅很小。当有红外辐射照射到分子时,若红外辐射的光子(频率为ν_L)所具有的能量(E_L)恰好等于分子振动能级的能量差(ΔE_n)时,则分子将吸收红外辐射而跃迁至激发态,导致振幅增大。此时,分子振动能级的能量差为

$$\Delta E_n = \Delta n h\nu \tag{3.4}$$

此外,光子能量为$E_L=h\nu_L$。于是,可得产生红外吸收光谱的条件为

$$E_L = \Delta E_n \tag{3.5}$$

$$\nu_L = \Delta n\nu \tag{3.6}$$

只有当红外辐射频率ν_L等于振动量子数的差值Δn与分子振动频率ν的乘积时,分子才能吸收红外辐射,产生红外吸收光谱,这是产生红外吸收光谱的必要条件之一。根据玻尔兹曼分布定律可知,一定温度下处于基态的分子数比处于激发态的分子数多。分子吸收红外辐射后,由基态振动能级$(n=0)$跃迁至第一振动激发态$(n=1)$时,所产生的吸收峰称为基频峰,该跃迁概率最大,出现的相应吸收峰的强度也最强。在红外吸收光谱上除基频峰外,还有振动能级由基态$(n=0)$跃迁至第二激发态$(n=2)$、第三激发态$(n=3)$、$\cdots$,所产生的吸收峰称为倍频峰。因为$\Delta n=1$时,$\nu_L=\nu$,所以基频峰的位置(ν_L)等于分子的振动频率ν。由$n=0$跃迁至$n=2$时,振动量子数的差值$\Delta n=2$,则$\nu_L=2\nu$,即吸收的红外线谱线ν_L是分子振动频率的二倍,产生的吸收峰称为二倍频峰。由$n=0$跃迁至$n=3$时,振动量子数的差值$\Delta n=3$,则$\nu_L=3\nu$,即吸收的红外线谱线ν_L是分子振动频率的三倍,产生的吸收峰称为三倍频峰。其他类推。实际上,由于分子的非谐振性质,各倍频峰并非正好是基频峰的整数倍,而是略小一些。在倍频峰中,二倍频峰还比较强。三倍频峰以上,因跃迁概率很小,一般都很弱,常常不能测到。除此之外,还有合频峰$(\nu_1+\nu_2,2\nu_1+\nu_2,\cdots)$、差频峰$(\nu_1-\nu_2,2\nu_1-\nu_2,\cdots)$等,这些峰多数很弱,一般不容易辨认。倍频峰、合频峰和差频峰统称为泛频峰。以HCl为例,表3.2中列出了HCl的基频和倍频的吸收频率和强度。

表3.2 HCl的基频和倍频吸收频率和强度

吸收峰	波数$/cm^{-1}$	强度
基频峰$(n=0 \to n=1)$	2 885.9	最强
二倍频峰$(n=0 \to n=2)$	5 668.0	较弱
三倍频峰$(n=0 \to n=3)$	8 346.9	较弱
四倍频峰$(n=0 \to n=4)$	10 923.1	较弱
五倍频峰$(n=0 \to n=5)$	13 396.5	较弱

产生红外吸收光谱还需要辐射与物质之间有耦合作用。分子由于构成它的各原子的电负性的不同,显示不同的极性,称为偶极子。通常用分子的偶极矩(μ)来描述分子极性的大小。对称分子没有偶极矩,如N_2、O_2、Cl_2等;非对称分子有偶极矩,如HCl、H_2O等。红外吸收光谱产生的过程如图3.3所示,分子振动时,原子间的距离(键长)或夹角(键角)会发生变化,使得分子偶极矩发生变化,产生一个稳定的交变电场,它的频率等于振动的频率,这个交变电场将和运动的、具有相同频率的电磁辐射电场相互作用,吸收能量,产生

红外光谱的吸收。

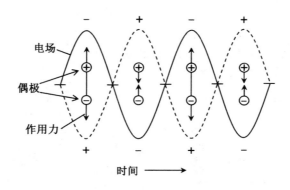

图 3.3　红外吸收光谱产生的过程

红外跃迁是偶极矩诱导的。能量转移的机制是通过振动过程所导致的偶极矩的变化和交变的电磁场(红外线)相互作用发生的。因此,并非所有的振动都会产生红外吸收,只有发生偶极矩变化($\Delta\mu\neq0$)的振动才能引起可观测的红外吸收光谱,该分子称为红外活性的;$\Delta\mu=0$ 的分子振动不能产生红外振动吸收,称为非红外活性的。

3.3　红外光谱图解析

3.3.1　双原子分子的振动

采用谐振子模型研究双原子分子的振动,如图 3.4 所示。将两个质量为 m_1 和 m_2 的原子看成钢体小球,连接两原子的化学键设想成无质量的弹簧,弹簧的长度 r 就是分子化学键的长度,假设它们以较小的振幅在平衡位置做振动运动,则可以近似地看成谐振子。两原子至质量中心 G 的距离分别为 r_1 和 r_2,当振动的某一瞬间,两原子距质量中心 G 的距离移至 r_1 和 r_2,由于只讨论重心不变的振动,所以具有以下的关系:

$$r=r'_1+r'_2, \quad m_1 r'_1=m_2 r'_2 \tag{3.7}$$

$$r'_1=\frac{m_2 r}{m_1+m_2}, \quad r'_2=\frac{m_1 r}{m_1+m_2} \tag{3.8}$$

这时,体系的动能为

$$E_k=\frac{1}{2}m_1(r'_1)^2+\frac{1}{2}m_2(r'_2)^2=\frac{1}{2}\mu r^2 \tag{3.9}$$

其中,μ 为折合质量:

$$\mu=\frac{m_1 m_2}{m_1+m_2} \tag{3.10}$$

由经典力学,根据胡克定律可导出该体系的基本振动频率计算公式:

$$\nu=\frac{1}{2\pi}\sqrt{\frac{k}{\mu}} \tag{3.11}$$

式中,k 为化学键的力常数,定义为将两原子由平衡位置伸长单位长度时的恢复力(单位为 N/cm)。

根据小球的质量和折合相对原子质量之间的关系 $\mu N_0 = A$，式(3.11)可写成

$$\tilde{v} = \frac{N_0^{1/2}}{2\pi c}\sqrt{\frac{k}{A}} = 1\,307\sqrt{\frac{k}{A}} \tag{3.12}$$

式中，A 为折合相对原子质量；N_0 为阿伏伽德罗常数，$N_0 = 6.023 \times 10^{23}$。

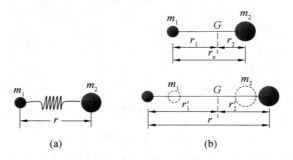

图 3.4 双原子分子振动模型

由式(3.12)可知，影响基本振动频率(即峰位)的直接原因是折合相对原子质量和化学键的力常数。化学键的力常数 k 越大，折合相对原子质量 A 越小，则化学键的振动频率越高，吸收峰将出现在高波数区；反之，则出现在低波数区。

例 1：已知 $k_{HCl} = 5.1 \times 10^5$ dyn/cm，求解 HCl 键伸缩振动基频。

解答：$A = \dfrac{m_1 m_2}{m_1 + m_2} = \dfrac{35.1 \times 1.0}{35.1 + 1.0} = 0.97$

$$\tilde{v} = 1\,307\sqrt{\frac{k}{A}} = 1\,307\sqrt{\frac{5.1}{0.97}} = 2\,993\ (cm^{-1}) \tag{3.13}$$

例 2：≡C—C≡、=C=C=、—C≡C— 三种碳碳键的质量相同，键力常数的顺序是三键＞双键＞单键。

在红外光谱中，—C≡C— 的吸收峰出现在 $2\,222$ cm^{-1}，而 =C=C= 的吸收峰出现在 $1\,667$ cm^{-1} 附近，≡C—C≡ 的吸收峰出现在 $1\,429$ cm^{-1}。

例 3：C—C、C—O、C—N 键的力常数相近，但折合相对原子质量不同，其大小顺序为 C—C＜C—N＜C—O。

这三种键的基频振动峰分别出现在 $1\,430$ cm^{-1}、$1\,330$ cm^{-1} 和 $1\,280$ cm^{-1} 附近。

3.3.2　多原子分子的振动

上述用经典方法处理分子的振动是宏观处理方法，或是近似处理的方法。但一个真实分子的振动能量变化是量子化的；另外，分子中基团与基团之间，基团中的化学键之间都相互有影响，除了化学键两端的原子质量、化学键的力常数影响基本振动频率外，还与内部因素和外部因素有关。

由于原子数目增多，组成分子的键或基团的空间结构不同，因此其振动光谱比双原子分子要复杂。可以把多原子分子的振动分解成许多简单的基本振动，即简正振动。

1.简单的基本振动(峰位)

简单的基本振动的振动状态是分子质心保持不变，整体不转动，每个原子都在其平衡位置附近做简谐振动，其振动频率和相位都相同，即每个原子都在同一瞬间通过其平衡位

置,而且同时达到其最大位移值,该种振动称为简正振动。

简正振动的基本形式包括伸缩振动和变形振动。由于变形振动的力常数比伸缩振动的小,因此,同一基团的变形振动都在其伸缩振动的低频端出现。分子中任何一个复杂振动都可以看成这些简正振动的线性组合,如图 3.5 所示。

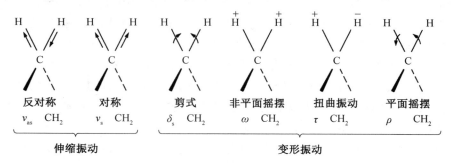

图 3.5　亚甲基的各种基本振动形式

(1)伸缩振动。

原子沿键轴方向伸缩,键长发生变化而键角不变的振动称为伸缩振动,用符号 ν 表示。它又可以分为对称伸缩振动(ν_s)和反对称伸缩振动(ν_{as})。

以亚甲基振动为例,如果两个相同的 H 原子同时沿键轴离开或靠近中心原子 C,则为对称伸缩振动 $\nu_s = 2\,853\ \text{cm}^{-1}$;如果一个原子移向中心原子,而另一个原子离开中心原子,则为反对称伸缩振动(或非对称伸缩振动)$\nu_{as} = 2\,926\ \text{cm}^{-1}$。对同一基团,反对称伸缩振动的频率要稍高于对称伸缩振动。

(2)变形振动(又称弯曲振动或变角振动)。

基团键角发生周期变化而键长不变的振动称为变形振动,用符号 δ 表示。变形振动可以分为面内变形振动(β)和面外变形振动(γ)。面内变形振动又分为剪式振动(δ_s)和平面摇摆振动(ρ)。面外变形振动又分为非平面摇摆(ω)和扭曲振动(τ)。仍以亚甲基为例,其各种变形振动形式如图 3.6 所示。变形振动对环境结构的变化较为敏感,因此同一

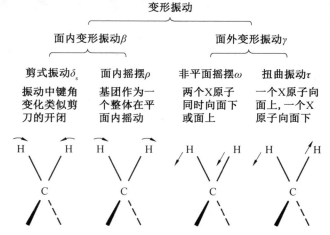

图 3.6　亚甲基的各种变形振动形式

振动可以在较宽的波数范围内出现。另外,由于变形振动的力常数比伸缩振动的小,同一基团的变形振动都出现在其伸缩振动的低频端。

2.基本振动的理论数(峰数)

简正振动的数目称为振动自由度,每个振动自由度相当于红外光谱图上一个基频吸收带。设分子由 n 个原子组成,每个原子在空间都有 3 个自由度,原子在空间的位置可以用直角坐标系中的 3 个坐标 x、y、z 表示,因此,n 个原子组成的分子总共应有 $3n$ 个自由度,即 $3n$ 种运动状态,包括平动、转动和振动。分子重心的平移运动可沿 x、y、z 轴 3 个方向进行,故需要 3 个自由度;转动自由度是由原子围绕着一个通过其重心的轴转动引起的,只有原子在空间的位置发生改变的转动,才能形成一个自由度;不能用平动和转动计算的其他所有的自由度就是振动自由度。

考虑非线型分子的振动形式,如 H_2O 分子,在这 $3n$ 种运动状态中,包括整个分子的质心沿 x、y、z 方向的 3 个平移运动和整个分子绕 x、y、z 轴的 3 个转动运动。这 6 种运动都不是分子振动,因此,振动形式应有($3n-6$)种。对于线型分子的振动形式,如 CO_2 分子,若贯穿所有原子的轴是在 x 方向,则整个分子只能绕 y、z 轴转动,因此,直线型分子的振动形式为($3n-5$)种。

每种简正振动都有其特定的振动频率,似乎都应有相应的红外吸收带。实际上,绝大多数化合物在红外光谱图上出现的峰数远小于理论计算的振动数,这是因为:(1)没有偶极矩变化的振动,不产生红外吸收;(2)相同频率的振动吸收重叠,即简并;(3)仪器不能区别频率十分接近的振动,或当吸收带很弱时,仪器无法检测;(4)有些吸收带落在仪器检测范围之外。

如图 3.7 所示,在理论上计算线型分子二氧化碳的基本振动数为 $3n-5=4$,共有 4 个振动形式,在红外吸收光谱图上应该有 4 个吸收峰。但在实际红外吸收光谱图中,只出现

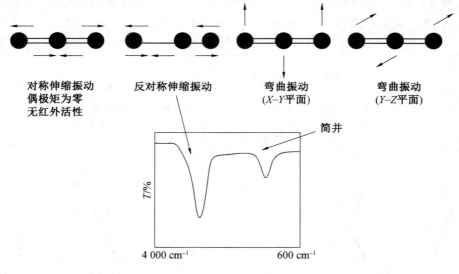

图 3.7 二氧化碳的基本振动和吸收峰

667 cm^{-1}和 2 349 cm^{-1}两个基频吸收峰。其主要原因为：①对称伸缩振动的偶极矩变化为零，不产生吸收；②面内变形振动和面外变形振动的吸收频率完全一样，发生简并。

3.吸收谱带的强度(峰强)

红外吸收谱带的强度主要取决于分子振动时偶极矩的变化。瞬间偶极矩越大，吸收谱带强度越大。瞬间偶极矩的大小取决于下列 4 个因素。

(1)原子的电负性大小。若两原子间的电负性相差越大(极性越强)，则伸缩振动时引起的吸收谱带也越强。极性较强的基团(如 C＝O、C—X 等)振动，吸收强度较大；极性较弱的基团(如 C＝C、C—C、N＝N 等)振动，吸收强度较小。

(2)振动的形式不同。这是因为振动形式对分子的电荷分布影响不同。一般地，反对称伸缩振动的强度大于对称伸缩振动的强度，伸缩振动的强度大于变形振动的强度。

(3)分子的对称性。这主要指结构对称的分子在振动过程中，因整个分子的偶极矩始终为零，不产生共振吸收，也就没有谱带出现。振动的对称性越小，振动中分子偶极矩变化越大，谱带强度也就越强。

(4)其他如倍频与基频之间振动的耦合(称费米(Fermi)共振)，使很弱的倍频谱带强化。

能级跃迁的概率也直接影响谱带的强度，跃迁概率大，谱带的强度也大，所以被测物的浓度和吸收带的强度有正比关系，这是定量分析的依据。基频吸收带一般较强，而倍频吸收带较弱。

在红外光谱中吸收峰的强度与紫外—可见吸收光谱类似，有以下 4 种表示方式：透射比($T＝(I/I_0)×100\%$)、吸收率($100\%－T$)、吸光度(A)、摩尔吸光系数(ε)。由于红外光能量较弱及试样制备技术难以标准化，因此在红外光谱中只有少数吸收较强的官能团才能用摩尔吸光系数值来表示峰的强弱，而大多数峰的吸收强度一般定性地用很强(vs)、强(s)、中强(m)、弱(w)和很弱(vw)等表示。按摩尔吸光系数 ε 的大小划分吸收峰的强弱等级，具体如下：

$$\varepsilon＞100 \quad 很强峰(vs)；20＜\varepsilon＜100 \quad 强峰(s)；10＜\varepsilon＜20 \quad 中强峰(m)；$$
$$1＜\varepsilon＜10 \quad 弱峰(w)；\varepsilon＜1 \quad 很弱峰(vw)$$

4.典型基团的振动形式

物质的红外光谱反映了分子结构的信息，谱图中的各个吸收峰与分子中各基团的振动对应。红外光谱最突出的特点就是具有高度的特征性。多原子分子的红外光谱与其结构的关系一般是通过比较大量已知化合物的红外光谱，从中总结出各种基团的吸收规律而得到的。研究表明，组成分子的各种基团，如 O—H、N—H、C—H、C＝C、C＝O 和 C≡C 等，都有自己特定的红外吸收区域，分子的其他部分对其吸收位置影响较小。通常把这种能代表基团存在，并有较高强度的吸收谱带称为基团频率，通常是由基态跃迁到第一振动激发态产生的，其所在的位置一般又称为特征吸收峰。

红外光谱(中红外)的工作范围一般是 4 000～400 cm^{-1}，常见官能团都在这个区域产生吸收带。按照红外光谱与分子结构的关系可将整个红外光谱区分为基团频率区(波数 4 000～1 300 cm^{-1})和指纹区(波数 1 300～400 cm^{-1})两个区域。

(1)基团频率区,又称为特征频率区、官能团区、特征区、特征吸收峰。该区域是伸缩振动谱带,谱带有比较明确的基团和频率对应关系,比较稀疏,容易辨认,它们的振动受分子中剩余部分的影响小,为基团鉴定的主要依据区域。

官能团区又可分为以下4个波段:

①4 000~2 500 cm^{-1}区为X—H伸缩振动区,X可以是O、H、C、N或S等原子。

O—H基的伸缩振动吸收出现在3 650~3 200 cm^{-1}范围内,是判断醇类、酚类和有机酸类是否存在的重要依据。游离O—H基的伸缩振动吸收出现在3 650~3 580 cm^{-1}范围内,峰形尖锐,无其他峰干扰;形成氢键后键力常数减小,移向低波数,在3 400~3 200 cm^{-1}范围内产生宽而强的吸收。另外,若试样或用于压片的盐含有微量水分时,在3 300 cm^{-1}附近会有水分子的吸收。

N—H吸收出现在3 500~3 300 cm^{-1}范围内,为中等强度的尖峰。伯胺基有两个N—H键,具有对称和反对称伸缩,有两个吸收峰;仲胺基有一个吸收峰;叔胺基无N—H吸收。胺和酰胺的N—H伸缩振动吸收出现在3 500~3 100 cm^{-1}范围内,与O—H基伸缩振动频率区有重合,可能会对O—H振动伸缩频率有干扰,但N—H伸缩振动吸收峰相对比较尖锐。

C—H吸收出现在3 000 cm^{-1}附近,分为饱和与不饱和两种。饱和C—H(三元环除外)出现在<3 000 cm^{-1}范围内,取代基对它们影响很小,位置变化在10 cm^{-1}以内。—CH$_3$基的对称与反对称伸缩振动吸收峰分别出现在2 876 cm^{-1}和2 960 cm^{-1}附近;而—CH$_2$基吸收峰分别出现在2 850 cm^{-1}和2 930 cm^{-1}附近;—CH基的吸收峰出现在2 890 cm^{-1}附近,强度很弱。不饱和C—H在>3 000 cm^{-1}范围内出峰,据此可判别化合物中是否含有不饱和的C—H键。如双键=C—H的吸收峰出现在3 040~3 010 cm^{-1}范围内,末端=CH$_2$的吸收峰出现在3 085 cm^{-1}附近。三键≡CH上的C—H伸缩振动吸收峰出现在更高的位置(3 300 cm^{-1})。苯环的C—H键伸缩振动出现在3 030 cm^{-1}附近,谱带比较尖锐。

②2 500~2 000 cm^{-1}区为三键和累积双键的伸缩振动区。

该区主要包括—C≡C、—C≡N等三键的伸缩振动,以及—C=C=C、—C=C=O等累积双键的反对称伸缩振动。对于炔烃类化合物,可以分成R—C≡CH和R'—C≡C—R两种类型,R—C≡CH的伸缩振动吸收峰出现在2 100~2 140 cm^{-1}附近,R'—C≡C—R的伸缩振动吸收峰出现在2 190~2 260 cm^{-1}附近。如果是R'—C≡C—R,因为分子对称,则为非红外活性。—C≡N基的伸缩振动吸收峰在非共轭的情况下出现在2 240~2 260 cm^{-1}附近。当与不饱和键或芳香核共轭时,该峰位移到2 220~2 230 cm^{-1}附近。若分子中含有C、H、N原子,则—C≡N基吸收峰比较强而尖锐。若分子中含有O原子,且O原子离—C≡N基越近,则—C≡N基的吸收越弱,甚至观察不到。除此之外,CO$_2$的吸收峰在2 300 cm^{-1}左右,S—H、Si—H、P—H、B—H的伸缩振动也出现在这个区域。此区间任何小的吸收峰都反映了分子的结构信息。

③2 000~1 500 cm^{-1}区为双键伸缩振动区。

C=O的伸缩振动吸收峰出现在1 820~1 600 cm^{-1}范围内,其波数大小顺序为酰卤>酸酐>酯>酮类、醛>酸>酰胺,是红外光谱中很有特征且往往是最强的吸收峰,据此很容易判断以上化合物。另外,酸酐的羰基吸收带由于振动耦合而呈现双峰。

C＝C、C＝N 和 N＝O 的伸缩振动吸收峰位于 1 680～1 500 cm^{-1} 范围内。分子比较对称时,C＝C 的伸缩振动吸收很弱。单核芳烃的 C＝C 伸缩振动吸收峰为位于 1 600 cm^{-1} 和 1 500 cm^{-1} 附近的两个峰,反映了芳环的骨架结构,用于确认有无芳核的存在。苯衍生物的 C—H 面外和 C＝C 面内变形振动的泛频吸收峰出现在 2 000～1 650 cm^{-1} 范围内,强度很弱,但可根据其吸收情况确定苯环的取代类型。烯烃的吸收峰在 1 680～1 620 cm^{-1} 范围内,一般较弱。

④1 500～1 300 cm^{-1} 区为 C—H 弯曲振动区。

CH$_3$ 在 1 375 cm^{-1} 和 1 450 cm^{-1} 附近同时有吸收,分别对应于 CH$_3$ 的对称弯曲振动和反对称弯曲振动。前者当甲基与其他碳原子相连时吸收峰位置几乎不变,吸收强度大于 1 450 cm^{-1} 的反对称弯曲振动和 CH$_2$ 的剪式弯曲振动。CH$_2$ 的剪式弯曲振动出现在 1 465 cm^{-1} 处,吸收峰位置也几乎不变。CH$_3$ 的反对称弯曲振动峰一般与 CH$_2$ 的剪式弯曲振动峰重合。

两个甲基连在同一碳原子上的偕二甲基在 1 375 cm^{-1} 附近有特征分叉吸收峰,因为两个甲基同时连在同一碳原子上,会发生同相位和反相位的对称弯曲振动的相互耦合。如异丙基(CH$_3$)$_2$CH— 分别在 1 385～1 380 cm^{-1} 和 1 370～1 365 cm^{-1} 范围内各有一个同样强度的吸收峰(即原 1 375 cm^{-1} 的吸收峰分叉);叔丁基分别在 1 395～1 385 cm^{-1} 范围内和 1 370 cm^{-1} 附近各有一个吸收峰。

(2)指纹区,该区域除单键的伸缩振动外,还有因变形振动产生的谱带,源于各种变角振动。谱带数目多,振动频率相差不大,振动耦合作用较强,易受邻近基团的影响。每种化合物都不相同,相当于人的指纹。该区的谱图解析不易,但对于区别结构类似的化合物很有帮助,可以作为化合物存在某种基团的旁证。指纹频率不是某个基团的振动频率,而是整个分子或者分子的一部分振动产生的。分子结构的微小变化都有可能引起指纹频率的变化,所以不要企图能将全部指纹频率进行指认。指纹频率没有特征性,但对特定分子是有特征的,因此指纹频率可用于整个分子的表征。指纹区包含了不含氢的单键伸缩振动、各键的弯曲振动及分子的骨架振动。

同样地,指纹区也可细分为以下两个波段。

①1 300～900 cm^{-1} 区为单键伸缩振动区。

C—C、C—O、C—N、C—X、C—P、C—S、P—O、Si—O 等单键的伸缩振动和 C＝S、S＝O、P＝O 等双键的伸缩振动吸收峰出现在该区域。1 375 cm^{-1} 的谱带为甲基的 δ_{C-H} 对称弯曲振动,对识别甲基十分有用。C—O 的伸缩振动吸收峰在 1 300～1 050 cm^{-1} 范围内,包括醇、酚、醚、羧酸、酯等,为该区最强吸收峰,较易识别。如醇在 1 100～1 050 cm^{-1} 范围内、酚在 1 250～1 100 cm^{-1} 范围内有强吸收;酯有两组吸收峰,分别位于 1 240～1 160 cm^{-1} 范围内(反对称)和 1 160～1 050 cm^{-1} 范围内(对称)。

②900～600 cm^{-1} 区。

苯环面外弯曲振动出现在此区域。如果在此区间内无强吸收峰,一般表示无芳香族化合物。此区域的吸收峰常常与环的取代位置有关。与其他区间的吸收峰对照,可以确定苯环的取代类型。该区的某些吸收峰可用来确认化合物的顺反构型。例如,烯烃的

＝C—H面外变形振动吸收峰出现的位置,很大程度上取决于双键的取代情况。对于 RCH＝CH$_2$ 结构,在 990 cm^{-1} 和 910 cm^{-1} 处出现两个强峰;对 RC＝CRH 而言,其顺、反构型分别在 690 cm^{-1} 和 970 cm^{-1} 处出现吸收峰。

3.3.3　影响基团频率的因素

尽管基团频率主要由其原子的质量及原子的力常数所决定,但分子内部结构和外部环境的改变都会使其频率发生改变,因而使得许多具有同样基团的化合物吸收峰在红外光谱图中出现在一个较大的频率范围内。为此,了解影响基团振动频率的因素,对于解析红外光谱和推断分子的结构是非常有用的。影响基团频率的因素可分为内部及外部两类。

内部因素如下。

1.电子效应

(1)诱导效应(I 效应)。

由于取代基具有不同的电负性,通过静电诱导效应,引起分子中电子分布的变化,改变了键的力常数,因此键或基团的特征频率发生位移。例如,当有电负性较强的元素与羰基上的碳原子相连时,由于诱导效应,就会发生氧原子上的电子转移,导致 C＝O 键的力常数变大,因而吸收峰向高波数方向移动。元素的电负性越强,诱导效应越强,吸收峰向高波数移动的程度越显著。

(2)中介效应(M 效应)。

在化合物中,C＝O 的伸缩振动产生的吸收峰在 1 680 cm^{-1} 附近。若以电负性来衡量诱导效应,则比碳原子电负性大的氮原子应使 C＝O 键的力常数增加,其吸收峰频率应大于酮羰基的频率(1 715 cm^{-1})。但实际情况正好相反,所以,仅用诱导效应不能解释造成上述频率降低的原因。事实上,对于酰胺分子,除了氮原子的诱导效应外,还同时存在中介效应 M,即氮原子的孤对电子与 C＝O 上 π 电子发生重叠,使它们的电子云密度平均化,造成 C＝O 键的力常数下降,使吸收频率向低波数侧位移。显然,当分子中有氧原子与多重键时,频率最后位移的方向和程度取决于这两种效应的净结果。当 I 效应大于 M 效应时,振动频率向高波数移动;反之,振动频率向低波数移动。

(3)共轭效应(C 效应)。

共轭效应使共轭体系具有共面性,且使其电子云密度平均化,造成双键略有伸长,单键略有缩短,因此双键的吸收频率向低波数方向位移。例如 R—CO—CH$_2$— 的 $\nu_{C=O}$ 出现在 1 715 cm^{-1} 处,而 CH＝CH—CO—CH$_2$— 的 $\nu_{C=O}$ 则出现在 1 685～1 665 cm^{-1} 范围内。

2.氢键的影响

分子中的一个质子给予体 X—H 和一个质子接受体 Y 形成氢键 X—H…Y,使氢原子周围力场发生变化,从而使 X—H 振动的力常数和其相连的 H…Y 的力常数均发生变化,这样造成 X—H 的伸缩振动频率向低波数侧移动,吸收强度增大,谱带变宽。此外,对质子接受体也有一定的影响。若羰基是质子接受体,则 $\nu_{C=O}$ 也向低波数移动。以羧酸为例,当用其气体或非极性溶剂的极稀溶液测定时,可以在 1 760 cm^{-1} 处看到游离 C=O 伸缩振动的吸收峰;若测定液态或固态的羧酸,则只在 1 710 cm^{-1} 处出现一个缔合的 C=O 伸缩振动吸收峰,这说明分子以二聚体的形式存在。氢键可分为分子间氢键和分子内氢键。

分子间是否形成氢键与溶液的浓度和溶剂的性质有关。例如,以 CCl$_4$ 为溶剂测定乙醇的红外光谱,当乙醇浓度小于 0.01 mol/L 时,分子间不形成氢键,而只显示游离 OH 的吸收(3 640 cm^{-1});但随着溶液中乙醇浓度的增加,游离羟基的吸收减弱,而二聚体(3 515 cm^{-1})和多聚体(3 350 cm^{-1})的吸收相继出现,并显著增加。当乙醇浓度为 1.0 mol/L 时,主要是以多缔合形式存在。

由于分子内氢键 X—H···Y 不在同一直线上,因此它的 X—H 伸缩振动谱带位置、强度和形状的改变,均较分子间氢键为小。应该指出,分子内氢键不受溶液浓度的影响,因此,采用改变溶液浓度的方法进行测定,可以与分子间氢键区别。

3.振动耦合

振动耦合是指当两个化学键振动的频率相等或相近并具有一公共原子时,由于一个键的振动通过公共原子使另一个键的长度发生改变,产生一个"微扰",从而形成了强烈的相互作用,这种相互作用的结果是使振动频率发生变化,一个向高频移动,一个向低频移动。振动耦合常常出现在一些二羰基化合物中。例如,在酸酐中,由于两个羰基的振动耦合,因此 $\nu_{C=O}$ 的吸收峰分裂成两个峰,分别出现在 1 820 cm^{-1} 和 1 760 cm^{-1} 处。

4.费米(Fermi)共振

当弱的倍频(或组合频)峰位于某强的基频吸收峰附近时,它们的吸收峰强度常常随之增加,或发生谱峰分裂。这种倍频(或组合频)与基频之间的振动耦合,称为费米共振。例如,在正丁基乙烯基醚(C$_4$H$_9$—O—C=CH$_2$)中,烯基 $\omega_{=CH}$ 在 810 cm^{-1} 处的倍频(约在 1 600 cm^{-1} 处)与烯基的 $\nu_{C=C}$ 发生费米共振,结果在 1 640 cm^{-1} 和 1 613 cm^{-1} 处出现两个强的谱带。

外部因素如下。

外部因素主要指测定物质的状态以及溶剂效应等因素。

同一物质在不同状态时,由于分子间相互作用力不同,所得光谱也往往不同。分子在气态时,其相互作用很弱,此时可以观察到伴随振动光谱的转动精细结构。液态和固态分子间的作用力较强,在有极性基团存在时,可能发生分子间的缔合或形成氢键,导致特征吸收带频率、强度和形状有较大改变。例如,丙酮在气态时的 $\nu_{C=O}$ 为 1 742 cm^{-1},而在液态时为 1 718 cm^{-1}。

在溶液中测定光谱时,由于溶剂的种类、溶液的浓度和测定时的温度不同,同一物质所测得的光谱也不相同。通常在极性溶剂中,溶质分子的极性基团的伸缩振动频率随溶剂极性的增加而向低波数方向移动,并且强度增大。因此,在红外光谱测定中,应尽量采用非极性溶剂。关于溶液浓度对红外光谱的影响,已在前面"氢键"部分叙述。

综上,红外光谱图的特征包括四个要素:(1)谱带的位置:与元素种类有关。元素轻则向高波数移动,元素重则向低波数移动;化学键力常数大则向高波数移动,小则向低波数移动。(2)谱带的数目:即振动数目。它与物质的种类、基团存在与否、对称性、成分复杂程度等有关。(3)谱带的强度:与偶极矩变化和跃迁概率有关。偶极矩变化越小,强度越弱。(4)谱带的形状:与结晶程度及相对含量有关。结晶差说明晶体结构中键长与键角有差别,引起振动频率有一定的变化范围,每一谱带形状就不稳定。若所分析的化合物较纯,则它们的谱带较尖锐,对称性好;若所分析的样品为混合物,则有时出现谱带的重叠、加宽,对称性也被破坏。

3.4 红外光谱仪介绍

红外光谱仪是用于测量和记录待测物质的红外吸收光谱并利用红外光谱进行定性、定量及结构分析的仪器。红外光谱仪,又称红外分光光度计,一般分为色散型和干涉型两大类。1947年,世界上第一台双光束自动记录红外分光光度计在美国投入使用,这是第一代红外光谱的商品化仪器,使用的是棱镜分光。20世纪60年代,采用光栅作为单色器,成为第二代仪器,其比棱镜单色器有了很大提高,但它仍是色散型的仪器,分辨率、灵敏度还不够高,扫描速率慢。20世纪70年代开始,干涉型的傅里叶变换红外光谱仪(FTIR)逐渐取代了色散型仪器,使仪器性能得到极大的提高,成为第三代仪器。FTIR没有单色器和狭缝,是由麦克尔逊干涉仪和数据处理系统组合而成的。

下面分别对色散型红外光谱仪和傅里叶变换红外光谱仪进行介绍。

3.4.1 色散型红外光谱仪

色散型红外光谱仪原理图如图3.8所示。从光源发出的红外辐射分成两束,一束通过样品池,另一束通过参比池,然后进入单色器。在单色器内先通过以一定频率转动的扇形镜(称为斩光器),其作用与其他的双光束光度计一样,是周期地切割两束光,使试样光束和参比光束交替地进入单色器中的色散棱镜或光栅,最后进入检测器。随着扇形镜的转动,检测器交替地接收这两束光。假定从单色器发出的为某波数的单色光,而该单色光不被试样吸收,此时两束光的强度相等,检测器不产生交流信号;改变波数,若试样对该波数的光产生吸收,则两束光的强度有差异,此时就在检测器上产生一定频率的交流信号(其频率取决于斩光器的转动频率)。通过交流放大器放大,此信号即可通过伺服系统驱动参比光路上的光楔(称为光学衰减器)进行补偿,减弱参比光路的光强使投射在检测器上的光强等于试样光路的光强。试样对某一波数的红外光吸收越多,光楔也就越多地遮住参比光路以使参比光强同样程度地减弱,使两束光重新处于平衡。试样对各种不同波数的红外辐射的吸收有多有少,参比光路上的光楔也相应地按比例移动以进行补偿。光楔部位的改变相当于试样的透射比,将记录笔与光楔同步,把光楔部位的改变作为纵坐标直接描绘在记录纸上。由于单色器内棱镜或光栅的转动,因此单色光的波数连续地发生改变,并与记录纸的移动同步,这就是横坐标。这样在记录纸上就描绘出透射比 T 对波数(或波长)的红外光谱吸收曲线。

上例是双光束光学自动平衡系统的原理。也有采用双光束电学自动平衡系统来进行工作的仪器,这时不是采用光楔来使两束光达到平衡,而是测量两个电信号的比率。

在傅里叶变换红外光谱仪出现之前,色散型红外光谱仪是主要的红外分析设备,它的主要特点如下。

(1)为双光束仪器。

使用单光束仪器时,大气中的水和二氧化碳在重要的红外区域内有较强的吸收,因此需要一参比光路来补偿,使这两种物质的吸收补偿到零。采用双光束光路可以消除它们的影响,测定时不必严格控制室内的湿度及人数。

(2)单色器在样品室之后。

由于红外光源的低强度以及检测器的低灵敏度,需要对信号进行大幅度放大。红外光谱仪的光源能量低,即使靠近样品也不足以使其产生光分解。将单色器置于样品室之后可以消除大部分散射光而不至于到达检测器。

(3)切光器转动频率低,响应速率慢,可以消除检测器周围物体的红外辐射。

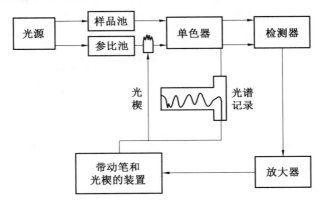

图 3.8　色散型红外光谱仪原理图

由上述可见,红外光谱仪是由光源、单色器、吸收池、检测器和记录系统等部分组成的。下面简要介绍红外光谱仪中的主要部件光源、单色器和检测器。

1.光源

红外光谱仪中所用的光源通常是一种惰性固体,用电加热使之发射高强度连续红外辐射。常用的光源有能斯特灯和硅碳棒两种。

能斯特灯是由氧化锆、氧化钇和氧化钍烧结制成的,是一直径为 1～3 mm,长为 20～50 mm 的中空棒或实心棒,两端绕有铂丝作为导线。在室温下,它是非导体,但加热至 800 ℃时就成为导体并具有负的电阻特性,因此,在工作之前,要由一辅助加热器进行预热。其工作温度为 1 200～2 200 K,功率约为 100 W,在此高温下导电并发射红外线。使用范围为 400～5 000 cm^{-1}。它的特点是光强度高,约两倍于同温度下的硅碳棒光源,而且不需要夹套水冷却,在高波数区具有更强的发射能力;稳定性好,使用寿命为 6 个月至 1 年;机械强度差,稍受压或受扭就会损坏,经常开关也会缩短其寿命。由于此种光源具有很大的电阻负温度系数,因此需要预先加热并设计电源电路控制电流强度,以免灯过热损坏。

硅碳棒是由碳化硅烧结而成的,一般为两端粗中间细的实心棒,中间为发光部分,其直径约 5 mm,长约 50 mm,两端加粗的目的是降低电阻值以保证在工作状态时两端温度较低。工作温度为 1 300~1 500 K,波数范围为 400~5 000 cm^{-1}。碳硅棒在高温下会升华,温度过高会缩短其寿命,还可能污染周围的光学系统。由于硅碳棒在室温下是导体,并有正的电阻温度系数,因此工作前不需预热,但电触点需要水冷防止放电。与能斯特灯相比,辐射能量相近,在低波数区光强较大。它的优点是坚固,寿命长,发光面积大;缺点是工作时放热量大,电极接触部分需用水冷却。

2.单色器

与其他波长范围内工作的单色器类似,红外单色器也由一个或几个色散元件(棱镜或光栅,目前已主要使用光栅),可变的入射和出射狭缝,以及用于聚焦和反射光束的反射镜(也称准直镜)所构成。在红外仪器中一般不使用透镜,以避免产生色差。另外,应根据不同的工作波长区域选用不同的透光材料来制作棱镜(以及吸收池窗口、检测器窗口等)。常用的红外光学材料及其最佳使用区如表 3.3 所示。由于大多数红外光学材料易吸湿(KRS−5 不吸湿),因此使用时应注意防湿。

表 3.3　一些红外光学材料的透光范围

材料	透光范围 $\lambda/\mu m$
玻璃	0.3~2.5
石英	0.2~3.6
氟化锂(LiF)	0.2~6
氟化钙(CaF$_2$)	0.13~11
氯化钠(NaCl)	0.2~17
氯化钾(KCl)	0.2~21
氯化银(AgCl)	0.2~25
溴化钾(KBr)	0.2~25
溴化铯(CsBr)	1~38
KRS−5(溴化铊与碘化铊结晶1∶1)	1~45
碘化铯(CsI)	1~50
TIBR−42% TII−58%	0.5~40
Trtran−1(MgF$_2$)	1~7.5
Trtran−2(ZnS)	2~14
Irtran−5(MgO)	0.4~8.5

3.检测器

紫外—可见分光光度计中所用的光电管或光电倍增管不适用于红外区,因为红外光谱区的光子能量较弱,不足以引起光电子发射。常用的红外检测器有真空热电偶、热释电检测器和汞镉碲检测器。

真空热电偶是色散型红外光谱仪中最常用的一种检测器,利用不同导体构成回路时的温差电现象,将温差转变为电位差。它以一小片涂黑的金箔作为红外辐射的接收面,在金箔的一面焊有两种不同的金属、合金或半导体作为热接点,而在冷接点端(通常为室温)连有金属导线。此热电偶封于真空度约为 7×10^{-7} Pa 的腔体内。为了接收各种波长的红外辐射,在此腔体上对着涂黑的金箔开一小窗,覆一层红外透光材料,如 KBr(厚度不超过25 μm)、CsI(厚度不超过 50 μm)、KBS－5(厚度不超过 45 μm)等。当红外辐通过此窗口射到涂黑的金箔上时,热接点温度升高,产生温差电势,在闭路的情况下,回路即有电流产生。由于它的阻抗很低,一般 10 Ω 左右,因此在与前置放大器耦合时需要使用升压变压器。

3.4.2　傅里叶变换红外光谱仪

目前几乎所有的红外光谱仪都是傅里叶变换型的。色散型仪器扫描速率慢,灵敏度低,分辨率低,因此局限性很大。傅里叶变换红外分光光度计的工作原理与色散型的红外分光光度计是完全不同的,它没有单色器和狭缝,是利用一个迈克尔逊干涉仪获得入射光的干涉图,再通过数学运算(傅里叶变换)把干涉图变成红外光谱图。

1.傅里叶变换红外光谱仪的构成与工作原理

傅里叶变换红外光谱仪的光源是硅碳棒或高压汞灯,可以发射出稳定、强度高的连续红外光。吸收池可以分为液体池和气体池。迈克尔逊干涉仪由定镜、动镜、分束器、检测器组成,其中检测器分为热检测器和光检测器。记录显示器则是通过傅里叶变换计算将干涉图转换成光谱图,图 3.9 所示为傅里叶变换红外光谱仪工作原理图。

光源发出的光被分束器(类似半透半反镜)分为两束,一束经透射到达动镜,另一束经反射到达定镜。两束光分别经定镜和动镜反射再回到分束器,动镜以一恒定速度做直线运动,因而经分束器分束后的两束光形成光程差,产生干涉。干涉光在分束器会合后通过样品池,通过样品后含有样品信息的干涉光到达检测器,然后通过傅里叶变换对信号进行处理,得到透光度或吸收光谱图。

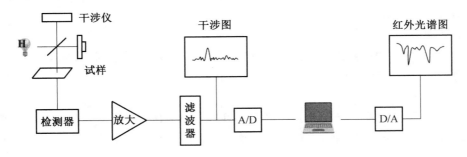

图 3.9　傅里叶变换红外光谱仪工作原理图

2.傅里叶变换红外光谱仪的特点

(1)测量速度快。傅里叶变换红外光谱仪在几秒时间内就可以完成一张红外光谱的测量工作,比色散型仪器快几百倍。由于扫描速率快,一些联用技术得到了发展。

(2)谱图的信噪比高。FTIR 仪器所用的光学元件少,无狭缝和光栅分光器,因此到达检测器的辐射强度大,信噪比高。它可以检出 10~100 μg 的样品。对于一般红外光谱不能测定的、散射性很强的样品,傅里叶变换红外光谱仪采用漫反射附件可以测得满意的光谱。

(3)波长(数)精度高,测定波数范围宽。在实际的傅里叶变换红外光谱仪中,除了红外光源的主干涉仪外,还引入激光参比干涉仪,用激光干涉条纹准确测定光程差,从而使波数更为准确,波数精度可达± 0.01 cm^{-1},重现性好(0.1%),测定的波数范围可达10~10 000 cm^{-1}。

(4)分辨力高。分辨力取决于动镜线性移动距离,距离增加,分辨力提高。傅里叶变换红外光谱仪在整个波长范围内具有恒定的分辨力,通常分辨力可达 0.1 cm^{-1},最高可达 0.005 cm^{-1}。棱镜型的红外光谱仪分辨力很难达到 1 cm^{-1},光栅式的红外光谱仪分辨力也只有 0.2 cm^{-1}以上。

3.4.3　红外光谱的样品制作

红外光谱分析中试样的制备比较麻烦,红外光谱吸收与试样的状态密切相关,是影响分析结果的重要环节。红外光谱的试样可以是液体、固体或气体,一般应要求试样是纯度大于98%的"纯物质",以便与纯物质的标准光谱进行对照。多组分试样应在测定前进行提纯,否则各组分光谱相互重叠,难以判断。GC－FTIR 和 HPLC(高压液相色谱法)－FTIR 则无此要求。试样中不应含有水,因为水本身有红外吸收,并会侵蚀吸收池的盐窗。试样的浓度和测试厚度应适当,以使光谱图中大多数吸收峰的透射比在 10%~80%之间。

1.固体试样

(1)压片法。

固体试样常采用压片法,它也是固体试样红外测定的标准方法。将 1~2 mg 试样与200 mg 纯 KBr 经干燥处理后研细,使粒度均匀并小于 2 μm,在压片机上压成均匀透明的薄片,即可直接测定。

(2)调糊法。

将干燥处理后的试样研细,与液状石蜡或全氟代烃混合,调成糊状,夹在盐片中测定。石蜡为高碳数饱和烷烃,因此该法不适于研究饱和烷烃。

(3)薄膜法。

薄膜法主要用于高分子化合物的测定。可将高分子化合物直接加热熔融后涂制或压制成膜,也可将试样溶解在低沸点、易挥发溶剂中,涂于盐片上,待溶剂挥发后成膜测定。

2.液体和溶液试样

(1)液膜法。

该法适用于沸点较高(大于 80 ℃)的液体或黏稠溶液。将 1~2 滴试样直接滴在两片KBr 或 NaCl 盐片之间,形成液膜,用螺丝固定后放入试样室测量。若测定碳氢类吸收较低的化合物时,可在中间放入夹片(0.05~0.1 mm 厚)以增加膜厚。对于一些吸收很强的液体,当用调整厚度的方法仍然得不到满意的谱图时,可用适当的溶剂配成稀溶液进行测定。一些固体也可以溶液的形式进行测定。

（2）液体池法。

液体池法适用于具有挥发性、低沸点液体试样的测定。将试样溶于 CS_2、CCl_4、$CHCl_3$ 等溶剂中配成质量分数 10% 左右的溶液,用注射器注入固定液池中（液层厚度一般为 0.01～1 mm）进行测定。常用的红外光谱溶剂应易于溶解试样,在所测光谱区内没有强烈吸收或不与试样吸收重合,不侵蚀盐窗,对试样没有强烈的溶剂化效应等。

3.气体试样

气体试样可在玻璃气槽内进行测定,它的两端贴有红外透光的 NaCl 或 KBr 窗片,窗板间隔为 2.5～10 cm。先将气槽抽真空,再将试样注入。气体池还可以用于挥发性很强的液体试样的测定。当试样量特别少或试样面积特别小时,可采用光束聚光器并配微量池,结合全反射系统或用带有卤化碱透镜的反射系统进行测量。

3.5　红外光谱分析作用与特点

采用红外光谱分析可以对已知物进行定性和定量分析。定性分析可对照已知谱图,同一类化学键的基团在不同化合物的红外光谱中,吸收峰的位置是大致相同的;定量分析遵循朗伯－比尔定律。需要注意的是,用红外光谱进行定量测定时灵敏度低,不适用于微量组分的测定。

对于未知物的测试分析,应遵循以下原则:先分析基团频率区内的吸收峰（特征峰）,后分析指纹区内的吸收峰;先分析最强峰,后分析次强峰;先粗查,后细找;先否定,后肯定;抓一组相关峰。具体而言,一般先从基团频率区第一强峰入手,确认可能的归属,然后找出与第一强峰相关的峰;第一强峰确认后,再依次解析基团频率区第二强峰、第三强峰。对于简单光谱,一般解析一两组相关峰即可确定未知物的分子结构。对于复杂化合物的光谱,由于官能团的相互影响,解析困难,可在粗略解析后,查对标准光谱或进行综合光谱解析。红外谱图库主要有萨特勒标准红外光谱图（Sadtler Reference Spectra Collections)、Aldrich 红外谱图库和 Sigma Fourier 红外光谱图库。最后需要通过其他定性方法进一步确证,如 UV－Vis、MS、NMR 等。

具体解析步骤如下。

（1）首先依据谱图推出化合物碳架类型:根据分子式计算不饱和度,即

$$W = 1 + n_4 + (n_3 - n_1)/2 \tag{3.14}$$

式中,n_4 为化合价为 4 价的原子个数（主要是 C 原子）;n_3 为化合价为 3 价的原子个数（主要是 N 原子）;n_1 为化合价为 1 价的原子个数（主要是 H 原子）,二价原子如 S,O 不参加计算。当不饱和度为 0 时,说明是饱和化合物,链状烷烃或不含双键的衍生物;不饱和度为 1 时,说明分子可能有一个双键或脂环;不饱和度为 3 时,说明分子可能有两个双键或脂环;不饱和度为 4 时,说明分子可能有一个苯环。

例:苯,C_6H_6,不饱和度 $W = 6 + 1 + (0 - 6)/2 = 4$,3 个双键加一个环,正好 4 个不饱和度。

（2）分析 3 300～2 800 cm^{-1} 区域 C—H 伸缩振动吸收。以 3 000 cm^{-1} 为界,高于

3 000 cm^{-1}为不饱和碳 C—H 伸缩振动吸收,有可能为烯、炔、芳香化合物;而低于 3 000 cm^{-1}一般为饱和 C—H 伸缩振动吸收。

(3)若在稍高于 3 000 cm^{-1}处有吸收,则应在 2 250~1 450 cm^{-1}频区分析不饱和碳—碳键的伸缩振动吸收特征峰,其中:炔 2 200~2 100 cm^{-1},烯 1 680~1 640 cm^{-1},芳环1 600、1 580、1 500、1 450(cm^{-1})。若已确定为烯或芳香化合物,则应进一步解析指纹区,即 1 000~650 cm^{-1}的频区,以确定取代基个数和位置(顺、反、邻、间、对位)。

(4)碳骨架类型确定后,再依据其他官能团,如 C＝O、O—H、C—N 等特征吸收来判定化合物的官能团。

(5)解析时应注意把描述各官能团的相关峰联系起来,以准确判定官能团的存在,如在 2 820 cm^{-1}、2 720 cm^{-1}处和 1 750~1 700 cm^{-1}范围内的三个峰,说明醛基存在。

以下为各官能团的特征吸收峰:

①烷烃:C—H 伸缩振动吸收峰(3 000~2 850 cm^{-1}),C—H 弯曲振动吸收峰(1 465~1 340 cm^{-1}),一般饱和烃 C—H 伸缩振动均在 3 000 cm^{-1}以下,接近 3 000 cm^{-1}的为频率吸收峰。

②烯烃:烯烃 C—H 伸缩振动吸收峰(3 100~3 010 cm^{-1}),C＝C 伸缩振动吸收峰(1 675~1 640 cm^{-1}),烯烃 C—H 面外弯曲振动吸收峰(1 000~675 cm^{-1})。

③炔烃:三键伸缩振动吸收峰(2 250~2 100 cm^{-1}),炔烃 C—H 伸缩振动吸收峰(3 300 cm^{-1}附近)。

④芳烃:芳环上 C—H 伸缩振动吸收峰(3 100~3 000 cm^{-1}),C＝C 骨架振动吸收峰(1 600~1 450 cm^{-1}),C—H 面外弯曲振动吸收峰(880~680 cm^{-1})。芳香化合物重要特征:一般在1 600、1 580、1 500 cm^{-1}和 1 450 cm^{-1}处可能出现强度不等的四个峰。在 880~680 cm^{-1}范围内的 C—H 面外弯曲振动吸收峰,依苯环上取代基个数和位置不同而发生变化,在芳香化合物红外谱图分析中,常常采用此频区的吸收判别异构体。

⑤醇和酚:主要是 O—H 和 C—O 的伸缩振动吸收峰。自由羟基 O—H 的伸缩振动吸收峰(3 650~3 600 cm^{-1}),为尖锐的吸收峰;分子间氢键 O—H 的伸缩振动吸收峰(3 500~3 200 cm^{-1}),为宽的吸收峰;C—O 伸缩振动吸收峰在 1 300~1 000 cm^{-1}范围内;O—H 面外弯曲扰动吸收峰在 769~659 cm^{-1}范围内。

⑥醚:特征吸收是 1 300~1 000 cm^{-1}范围内的伸缩振动。脂肪醚在 1 150~1 060 cm^{-1}有一个强的吸收峰;芳香醚有两个 C—O 伸缩振动吸收,即在 1 270~1 230 cm^{-1}(为 Ar—O 伸缩)和1 050~1 000 cm^{-1}(为 R—O 伸缩)范围内。

⑦醛和酮:醛的主要特征吸收峰是 1 750~1 700 cm^{-1}(C＝O 伸缩)范围内和 2 820 cm^{-1}、2 720 cm^{-1}(醛基 C—H 伸缩)处;脂肪酮在 1 715 cm^{-1}处有强的 C＝O 伸缩振动吸收峰,如果羰基与烯键或芳环共轭会使吸收频率降低。

⑧羧酸:羧酸二聚体在 3 300~2 500 cm^{-1}范围内有强的 O—H 伸缩吸收峰;在 1 720~1 706 cm^{-1}范围内为 C＝O 吸收;1 320~1 210 cm^{-1} C—O 伸缩;20 cm^{-1}成键的 O—H 键的面外弯曲振动。

⑨酯:饱和脂肪族酯(除甲酸酯外)的 C＝O 吸收谱带在 1 750~1 735 cm^{-1}区域;饱和脂肪族酯的 C—C(＝O)—O 谱带在 1 210~1 163 cm^{-1}区域,为强吸收。

⑩胺:N—H 伸缩振动吸收峰(3 500~3 100 cm^{-1});C—N 伸缩振动吸收峰(1 350~1 000 cm^{-1});N—H 变形振动相当于 CH$_2$ 的剪式振动方式,其吸收谱带为 1 640~1 560 cm^{-1};面外弯曲振动吸收峰(900~650 cm^{-1})。

⑪腈:腈类的光谱特征为三键伸缩振动区域,有弱到中等的吸收。脂肪族腈吸收峰(2 260~2 240 cm^{-1});芳香族腈吸收峰(2 240~2 222 cm^{-1})。

⑫酰胺:N—H 伸缩振动吸收峰(3 500~3 100 cm^{-1});C=O 伸缩振动吸收峰(1 680~1 630 cm^{-1});N—H 弯曲振动吸收峰(1 655~1 590 cm^{-1});C—N 伸缩吸收峰(1 420~1 400 cm^{-1})。

⑬有机卤化物:C—X 伸缩振动吸收峰,脂肪族:C—F 为 1 400~730 cm^{-1},C—Cl 为 850~550 cm^{-1},C—Br 为 690~515 cm^{-1},C—I 为 600~500 cm^{-1}。

与其他研究物质结构的方法相比,红外光谱法具有以下特点:

(1)应用广泛。红外光谱的研究对象是分子振动时伴随偶极矩变化的有机及无机化合物,除了单原子分子及同核的双原子分子外,几乎所有的有机物都有红外吸收。红外光谱法可用于物质的定性、定量分析,也可用于化合物键力常数、键长、键角等物理常数的计算。

(2)特征性高。从红外光谱图产生的条件以及谱带的性质可知,对于每种化合物来说,都有它的特征红外光谱图,这与组成分子化合物的原子质量、键的性质、键力常数以及分子的结构密切相关。除光学异构体、相对分子质量相差极小的化合物及某些高聚物外,化合物结构不同,其红外光谱也不同。

(3)不受试样的某些物理性质,如相态(气、液、固相)、熔点、沸点及蒸气压的限制;此外,对固体来说,它还可以测定非晶态、玻璃态等。

(4)测定所需的样品数量极少,只需几毫克甚至几微克,且样品可以回收,属于非破坏性分析。

(5)操作方便,测定的速度快、重复性好。与其他近代结构分析仪器,如质谱仪、核磁共振波谱仪等相比,红外光谱仪构造简单、操作方便、价格较低,更易普及。

(6)标准图谱较多,便于查阅。

(7)红外光谱法也有其局限性和缺点,主要是:灵敏度和精度不够高,质量分数小于1%就难以测出,目前多数用在鉴别样品做定性分析,定量分析还不够精确。一般来说,红外光谱法不太适用于水溶液及含水物质的分析。此外,大多数谱带的位置集中于指纹区,使得谱带重叠,解叠困难。复杂化合物的红外光谱极其复杂,据此难以作出准确的结构判断,还需结合其他波谱数据加以判定。

3.6　红外光谱分析研究进展

红外光谱法主要用于识别各种材料的分子官能团,具有操作简单、分析时间短、成本低等特点,在食品质量检测、医药卫生科技、农业工程技术等领域得到了广泛应用,并于近期取得了一系列前瞻性的研究成果。

在食品检测方面,江苏省农业科学院史建荣研究员和徐剑宏研究员团队开发了一种智能手机控制近红外光谱仪的便携式检测系统。该系统可对玉米粉中的伏马毒素 B1 和 B2 污染水平进行定性和定量分析,以欧盟限量标准(4 mg/kg)为阈值,研究构建的定性分析模型的识别正确率高于 86.0%,定量分析模型的决定系数为 0.91,预测均方根误差为 12.08 mg/kg,预测偏差比(RPD)为 3.44,此研究为玉米中伏马毒素污染的快速检测提供了一种新的解决方案。近期,伊朗谢里夫科技大学的 Fatemeh Sadat Hashemi－Nasab 团队还将可见－近红外高光谱成像(Vis－NIR－HSI)技术结合多元成分及分类技术,用于对藏红花的鉴别和掺假检测,对红花、藏红花花柱、金盏花、红宝石和姜黄五种常见植物源性掺假物进行了检测,并采用数据驱动的类比独立模型(dd－SIMCA)进行评估,最终正品的灵敏度为 95%,所有掺假物的特异性为 100%。除此之外,红外光谱法还可应用于肉类、果蔬类、奶制品、谷物和其他食品的营养参数及有害物质的检出及定量分析,是食品安全检测的重要工具。

在医学检测方面,澳大利亚莫什纳大学 Wood 教授团队报道了一种新的基于傅里叶变换红外光谱技术的某病毒唾液检测方法(图 3.10)。该方法是将受试者唾液滴入装有病毒传输介质(VTM)的容器,随后将含有 ACE2、腺苷脱氨酶、免疫球蛋白 G、免疫球蛋白 M、核糖核酸(RNA)和分泌性免疫球蛋白 a 等一系列某病毒生物标志物的唾液沉积在红外反射底物上并干燥,再使用改装的珀金埃尔默(PerkinElmer)红外光谱仪在三段重复时间(5 min)内获得光谱。该光谱仪带有针对反射载玻片优化的 PerkinElmerS 反射附件,可获得包括某病毒标记物等唾液化学的光谱,采用基于光谱标记的蒙特卡罗双交叉验证模型可对某病毒进行预测,结果表明该方法的检测灵敏度为 93%,特异性为 82%。具体工作流程如图 3.10 所示。该高通量红外某病毒检测方法快速、廉价、便携,并可利用样本自我收集,能够最大限度地降低医护人员的风险,非常适合大规模筛查。

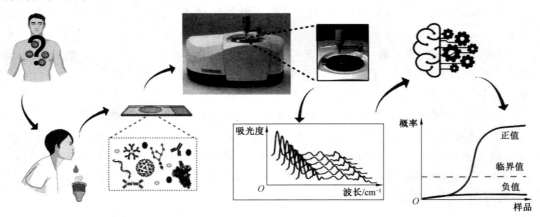

图 3.10　基于红外光谱技术的某病毒检测示意图

在医学影像方面,美国宾夕法尼亚大学 Kennedy 教授团队报道了一种基于近红外共聚焦激光显微内镜(NIR－nCLE)在活细胞水平上的实时靶向检测方法。该技术集成了一种叶酸受体靶向的近红外示踪剂(帕福拉西氨酸)和一种改进的针基共聚焦激光内膜显微镜系统(用于检测近红外信号),在包括人类标本的肺结节活检临床前模型开发和测试中发现,当以 1∶1 000 的比例共培养时,该技术具有在正常成纤维细胞中识别单个癌细胞的分辨率,并能检测出直径小于 2 cm 的人体肿瘤中的癌细胞,可以快速提供图像,能够准确区分肿瘤和正常组织,具有重要的临床应用前景。

在检测诊断的基础上,红外光谱法还有望应用于临床治疗。近期,上海大学环化学院潘登余教授团队首次提出了"磷光声敏剂"的概念,设计制备了一种新型近红外磷光碳点,将其应用于近红外成像介导的精准声动力肿瘤治疗。治疗流程示意图如图 3.11 所示。该团队采用一步微波合成策略调控碳点导电类型,制备的同质 p-n 结碳点不仅具有近红外磷光特性,而且具有增强的声动力活性。其优异的声动力活性体现在:p-n 结可高效抑制电子空穴对的复合;激发的长寿命三重态可高效产生单线态氧;激发的空穴可高效消耗肿瘤微环境中的谷胱甘肽。最后,采用具有同源靶向特性的癌细胞膜封装近红外磷光碳点,通过单次静脉注射和单次超声,在荷瘤鼠模型中实现了对骨肉瘤的完全根除。该工作为磷光材料长寿命三重态用于近红外成像介导的声动力治疗开辟了一条全新途径。

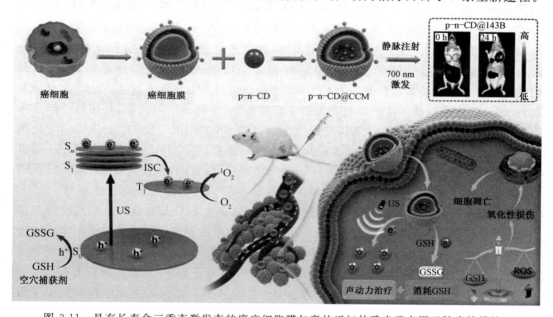

图 3.11　具有长寿命三重态激发态的癌症细胞膜包裹的近红外磷光碳点用于肿瘤特异性
近红外成像和精确声动力治疗的示意图
CD—碳点;CCM—癌细胞膜;ISC—系间窜越;GSSG—氧化谷胱甘肽;
GSH—谷胱甘肽;US—超声;ROS—活性氧

在环境监测方面,巴西坎皮纳斯大学 Cristiane Vidal 团队提出了一种基于近红外高光谱成像(HSI-NIR)和化学计量学的微塑料综合快速鉴别方法。鉴别方法示意图如图 3.12 所示。该方法将线扫描 HSI-NIR 直接作用于整个样品或筛分后其保留部分 (150 μm~5 mm),再利用软簇类独立模型(SIMCA)对其进行整体预测,能够识别包括 PA-6、PE、PP、PS、PET 等不同颜色、性能及耐候性的微塑料和海洋垃圾。通过一阶导数光谱预处理与 Savitzky-Golay 平滑和面积归一,能够直接输出已识别聚合物的化学图像,其敏感性和特异性均超过 99%。该方法通过近红外光谱技术(NIR)消除了视觉检查的主观性,减少了样品制备,并使用 SIMCA 提供了快速识别,代表了用于微塑料检测和识别的 HSI－NIR 的显著改进,推进了红外光谱法在环境检测领域的应用。

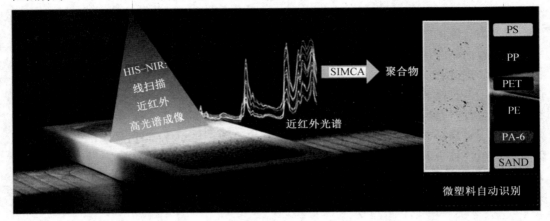

图 3.12 基于近红外高光谱成像(HSI－NIR)的微塑料综合快速鉴别方法示意图

红外光谱法对于理论科学研究同样起到重要的辅助作用。韩国科学技术院 Yun Jeong Hwang 教授团队曾报道了利用原位衰减全反射表面增强红外光谱(Operando ATR－SEIRAS)对铜基催化剂上的 CO_2RR 中间体进行实时观察。这一方法首次对触发 C1 和 C2＋路径中间体的动力学行为进行了精确检测,观测其中间产物,并通过时间分辨手段来精确监控其动态行为。该研究合成了电沉积 Cu 和用 $Cu(OH)_2$ 衍生 Cu,分别用作 C1 和 C2＋活性催化剂,并将其鉴定为触发 C2＋路径的中间体;ATR－SEIRAS 结果表明,C—C 偶联完全是通过 CO 向 * OCCO 二聚进行,而 * CHO 是生成 CH_4 的中间体,在实时测量中,CO 的二聚化与 CO 的吸附同时发生(约 5 s),而质子耦合还原向 * CHO 的动力学则较慢(约 30 s)。近期,荷兰拉德堡德奈梅亨大学 Daniël B.Rap 采用红外光谱法验证了低温含氮多环芳烃的形成路径。该研究通过吡啶正离子和乙炔分子的离子－分子放热反应揭示了低温下生成含氮多环芳烃的有效形成途径,将动力学与光谱探测相结合,明确了关键反应中间体和最终含氮多环芳烃产物喹啉正离子,该结构被认为有助于分辨6.2 μm星际发射特征,为进一步修正目前探测芳香分子丰度的天体化学模型提供了重要参考。

习　　题

1.大部分的有机化合物都含有 C—H 键,它在红外光谱上出现的大致位置在 3 000 cm^{-1} 处。试计算下列各种类型 C—H 键的力常数:

(1)芳香族的 C—H, $\tilde{\nu}=3\ 030\ cm^{-1}$ 。

(2)炔类的 C—H, $\tilde{\nu}=3\ 300\ cm^{-1}$ 。

(3)醛类的 C—H, $\tilde{\nu}=2\ 750\ cm^{-1}$ 。

(4)烃类的 C—H, $\tilde{\nu}=2\ 900\ cm^{-1}$ 。

2.已知 $CHCl_3$ 中 C—H 键和 C—Cl 键的伸缩振动分别发生在 3 030 cm^{-1} 和 758 cm^{-1} 处。

（1）试计算 $CDCl_3$ 中 C—D 键的伸缩振动发生的位置。

（2）试计算 $CHBr_3$ 中 C—Br 键的伸缩振动的频率。

设 $CDCl_3$ 与 $CHCl_3$ 的键力常数 K 相同，C—Br 与 C—Cl 的键力常数 K 相同。

3.已知 CH_3X 中，C—H 键力常数 $K=5.0$ N/cm，计算其振动频率。

4.振动光谱有哪两种类型？多原子分子的价键或基团的振动有哪些类型？

5.产生红外吸收的条件是什么？分子的每一个振动自由度是否都能产生一个红外吸收？为什么？

6.何谓"指纹区"？简述其特点和用途？

7.简述红外光谱仪的工作原理。

8.简述傅里叶变换红外光谱仪与色散型红外光谱仪的区别。

9.影响红外基频的因素有哪些？

10.以亚甲基为例，说明分子的基本振动模式。

本章参考文献

[1] 董庆年.红外光谱法[M].北京:石油化工工业出版社,1977.

[2] 王兆民,王奎雄,吴宗凡.红外光谱学理论与实践[M].北京:兵器工业出版社,1995.

[3] 张叔良,易大年,吴天明.红外光谱分析与新技术[M].北京:中国医药科技出版社,1993.

[4] 翁诗甫.傅里叶变换红外光谱分析[M].北京:化学工业出版社,2010.

[5] 陆婉珍,袁洪福,徐广通.现代近红外光谱分析技术[M].北京:中国石化出版社,2007.

[6] SHEN G,KANG X,SU J,et al.Rapid detection of fumonisin B1 and B2 in ground corn samples using smartphone-controlled portable near-infrared spectrometry and chemometrics[J].Food Chemistry,2022,384:132487.

[7] HASHEMI-NASAB F S,PARASTAR H.Vis-NIR hyperspectral imaging coupled with independent component analysis for saffron authentication[J].Food Chemistry,2022,393:133450.

[8] YAKUBU H G,KOVACS Z,TOTH T,et al.The recent advances of near-infrared spectroscopy in dairy production-a review[J].Critical Reviews in Food Science and Nutrition,2022,62(3):810-831.

[9] WOOD B R,KOCHAN K,BEDOLLA D E,et al.Infrared based saliva screening test for COVID-19[J].Angewandte Chemie,International Edition in English,2021,60(31):17102-17107.

[10] KENNEDY G T,AZARI F S,BERNSTEIN E,et al.Targeted detection of cancer at the cellular level during biopsy by near-infrared confocal laser endomicroscopy[J].Nature Communications,2022,13(1):2711.

[11] GENG B,HU J,LI Y,et al.Near-infrared phosphorescent carbon dots for sonodynamic precision tumor therapy[J].Nature Communications,2022,13(1):5735.

[12] VIDAL C,PASQUINI C.A comprehensive and fast microplastics identification based on near-infrared hyperspectral imaging(HSI-NIR) and chemometrics[J]. Environmental Pollution,2021,285:117251.

[13] KIM Y,PARK S,SHIN S-J,et al.Time-resolved observation of C-C coupling intermediates on Cu electrodes for selective electrochemical CO_2 reduction[J].Energy & Environmental Science,2020,13(11):4301-4311.

[14] RAP D B,SCHRAUWEN J G M,MARIMUTHU A N,et al.Low-temperature nitrogen-bearing polycyclic aromatic hydrocarbon formation routes validated by infrared spectroscopy[J].Nature Astronomy,2022,6(9):1059-1067.

第 4 章　紫外－可见吸收光谱分析方法

人们在实践中早已总结出不同颜色的物质具有不同的物理和化学性质。根据物质的这些特性可对它进行有效的分析和判别。由于颜色本就惹人注意,根据物质的颜色深浅程度来对物质的含量进行估计,可追溯到古代及中世纪。1852 年,比尔参考了布给尔在 1729 年和朗伯在 1760 年所发表的文章,提出了分光光度的基本定律,即液层厚度相等时,颜色的强度与呈色溶液的浓度成比例,从而奠定了分光光度法的理论基础,这就是著名的朗伯－比尔定律。1854 年,杜包斯克和奈斯勒等人将此理论应用于定量分析化学领域,并且设计了第一台比色计。到 1918 年,美国国家标准局制成了第一台紫外－可见分光光度计。此后,紫外－可见分光光度计经不断改进,又出现自动记录、自动打印、数字显示、微机控制等各种类型的仪器,使光度法的灵敏度和准确度也不断提高,其应用范围也不断扩大。

4.1　紫外－可见吸收光谱分析方法概论

分子内部的运动可以分为价电子相对于原子核的运动,原子在其平衡位置附近的振动,分子本身绕其重心的转动。分子的能量包括分子内的电子运动能量 E_e、分子的振动能量 E_v、分子的转动能量 E_r。每一种能量都是量子化的,当分子从外界吸收能量后会发生跃迁,但其吸收的能量只能是两个能级之差的能量,即

$$\Delta E = E_2 - E_1 = h\nu = hc/\lambda \tag{4.1}$$

三种不同能级跃迁所需的能量是不同的,就需要不同波长的电磁辐射使其跃迁。

1.电子能级跃迁

电子能级跃迁需要的能量最大,ΔE_e 一般为 $1 \sim 20$ eV;若为 5 eV,其波长 λ 如下 ($h = 6.662\ 4 \times 10^{-34}$ J/s $= 4.136 \times 10^{-15}$ eV/s,$c = 2.998 \times 10^{10}$ cm/s):

$$\lambda = \frac{hc}{\Delta E} = \frac{4.136 \times 10^{-15} \times 2.998 \times 10^{10}}{5} = 248 \text{ (nm)} \tag{4.2}$$

电子跃迁产生的吸收光谱主要位于紫外－可见光区($200 \sim 780$ nm),称为电子光谱或紫外－可见光谱。

2.振动和转动能级跃迁

当 ΔE 为 $0.025 \sim 1$ eV 时,会引起振动和转动能级的跃迁,不能引起电子能级的跃迁。此能量范围是 $\lambda = 0.78 \sim 50$ μm 的红外线,得到的吸收光谱为振动、转动光谱或红外吸收光谱。

3.转动能级跃迁

当 ΔE 为 $0.003 \sim 0.025$ eV 时,只能引起转动能级的跃迁,得到的吸收光谱为转动光

谱或远红外吸收光谱。

紫外－可见吸收光谱法是基于在 $200\sim780$ nm 光谱区内测定物质的吸收光谱或在某指定波长处的吸光度值,对物质进行定性、定量或结构分析的一种方法。紫外－可见吸收光谱法的发展经历了一个漫长的过程,已经有百年以上的历史。早在公元初,古希腊人就曾用五倍子溶液测定醋中的铁,通过比较或测量有色物质溶液颜色深度来确定待测组分含量的方法,称为比色法。以朗伯－比尔定律为基础,比色计只能做定量分析,紫外－可见分光光度计不仅可用于定量分析,而且可以做有机化合物的定性和结构分析。该种方法可在多组分共存的条件下对一种物质进行检测,精密度和准确度高,应用范围广,对金属和非金属及其化合物都能进行测量。主要特点有:

(1)测量范围宽。

该法主要用于痕量组分的测定,测定浓度下限可达 $10^{-5}\sim10^{-6}$ mol/L,如果用预先浓缩或其他措施,甚至对浓度为 $10^{-7}\sim10^{-9}$ mol/L 的物质亦可测定。当采用差示分光光度法还可用于常量组分的测定。

(2)测量准确度高。

该法的准确度能满足痕量组分测定的要求,测定的相对误差为 $2\%\sim5\%$,使用精密度高的仪器,误差可减小为 $1\%\sim2\%$。

(3)应用范围广。

元素周期表中几乎所有的金属元素均能进行测定,也能分析氮、硅、硼、氧、硫、磷、卤素等非金属元素;凡具有发色团的有机化合物均可用该法进行定量和定性分析,可作为红外光谱、拉曼光谱、核磁共振波谱、质谱等定性技术的一种重要的辅助工具;还可用于测定配合物组成,在有机酸、碱及配合物化学平衡及动力学研究等方面亦有其重要用途。

(4)操作简便。

紫外－可见分光光度计比较简单,价钱便宜,对实验室要求不很高,是一般分析实验室的必备仪器,仪器操作简便、快捷、易于掌握。

4.2 紫外－可见吸收光谱分析方法基本原理

物质的吸收光谱本质上就是物质中的分子和原子吸收了入射光中某些特定波长的光能量,相应地发生了分子振动能级跃迁和电子能级跃迁的结果。由于各种物质具有各自不同的分子、原子和不同的分子空间结构,其吸收光能量的情况也就不会相同,因此,每种物质就有其特有的、固定的吸收光谱曲线,可根据吸收光谱上某些特征波长处的吸光度的高低判别或测定该物质的含量,这就是分光光度定性和定量分析的基础。分光光度分析就是根据物质的吸收光谱研究物质的成分、结构和物质间相互作用的有效手段。紫外－可见分光光度法的定量分析基础是朗伯－比尔定律。

一束紫外－可见光通过一物质时,当光子的能量等于电子能级的能量差时,则此能量的光子被吸收,电子由基态跃迁到激发态。当发生电子能级跃迁时,同时有振动和转动能级的跃迁,因此多原子分子的紫外－可见吸收光谱不是线状光谱而是带状光谱。物质对应吸收特征,可用以波长 λ 或者波数为横坐标,吸光度 A、透光度 T 或者摩尔吸光系数 ε

为纵坐标的吸收曲线来表示,即紫外－可见吸收光谱,如图 4.1 所示。吸收曲线呈现一些峰和谷,每个峰峦相当于谱带,曲线的峰称为吸收峰,它对应的波长用 λ_{max} 表示;相应的摩尔吸光系数称为最大摩尔吸光系数,以 ε_{max} 表示;次于最大吸收峰的波峰称为次峰或第二峰;曲线的谷对应的波长用 λ_{min} 表示;在峰旁的小曲折称肩峰;在吸收曲线的波长最短的一端,吸收较大但不成峰形的部分,称为末端吸收。紫外－可见区间分为真空紫外区、普通紫外区和可见区三个部分。其中真空紫外区在 $10\sim200$ nm 之间,辐射易被空气中的氮、氧吸收,必须在真空中才可以测定,对仪器要求高。普通紫外区($200\sim400$ nm)和可见区($400\sim780$ nm)空气无吸收,在有机结构分析中最为有用。

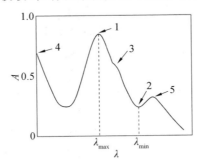

图 4.1　紫外－可见吸收光谱示意图

1—吸收峰;2—谷;3—肩峰;4—末端吸收;5—次峰

4.3　紫外－可见吸收光谱图解析

4.3.1　有机化合物分析

紫外－可见吸收光谱可以针对有机物进行分析。能级跃迁涉及分子中的价电子跃迁,因此紫外－可见吸收光谱取决于分子中价电子分布和结合情况。从化学键的性质来看,与紫外－可见吸收光谱有关的价电子主要有三种:形成单键的 σ 电子,未参与成键的 n 电子(孤对电子),形成双键的 π 电子。其相对能量由小到大次序为 σ、π、n、π^*、σ^*。σ 和 π 表示成键分子轨道;n 表示非键分子轨道;σ^* 和 π^* 表示反键分子轨道。σ 轨道和 σ^* 轨道是由原来属于原子的 s 电子和 p_x 电子所构成的;π 轨道和 π^* 轨道是由原来属于原子的 p_y 和 p_z 电子所构成的;n 轨道是由原子中未参与成键的 p 电子所构成的。要实现各种不同能级的跃迁所需要吸收的外来辐射能量各不相同。三种价电子可以产生 $\sigma\rightarrow\sigma^*$、$\sigma\rightarrow\pi^*$、$\pi\rightarrow\sigma^*$、$\pi\rightarrow\pi^*$、$n\rightarrow\sigma^*$、$n\rightarrow\pi^*$ 等六种形式的电子跃迁,如图 4.2 所示。其中 $\sigma\rightarrow\sigma^*$、$\sigma\rightarrow\pi^*$、$\pi\rightarrow\sigma^*$ 的吸收波长小于 200 nm,属于真空紫外区。有机化合物的吸收光谱主要由 $n\rightarrow\sigma^*$、$\pi\rightarrow\pi^*$、$n\rightarrow\pi^*$ 和电荷转移跃迁产生。

(1)$n\rightarrow\sigma^*$ 跃迁。

某些含有氧、氮、硫、卤素等杂原子的基团(如—NH_2、—OH、—SH、—X 等)的有机化合物可产生 $n\rightarrow\sigma^*$ 跃迁。该跃迁所需能量较大,吸收波长为 $150\sim250$ nm,大部分在远紫外区,近紫外区仍不易观察到,通常仅能见其末端吸收。$n\rightarrow\sigma^*$ 跃迁的摩尔吸光系数较

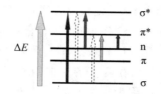

图 4.2　各电子能级跃迁的能量示意图

小。例如:饱和脂肪族醇或醚在 180～185 nm;饱和脂肪族胺在 190～200 nm;饱和脂肪族氯化物在 170～175 nm;饱和脂肪族溴化物在 200～210 nm。

跃迁所需能量取决于带未共用电子对的原子性质,当分子中含有电离能较低的硫、碘原子时,其吸收波长才高于 200 nm。例如$(CH_3)_2S$ 和 CH_3I 的 λ_{max} 分别为 229 nm 和 258 nm。当含有多个杂原子时,因非键轨道之间重叠,吸收波长向长波移动。如 CH_2I_2 的 $\lambda_{max}=292$ nm,CHI_3 的 $\lambda_{max}=349$ nm。饱和烃类和一些含杂原子的饱和脂肪族化合物在近紫外区是透明的,所以常用作测定紫外吸收光谱时的溶剂。

(2)$\pi \rightarrow \pi^*$ 跃迁。

含有 π 电子的基团,如 C=C、—C≡C—、C=O 等,会发生 $\pi \rightarrow \pi^*$ 跃迁。所需能量较小,吸收波长处于远紫外区的近紫外端或近紫外区,在 200 nm 左右,它的特征是摩尔吸光系数大,一般 $\varepsilon_{max} \geq 10^4$ L/(mol·cm),为强吸收带。在非共轭体系中,$\pi \rightarrow \pi^*$ 跃迁产生的吸收波长在 165～200 nm 范围内,例如乙烯的 $\lambda_{max}=165$ nm。但在共轭体系中,降低了 $\pi \rightarrow \pi^*$ 跃迁所需能量,使吸收峰落在近紫外区,例如丁二烯的 $\lambda_{max}=217$ nm。随着共轭双键数目的增加,吸收峰逐渐向长波方向移动。此类跃迁是有机化合物最重要的电子跃迁类型。

(3)$n \rightarrow \pi^*$ 跃迁。

含有杂原子的不饱和基团,如 C=O、C=S、—N=N—、—N=O 等,会发生 $n \rightarrow \pi^*$ 跃迁。实现这种跃迁所需要吸收的能量最小,因此其吸收峰一般都处在近紫外光区,甚至在可见光区。它的特点是谱带强度弱,摩尔吸光系数小,通常小于 100 L/(mol·cm)。其吸收峰会随着溶剂极性增加而向短波方向移动,即产生蓝移。

(4)电荷转移跃迁。

某些分子同时具有电子给予体和电子接收体,它们在外来辐射照射下会强烈吸收紫外光或可见光,使电子从给予体轨道向接受体轨道跃迁,这种跃迁称为电荷转移跃迁,其相应的吸收光谱称为电荷转移吸收光谱。因此,电荷转移跃迁实质上是一个内氧化还原过程。例如,某些取代芳烃可产生这种分子内电荷转移跃迁吸收带。电荷转移吸收带的特点是谱带较宽,吸收强度大,ε_{max} 可大于 10^4 L/(mol·cm)。

4.3.2　无机化合物分析

1.电荷转移跃迁光谱

许多无机配合物也能产生电荷转移光谱。一般来说,在络合物的电荷转移跃迁中,金属离子是电子的接受体,配体是电子的给予体。不少过渡金属离子与含有生色团的试剂反应所生成的络合物以及许多水合无机离子,均可产生电荷转移跃迁。一些具有 d^{10} 电子结构的过渡元素形成的卤化物及硫化物,如 $AgBr$、PbI_2、HgS 等,也是由于电荷转移而产生颜色的。这类跃迁最大的特点是 ε_{max} 大,可大于 10^4 L/(mol·cm)。因此利用这类谱带进行定量分析时,可以提高检测的灵敏度。

2.配位体场吸收光谱

配位体场吸收光谱是指过渡金属离子与配位体所形成的配合物在外来辐射作用下,吸收紫外或可见光而得到相应的吸收光谱。配位体场吸收光谱是由 d→d 电子跃迁或f→f电子跃迁产生的。d→d 电子跃迁是由于 d 电子层未填满的第一、二过渡金属离子的d 电子,在配体场影响下分裂出的不同能量的 d 轨道之间的跃迁产生。其吸收带在可见光区,强度较弱,$\varepsilon_{max}=0.1\sim100$ L/(mol·cm)。f→f电子跃迁是由镧系和锕系元素的 4f和 5f 电子跃迁产生,其吸收带在紫外－可见光区。因 f 轨道被已填满的外层轨道屏蔽,不易受到溶剂和配位体的影响,所以吸收带较窄。过渡元素的 d 或 f 轨道为简并轨道,当与配位体配合时,d 或 f 轨道发生能级分裂,低能量轨道上的电子吸收外来能量时,将会跃迁到高能量的 d 或 f 轨道,从而产生吸收光谱。ε_{max} 较小,少用于定量分析;多用于研究配合物结构及其键合理论。

4.3.3　影响紫外－可见吸收光谱的因素

分子中价电子的能级跃迁是影响紫外－可见吸收光谱的主要因素,此外,分子内部结构和外部环境都会对紫外－可见吸收光谱产生影响。各种因素对紫外－可见吸收光谱的影响表现为谱带位移、吸收强度的变化、谱带精细结构的出现或消失。某些有机化合物分子中存在含有不饱和键的基团,能够在紫外及可见光区域内产生吸收,且吸收系数较大,这种吸收具有波长选择性,吸收某种波长(颜色)的光,而不吸收另外波长(颜色)的光,从而使物质显现颜色,所以称为生色团,又称发色团。有一些含有 n 电子的基团(如—OH、—NH₂ 等),它们本身没有生色功能,但当它们与生色团相连时,就会发生 n－π 共轭作用,增强生色团的生色能力(吸收波长向长波方向移动,且吸收强度增加),这样的基团称为助色团。含有非成键 n 电子的杂原子饱和基团,称为助色团。有机化合物的吸收谱带因引入取代基或改变溶剂使最大吸收波长 λ_{max} 发生移动。λ_{max} 向长波方向移动称为红移,向短波方向移动称为蓝移。吸收强度即摩尔吸光系数 ε 增大或减小的现象分别称为增色效应或减色效应。最大摩尔吸光系数 $\varepsilon_{max}\geqslant10^4$ L/(mol·cm) 的吸收带称为强带;$\varepsilon_{max}<10^3$ L/(mol·cm) 的吸收带称为弱带。

1.共轭效应

共轭体系中电子离域到多个原子之间,使分子的最高占据轨道能量升高,最低未占据空轨道能量降低,导致 π→π* 跃迁的能量降低,同时跃迁概率也增大,即 ε_{max} 增大。对紫外－可见吸收光谱的影响表现为谱带的红移。共轭效应又称离域效应,是指共轭体系中由于原子间的相互影响而使体系内的 π 电子(或 p 电子)分布发生变化的一种电子效应。若共轭体系上的取代基能降低体系的 π 电子云密度,则这些基团有吸电子共轭效应,用—C表示,如—COOH、—CHO、—COR;若共轭体系上的取代基能增高共轭体系的 π 电子云密度,则这些基团有给电子共轭效应,用＋C 表示,如—NH₂、—R、—OH。

2.立体化学效应

立体化学效应是指空间位阻、构象、跨环共轭等因素导致吸收光谱的红移或蓝移，并常伴随有增色或减色效应。取代基越大，分子共平面性越差，会导致紫外－可见吸收光谱谱带蓝移、吸收强度变弱。

3.溶剂效应

溶剂效应是指溶剂极性对紫外－可见吸收光谱的影响，如溶剂极性对光谱精细结构、$\pi \rightarrow \pi^*$ 跃迁谱带和 $n \rightarrow \pi^*$ 跃迁谱带的影响。当溶剂极性增强时，$\pi \rightarrow \pi^*$ 跃迁的吸收峰发生红移的原因是：$\pi \rightarrow \pi^*$ 跃迁的分子，在极性溶剂的作用下，基态与激发态之间的能量差变小了，因此向长波方向移动。当溶剂极性增强时，$n \rightarrow \pi^*$ 跃迁的吸收峰发生蓝移的原因是：$n \rightarrow \pi^*$ 跃迁的分子，在极性溶剂的作用下，基态与激发态之间的能量差变大了，因此向短波方向移动。

(1)溶剂极性对光谱精细结构的影响。

物质溶于某种溶剂中会发生溶剂化作用：溶质分子不是孤立的，被溶剂分子包围，限制了溶剂分子的自由转动，转动光谱表现不出来了，溶剂的极性越大，溶剂与溶质分子的相互作用越强，溶质分子的振动越受限，由振动引起的精细结构损失越多。

(2)溶剂极性对 $\pi \rightarrow \pi^*$ 跃迁谱带的影响。

发生 $\pi \rightarrow \pi^*$ 跃迁的分子，激发态的极性总比基态的极性大，激发态与极性溶剂之间发生相互作用从而降低能量的程度，比起极性较小的基态与极性溶剂作用而降低的能量大。在极性溶剂的作用下，基态与激发态之间的能量差变小了，因此，向长波方向移动。

(3)溶剂极性对 $n \rightarrow \pi^*$ 跃迁谱带的影响。

发生 $n \rightarrow \pi^*$ 跃迁的分子都含有非键 n 电子。n 电子与极性溶剂形成氢键，能量降低的程度比 π^* 与极性溶剂作用降低更大。因此，向短波方向移动。

根据上述分析，可以采用以下两种方法区别 $n \rightarrow \pi^*$ 跃迁和 $\pi \rightarrow \pi^*$ 跃迁类型。①根据摩尔吸收系数区别：两者的摩尔吸收系数差别很大，一般 $n \rightarrow \pi^*$ 的摩尔吸收系数小于 100 L/(mol·cm)，而 $\pi \rightarrow \pi^*$ 的吸收系数大于 10^4 L/(mol·cm)，故根据实验测得的摩尔吸收系数的不同对二者加以区别。②根据最大吸收波长的区别：两种跃迁的吸收波长随着溶剂极性的变化而发生不同的改变。$n \rightarrow \pi^*$ 跃迁吸收峰的最大吸收随溶剂极性的增加发生蓝移，而 $\pi \rightarrow \pi^*$ 跃迁吸收峰的最大吸收随溶剂极性的增加发生红移，因此可通过在不同极性溶剂中的最大吸收波长来区分这两种跃迁类型。

选择测定紫外－可见吸收光谱的溶剂时需要注意：尽量选用非极性溶剂或低极性溶剂；能够很好地溶解被测物，具有良好的化学和光化学稳定性；溶剂在试样的光谱区无明显吸收。

4.pH 的影响

体系的酸碱度对酸碱性有机化合物的紫外吸收光谱有显著影响，如果化合物在不同的酸碱度条件下存在的形体不同，则其吸收峰的位置会随 pH 的改变而改变。如苯酚的吸收峰在碱性介质中形成苯酚阴离子，将红移且吸收强度增加；而苯胺的吸收峰在酸性介质中形成苯胺盐阳离子，发生蓝移并有减色效应。

4.3.4　有机化合物的紫外吸收谱带

由于电子发生能级间的跃迁时,同时伴随着分子的振动与转动能级的跃迁,所以紫外－可见光谱中的吸收峰是电子－振动－转动光谱,是复杂的带状光谱,称为吸收带。由最大吸收值对应的波长 λ_{max} 和该波长处吸收带的强度 ε_{max} 来表示。根据电子及分子轨道的种类,可将吸收带分为四种类型:

(1)R 带:由德文基团(Radikal)一词而得名,是由 n→π* 跃迁所产生的吸收带。其特点是吸收峰处于较长吸收波长范围(250~500 nm),吸收强度很弱,$\varepsilon_{max} < 100$。随溶剂极性增加,R 带向短波方向移动。含杂原子不饱和基团,如羰基、硝基等。

(2)K 带:由德文共轭(Konjugation)一词得名,是由共轭双键的 π→π* 跃迁所产生的。其特点是跃迁所需要的能量较 R 吸收带大,吸收强度 $\varepsilon_{max} > 10^4$。随共轭双键数增加,K 带向长波方向移动和增加强度。K 吸收带是共轭分子的特征吸收带,因此用于判断化合物的共轭结构,如共轭双烯、a,b－不饱和醛酮等,是紫外－可见吸收光谱中应用最多的吸收带。

(3)B 带:由德文苯环(Benzennoid)一词得名,是芳香族化合物的特征吸收带,由苯环振动及 π→π* 重叠引起。在 230~270 nm 之间出现精细结构吸收,又称苯的多重吸收,强度 $\varepsilon = 200$,可用于辨别苯环的存在。当苯环和其他发色团相连时,会同时出现 B 带和K 带,前者波长较长。B 带的精细结构在取代芳香族化合物光谱中一般不出现,呈现一宽峰。在极性溶剂中,这些化合物的精细结构也会消失。

(4)E 带:也是芳香族化合物的特征吸收之一。E 带可分为 E_1 及 E_2 两个吸收带,二者可以分别看成由苯环中的乙烯键和共轭乙烯键引起,也属 π→π* 跃迁。E_1 带是由苯环内乙烯键上的 π 电子被激发所致,吸收峰在 184 nm 左右,吸收特别强,$\varepsilon_{max} > 10^4$。E_2 带由苯环的共轭二烯引起,吸收峰在 204 nm 处,中等强度吸收($\varepsilon_{max} = 7\,400$)。当芳香环上有助色团取代时,$E_2$ 带向长波移动,一般不超过 210 nm;有发色团与苯环共轭时,E_2 带常与 K 带合并,吸收峰向更长波移动。

4.4　紫外－可见分光光度计介绍

4.4.1　分光光度计的组成部件

紫外－可见分光光度计由光源、单色器、样品室、检测器、显示系统组成。各种光度计尽管构造各不相同,但其基本构造都相同,如图 4.3 所示。其中光源用来提供可覆盖广泛波长的复合光,复合光经过单色器转变为单色光。待测的吸光物质溶液放在吸收池中,当强度为 I_0 的单色光通过时,一部分光被吸收,强度为 I_t 的透射光照射到检测器上(检测器实际上就是光电转换器),它能把接收到的光信号转换成电流,再由电流检测计检测,或经 A/D 转换由计算机直接采集数字信号进行处理。下面对分光光度计的主要部件进行简单介绍。

图 4.3　分光光度计的结构框图

（1）光源。

光源在整个紫外光区或可见光区可以发射连续光谱；具有足够的辐射强度、较好的稳定性（通常在仪器内同时配有电源稳压器）、较长的使用寿命；可测波长范围为 200～1 000 nm。可见光区一般用 6～12 V 钨丝灯，发出的连续光谱在 360～800 nm 范围内；紫外光区则采用氘灯，光谱在 200～380 nm 范围内。

（2）单色器。

单色器是将光源发射的复合光分解成单色光并可从中选出一任意波长单色光的光学系统。它包括入射狭缝，光源的光由此进入单色器；准光装置，透镜或反射镜使入射光成为平行光束；色散元件，将复合光分解成单色光；聚焦装置，透镜或凹面反射镜，将分光后所得单色光聚焦至出射狭缝；出射狭缝。

其中色散元件常用棱镜或光栅。棱镜根据光的折射原理而将复合光色散为不同波长的单色光，它由玻璃或石英制成。玻璃棱镜用于可见光范围，石英棱镜则在紫外和可见光范围均可使用。经棱镜色散得到的所需波长光通过一个很窄的狭缝照射到吸收池上。光栅根据光的衍射和干涉原理将复合光色散为不同波长的单色光，然后再让所需波长的光通过狭缝照射到吸收池上。同棱镜相比，光栅作为色散元件更为优越，具有如下优点：适用波长范围广；色散几乎不随波长改变；同样大小的色散元件，光栅具有较好的色散和分辨能力。

（3）样品室。

样品室是用来放置各种类型的吸收池（比色皿）和相应的池架附件。吸收池是用于盛放试液的容器，由无色透明、耐腐蚀、化学性质相同、厚度相等的玻璃或石英制成，按其厚度分为 0.5 cm、1 cm、2 cm、3 cm 和 5 cm。在可见光区测量吸光度时使用玻璃吸收池，紫外光区则使用石英吸收池。使用吸收池时应注意保持清洁、透明，避免磨损透光面。为消除吸收池体、溶液中其他组分和溶剂对光反射和吸收所带来的误差，光度测量中要使用参比溶液。参比溶液与待测溶液应置于尽量一致的吸收池中。单光束分光光度计应先将装参比溶液的吸收池（参比池）放进光路，调节仪器零点。为自动消除因光源强度的波动而引起的误差，分光光度计常设计为双光束光路。单色器后某一波长的光束经反射镜分解为强度相等的两束光，一束通过参比池，另一束通过样品池，光度计将自动比较两束透射光的强度，其比值以 T 或转换为 A 表示。

（4）检测器及数据处理装置。

检测器的作用是将所接收到的光经光电效应转换成电流信号进行测量，故又称光电转换器。检测器分为光电管和光电倍增管。光电管是一个真空或充有少量惰性气体的二极管。阴极是金属做成的半圆筒，内侧涂有光敏物质，阳极为金属丝。光电管依其对光敏感的波长范围不同分为红敏和紫敏两种。红敏光电管是在阴极表面涂银和氧化铯，适用波长范围为 625～1 000 nm；紫敏光电管是在阴极表面涂锑和铯，适用波长范围为 200～

625 nm。光电倍增管是由光电管改进而成的,管中有若干个称为倍增极的附加电极,因此,可使微弱的光电流得以放大,一个光子产生 10^6～10^7 个电子。光电倍增管的灵敏度比光电管高 200 多倍,适用波长范围为 160～700 nm。光电倍增管在现代的分光光度计中被广泛采用。

　　简易的分光光度计常用检流计、微安表、数字显示记录仪,把放大的信号以吸光度 A 或透光度 T 的方式显示或记录下来。现代的分光光度计的检测装置,一般将光电倍增管输出的电流信号经 A/D 转换,由计算机直接采集数字信号进行处理,得到吸光度 A 或透光度 T。近年发展起来的二极管阵列检测器,配用计算机将瞬间获得的光谱图储存,可做实时测量,提供时间－波长－吸光度的三维谱图。

4.4.2　分光光度计的类型

　　不同类型紫外－可见分光光度计的结构示意图如图 4.4 所示。

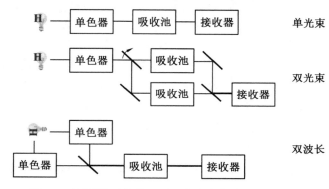

图 4.4　不同类型紫外－可见分光光度计的结构示意图

1.单光束分光光度计

　　从光源到检测器只有一束单色光。其简单、价廉,适于在给定波长处测量吸光度或透光度,一般不能做全波段光谱扫描,要求光源和检测器具有很高的稳定性。工作过程:经单色器分光后的一束平行光,轮番经过参比溶液和样品溶液,以进行吸光度的测定。优点:这种简便型分光光度计结构简略,操作方便,维修容易,适用于惯例剖析。缺点:不能消除光源波动造成的影响,因为两次测试,基线产生漂移。

2.双光束分光光度计

　　从单色器射出的单色光,用一个旋转扇面镜(斩光器)将它分成两束交替断续的单色光束,分别通过空白和样品溶液后,再投射到光电管,经过比较放大后显示。特点:自动记录,快速全波段扫描;由于两束光一起经过参比池和样品池,可消除由光源不稳定、强度变化、检测器灵敏度变化等导致的差错,适合于结构分析;仪器复杂,价格较高。工作过程:经单色器分光后经反射镜分解为强度持平的两束光,一束经过参比池,另一束经过样品池。光度计能主动对比两束光的强度,此比值即为试样的透光度,经对数变换将它变换成吸光度并作为波长的函数记载下来。

3.双波长分光光度计

将不同波长的两束单色光(λ_1、λ_2)快速交替通过同一吸收池而后到达检测器。产生交流信号,无须参比池,$\Delta\lambda=1\sim2$ nm。两波长同时扫描即可获得导数光谱。工作过程:由同一光源发出的光被分成两束,经过两个单色器,得到两束不同波长 1 和 2 的单色光;使用切光器使两束光以不同的频率替换照射同一吸收池,然后经过光电倍增管和电子控制系统,最后由显示器显示出两个波的吸光度差值。特点:关于多组分混合物、混浊试样(如生物组织液)剖析,以及存在布景搅扰或共存组分吸收搅扰的情况下,使用双波长分光光度法,通常能提高灵敏度和挑选性,测试两遍可以扣除背底。按光路系统可分为单光束和双光束分光光度计;按测量方式可分为单波长和双波长分光光度计。

4.多通道分光光度计

多通道分光光度计适于分析快速反应动力学研究及多组分混合物的分析。多通道分光光度计于 20 世纪 80 年代初期问世,是一种利用光二极管阵列检测器,由计算机控制的单光束紫外－可见分光光度计。由光源(钨灯或氘灯)发出的辐射聚焦到吸收池上,光通过吸收池经分光后照射到光二极管阵列检测器上。该检测器含有一个由几百个光组成的线性阵列,可覆盖 $190\sim900$ nm 波长范围。由于全部波长同时工作且光二极管的响应又很快,因此可在极短的时间内(≤1 s)给出整个的全部信息,这种类型的分光光度计特别适于进行快速反应动力学研究及多组分混合物的分析,在环境及过程分析中也非常重要。近几年来被用作高效液相色谱仪和毛细管电泳仪的检测器。

5.光导纤维探头式分光光度计

光导纤维探头式分光光度计的探头由两根相互隔离的光导纤维组成。钨灯发射的光由其中一根光纤传导至试样溶液,再经镀铝反射镜反射后,由另一根光纤传导,通过干涉滤光片后,由光敏器件接收转变为电信号。探头在溶液中的有效路径可在 $0.1\sim10$ cm 范围内调节。此类仪器的特点是不需要吸收池,直接将探头插入试样溶液中,在原位进行测定,不受外界光线的影响。这种类型的光度计常用于环境和过程监测。

4.4.3　分光光度计的发展趋势

分光光度计的发展趋势可以从下列两个方面来看:(1)分光光度计的组件(如单色器、检测器、显示或记录系统、光源等);(2)分光光度计的结构(如单波长、双波长快速扫描,微处理机控制等)。现分述如下。

(1)从分光光度计的组件看发展。

①全息光栅正在迅速取代机刻光栅。早期的分光光度计几乎都采用各种棱镜作为色散元件,随着光栅制造技术,尤其是复制光栅技术的不断提高,成本不断降低,近几年来绝大多数分光光度计都改用光栅。最近,随着全息光栅技术(它杂散光很少,无鬼线)的发展与商品化,全息闪耀光栅正在迅速取代一般的闪耀光栅。例如美国珀金－埃尔默 554 型、Lambda 3 型双光束紫外－可见分光光度计和英国 Pye Unicam SP8－200、SP8－250 双光束紫外－可见分光光度计等均采用全息光栅。

②电视式显示和电子计算机绘图。老式分光光度计都采用表头(如电位计)指示分析

结果。随着数字电压表的商品化,表头很快就被数字电压表所取代。近年来随着微型计算机技术的迅速发展与价格日益便宜,和其他类型的分析仪器一样,分光光度计亦已经配用电视式显示和计算机绘图装置,如美国珀金－埃尔默 555 型分光光度计就已配用这类型的数据处理台。

③电视型检测器已开始采用。早期分光光度计多采用光电管作为光电检测元件,少数简易型分光光度计,例如国产 72 型,还采用光电池。近几年来,除了少数分光光度计,例如国产 751、721、125 型等,仍采用光电管外,绝大多数都已采用光电倍增管,其灵敏度高,响应速度快。近年来,电视型检测器颇受重视,并已做了不少探讨工作。最近,Update仪器公司展出的 SFRSS 型 stopped－flow 快速扫描分光光度计就采用光二极管固体电路阵列作为检测器。

④激光光源用于光声光谱仪。以激光光源作为光声光谱仪研究的报道并不罕见,但还未见商品化的、以激光为光源的光声光谱仪。

(2)从分光光度计的结构看发展。

①电子计算机控制的分光光度计日渐增多。初期的分光光度计多用手控单光束的构型,例如英国产品 SP500 型、H700 型和我国 751 型都属这一类。20 世纪 60 年代的产品多用双光束自动记录构型,例如英国 SP700 型、日本 MPS5000 型和我国 710、730、740 型等都是这一类产品。随着电子计算机技术的迅速发展,尤其是微处理机迅速商品化,70 年代中期起就不断出现了微处理机控制的分光光度计,例如日本日立的 340 型紫外－可见－近红外的记录式分光光度计;英国 Pye Unicam 的 AURA 自动反应分析器;美国珀金－埃尔默的 554 和 555 型双光束紫外－可见分光光度计;Beckman 公司 1980 年出产的 DU－8 型(单光束)计算机控制的紫外－可见分光光度计;日立科学仪器公司的 110 型 Bausch&Lomb 公司的 Spectronic 2000 型都属于这一类。可以说,微处理机控制的分光光度计方兴未艾,它不仅促使分光光度计进一步自动化,而且可大大改善仪器的性能,例如使分光光度计具有获得多级导数的能力,具有光谱累积和平均的特性,从而具有大大提高信噪比的能力。

②双波长分光光度计迅速发展。自 1968 年日立公司制出第一台商品化的 356 型双波长分光光度计以来,又发展了日立 156 型(在 356 型的基础上简化,数字显示,手动扫描);1972 年有 Aminco DW－2 型;1974 年有岛津 UV－300 型;1975 年有日立 556 型;1979 年我国有北京第二光学仪器厂的 WFZ 800S 型;1980 年初有日立 557 型等型号仪器先后问世。其中 UV－300 型有光谱数据处理机附件,557 型采用微型计算机控制。

③快速扫描分光光度计陆续问世。利用光分析可以跟踪化学反应过程,但是要了解一个化学反应过程至少得有几条吸收光谱才行。一般分光光度计从紫外到可见光区扫描一条吸收光谱最快也得 2~3 min,不难看出,一般分光光度计只适于历程为 20~30 min 及以上的反应,要研究速度较快的反应就得设计出快速扫描分光光度计。目前属于这类型的商品有日立 RSP－2 型快速扫描分光光度计,它在紫外－可见光区的扫描只需要 0.115 s。1980 年 Update Instrument 展出 SFRSS 型的快速扫描分光光度计也属这种类型。

④光声光谱又复活。虽然采用积分球反射附件的分光光度计能够部分地解决固体样

品的分析,然而它的灵敏度差,再现性不好,结果往往不能令人满意,而光声光谱法却能满意地解决固体样品的分析。光声光谱现象虽然早在 1880 年为 Bell 所发现,但是这种技术直到 20 世纪 70 年代才复活,目前颇受人们重视,商品化仪器亦陆续出现,例如 1978 年 Gilford R－1500 型光声光谱仪以及 1979 年 Princton 应用研究所产品 6001 型光声光谱仪。

4.4.4　分光光度计的校正和检验

当光度计使用一段时间后,波长和吸光度将出现漂移,因此需要对其进行校正。

1.波长校正

使用镨－钕玻璃(可见光区)和钬玻璃(紫外光区)进行校正,因为二者均有其各自的特征吸收峰。

2.吸光度校正

可用重铬酸钾的硫酸溶液检定。取在 120 ℃ 干燥至恒重的基准重铬酸钾约 60 mg,精密称定,用 0.005 mol/L 硫酸溶液溶解并稀释至 1 000 mL,在规定的波长处测定并计算其吸光度,并与规定的吸光度比较。

4.5　紫外－可见吸收光谱分析方法的应用

物质的紫外吸收光谱基本上是其分子中生色团及助色团的特征,而不是整个分子的特征。如物质组成的变化不影响生色团和助色团,就不会影响其吸收光谱,如甲苯和乙苯具有相同的紫外吸收光谱。外界因素如溶剂的改变也会影响吸收光谱,在极性溶剂中某些化合物吸收光谱的精细结构会消失。必须与红外吸收光谱、核磁共振波谱、质谱以及其他化学、物理方法共同配合才能得出可靠的结论。

4.5.1　定性分析

对照标准吸收图谱,若标准试样与未知物吸收光谱中峰的位置、数目和吸收强度完全一致,可初步确定为同一物质。

鉴定的方法有两种:

(1)与标准物、标准谱图对照:将样品和标准物以同一溶剂配制相同浓度溶液,并在同一条件下测定,比较光谱是否一致。

(2)吸收波长和摩尔吸收系数:由于不同的化合物,如果具有相同的生色基团,也可能具有相同的紫外吸收波长,但是它们的摩尔吸收系数是有差别的。如果样品和标准物的吸收波长相同,摩尔吸收系数也相同,可以认为样品和标准物是同一物质。

4.5.2　结构分析

紫外－可见吸收光谱一般不用于化合物的结构分析,但利用紫外吸收光谱鉴定化合物中的共轭结构和芳环结构有一定价值。利用紫外光谱可以推导有机化合物的分子骨架中是否含有共轭结构体系,如 C=C—C=C、C=C—C=O、苯环等。利用紫外光谱鉴定有机化合物远不如利用红外光谱有效,因为很多化合物在紫外没有吸收或者只有微弱的吸收,并且紫外光谱一般比较简单,特征性不强。利用紫外光谱可以用来检验一些具有大的共轭体系或发色官能团的化合物,可以作为其他鉴定方法的补充。

(1)推测化合物的共轭体系和部分骨架。

如果一个化合物在紫外区是透明的,没有吸收峰,则说明不存在共轭体系(指不存在多个相间双键)。它可能是脂肪族碳氢化合物、胺、腈、醇等不含双键或环状结构的化合物。

如果在 210~250 nm 有强吸收,则可能有两个双键共轭系统。

如果在 250~300 nm 有强吸收,则可能具有 3~5 个不饱和共轭系统。

如果在 260~300 nm 有中强吸收(吸收系数为 200~1 000),则可能有苯环。

如果在 250~300 nm 有弱吸收,则可能存在羰基基团。

(2)区分化合物的构型。

化合物二苯乙烯有顺式和反式两种构型,它们的最大吸收波长和吸收强度都不同,由于反式构型没有空间障碍,偶极矩大,而顺式构型有空间障碍,因此反式的吸收波长和强度都比顺式的来得大。为此就很容易区分顺式和反式构型了。

(3)互变异构体的鉴别。

在有机化学中会有异构体的互变现象,通过紫外光谱也可鉴别。

4.5.3　纯度的鉴定

物质纯度不同,对紫外线的吸收不同,呈一定的比例关系,先测标准物的吸光度,再测样品的吸光度,通过吸光度的比例计算样品的纯度。

例 1,紫外吸收光谱能测定化合物中含有微量的具有紫外吸收的杂质。如果化合物的紫外可见光区没有明显的吸收峰,而它的杂质在紫外区内有较强的吸收峰,就可以检测出化合物中的杂质。

例 2,检测乙醇样品含有的苯的杂质。苯的最大吸收波长在 256 nm,而乙醇在此波长处没有吸收。在紫外吸收光谱上就能很明显地看出来。

例 3,还可以用差示法来检测样品的纯度。取相同浓度的纯品在同一溶剂中测定做空白对照,样品与纯品之间的差示光谱就是样品中含有杂质的光谱。

4.5.4　氢键强度的测定

实验证明,不同的极性溶剂产生氢键的强度也不同,这可以利用紫外光谱来判断化合物在不同溶剂中的氢键强度,以确定选择哪一种溶剂。

4.5.5　络合物组成及稳定常数的测定

金属离子常与有机物形成络合物,多数络合物在紫外可见区是有吸收的,可以利用分光光度法来研究其组成。

4.5.6 反应动力学研究

借助于分光光度法可以得出一些化学反应速度常数,并从两个或两个以上温度条件下得到的速度数据,得出反应活化能。在丙酮的溴化反应的动力学研究中就是一个成功的例子。

4.5.7 在有机分析中的应用

有机分析是一门研究有机化合物的分离、鉴别及组成结构测定的科学,它是在有机化学和分析化学的基础上发展起来的综合性学科。在国民经济的许多领域都用有机分析。

波长在 $190\sim800$ nm 的电磁光谱对于判断有机分子中是否存在共轭体系、芳环结构及 $C\!=\!C$、$C\!=\!O$、$N\!=\!N$ 之类的发色团是一个很好的手段,具有强烈的吸收,其摩尔吸光系数可达 $10^4\sim10^5$(而红外吸收光谱的摩尔吸光系数一般均小于 10^3),因而检测灵敏度很高。对于一些特殊类型的结构,可通过简单的数学运算确定最大吸收。如果发色团之间不以共轭键相连,其紫外吸收具有可加性,即总的吸收等于各单独发色团的吸收之和,用此性质曾成功地推导出利血平及氯霉素的部分结构。一个复杂分子的结构,往往可以由比较化合物的紫外光谱性质而推断其含有何种发色团,有时还能提供一些立体结构及分子量的一些信息,为未知物的剖析提供有用的线索。以下通过实例说明分光光度法在有机分析中的应用。如氯霉素分子中的硝基首先是由它的紫外光谱而确定的,在紫外光谱中 298 nm 和 278 nm 处出现芳香硝基的特征吸收。五元环酮和羧酸酯的红外特征吸收都在 1 740 cm^{-1} 附近,难以区别,但在紫外光谱中只有前者在 210 nm 以上有吸收,从而得以区别。

4.5.8 定量分析

利用紫外分光光度法进行定量分析时,可将待测试样的纯品配制成一系列标准溶液,事先绘制标准曲线,由待测未知样品吸光度对照标准曲线,就可得到其含量。若未知物样品为几种组分,且这些组分的最大吸收峰值互不重叠,则可用联立方程解之。

朗伯和比尔分别于 1760 年和 1852 年研究了光的吸收与溶液层的厚度及溶液浓度的定量关系,二者结合称为朗伯-比尔定律,是光吸收的基本定律。朗伯-比尔定律适用于任何均匀、非散射的固体、液体或气体介质,下面以溶液为例进行讨论。

当一束平行单色光通过溶液时,一部分被吸收,一部分透过溶液。设入射光强度为 I_0,吸收光强度为 I_a,透射光强度为 I_t,则

$$I_0 = I_a + I_t \tag{4.3}$$

透射光强度 I_t 与入射光强度 I_0 之比称为透射比或透光度,用 T 表示,溶液的透射比越大,表示它对光的吸收越小;相反,透射比越小,表示它对光的吸收越大。

溶液对光的吸收程度,与溶液浓度、液层厚度及入射光波长等因素有关。如果保持入射光波长不变,则溶液对光的吸收程度只与溶液浓度和液层厚度有关。

当一束强度为 I_0 的平行单色光垂直照射到厚度为 b 的液层、浓度为 C 的溶液时,由于溶液中分子对光的吸收,通过溶液后光的强度减弱为 I_t,则

$$A = \log \left(\frac{I_0}{I_t} \right) = KbC \tag{4.4}$$

式中,A 为吸光度;K 为比例常数。吸光度 A 为溶液吸光程度的度量,其有意义的取值范围为 $0 \sim \infty$。A 越大,表明溶液对光的吸收越强。

式(4.4)是朗伯－比尔定律的数学表达式。它表明:当一束单色光通过含有吸光物质的溶液后,溶液的吸光度与吸光物质的浓度及吸收层厚度成正比,这是吸光光度法进行定量分析的理论基础。式中比例常数 K 与吸光物质的性质、入射光波长及温度等因素有关,指物质对某波长的光的吸收能力的量度。

吸光度 A 与溶液的透射比的关系为

$$A = \log \left(\frac{I_0}{I_t} \right) = \log \frac{1}{T} \tag{4.5}$$

在含有多种吸光物质的溶液中,由于各吸光物质对某一波长的单色光均有吸收作用,如果各吸光物质之间相互不发生化学反应,当某一波长的单色光通过这样一种含有多种吸光物质的溶液时,溶液的总吸光度应等于各吸光物质的吸光度之和。这一规律称吸光度的加和性。根据这一规律,可以进行多组分的测定及某些化学反应平衡常数的测定。

式(4.4)中 K 值随 C、b 所取单位不同而不同。当 C 的单位为 g/L,b 的单位为 cm 时,则 $A = abc$,a 称为吸收系数,单位为 L/(g·cm);当浓度 C 用 mol/L,液层厚度 b 用 cm 为单位表示,则 K 用另一符号 ε 来表示,ε 称为摩尔吸收系数,单位为 L/(mol·cm),它表示物质的量浓度为 1 mol/L,液层厚度为 1 cm 时溶液的吸光度。数值上 ε 等于 a 与吸光物质的摩尔质量的乘积。

这时,式(4.4)变为

$$A = \varepsilon bC \tag{4.6}$$

朗伯－比尔定律一般适用于浓度较低的溶液,所以在分析实践中,不能直接取浓度为 1 mol/L 的有色溶液来测定 ε 值,而是在适当的低浓度时测定该有色溶液的吸光度,通过计算求得 ε 值。摩尔吸收系数 ε 反映吸光物质对光的吸收能力,也反映用吸光光度法测定该吸光物质的灵敏度。在一定条件下它是常数。

4.6　紫外－可见吸收光谱分析方法的研究进展

紫外光谱分析可以快速、准确地测定锂硫电池在工作过程中产生的多硫化物,因此在锂硫电池检测方面有重要的作用。$Pyr_{14}TFSI$(双氟甲磺酰亚胺离子)是锂－O_2 电池中研究最广泛的离子液体之一,表现出对超氧化物的高稳定性和较高的 Li 扩散系数。来自剑桥大学的 Clare P.Grey 等人使用紫外光谱对含 $Pyr_{14}TFSI$ 的电解质和不含 $Pyr_{14}TFSI$ 的电解质在 295 nm 和 354 nm 处的特征进行分析,发现两种情况对应的 I_3^- 都不存在与 I_2(在 520 nm 处)相对应的特征(图 4.5)。在没有 $Pyr_{14}TFSI$ 的电解液中,228 nm 和 465 nm 处显示的额外特征应归咎于 IO_3^- 和 IO^- 的存在,这些特征在含有 $Pyr_{14}TFSI$ 的电解液的电池中并不存在。I_3^- 在两个样品中存在说明其是 I^- 氧化的主要产物,同时表明它是负责氧化 LiOH 的主要物质,而不是 I_2。

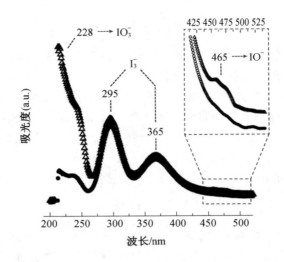

图 4.5　在含有 700 mm LiTFSI、50 mm LiI、500×10⁻⁶ H₂O 和 900 mm Pyr₁₄
TFSI的 G4 中,恒电流放电和充电后收集的洗涤液的紫外光谱

锂离子在电解液中因较差的扩散动力学引发的浓差极化现象是不均匀锂沉积的根本原因,会进一步导致电池循环过程中固体电解质界面(SEI)膜破裂及锂枝晶不可控生长。在 Matter 的一篇报道中,作者借助原位紫外光谱发现:电解液装配的锂硫电池在放电过程中 Li_2S_8、Li_2S_6 和 Li_2S_4 的浓度会快速上升并缓慢下降到较高的水平。而 PEI－IEM (由甲基丙烯酸异氰基乙酯(IEM)接枝的聚乙烯亚胺(PEI))凝胶电解质对应锂硫电池中多硫化物浓度在整个测试过程中始终保持较低水平,证实了 PEI－IEM 凝胶电解质优异的多硫化物吸附/限制能力。

高能量密度锂(Li)金属电池由于表面上积累无活性的锂而寿命短,并伴随着电解液的消耗和活性锂的储存,严重恶化电池的循环性能。对此,清华大学张强等人报道了关于碘化锡(SnI_4)引发的三碘/碘(I_3^-/I^-)氧化还原反应对回收失活锂的研究。作者利用紫外光谱对该反应的验证结果表明:220 nm 附近的峰属于 I^- 的吸收,而 280 nm 和 360 nm 的峰属于 I_3^- 的吸收,这可能是 I^- 与溶剂之间的施主/受体相互作用的结果。当将循环测试中的锂箔加入含 SnI_4 的碳酸二甲酯(DMC)溶液中时,I_3^- 信号消失(图 4.6(a)),结合 X 射线衍射结果中检测到峰的强度(图 4.6(b))发现:锂箔在脱除过程后,10°~30°范围内的峰变宽,结晶度降低,而将它浸泡在含 SnI_4 的 DMC 溶液中捕获 LiI 中的锂离子后,峰恢复到原始状态。结果表明 SnI_4 可以驱动锂离子从非活性锂中转化和释放。NCM523 正极可恢复锂离子重复使用,促进 I_3^-/I^- 氧化还原电偶的构建,实现对失活锂的连续回收。这为延长实用型锂金属电池的使用寿命和回收无活性锂提出了一种创造性解决方案。

针对水系电池面临有限的能量密度(铅酸电池)、成本/资源问题(镍氢电池)和由于高电流密度下金属枝晶生长导致的安全问题(锌电池),南开大学陈军院士团队通过设计电化学氧化还原电对醌作为本征无枝晶且可持续的负极材料耦合 Mn^{2+}/MnO_2 氧化还原反应,能够实现 374 Wh/kg 的理论能量密度。本项工作利用原位紫外－可见光谱,成功证实聚(1,4－蒽醌)P14AQ 电极的电解液在循环后没有出现吸收峰,表明聚合抑制了溶

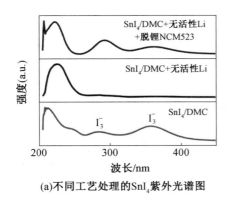
(a)不同工艺处理的SnI₄紫外光谱图

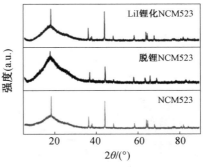
(b)不同工艺处理的NCM523 XRD图谱

图 4.6　利用紫外光谱验证 I_3^-/I^- 氧化还原反应回收失活锂的机理

解,因此 P14AQ 电极在循环 60 次后依旧可提供 90% 的容量保持率。无独有偶,澳大利亚阿德莱德大学乔世璋教授、广东工业大学林展教授等人报道:通过原位紫外－可见光谱证实使用廉价的天然生物聚合物淀粉主体明显抑制水系 $Zn-I_2$ 电池中的多碘化物穿梭,从而降低活性物质损失和 Zn 腐蚀程度,增加 $Zn-I_2$ 电池的循环寿命。

除了电池领域,在有机聚合物的研究和其他氧化还原反应的鉴定中,紫外光谱分析技术也有广泛应用。Mahdokht Shaibani 等人通过紫外－可见光谱发现:与多糖(CMC)相比,单糖(葡萄糖)在增强多硫化物吸附和相互作用方面具有更显著的作用,这归因于葡萄糖与多糖相比具有更多且更易接近的活性反应位点。因为葡萄糖是单体并且具有更多的自由结合面和更高的自由度,所以它比多糖更具化学活性。

中国科学技术大学的闫立峰教授等人通过原位紫外光辅助还原策略,研究了 UV－Pt@TiO₂/GN 作为甲醇氧化反应的高效催化剂。实验结果和理论计算均表明,与 TiO₂纳米晶(TONC)相比,具有最优(001)和(110)晶面的 TiO₂纳米棒(TONR)有效地加强了 Pt 捕获能力,增强了对甲醇分子的吸附,并削弱了 CO 中间物的毒性。

谢毅院士等人在常温和常压下,借助 H_2O 将不可循环的塑料光转化为清洁、可再生的合成气。在该工艺中,H_2O 可被光还原为 H_2,而各种商用塑料如聚乙烯(PE)袋、聚丙烯(PP)盒、聚对苯二甲酸乙二醇酯(PET)瓶等可光降解为 CO。为揭示产物的来源,在模拟自然环境条件下,在 $Co-Ga_2O_3$ 纳米片上进行了试剂级 PE 的光重整。为了进一步揭示 H_2 的来源,研究人员使用 $Co-Ga_2O_3$ 纳米片作为催化剂,将试剂级 PE 在纯 D_2O 溶剂中进行了光重整实验。利用同步辐射真空紫外光电离质谱(SVUV－PIMS)检测发现:D_2O 溶剂中只含有 D_2,证明光转化过程中生成的 H_2 来自 H_2O 而不是 PE。

新加坡国立大学陈伟教授和深圳大学韩成等人以碘为转移剂,利用化学气相转移法制备了 ZrS_3 纳米带。通过 SEM 和 AFM 发现,其宽度为 300 nm～3 μm,长度为数 10 μm。通过 TEM 和选区电子衍射(SAED)表征,确认单个 ZrS_3 纳米带沿[010]方向为单晶。如漫反射紫外－可见光谱所示(图 4.7),ZrS_3 和 $ZrSS_{2-x}$(15)纳米带的吸收光波长约 650 nm,对应于 2.02 eV 的带隙。样品的莫特－肖特基(Mott－Schottky)曲线均呈现正斜率,证实了 ZrS_3 的 n 型行为。根据 Mott－Schottky 曲线和紫外－可见光谱结果,确定 ZrS_3、$ZrSS_{2-x}$(15) 和 $ZrS_{1-y}S_{2-x}$(15/100) 的导带底(CBM)和价带顶(VBM)分别为

-0.10、-0.11、-0.18（V_{RHE}）和 1.92、1.91、1.80（V_{RHE}）。

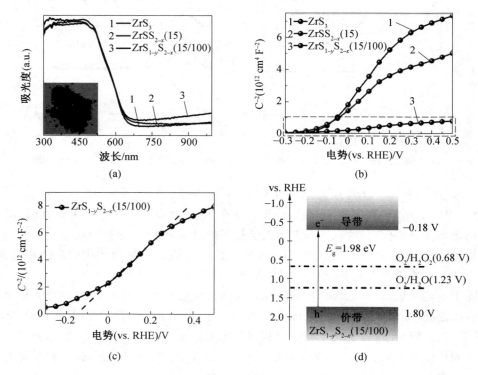

图 4.7　缺陷 ZrS_3 纳米带的结构特性和能带结构

习　题

1.某试液显色后用 2.0 cm 吸收池测量时，$T=50.0\%$。若用 1.0 cm 或 5.0 cm 吸收池测量，T 及 A 各为多少？

2.某一溶液，每升含 47.0 mg 铁。吸取此溶液 5.0 mL 于 100 mL 容量瓶中，以邻二氮菲光度法测定铁，用 1.0 cm 吸收池于 508 nm 处测得吸光度为 0.467。计算吸光系数 a、摩尔吸光系数 ε。设铁的原子量 55.85。

3.以分光光度法测定某电镀废水中的铬（Ⅵ）。取 500 mL 水样，经浓缩和预处理后转入 100 mL 容量瓶中定容，取出 20 mL 试液，调整酸度，加入二苯碳酰二肼溶液显色，定容为 25 mL。以 5.0 cm 吸收池于 540 nm 波长下测得吸光度为 0.540。已知 $k_{540}=4.2\times10^4$ L/(mol·cm)，求铬（Ⅵ）的质量浓度 ρ（mg/L）。Cr 的原子量：51.996。

4.为测定有机胺的摩尔质量，常将其转变为 1∶1 的苦味酸胺的加合物。现称取某加合物 0.050 0 g 溶于乙醇制成 1 L 溶液，以 1.0 cm 吸收池在最大吸收波长 380 nm 处测得吸光度为 0.750。求有机胺的摩尔质量 M。（苦味酸的摩尔质量 $M_r=229$，$k=1.0\times10^4$ L/(mol·cm)）

5.单光束、双光束、双波长分光光度计在光路设计上有什么不同？这几种类型的仪器分析由哪几大部分组成？

6.电子跃迁类型有哪些？哪些类型的跃迁能在紫外和可见吸收光谱中反映出来？

7.何谓溶剂效应？为什么溶剂的极性增强时，$\pi \to \pi^*$ 跃迁的吸收峰发生红移，而 $n \to \pi^*$ 跃迁的吸收峰发生蓝移？

8.采用什么方法可以区别 $n \to \pi^*$ 跃迁和 $\pi \to \pi^*$ 跃迁类型？

9.影响紫外—可见光谱的因素有哪些？

10.为什么紫外吸收光谱是带状光谱，请写出有机物分析中几个主要的紫外吸收带。

本章参考文献

[1] 柯以侃.紫外—可见吸收光谱分析技术[M].北京:中国标准出版社,2013.

[2] TEMPRANO I,LIU T,PETRUCCO E,et al.Toward reversible and moisture-tolerant aprotic lithium-air batteries[J].Joule,2020,4(11):2501-2520.

[3] MA C,NI X,ZHANG Y,et al.Implanting an ion-selective "skin" in electrolyte towards high-energy and safe lithium-sulfur battery[J].Matter,2022,5(7):2225-2237.

[4] JIN C B,ZHANG X Q,SHENG O W,et al.Reclaiming inactive lithium with a triiodide/iodide redox couple for practical lithium metal batteries[J].Angewandte Chemie International Edition,2021,60(42):22990-22995.

[5] LI Y,LU Y,NI Y,et al.Quinone electrodes for alkali-acid hybrid batteries[J].Journal of the American Chemical Society,2022,144(18):8066-8072.

[6] ZHANG S J,HAO J,LI H,et al.Polyiodide confinement by starch enables shuttle-free Zn-iodine batteries[J].Advanced Materials,2022,34(23):2201716.

[7] HUANG Y,SHAIBANI M,GAMOT T D,et al.A saccharide-based binder for efficient polysulfide regulations in Li-S batteries[J].Nature Communications,2021,12(1):5375.

[8] ZHANG K,QIU J,WU J,et al.Morphological tuning engineering of $Pt@TiO_2/gra$phene catalysts with optimal active surfaces of support for boosting catalytic performance for methanol oxidation[J].Journal of Materials Chemistry A,2022,10(8):4254-4265.

[9] XU J,JIAO X,ZHENG K,et al.Plastics-to-syngas photocatalysed by $Co-Ga_2O_3$ nanosheets[J].National Science Review,2022,9(9):nwac011.

[10] TIAN Z,HAN C,ZHAO Y,et al.Efficient photocatalytic hydrogen peroxide generation coupled with selective benzylamine oxidation over defective ZrS_3 nanobelts[J].Nature Communications,2021,12(1):2039.

第5章　分子荧光光谱分析方法

分子荧光现象最早可以追溯到 16 世纪 70 年代,当时有人在阳光下观察到菲律宾紫檀木切片的黄色水溶液呈现极为可爱的天蓝色。19 世纪 50 年代,斯托克斯(Stokes)用分光计观察奎宁和叶绿素溶液时,发现它们所发出的光的波长比入射光的波长稍长,由此判明这种现象是由于这些物质吸收了光能并重新发出不同波长的光线,而不是由光的漫射作用引起的,并把这种光称为荧光。20 世纪 50 年代前,使用滤片式荧光计只能测量荧光的总光度值。1955 年制成第一台荧光光度计。60 年代开始了真实荧光光谱、荧光效率和荧光寿命的测量。70 年代引进了计算机技术、电视技术、激光技术、显微镜技术,荧光分析法在仪器、方法、试剂等方面的发展都非常迅速。80 年代,荧光分光光度计大多配有微型计算机—数据处理器,能对荧光光度值进行积分、微分、除法、减法和平均等运算。荧光分析发展至今,已被广泛应用于工业、农业、医药、卫生、司法鉴定和科学研究等各个领域中。用荧光分析鉴定和测定的无机物、有机物、生物物质、药物的数量与年俱增。近些年来,荧光分析法作为高效液相色谱、毛细管电泳的高灵敏度检测器以及激光诱导荧光分析法在高灵敏度的生物大分子的分析方面受到广泛关注。

5.1　分子荧光光谱分析方法概论

分子吸收外来能量时,分子的外层电子可能被激发而跃迁到更高的电子能级,这种处于激发态的分子是不稳定的,它可以经由多种衰变途径而跃迁回基态。这些衰变的途径包括辐射跃迁过程和非辐射跃迁过程,辐射跃迁过程伴随的发光现象,称为分子发光。分子发光的类型,可按分子激发的模式,或按分子激发态的类型来加以分类。按激发的模式分类时,如果分子通过吸收光能而被激发,所产生的发光称为光致发光(Photolumines-cence,PL),分子的荧光和磷光就属于光致发光类型;如果分子是由化学反应的化学能或由生物体(经由体内的化学反应)释放出来的能量所激发,其发光分别称为化学发光或生物发光。如按分子的激发态类型来分类时,则可划分为荧光和磷光两个类型。

物质吸收光子(或电磁波)后重新辐射出光子(或电磁波)的过程,称为光致发光,是冷发光的一种。包括物质吸收光子跃迁到较高能级的激发态后返回低能级,同时放出光子的过程。紫外辐射、可见光及红外辐射均可引起光致发光。光致发光可按延迟时间分为荧光和磷光。最普遍的应用为日光灯,它是靠灯管内气体放电产生的紫外线激发管壁上的发光粉而发出可见光。

荧光是指当某种常温物质经某种波长的入射光(通常是紫外线)照射吸收光能后进入激发态,并且立即退激发并发出比入射光的波长长的出射光(通常波长在可见光波段),一旦停止入射光,发光现象也随之立即消失,具有这种性质的出射光就被称为荧光。当某种常温物质经某种波长的入射光(通常是紫外线)照射,吸收光能后进入激发态,然后缓慢地退激发并发出比入射光的波长长的出射光,这种性质的出射光被称为磷光。与荧光过程不同,当入射光停止后,发光现象持续存在,发出磷光的退激发过程是被量子力学的跃迁选择规则禁戒的,因此这个过程很缓慢。

荧光分析法是根据物质的荧光谱线的位置及其强度进行物质鉴定和含量测定的仪器方法。分子荧光光谱法具有以下特点:

(1)灵敏度高。与吸收光度法相比较,分子发光分析法的灵敏度一般要高 2～3 个数量级。

(2)选择性比较高。物质对光的吸收具有普遍性,但吸光后并非都有发光现象。即便都有发光现象,但在吸收波长和发射波长方面不尽相同,这样就有可能通过调节激发波长和发射波长来达到选择性测定的目的。

(3)试样量小,操作简便,工作曲线的动态线性范围宽。

(4)由于发光检测的高灵敏度,以及发光光谱、发光强度、发光寿命等各种发光特性对所研究体系的局部环境因素的敏感性,因此,发光分析法在光学分子传感器以及在生物医学、药学和环境科学等方面的应用更显示了它的优越性。

5.2　分子荧光光谱分析方法基本原理

光谱中电子能级可分为两组,包括单重态(S)和三重态(T)。大多数分子含有偶数电子,基态分子每一个轨道中两个电子自旋方向总是相反的,电子自旋配对,处于基态单重态,用"S_0"表示;当物质受光照射时,基态分子吸收光能产生电子能级跃迁,由基态跃迁至更高的单重态 S_1、S_2、S_3(第一、二、三激发单重态)等,电子自旋方向没有改变,电子的净自旋 $S=0$,谱线多重性 $M=2S+1=1$,这种跃迁是符合光谱选律的。单重态分子具有抗磁性,激发态的平均寿命约为 10^{-8} s。若分子中电子在跃迁过程中伴随着自旋方向的改变,电子自旋非配对,由基态单重态跃迁到激发三重态(T),净自旋 $S=1$,谱线多重性$M=2S+1=1$,这种跃迁为禁阻跃迁。三重态分子具有顺磁性,激发态的平均寿命为 $10^{-4}\sim$ 1 s。

分子能级比原子能级复杂,在每个电子能级上,都存在振动、转动能级。分子的激发包括基态跃迁到激发态(包括 S_1、S_2、激发态振动能级),需要吸收特定频率的辐射,跃迁一次到位。分子在激发态不稳定,以辐射或无辐射跃迁的方式回到基态,也称分子的失活。在多种途径和方式中,速度最快、激发态寿命最短的占优势。分子的能级跃迁可用著名的雅布隆斯基分子能级图来表示,如图 5.1 所示。

5.2.1　无辐射跃迁

无辐射跃迁包括振动弛豫(vibrational relaxation)、内转换(internal conversion)、系间窜越(intersystem crossing)、外转换(external conversion)四个过程。

(1)振动弛豫:由于分子间的碰撞,激发态分子由同一电子能级中的较高振动能级转至较低振动能级的过程,其效率较高。激发态分子常常首先发生振动弛豫。特点:无辐射

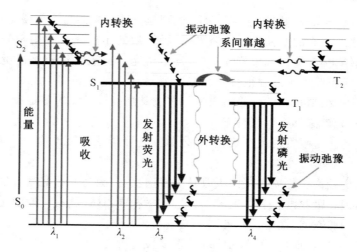

图 5.1　雅布隆斯基分子能级图

跃迁;时间约为 10^{-12} s;只能在同一电子能级内进行;使大多数电子激发态处于其最低振动能级上。

(2)内转换:是分子内的过程,发生在具有相同多重性的电子能态之间的非辐射跃迁。相同多重态的两个电子能级间,当两个电子激发态之间的能量相差较小以致其振动能级有重叠时,受激分子常由高电子能级以无辐射方式转移至低电子能级的等能量振动能层,然后再通过振动弛豫过程降到低能级的最低振动能层。内转换是一种非常重要的非辐射失活途径。能级间隔越小,两能级势能曲线之间的振动能级交叉程度越大,内转换效率越高。特点:是一种无辐射跃迁;两个电子激发态具有相同的多重性(都是单重态或都是三重态,如 $S_2 \rightarrow S_1$、$T_2 \rightarrow T_1$)。处于激发单重态的分子通过振动弛豫和内转换,均可返回到第一激发单重态的最低振动能级。

(3)系间窜越:由于 $S_1 \rightarrow S_0$ 能隙较大,通过非辐射机理实现 $S_1 \rightarrow S_0$ 的跃迁的概率并不总是占主导地位。在这种情况下分子有另外两种可能的途径:一是通过荧光发射回到基态;二是非辐射地转移到三线态。这种从单线态到三线态的非辐射转变称为系间窜越,或者电子在自旋多重性不同状态之间的非辐射跃迁称为系间窜越。也可以理解为激发态分子的电子自旋发生倒转而使分子的多重态发生变化的过程。按照电子跃迁选律,在自旋多重性不同状态之间的跃迁是自旋禁阻的。然而,通过自旋—轨道耦合作用,有可能实现纯单线态和三线态之间原本禁阻的跃迁,即原本禁阻的跃迁变得部分允许了。通过系间窜越过程,分子从单线态到达三线态能量梯级中的某些振动能层水平,然后分子再通过相继的内转换和振动弛豫过程弛豫到达 T_1 态的最低振动能层水平。像内转换过程一样,如果两个状态的振动能级有重叠,系间窜越过程的概率就增大。最低的激发单线态振动能级与较高的三线态振动能级重叠时,自旋态的改变更有可能发生。如 S_1 的最低振动能级同 T_1 的最高振动能级重叠,则可发生体系间跨越($S_1 \rightarrow T_1$)。特点:发生在不同多重态之间($S_1 \rightarrow T_1$);含有重原子如溴、碘等的分子,或溶液中存在氧分子等顺磁性物质容易发生;也是一种无辐射跃迁;使荧光减弱。

逆向的系间窜越和延迟荧光:在热助作用下,分子有时会经历逆向的系间窜越过程,

即由 T_1 态跃迁回 S_1 态,随后,再由 S_1 态跃迁到 S_0 态辐射荧光,这样产生的荧光发射称为延迟荧光或延时荧光。延迟荧光的产生也有不同的机理,这只是其中之一。

(4)外转换:荧光强度的减弱或消失,称为荧光熄灭或猝灭。激发态分子与溶剂或其他溶质相互作用和能量转换,并以热能的形式释放能量,而使荧光(或磷光)减弱甚至消失的过程。特点:无辐射跃迁;常发生在第一激发单重态或激发三重态的最低振动能级返回基态的过程;降低荧光强度。外转换及系间窜越使荧光减弱甚至消失。

5.2.2　辐射跃迁

辐射跃迁包括荧光发射和磷光发射两个过程。

(1)荧光:受光激发的分子经振动弛豫、内转换到达第一电子激发单重态的最低振动能级,以辐射的形式失活回到基态,发出荧光。特点:发射光量子,且荧光波长总是长于激发光波长;时间为 $10^{-9} \sim 10^{-7}$ s;处于基态不同能级的电子会通过振动弛豫返回到基态最低振动能级;荧光谱线有时呈现几个非常接近的峰(电子返回到基态不同振动能级,能级差不同,吸收波长不同)。

(2)磷光:若第一激发单重态的分子通过系间窜越到达第一激发三重态,再通过振动弛豫转至该激发的最低振动能级,然后以辐射的形式回到基态,发出的光线称为磷光。特点:发射光量子,磷光波长较荧光更长;时间较长,$10^{-4} \sim 10$ s,甚至更长;光照停止后,可持续一段时间;在室温下很少产生磷光,磷光仅在很低的温度或黏性介质中才能观测到,因此磷光很少应用于分析。

一般地,荧光和磷光的发生过程如下。

(1)荧光发生过程:处于基态最低振动能级的荧光物质分子受到紫外线的照射,吸收了和它所具有的特征频率一致的光线,跃迁到第一电子激发单重态的各个振动能级;被激发到第一电子激发单重态的各个振动能级的分子通过无辐射跃迁降落到第一电子激发单重态的最低振动能级;降落到第一电子激发单重态的最低振动能级的分子继续降落到基态的各个不同振动能级,同时发射出相应的光量子,这就是荧光;到达基态各个不同振动能级的分子再通过无辐射跃迁最后回到基态最低振动能级。

(2)磷光发生过程:处于基态最低振动能级的荧光物质分子受到紫外线的照射,吸收了和它所具有的特征频率一致的光线,跃迁到第一电子激发单重态的各个振动能级;第一电子激发单重态的各个振动能级上的分子通过系间窜越达到第一激发三重态的高能级;被激发到第一电子激发三重态的各个振动能级的分子通过无辐射跃迁降落到第一电子激发三重态的最低振动能级;降落到第一电子激发三重态的最低振动能级的分子继续降落到基态的各个不同振动能级,同时发射出相应的光量子,这就是磷光;到达基态各个不同振动能级的分子再通过无辐射跃迁最后回到基态最低振动能级。

5.3　分子荧光光谱分析方法谱图解析

分子荧光光谱包括吸收光谱、荧光(或磷光)激发光谱、荧光(或磷光)发射光谱,如图5.2所示。主要以后两者的分析为主。

　　吸收光谱:吸光度或摩尔吸光系数或振子强度与吸收波长的函数关系。仅表示物质选择性吸收特定频率或波长光子的能力。

　　荧光(或磷光)激发光谱:简称激发光谱。由于分子对光的选择性吸收,不同波长的入射光具有不同的激发效率。如果固定荧光(或磷光)的发射波长(即测定波长)而不断改变激发光(即入射光)的波长,并记录相应的荧光(或磷光)强度,所得到的发光强度对激发波长的谱图称为荧光(或磷光)激发光谱,即不同激发波长的辐射引起物质发射某一波长荧光(或磷光)的相对效率。激发光谱实际为物质发光强度与吸收波长的函数关系,利用激发光谱可以得知选择性地吸收什么波长光子可以引起在特定波长处产生最强的光发射强度。固定发射波长,绘制荧光(或磷光)强度(F)对激发波长(λ_{ex})的关系曲线,得到激发光谱,其形状与吸收光谱相似。

　　荧光(或磷光)发射光谱:常称为荧光光谱或发射光谱。是分子吸收辐射后在不同波长处再发射的结果,如果固定激发光的波长和强度而不断改变荧光(或磷光)的测定波长(即发射波长),并记录相应的荧光(或磷光)强度,所得到的发光强度对发射波长的谱图则为荧光(或磷光)发射光谱,即在所发射的荧光中各种波长组分的相对强度。用物质的发射光谱的面积来表示荧光的总量称为"总荧光量"。固定激发波长和强度,绘制荧光强度(F)对发射波长(λ_{em})的关系曲线,得到发射光谱。激发光谱和发射光谱可作为发光物质的鉴别手段,并可用于定量测定时作为选择合适的激发波长和测定波长的依据。

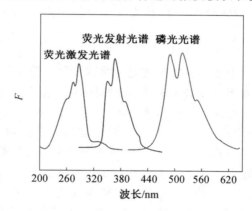

图 5.2　室温时乙醇溶液的荧(磷)光光谱

　　由于光源的能量分布、单色器的透射率以及检测器的敏感度都随波长而改变,因而一般情况下测得的激发光谱和发射光谱,皆为表观的光谱。不同测量仪器上所测得的表观光谱,彼此间往往有所差异。只有对上述仪器特性的波长因素加以校正之后,所获得的校正光谱(或称真实光谱)才可能是彼此一致的。通常情况下,溶液的荧光(或磷光)光谱的发射波长总是大于激发波长,这现象称为 Stokes(斯托克斯)位移。如前所述,激发态分子在发光之前,很快经历了振动弛豫或内转化的过程而损失部分激发能,这是产生 Stokes 位移的主要原因。由于 T_1 态的布居是经由 S_1 态的系间窜越,T_1 态的能量低于 S_1 态,因而磷光比荧光具有更大的 Stokes 位移。Stokes 位移大有利于在测量发光强度时减小激发光的瑞利散射所引起的干扰。荧光光谱通常只含有一个发射带。绝大多数情况下,即使分子被激发到 S_2 电子态以上的不同振动能级,由于内转换和振动弛豫的速率很快,以致激发态在发射荧光之前便很快地丧失多余的能量而衰变到 S_1 态的最低振动能级,因而其荧光光谱通常只含有一个发射带,且发射光谱的形状与激发波长无关。至于磷光,也是只含有一个发射带,且磷光光谱与激发波长无关。

荧光激发和荧光发射光谱所提供的信息包括发光强度、光谱形状(中心频率和半峰宽)、光谱整体位置、光谱的精细结构以及精细结构间的距离(即相关振动能级差)、最可几跃迁能级等。解析和剖析光谱信息时也要留意光谱的肩峰,即在吸收、激发和荧光光谱曲线的上升或下降一侧(光谱的较短波长边或较长波长边)有停顿或稍有增加的趋势,可以根据这种趋势直接估计肩峰的位置,也可以更准确地利用高斯模型对其进行解析(假定纯的光谱符合高斯曲线模型,重叠的光谱是由高斯曲线叠加的),这可由 OriginLab 软件完成。吸收或发光光谱的这种肩峰一定包含着一些结构信息,包括分子之间相互作用的信息。再者注意,荧光光谱的强度不能准确代表荧光量子产率。荧光量子产率是与荧光光谱整个覆盖的面积相关的。所以,比较两个荧光染料的荧光行为时,不仅仅要比较其在特定频率或波长处的发光强度。

5.3.1　荧光光谱特征

(1)荧光激发光谱的形状与吸收光谱极为相似。

任何荧光化合物都具有特征的激发光谱和发射光谱,它们是荧光分析法进行定性和定量分析的最基本的参数。常温下大多数荧光物质的荧光光谱只有一个荧光带,而吸收光谱具有几个吸收带。这是因为分子吸收固定能量跃迁到不同的高能级,可以形成若干个吸收带,当其从高能级返回时,均是达到第一电子激发态之后再返回基态,发出荧光或者磷光,因此只形成一个荧光带。当分子刚性强或处于刚性环境中时,光谱将呈现特征的振动精细结构。荧光激发光谱与吸收光谱既相似,又有差异性,就吸收带而言,吸光系数大的吸收带未必导致强的荧光。这样的结果就是,吸收光谱最强的吸收带,在荧光激发光谱中可能表现很弱,而在吸收光谱中吸收较弱的吸收带,在荧光激发光谱中可能表现为较强的光谱带。然而,一般情况,就第一电子激发态与基态之间的吸收和荧光辐射过程而言,吸收过程是最可几的,相应的荧光辐射过程也一定是最可几的。

(2)荧光发射光谱的形状与激发光的波长无关。

荧光起源于第一电子激发单线态的最低振动能级,而与荧光物质原来被激发到哪个能级无关,这是卡莎(Kasha)规则的必然结果。Kasha 规则是光化学中有关激发态分子的重要原理。卡莎规则指出,对于多重态的分子,光子仅能由最低激发态发射。此光子可以以荧光或者磷光的形式发射。因此,发射光的波长和激发光的波长无关。基态分子跃迁到不同的激发态(如 S_1、S_2),吸收不同的波长(如 λ_1、λ_2),所以吸收光谱可能有几个吸收带;但均回到第一激发单重态最低振动能级后再发射荧光返回到基态,所以荧光发射光谱只有一个发射带。关于激发光的波长 λ_1:①决定荧光物质是否能够产生吸收并发射出荧光;②能够使荧光物质产生吸收并发射出荧光的激发光的波长并不具有唯一性;③在保证激发的前提下,不同激发波长处的荧光发射光谱相同,但荧光强度不同。进行荧光测定时,须选择激发光波长以保证荧光强度最大。

激发波长会影响发光的强度,但不会影响发射光谱的形状,或者说不影响发射光谱带的中心频率和半峰宽。荧光激发光谱或荧光发射光谱的精细结构间的能量差,反映激发态或基态振动能级,与红外吸收光谱的特征振动频率相吻合。对于无机半导体激子复合发光,尤其对于近些年半导体量子点的发光,虽然发射光谱的形状(中心频率和半宽度)也是固定的,由于导带和价带以及带隙的特点,不好用 Kasha 规则解释,不过,其荧光发射光谱的形状与激发波长也无关。而目前报道的许多荧光纳米材料,如贵金属纳米簇、碳点等,其发射光谱形状则展现出激发光波长依赖性。再有,在无机半导体本体、无机半导体量子点、无机纳米材料中掺杂金属离子发光,如 Mn^{2+}、稀土离子等也不好用 Kasha 规则解释。Mn^{2+} 的发光光谱简单,似乎符合 Kasha 规则。但稀土离子发光呈现多个具有线光谱特征的磷光带,分别源于同一激发态到基态不同能级的跃迁,而不像分子分立能级间的跃迁那样,发光源于第一电子激发单线态最低振动能级到基态各振动能级的跃迁。

(3)荧光(发射)光谱与(荧光)激发光谱的镜像关系。

由于电子基态的振动能级分布与激发态相似,故通常荧光光谱与它的激发光谱呈镜像对称关系。但当激发态的构型与基态的构型相差很大时,荧光发射光谱将明显不同于该化合物的激发光谱。荧光激发光谱或第一电子激发态能级吸收光谱和发射光谱呈镜像关系,那么磷光光谱也是这样吗? 分两种情况:①$S_1 \leftarrow S_0$ 吸收(因为大多情况下,T_1 态的布居是通过 $S_1 \leftarrow S_0$ 吸收,进而 $S_1 \leftarrow T_1$ 系间窜越完成的)和跃迁过程 $T_1 \rightarrow S_0$ 跃迁的磷光光谱之间;②$T_1 \leftarrow S_0$ 吸收和 $T_1 \rightarrow S_0$ 跃迁的磷光光谱之间。应该说,在这两种情况下,有时都能观察到这种镜像关系,在刚性的介质中比在流动性的介质中镜像关系更好,但不如荧光光谱那样典型。图 5.3 和图 5.4 进一步比较了蒽分子的荧光和三线态吸收布居的磷光光谱的镜像关系。荧光光谱与相应的吸收光谱的镜像关系优于磷光光谱与三线态吸收光谱之间的镜像关系。那么为什么大多情况下磷光发射光谱与吸收光谱之间的镜像关系较差呢? 首先,因为三线态寿命长,具有足够的时间与溶剂分子或环境化学组分相互作用,达到与单线激发态不同的平衡构象。其次,三线态和激发单线态之间的能隙相对较小,振动耦合也可能会使得光谱变形。最后,淬灭剂的作用也许导致磷光光谱变形。在传统的有机分子荧光染料中,物质的激发光谱与发射光谱基本呈镜像关系,在纳米荧光材料中却并没有该性质。这是由于在凝聚态或纳米荧光材料中的带隙能级(或激子复合发光)不具有分子体系那样分立的振动结构。

(4)斯托克斯位移。

荧光发射波长总是大于激发光波长,荧光发射光谱总是位于激发光谱的长波一侧。斯托克斯位移 $\Delta \nu$ 指吸收或激发峰位与发射峰位的能量之差(以波数 cm^{-1} 表示)。它表示激发态分子在返回到基态之前,在激发态寿命期间能量的消耗,是振动弛豫、内转换、系间窜越、溶剂效应和激发态分子变化的总和。严格地讲,$\Delta \nu$ 应该指荧光光谱相对于到第一电子激发态吸收光谱的红移。但由于一般情况下最可几吸收也是最可几发射,所以采用最大激发和发射波长也可以。不过需要注意,斯托克斯位移并不一定都是基态到第一电子激发态吸收跃迁与荧光发射光谱跃迁的能量差,比如芘分子的 $S_1 \leftarrow S_0$ 吸收是对称性禁阻的,相应的吸收或激发光谱很弱,甚至难以检测得到,所以无法从实验光谱估计基态到第一电子激发态吸收跃迁的位置。在一定的高温条件下,由于热助作用,可能出现反斯托克斯荧光,与此对应的为反斯托克斯位移。

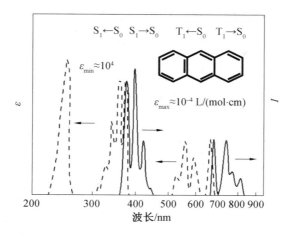

图 5.3　蒽分子的激发光谱、荧光光谱和磷光光谱的镜像关系图

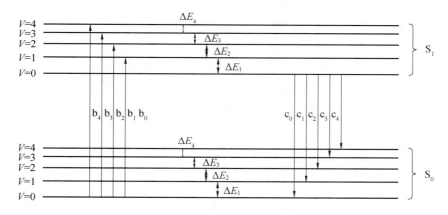

图 5.4　蒽分子的能级跃迁图

5.3.2　荧光与分子结构

分子中的电子是依序排列在能量由低到高的分子轨道上,分子轨道除了成键轨道(σ、π)之外,还有一系列能量较高、通常情况下没有电子占据的反键轨道(σ^*、π^*)。n 电子代表未成键的电子。分子的电子光谱通常位于光谱的紫外或可见区,所涉及的是 π 电子或 n 电子的跃迁,即常见的 n→π^* 跃迁和 π→π^* 跃迁。其他跃迁的能量处于真空紫外区,除了特殊需求之外,一般的荧光分析法中很少应用。

虽然许多物质能够吸收紫外和可见光,然而只有一部分物质能发射荧光或磷光,分子能否发射荧光或磷光,在很大程度上取决于它们的分子结构;同时需要具有一定的荧光量子产率才能产生荧光。具有强荧光性的物质,其分子往往具有以下特征:具有大的共轭双键(π 键)体系;具有刚性的平面构型;环上的取代基是给电子取代基团;其最低的电子激发单重态为 π→π^* 型。

(1)共轭 π 键体系。

具有共轭双键体系的分子,含有易被激发的非定域的 π 电子;共轭体系越大,非定域

的 π 电子越容易被激发,往往具有更强的发光。此外,随着共轭体系的增大,发射峰向长波方向移动。例如,萘、蒽、丁省等分子要比苯发射更强的荧光,且荧光峰随着苯环数的增多而逐渐向长波方向移动。

(2)刚性平面构型。

具有刚性平面构型的分子,其振动和转动的自由度减小,从而增大了发光的效率。例如具有刚性平面构型的荧光素和曙红会发强荧光,而类似的化合物酚酞,由于非刚性平面构型而不发荧光。同一分子在构型发生变化时,其荧光光谱和荧光强度也将发生变化。有些有机芳香化合物在与非过渡金属离子形成络合物之后,因增大了分子的刚性而使荧光增强。具有未填满的外层 d 轨道的过渡金属离子,在与有机芳香化合物形成络合物时,往往使荧光猝灭。

(3)取代基的影响。

对于给电子取代基,如—NH_2、—$NHCH_3$、—$N(CH_3)_2$、—OH、—OCH_3、—CN 和—F 等取代基团,往往使荧光增强,例如苯胺或苯酚的荧光比苯强。含这类取代基的荧光体,其激发态常由环外的羟基或氨基上的 n 电子激发转移到环上而产生的,它们的 n 电子的电子云几乎与芳环上的 π 轨道平行,从而共享了共轭 π 电子结构,扩大了共轭双键体系。吸电子取代基如醛基、羰基、羧基、硝基等,它们虽然也含有 n 电子,但 n 电子的电子云并不与芳环上的 π 电子云共平面,其 n→π* 的跃迁为禁阻跃迁,且 S_1→T_1 系间窜越的概率大,故而使荧光减弱。例如苯发荧光,而硝基苯则不发荧光。Cl、Br、I 等重原子取代基,通常导致荧光减弱和磷光增强,这被认为是因为重原子的取代促进了荧光体中电子自旋—轨道的耦合作用,增大了 S_1→T_1 系间窜越的概率。对 π 电子共轭体系作用较小,如—R、—SO_3H、—NH_3^+ 等,对荧光影响不明显。

(4)最低电子激发单重态的性质。

比较 π→π* 和 n→π* 这两种跃迁:π→π* 是自旋许可的跃迁,摩尔吸光系数大,约为 10^4,激发态的寿命短,且 S_1→T_1 系间窜越的概率较小;n→π* 属于自旋禁阻的跃迁,摩尔吸光系数小,约为 10^2,且 S_1→T_1 系间窜越的概率大,激发态的寿命较长。因此,π→π* 跃迁将产生比 n→π* 跃迁更强的荧光,而 n→π* 跃迁相对有利于磷光的产生。不含 N、O、S 等杂原子的芳香化合物,它们的最低激发单重态 S_1 通常是 π→π* 激发态;而含 N、O、S 等杂原子的芳香化合物,它们的最低激发单重态 S_1 通常是 n→π* 激发态。

5.3.3 荧光定量分析方法

荧光是物质吸收光子之后发出的辐射,可以对荧光强度进行定量分析。

荧光强度(F)与荧光物质的吸光程度及其发射荧光的能力有关:

$$F = \Phi(I_0 - I_t) \tag{5.1}$$

式中,I_0 为入射光辐射强度;I_t 为透射光辐射强度;Φ 为荧光量子产率。

由朗伯—比尔定律:

$$A = -\log T = \varepsilon b C \tag{5.2}$$

$$\frac{I_t}{I_0} = \exp(-2.303\varepsilon b C) \tag{5.3}$$

$$F = \Phi I_0 [1 - \exp(-2.303\varepsilon bC)] \tag{5.4}$$

由泰勒展开：

$$\exp(-2.303\varepsilon bC) = 1 - 2.303\varepsilon bC + \frac{(2.303\varepsilon bC)^2}{2!} + \cdots \tag{5.5}$$

当 εbC 非常小时，$\exp(-2.303\varepsilon bC) \approx 1 - 2.303\varepsilon bC$，则

$$F = 2.303\Phi I_0 \varepsilon bC \tag{5.6}$$

式中，b 为液池的厚度；C 为溶液的浓度；ε 为摩尔吸光系数。对于某种荧光物质的稀溶液，在一定的频率和强度的激发光照射下，当溶液的浓度足够小使得对激发光的吸光度很低时，所测溶液的荧光强度与该荧光物质的浓度成正比，这是荧光法定量的基础。当浓度不很低时，荧光强度和溶液的浓度不呈线性关系，应考虑幂级数中的二次方甚至三次方项。

与荧光类似，在低浓度下，磷光强度（I_p）与磷光物质浓度之间的关系可以表示为

$$I_p = 2.303\Phi_{ST}\Phi_p I_0 \varepsilon bC \tag{5.7}$$

式中，Φ_{ST}、Φ_p、I_0 分别为 $S_1 \rightarrow T_1$ 系间窜越的量子产率、磷光的量子产率和入射的光强度。

荧光寿命：除去激发光源后，分子的荧光强度降低到最大荧光强度的 $1/e$ 所需的时间，常用 τ_f 表示。荧光强度的衰减符合指数衰减规律：

$$F_t = F_0 \exp(-Kt) \tag{5.8}$$

当 $t = \tau_f$ 时，$F_t = (1/e)F_0$，则

$$\frac{1}{e} = \exp(-K\tau_f) \tag{5.9}$$

$$K = \frac{1}{\tau_f} \tag{5.10}$$

$$\log\left(\frac{F_0}{F_t}\right) = Kt \tag{5.11}$$

所以，直线斜率即为 $1/\tau_f$。

应该注意，通常遇到的荧光或磷光发光体系，实际上是众多相同或不同发光分子的集体贡献。这些化学性质相同或不同的分子，各自吸光或发光是相互独立的。也就是说，分子发射都是自发地、独立地、非相干地进行的，因而各个分子发出来的光子在发射方向和初始位相等方面都是不同的。因而，实验上测定到的荧光寿命或荧光的其他参数都是一种统计平均结果。当荧光物质被激发后，有的在激发态停留时间长，有的在激发态停留时间短，这就构成了荧光衰减曲线。除非，测量单分子或单纳米粒子的荧光。这就像一棵枣树上成熟的红枣，不人为地扰动它，枣儿会不时地、一粒一粒地掉下来（相当于光的自发发射）。但是，如果剧烈地摇动枣树，枣儿会在极短的时间内几乎一起掉落下来（相当于光的受激发射）。

荧光量子产率：指激发态分子发射荧光的光子数与基态分子吸收激发光的光子数之比，常用 Φ_f 表示。一般物质的 Φ_f 在 $0 \sim 1$ 之间。大小取决于物质分子的化学结构及环境

(温度、pH、溶剂等)。荧光效率越高,荧光强度越强。一般情况下,Φ_f不随激发光波长而改变,但如果形成的激发态会导致化学反应或系间窜越与内转换的竞争,则可能使Φ_f受到影响。原则上,发射一个光子可以测量一个光子。但从实际测量的角度来看,就目前的水平,如果量子产率小于10^{-5},测量是有困难的。因此,这个数量可以作为一个标准,如果某物质的荧光或磷光量子产率大于10^{-5},就说该物质是荧光的或磷光的、亮的;反之,就是暗的、不发光的。

需要区分量子产率和量子效率,量子效率指发射的光子数与所形成的激发态分子数的比值,或者说,发射的光子数与导致激发态产生的成功吸收的光子数的比值,也可以定义为辐射发射速率常数与所有弛豫过程的速率常数之和的比值。而量子产率指发射光子数(光子作为产物)与吸收的总的光子数(光子作为反应物)的比值,或者说,分子吸收一个光子事件的概率与给定吸收的发射概率的乘积。

5.3.4　影响荧光强度的因素

1.分子结构与荧光强度的关系

分子结构是影响光致发光性质的关键内在因素,包括分子的几何结构、化学组成、取代基的类型与位置和空间效应、产生跃迁的分子轨道类型以及激发态能量耗散的各种途径等。一般具有强荧光的分子都具有大的共轭π键结构、供电子取代基、刚性的平面结构等,这有利于荧光的发射。因此,分子中至少具有一个芳环或具有多个共轭双键的有机化合物才容易发射荧光,而饱和的或只有孤立双键的化合物,不呈现显著的荧光。结构对分子荧光的影响在分子结构部分已经详细讲解。

2.内部因素对荧光强度的影响

随着溶液浓度的进一步增大,将会出现发光强度不仅不随溶液浓度线性增大,甚至出现随浓度的增大而下降的现象,导致这种现象的原因是浓度效应。浓度效应包括:

(1)内滤效应。

浓度过高时,溶液中的杂质对入射光的吸收增大,从而降低了激发光的程度。此外,浓度过高时,入射光被液池前部的发光物质强烈吸收后,处于液池中、后部的发光物质,则因接收到的入射光减弱而使发光强度下降,而仪器的探测窗口通常是对准液池中部的,结果所检测到的荧光强度下降。

(2)发光分子形成基态或激发态的聚合物。

高浓度时,发光分子之间可能发生聚集作用,形成基态分子间的聚合物,或者激发态分子与其基态分子的二聚物,或者激发态分子与其他溶质分子的复合物,从而导致荧光光谱的改变和/或荧光强度的下降。

(3)发光的再吸收。

假如发光物质的发射光谱与其吸收光谱呈现重叠,便可能造成发射光被部分再吸收,导致发光强度下降。溶液的浓度增大时会促使再吸收的现象加剧。发射光谱的波长与其吸收光谱的波长重叠,溶液内部激发态分子所发射的荧光在通过外部溶液时被同类分子吸收,从而使荧光被减弱,这种现象称为自吸收。

(4)自淬灭。

分子间碰撞而发生的能量无辐射转移称为自淬灭,自猝灭随溶液浓度的增加而增加。荧光强度 F 与光源的辐射强度 I_0 有关,增大光源辐射功率 I_0 可提高荧光测定的灵敏度。紫外－可见分光光度法无法通过改变入射光强度来提高灵敏度。

3.外部环境因素对荧光强度的影响

(1)溶剂的影响。

①溶剂的极性。一般地讲,许多共轭芳香族化合物的荧光强度随溶剂极性的增加而增强,且发射峰向长波方向移动。这是由于激发时发生了 $\pi \rightarrow \pi^*$ 跃迁,其激发态比基态具有更大的极性,随着溶剂极性的增大,激发态比基态能量下降得更多,$\pi \rightarrow \pi^*$ 跃迁能量差 ΔE 变小,使紫外吸收波长和荧光波长均长移,从而导致跃迁概率增加,荧光增强,荧光峰红移。在含有重原子的溶剂如碘乙烷和四氯化碳中,与将这些成分引入荧光物质中所产生的效应相似,会导致荧光减弱,磷光增强。

溶液中荧光体的偶极与溶剂分子的偶极之间存在着静电相互作用,溶剂分子围绕在荧光体分子的周围组成了溶剂笼。荧光体的基态与激发态具有不同的电子分布,从而具有不同的偶极矩。当荧光体被激发后,偶极矩发生改变,从而引起周围的溶剂分子受到微扰,发生溶剂分子的电子重排,以及溶剂分子的偶极围绕激发态荧光体的重新定向,组成新的溶剂笼。这个过程称为溶剂弛豫,费时约 10^{-11} s,是造成吸收和发射之间存在能量差的主要原因之一。

②氢键。除了溶剂极性的影响之外,倘若荧光体与溶剂之间发生了特殊的化学作用(如形成氢键),便会导致荧光光谱发生更大的位移。荧光体与溶剂分子之间发生氢键作用有两种情况:一种是荧光体的基态分子与溶剂分子形成氢键络合物;另一种是荧光体的激发态分子与溶剂分子形成激发态氢键络合物。前一种情况下,荧光物质的吸收光谱和荧光光谱都将受到影响;后一种情况下,只有荧光光谱才受到影响。

一般来说,由于在 $n \rightarrow \pi^*$ 跃迁和某些分子内电荷转移跃迁中涉及非键的孤对电子,故溶剂的氢键形成能力对这一跃迁类型的光谱有较大的影响,随着溶剂形成氢键的能力增大,荧光光谱向短波方向移动。

③溶剂的黏度。溶剂的黏度降低,荧光强度减弱。这是因为溶剂黏度低,增加了激发态分子振动和转动的速率,同时分子间碰撞机会增加,无辐射跃迁增加,荧光或磷光强度减弱。

④溶剂的酸度。荧光物质本身是弱酸或弱碱时,溶液的酸度对其荧光强度有较大影响。如果荧光物质是一种有机弱酸或弱碱,它们的分子及其相应的离子,可视为两种具有不同荧光特性的型体,介质的酸碱性变化将使两种不同型体的比例发生变化,从而对荧光光谱的形状和强度产生很大的影响。具有酸性基团或碱性基团的芳香族化合物,其酸性

基团的解离作用或碱性基团的质子化作用,可能改变与发光过程相竞争的非辐射跃迁过程的性质和速率,从而影响到化合物的发光特性。例如水杨醛不发荧光而显现强磷光,然而在碱性溶液中由于酚基解离,或在浓的无机酸溶液中由于羰基的质子化,使水杨醛呈现强荧光性而不发磷光。显然这是由于处在阳离子或阴离子形式时,其最低激发单重态已是 $\pi \rightarrow \pi^*$ 态,而不是分子形式下的最低激发单重态 $n \rightarrow \pi^*$ 态。

(2)温度的影响。

温度对于溶液的荧光强度尤其是对磷光强度有着显著的影响。通常,随着温度的降低,荧光物质溶液的荧光量子产率和荧光强度将增大。这是因为当温度升高,将使激发态分子的振动弛豫和内转化作用的过程加剧,同时分子运动速度加快,分子间碰撞概率增加,使无辐射跃迁增加,从而降低了荧光效率和荧光强度。如荧光素钠的乙醇溶液,在 0 ℃ 以下温度每降低 10 ℃,荧光量子产率约增加 3%;冷却至 −80 ℃ 时,荧光量子产率接近 100%。

(3)荧光的熄灭。

荧光熄灭是指荧光物质分子与溶剂分子或其他溶质分子的相互作用引起荧光强度降低的现象。这些引起荧光强度降低的物质称为荧光熄灭剂。荧光熄灭剂包括卤素离子、重金属离子、氧分子以及硝基化合物、重氮化合物、羰基和羧基化合物等。荧光熄灭剂的作用机制包括以下几个方面:荧光物质分子和熄灭剂分子碰撞而损失能量;荧光物质分子与熄灭剂分子作用生成了本身不发光的配位化合物;溶解氧的存在,使荧光物质氧化,或是由于氧分子的顺磁性,促进体系间窜越,激发单重态的荧光分子转变至三重态;浓度较大(超过 1 g/L)时,发生自熄灭现象。根据荧光熄灭现象可以测定荧光熄灭剂的含量,也称为荧光熄灭法。荧光物质在加入某种熄灭剂后,荧光强度的减弱和荧光熄灭剂的浓度呈线性关系,利用这一性质可以测定荧光熄灭剂的含量。

(4)散射光。

对荧光测定干扰的主要是波长比入射光波长更长的拉曼光。一束平行单色光照射在液体样品上时,大部分光线透过溶液,小部分由于光子和物质分子相碰撞,使光子的运动方向发生改变而向不同角度散射,这种光称为散射光。仅运动方向改变,无能量交换的光称为瑞利光;运动方向改变,并有能量交换,波长较入射光稍长或稍短的光称为拉曼光。消除该种散射光的方法是选择适当的激发波长。

5.4　荧光分光光度计介绍

荧光分光光度计的组成部件包括光源、第一单色器、样品池、第二单色器、检测系统,如图 5.5 所示。荧光分光光度计有两个单色器,且光源与检测器通常成直角,减少透射光的影响。荧光分光光度计可分为单光束与双光束两种。在单光束荧光分光光度计中,光源发出的光经激发单色器单色化的光只有一束,照射在样品池上,样品发出的荧光经过发射单色器色散后照射在光电倍增管上,然后用光度表进行测量。双光束荧光分光光度计经过激发单色器色散的单色光由旋转镜分为两束,在不同瞬间分别将光汇聚于样品池和参比池上。样品溶液和参比溶液发出的荧光进入发射单色器,然后照射在检测器上。下面分别介绍各组成部分。

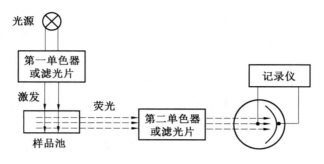

图 5.5　荧光分光光度计的结构示意图

5.4.1　荧光分光光度计的组成

(1)光源。

光源提供激发样品的激发光,常见的激发光源有高压氙灯、高压汞蒸气灯、激光器、闪光灯等。高压氙灯能发射出强度较大的连续光谱,且在 $300\sim400$ nm 范围内强度几乎相等,成为目前应用最多的连续光源。发出的是较强的线状谱,其中 365、398、436、546、579、690、734(nm)谱线较强。大多数荧光化合物都可以在一定波长范围内用不同波长的光诱发荧光,因此通常至少有一条汞线是适用的。高压氙灯的外壳为石英玻璃,内部充压力为 5 倍标准大气压的氙气,工作时压力可达到 20 倍标准大气压。高压氙灯发出的光线强度大,而且是连续光谱,克服了汞蒸气灯射线数目少、强度差别大的缺点;但高压氙灯热效应大,稳定性较差。高功率连续可调激光光源是一种新型荧光激发光源。激光光源近年来应用日益普遍。以激光器作为光源时,激发光强度大且单色性好,能极大地提高荧光分析的灵敏度。以激光器作为光源的高性能荧光仪可实现单分子检测,但存在激发光一般为单波长,不能调整入射光的能量,且价格昂贵,使用上受限制的缺点。此外,目前商品仪器中应用较多的闪光灯有氢灯、氮灯、脉冲激光灯等类型。钨灯和氢灯发出的紫外光强度太小,在荧光中应用不多。

(2)单色器。

单色器用来分离出所需要的单色光。早期的荧光计是以滤光片来分离单色光,现在荧光分光光度计中应用最广的是光栅单色器。一般地,荧光分光光度计上装有两个单色器,即激发单色器和发射单色器,垂直放置在两个方向。置于光源和样品室之间的为激发单色器,筛选出特定的激发光谱。置于样品室和检测器之间的为发射单色器,筛选出特定的发射光谱。单色器上有进、出光两个狭缝,增大狭缝宽度则信号强度增强,减小狭缝宽度则分辨率增大。单色器的色散能力与杂散光水平是两个重要的性能指标,比较理想的单色器应具有低杂散光,以减少杂散光对荧光测量的干扰,同时具有高色散能力,以便弱的荧光也可以被检测到。现在某些型号的荧光分光光度计上采用了双光栅单色器,入射杂散光大大减少了,然而仪器的灵敏度却大幅降低。荧光体的荧光一般都很弱,通过激发单色器的长波长的杂散光很容易干扰荧光的检测。特别是许多生物试样都有较大的浊度,导致入射的杂散光被试样散射而干扰荧光强度的测量。对于发光测量来说,光栅的分辨率一般影响不大,由于发射光谱很少具有线宽小于 5 nm 的峰。狭缝宽度越大,所获得的信号强度越大,信噪比提高,然而分辨率下降。

光栅一般分为平面光栅和凹面光栅。平面光栅又称为机刻光栅,凹面光栅则常采用全息照相和光腐蚀制成。机刻光栅不完善,杂散光较大,可能存在光栅的"鬼影"。它对不同波长光子的通过效率不一致,是造成荧光的激发光谱和发射光谱变形的原因之一。光栅单色器的透射比为波长的函数,光栅输出的最强光的波长称为闪耀波长,荧光分光光度计多选用闪耀波长落于紫外光区(例如 300 nm)的单色器为激发单色器。由于大多数荧光体的荧光位于 400～600 nm 光区,因而发射单色器常采用闪耀波长为 500 nm 左右的光栅。全息照相的光栅,线槽不完善程度小得多,它没有闪耀波长,对光的波峰的透射效率低于平面光栅,但效率分布的波长范围却较宽。

(3)样品池。

样品池通常由石英池架(适于液体样品用)或固体样品架(适于粉末或片状样品)组成。测量液体样品时,光源与样品成直角;测量固体样品时,光源与样品成锐角。荧光仪上用的样品池与紫外—可见分光光度计上用的样品池存在较大差异。紫外—可见分光光度计上用的比色皿材质常为玻璃或石英,方形,两面透光;而测荧光用的样品池称为荧光池,是用石英材质制成的,形状也为长方形或方形,但四面透光。低温荧光测定时还需在荧光池的外面再套一个充液氮的透明石英真空瓶。

(4)检测器。

检测器的作用是将光信号放大并转为电信号,一般用光电管或光电倍增管作为检测器。在一定条件下,光电倍增管的电流量与入射光强度成正比,它测量的数据是众光子脉冲响应的平均值。加在光电倍增管上的电压越高,则其放大作用越大。但是,过大的电压会造成光电倍增管损坏,这点在实际使用中尤应注意。用光电倍增管作为检测器时,有两种不同的检测方式:荧光光子计数型检测与模拟型检测。模拟型检测是取各个脉冲所贡献的平均值,脉冲是否同时到达则无关紧要。其优点是能通过改变光电倍增管上的电压来提高它的增益,因此可在很大的信号强度范围内检测而不必考虑非线性响应。模拟型检测器要求放大器和高压电的电源都要相当稳定。光子计数型光电倍增管适用于待测样品信号很弱、需取多次扫描平均值来提高信噪比的情况,其优点是具有较高的检测灵敏度和稳定性,对每个光子所引起的阳极脉冲都进行检测和计数,而且对施加于光电倍增管上的高压电的电压波动不敏感,对放大器和高压电的电源稳定性没有要求。其缺点是不能通过改变光电倍增管上的电压来提高它的增益;光子计数也定于线性的计数速度内。

电荷耦合器件阵列检测器(CCD)是近年来出现的一类新型的光学多通道检测器,检测光谱范围宽、暗电流小、噪声低、灵敏度高,可获取彩色、三维图像。因其价格比较昂贵,常用在高档荧光仪上。CCD 有线阵和面阵两种形式,前者获取的信息量少,不能处理复杂的图像,但处理信息的速度快,后续电路简单;后者获取的信息量大,能处理复杂的图像,但处理信息速度慢。CCD 检测器具有连续对荧光光谱多次采集并得到强度-波长-时间三维图谱的功能,很适合用于荧光反应动力学的研究。此外,CCD 已经在荧光显微镜上得到广泛的应用。

5.4.2　仪器的校正

(1)灵敏度校正:用被检测出的最低信号来表示,或用某一对照品的稀溶液在一定激发波长光的照射下,能发射出最低信噪比时的荧光强度的最低浓度表示。荧光分光光度计的灵敏度不仅与光源强度、单色器的性能、放大系统的特征和光电倍增管的灵敏度有关,还与所选用的测定波长及狭缝宽度以及溶液的拉曼散射、激发光、杂质荧光等有关。

由于影响荧光分光光度计灵敏度的因素很多,同一型号的仪器,甚至同一台仪器在不同时间操作,所得的结果也不尽相同。因而在每次测定时,在选定波长及狭缝宽度的条件下,先用一种稳定的荧光物质,配成浓度一致的对照品溶液对仪器进行校正,即每次将其荧光强度调节到相同数值(50%或 100%)。如果被测物质所产生的荧光很稳定,自身就可作为对照品溶液。

(2)波长校正:荧光分光光度计的波长在出厂前都已经校正过,但若仪器的光学系统或检测器有所变动,或在较长时间使用之后,或在重要部件更换之后,应该用汞灯的标准谱线对单色器波长刻度重新校正,这一点在要求较高的测定工作中尤为重要。

(3)激发光谱和荧光光谱的校正:用荧光分光光度计所测得的激发光谱或荧光光谱往往存在较明显的误差,其原因较多,主要的原因有:光源的强度随波长的改变而改变,每个检测器对不同波长光的接收程度不同及检测器的感应与波长不呈线性。尤其是当波长处在检测器灵敏度曲线的陡坡时,误差最为显著。因此,在用单光束分光光度计时,先用仪器上附有的校正装置将每一波长的光源强度调整到一致,然后以光谱上每一波长的强度除以检测器对每一波长的感应强度进行校正,以消除误差。目前生产的荧光分光光度计大多采用双光束光路,故可用参比光束抵消光学误差。

5.4.3　荧光分析新技术简介

(1)激光荧光分析。

激光荧光分析采用发射光强度大、波长更纯的激光作为光源,该光源大大提高了荧光分析方法的灵敏度和选择性。利用激光光源的相干性可以产生非常理想的辐射,以激光为光源可以使仪器仅仅使用一个单色器,加上利用可调谐激光器的可调功能获取激发光谱发射光谱。目前,激光诱导荧光分析法已经成为分析超低浓度物质的、灵敏而有效的方法。在分析单细胞核内元素时,最小可以测到 $10^{-16} \sim 10^{-14}$ g。

（2）时间分辨荧光分析。

时间分辨荧光分析法（time resolved fluoroisnmunoassay，TRFIA）是近十年发展起来的一种微量分析方法，是目前最灵敏的微量分析技术，其灵敏度高达 10^{-19}，较放射免疫分析（RIA）高出 3 个数量级。时间分辨荧光分析法（TRFIA）实际上是在荧光分析的基础上发展起来的，它是一种特殊的荧光分析。荧光分析利用荧光的波长与其激发波长的巨大差异克服了普通紫外—可见分光分析法中杂色光的影响，同时，荧光分析与普通分光不同，光电接收器与激发光不在同一直线上，激发光不能直接到达光电接收器，从而大幅度地提高了光学分析的灵敏度。但是，当进行超微量分析时，激发光的杂散光的影响就显得严重了。因此，解决激发光的杂散光的影响成了提高灵敏度的瓶颈。

解决杂散光影响的最好方法当然是测量时没有激发光的存在。但普通的荧光标志物荧光寿命非常短，激发光消失，荧光也消失。不过有非常少的稀土金属（Eu、Tb、Sm、Dy）的荧光寿命较长，可达 $1 \sim 2$ ms，能够满足测量要求，因此产生了时间分辨荧光分析法，即使用长效荧光标记物，在关闭激发光后再测定荧光强度的分析方法。平时常用的稀土金属主要是 Eu（铕）和 Tb（铽），Eu 荧光寿命 1 ms，在水中不稳定，但加入增强剂后可以克服；Tb 荧光寿命 1.6 ms，在水中稳定，但其荧光波长短、散射严重、能量大易使组分分解，因此从测量方法学上看 Tb 很好，但不适合用于生物分析，故 Eu 最为常用。由于常用 Eu 作为荧光标记，因此增强剂就成了试剂中的重要组成。增强剂原理：利用含络合剂、表面活性剂的溶液的亲水和亲脂性同时存在，使 Eu 在水中处于稳定状态。现在有些试剂，在络合 Eu 在抗体上时已考虑了增强问题，而使用了具有增强作用的新络合剂，因而有的试剂没有单独的增强剂。

随着检验医学的发展，对微量、超微量的测定会越来越多，同时 RIA 的污染问题会越来越被重视，因此，时间分辨荧光分析法（TRFIA）具有越来越大的应用空间。

（3）同步荧光分析。

在荧光物质的激发光谱和荧光光谱中选择一适宜的波长差值 $\Delta\lambda$（通常选用 λ_{ex}^{max} 与 λ_{em}^{max} 之差），同时扫描发射波长和激发波长，得到同步荧光光谱。若 $\Delta\lambda$ 值相当于或大于斯托克斯位移，获得尖而窄的同步荧光峰。荧光物质浓度与同步荧光峰峰高呈线性关系，可用于定量分析。根据两个单色器在同时扫描时的关系，又可分类为固定波长差同步扫描、固定能量差同步扫描、线性和非线性可变角（或可变波长）同步扫描。该种方法具有谱带窄，可以减少光谱重叠，提高分辨率的优点。是多组分混合物荧光测定的一种有效手段，还可作为一种光谱指纹技术用于法庭或环境污染取证。

（4）胶束增敏荧光分析。

胶束增敏是一种可以用来通过提高荧光效率，来提高荧光分析灵敏度的化学方法。20 世纪 40 年代起人们就观察到胶束溶液对荧光物质有增溶、增敏、增稳作用，70 年代后期人们将这种效应用于荧光分析，发展成为胶束增敏荧光分析法。

胶束溶液是具有一定浓度的表面活性剂溶液。表面活性剂的化学结构都具有一个极性的亲水基团和一个非极性的疏水基团。在极性溶剂中(如水),几十个表面活性剂分子聚合成团,将非极性的疏水基尾部靠在一起,形成疏水基向内,亲水基向外的胶束。溶液中胶束数量开始明显增加时的浓度,称为临界胶束浓度,低于临界胶束浓度溶液的表面活性剂分子基本以非缔合形式存在,超过临界浓度后,再增加表面活性剂的量,非缔合分子的浓度增加很慢,而胶束数量的增加和表面活性剂浓度的增长基本成正比。

胶束溶液对荧光物质分子的增容作用是因为非极性的有机物与胶束的非极性尾部有亲和作用使荧光分子定位,与胶束的脂性内核中这对荧光分子起到一定的保护作用,减弱了荧光质点之间的碰撞,减少了分子之间的无辐射跃迁,增加了荧光效率,从而增加了荧光强度。这就是胶束溶液对荧光的增敏作用。

此外,胶束溶液提供了一种对激发单线态的保护性环境,荧光物质被分散和定域于胶束中,得到了有效屏蔽,既降低了溶剂中可能存在的荧光猝灭剂的猝灭作用,也降低了荧光物质因为自身浓度太大产生的自猝灭,从而延长了荧光物质的寿命。这就是胶束溶液对荧光的增稳作用。由于胶束溶液增稳和增敏作用,胶束溶液作为荧光介质可以增大荧光分析方法的灵敏度和稳定性,从而发展了分子荧光分析新技术。

5.4.4　影响荧光测量的几种因素

(1)温度的影响:一般说来,荧光随温度升高而强度减弱,温度升高 1 ℃,荧光强度下降 1%~10%不等。测定时,温度必须保持恒定。

(2)pH 的影响:pH 影响物质的荧光,应选择最佳 pH 制备样品。

(3)光分解对荧光测定的影响:荧光物质吸收紫外可见光后,发生光化学反应,导致荧光强度下降。因此,荧光分析仪要采用高灵敏度的检测器,而不是用增强光源来提高灵敏度。测定时,用较窄的激发光部分的狭缝,以减弱激发光。同时,用较宽的发射狭缝引导荧光。荧光分析应尽量在暗环境中进行。

(4)散射光的影响:主要是瑞利散射光和拉曼散射光的影响较大。校正办法:先用短的激发光激发,检出溶液的拉曼峰,然后进行荧光光谱校正。因为荧光光谱不随激发光波长的改变而改变,而拉曼光却随之改变。

(5)高浓度样品的影响:当激发光照射高浓度样品时,在激发光入口附近产生荧光,但这些荧光并不能进入荧光检测器;高浓度的分子之间相互作用而发生活性阻碍现象;荧光的再吸收:即荧光光谱的短波长端和激发光谱的长波长端如果相互重叠,则发生荧光再吸收。总之,高浓度样品进行荧光分析时,应进行稀释。

5.5　分子荧光光谱分析方法的应用

荧光法灵敏度高、选择性好,可用于痕量分析,但是能产生荧光的物质较少,使其应用范围较小。无机物能够直接产生荧光并用于测定的很少,可通过与荧光试剂作用生成荧光配合物,或通过催化或猝灭荧光反应进行荧光分析。非过渡金属离子的荧光配合物较多,可用于荧光分析的元素已近 70 种。荧光法在有机化合物中应用较广,芳香化合物多能发生荧光,脂肪族化合物往往与荧光试剂作用后才可产生荧光。分子荧光光谱法是近年来发展起来的一类新型的分析检测方法,具有分析时间短、样品预处理少、非破坏性、无污染及成本低等特点,在许多领域得到应用。

5.5.1　在生物领域的应用

分子荧光探针作为一种能够对疾病早期诊断和检测的重要工具在生物医学领域具有非常广阔的应用前景。Wang 等人针对癌细胞异常增殖产生局部的乏氧微环境的特点,构建了非芳香性团簇发光策略,开发出单荧光团内标比率型纳米荧光探针,成功地实现了对肿瘤乏氧的定量检测。该分子探针在两个不同的波长同时分别表达对氧气惰性的荧光信号和氧气敏感的磷光信号,能完美地实现单荧光团体系对乏氧进行比率检测,有效地克服传统探针体系中能量/电子转移所引起的干扰,表现出良好的光/pH 稳定性和较低的细胞毒性,并成功对活 A549 细胞缺氧水平和对体内荷瘤小鼠乏氧靶向生物成像,实现了细胞和活体层面均能够实现乏氧精准检测与实时成像,如图 5.6 所示,为解决传统的乏氧荧光探针检测精度问题提供了一种重要研究工具。

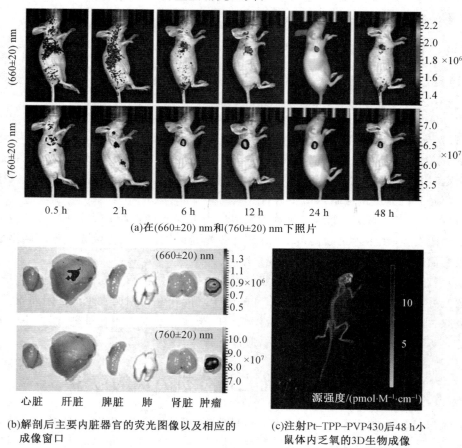

(a)在(660±20) nm和(760±20) nm下照片

(b)解剖后主要内脏器官的荧光图像以及相应的成像窗口

(c)注射Pt–TPP–PVP430后48 h小鼠体内乏氧的3D生物成像

图 5.6　小鼠体内 3D 生物成像

荧光法对于生物中许多重要的化合物具有很大的灵敏度和较好的物效性,故广泛用于生物化学分析、生理医学和临床分析。黄维院士团队设计合成了一种双光子荧光探针策略,能够对人源胶质瘤的标志物(单胺氧化酶 A,即 MAO－A)进行可视化的精准检测,并且他们发现加入 MAO－A 特异性抑制剂氯吉兰可以很大程度抑制荧光信号的增强,且癌旁组织中 MAO－A 的活性远低于胶质瘤组织样品,进一步验证了该探针的特异性和灵敏性。荧光光谱技术还被用来检测某病毒样本中的目标 DNA 或提取的 RNA,Bardajee 等人利用荧光共振能量转移方式,开发了一种新型的基于菁 3(Cy3)的生物共轭传感器,通过选取某病毒样本中的一段目标 DNA 序列,通过 Cy3 的共轭传感器识别,能够有效形成一个"夹层"杂化组装,通过荧光共振能量转移机制将能量从染料的激发态转移到猝灭剂分子,从而降低了 Cy3 染料的荧光强度。研究表明,逆转录聚合酶链反应中荧光水平较低的阳性样本与 Ct 值较低的阳性样本对应,表明病毒载量与荧光下降之间存在相关性。该检测系统主要基于荧光光谱技术,为某病毒检测研究开辟了一个新的窗口。

在生命科学和医学领域,用于生物成像的荧光探针的发展关键是准确了解可用于荧光开关控制的机制。近期,东京大学的 Yasuteru Urano 教授课题组提出了一种新的分子设计策略,通过控制扭转的分子内电荷转移(TICT)过程,合理开发目标生物分子可激活的荧光探针。该方法是设计带有配体的探针分子,探针分子中氧杂蒽—N 键的扭转运动在配体与目标蛋白结合时受到抑制,探针的荧光得以恢复。

近年来,稀土离子掺杂的上转换发光(UCL)纳米晶在防伪、光催化和生物标记等方面表现出应用潜力,其荧光发射光谱检测是表征其性能的一个重要指标。最近,中国科学院福建物质结构研究所功能纳米结构设计与组装/福建省纳米材料重点实验室研究员陈学元团队提出利用 $CsLu_2F_7$:Yb/Er 纳米晶基质中的重原子效应,实现了 IR808 染料三重态敏化稀土离子的高效上转换发光;进而基于 IR808 修饰 $CsLu_2F_7$:Yb/Er 纳米探针的808 nm/980 nm 双激发比率型荧光信号,完成了对 HeLa 癌细胞中次氯酸根的灵敏检测。设计利用 $CsLu_2F_7$:Yb/Er 纳米晶中铯元素和镥元素的重原子效应,使纳米晶表面的 IR808 染料从单重激发态(S_1)到三重激发态(T_1)的系间窜越效率达到 99.3%,得益于 IR808 三重激发态和 Yb^{3+} 之间的有效能量传递,$CsLu_2F_7$:Yb/Er 纳米晶中 Er^{3+} 的上转换发光强度和量子产率均得到提升。基于提出的 IR808 修饰的 $CsLu_2F_7$:Yb/Er 纳米晶材料,构建了808 nm/980 nm 双激发比率型荧光探针,其中 808 nm 和 980 nm 激发的上转换发光分别作为检测信号和自校准信号,实现了对次氯酸根的特异性检测,检测极限可低至65.3 nm,如图 5.7 所示。在 HeLa 癌细胞中,利用 808 nm/980 nm 双激发的共聚焦上转换荧光成像,实现了对细胞内次氯酸根的高灵敏检测。

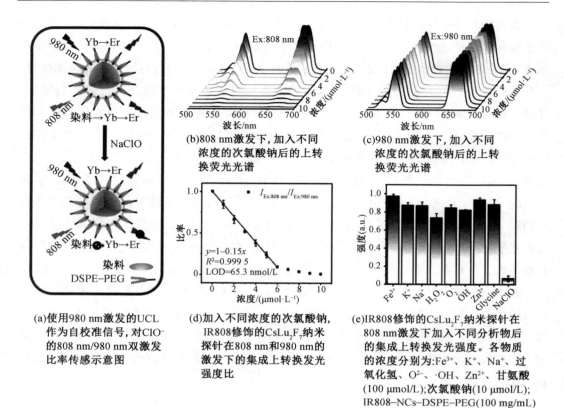

(a)使用980 nm激发的UCL作为自校准信号,对ClO⁻的808 nm/980 nm双激发比率传感示意图

(b)808 nm激发下,加入不同浓度的次氯酸钠后的上转换荧光光谱

(c)980 nm激发下,加入不同浓度的次氯酸钠后的上转换荧光光谱

(d)加入不同浓度的次氯酸钠,IR808修饰的$CsLu_2F_7$纳米探针在808 nm和980 nm的激发下的集成上转换发光强度比

(e)IR808修饰的$CsLu_2F_7$纳米探针在808 nm激发下加入不同分析物后的集成上转换发光强度。各物质的浓度分别为:Fe^{3+}、K^+、Na^+、过氧化氢、O^{2-}、·OH、Zn^{2+}、甘氨酸(100 μmol/L);次氯酸钠(10 μmol/L);IR808–NCs–DSPE–PEG(100 mg/mL)

图 5.7 利用 $CsLu_2F_7$:Yb/Er 纳米晶基质中的重原子效应,实现对 HeLa 癌细胞中次氯酸根的灵敏检测(LOD 为检出限)

5.5.2 在食品领域的应用

在食品质量安全领域中,分子荧光光谱可以用于食品质量监控、鉴别食品真伪、分析食品种类、检测药物残留和鉴别污染物等方面。浙江大学张兴宏教授和唐本忠院士合作开发了第一个线性非共轭聚酯实例,其显示黄绿色聚集发光(CL)和38%的高量子产率(QY)。基于 CL 变化的荧光分析方法进一步探索酯单元簇的形成。分子荧光光谱表明,随着浓度的增加,荧光光谱呈现两个阶段,即团簇的形成和团簇数量的增加。荧光光谱成功地可视化了团簇形成过程,为测量饱和团簇形成的临界浓度提供了一种有效而准确的方法。此外,通过对分子荧光光谱对温度的依赖关系发现,簇结构对聚合物构象敏感,聚合物构象会影响酯单元的排列并改变酯簇的带隙,尤其是在浓溶液中。同时,利用团簇中丰富的杂原子与金属离子的配位作用,如图5.8所示,研究结果表明,在 P3 中实现了对铁离子的高选择性、快速响应(1.2 min)、灵敏检测(LOD 为 0.78 μmol/L),使酯簇离解,发生荧光猝灭,显示了发光聚酯的广阔应用前景。

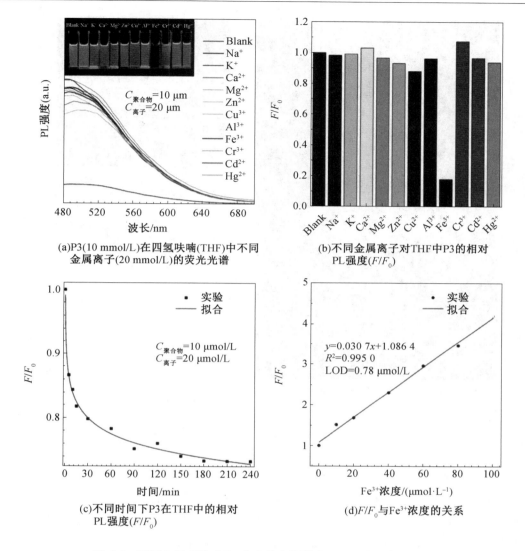

(a)P3(10 mmol/L)在四氢呋喃(THF)中不同
金属离子(20 mmol/L)的荧光光谱

(b)不同金属离子对THF中P3的相对
PL强度(F/F_0)

(c)不同时间下P3在THF中的相对
PL强度(F/F_0)

(d)F/F_0与Fe^{3+}浓度的关系

图 5.8　不同金属离子对 P3 荧光强度的影响(Plank 为空白对照)

5.5.3　在药物分析中的应用

药物分析领域可以利用荧光分析进行药物的有效成分鉴定、药物代谢动力学研究、临床药理药效分析等。唐本忠院士团队开发了一种简单的基于活化炔烃的无金属电击生物偶联策略,用于蚕丝蛋白质修饰。采用分子荧光光谱证明合成的 5 种聚集诱导发光原能够成功修饰天然蚕丝,获得稳定性较好的全彩化学偶联荧光丝,如图 5.9 所示。基于分子荧光光谱技术,功能化的水解蚕丝被成功地应用于实时和长期的细胞跟踪,在深层组织成像和生物支架监测方面表现出巨大的潜力,在组织工程和治疗方面有广阔的应用前景。

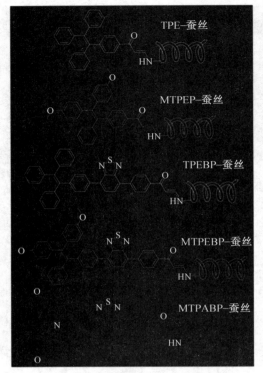

TPE-蚕丝

MTPEP-蚕丝

TPEBP-蚕丝

MTPEBP-蚕丝

MTPABP-蚕丝

(a) AIEgen-蚕丝生物偶联物在可见光谱区域
具有全色发射

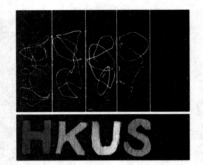

(b)在365 nm紫外光照明下拍摄的AIEgen-
硅丝的(上)螺纹和(下)织物的荧光照片

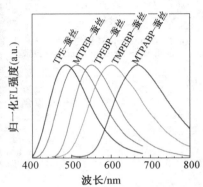

(c) AIEgen-蚕丝织物的归一化荧光光谱

图 5.9 AIEgen-蚕丝织物的光谱检测结果

5.5.4 在环境分析中的应用

分子荧光光谱可以用于监测环境敏感有机固态发光材料的发光行为。于晓辉团队通过使用多个激发通道成功地监测了二(对甲氧基苯基)二苯乙烯聚集微环境的演变过程,包括分子构象、堆积模式和分子间相互作用的变化。研究发现,在 3 个激发波长下会有不同的发射行为,以揭示压力诱导的结构演化,这与紫外-可见吸收、高压角色散 X 射线衍射和红外研究的结果非常一致,这一发现为有机固体发光材料的设计提供了重要的见解,并极大地促进了刺激响应型发光材料的发展。

习　　题

1.用荧光分析法测定食品中维生素 B2 的含量:称取 2.00 g 食品,用 10.0 mL 氯仿萃取(萃取率 100%),取上清液 2.00 mL,再用氯仿稀释为 10.0 mL。维生素 B2 氯仿标准溶液浓度为 0.100 mg/mL。测得空白溶液、标准溶液和样品溶液的荧光强度分别为:$F_0 = 1.5$,$F_s = 69.5$,$F_x = 61.5$,求该食品中维生素 B2 的含量(mg/g)。

2.何谓单重态和三重态?

3.简述无辐射跃迁的几个过程。

4.分子荧光光谱特征有哪些?

5.为什么反斯托克斯线的比例随试样温度的升高而增加?

6.绘制并理解雅布隆斯基分子能级图。

7.区分吸收光谱、荧光激发光谱和荧光发射光谱。

8.影响荧光强度的因素有哪些?

9.理解荧光寿命和荧光量子产率。

10.区分荧光和磷光的产生过程。

本章参考文献

[1] WANG S,GU K,GUO Z,et al.Self-assembly of a monochromophore-based polymer enables unprecedented ratiometric tracing of hypoxia [J].Advanced Materials,2019, 31(3):e1805735.

[2] FANG H,ZHANG H,LI L,et al.Rational design of a two-photon fluorogenic probe for visualizing monoamine oxidase activity in human glioma tissues [J].Angewandte Chemie International Edition,2020,59(19):7536-7541.

[3] BARDAJEE G R,ZAMANI M,SHARIFI M,et al.Rapid and highly sensitive detection of target DNA related to COVID-19 virus with a fluorescent bio-conjugated Probe via a FRET Mechanism [J].J Fluoresc,2022,32(5):1959-1967.

[4] HANAOKA K,IWAKI S,YAGI K,et al.General design strategy to precisely control the emission of fluorophores via a twisted intramolecular charge transfer (TICT) process [J].Journal of the American Chemical Society,2022,144(43): 19778-19790.

[5] ZHANG P,KE J,TU D,et al.Enhancing dye-triplet-sensitized upconversion emission through the heavy-atom effect in $CsLu_2F_7$:Yb/Er nanoprobes [J].Angewandte Chemie,2022,61(1):e202112125.

[6] CHU B,ZHANG H,HU L,et al.Altering chain flexibility of aliphatic polyesters for yellow-green clusteroluminescence in 38 % quantum yield [J].Angewandte Chemie, 2022,61(6):e202114117.

[7] LIU C,BAI H,HE B,et al.Functionalization of silk by AIEgens through facile bio-conjugation:full-color fluorescence and long-term bioimaging [J].Angewandte Chemie,2021,60(22):12424-12430.

[8] TONG S,DAI J,SUN J,et al.Fluorescence-based monitoring of the pressure-induced aggregation microenvironment evolution for an AIEgen under multiple excitation channels [J].Nature Communications,2022,13(1):5234.

[9] 晋卫军.分子发射光谱分析[M].北京:化学工业出版社,2018.

第6章 散射光谱分析方法——拉曼光谱分析方法

拉曼光谱(Raman spectra,RS)是入射光子和分子相碰撞时,分子的振动能量或转动能量和光子能量叠加的结果,利用拉曼光谱可以把处于红外区的分子能谱转移到可见光区来观测。因此拉曼光谱作为红外光谱的补充,是研究分子结构的有力武器。目前,拉曼光谱广泛应用于化学、材料、物理、生命科学、环境科学、医学等各个领域,是一种重要的测试分析方法和手段。随着科技的进步,拉曼光谱在有机物结构的分析、离聚物的分析、无机体系的研究,特别是在高分子材料研究中的作用日趋重要。

6.1 拉曼光谱分析方法概论

拉曼光谱是对与入射光频率不同的散射光谱进行分析以得到分子振动、转动方面信息,并应用于分子结构研究的一种分析方法,它是一种散射光谱,是红外光谱分析法的有力补充。拉曼光谱也是一种差分光谱。形象地来说,可乐的价钱是3块钱,你扔进去3块钱,你就能得到可乐,这是红外。可是如果你扔进去10块钱,会出来一瓶可乐和7块钱,你仍旧可以知道可乐的价钱,这就是拉曼。拉曼光谱分析方法是基于印度科学家C.V.拉曼(Raman)所发现的拉曼散射效应。

1928年,印度物理学家C.V.拉曼在实验中发现,当光穿过透明介质,被分子散射的光发生频率变化,这一现象称为拉曼散射,拉曼本人也因此荣获1930年的诺贝尔物理学奖。实际上早在20世纪20年代初,斯梅卡尔就从理论上预言了频率发生改变的散射。直到1928年,拉曼在实验室观察到气体与液体中会发生一种特殊光谱的散射。同年,苏联人曼迭利斯塔姆、兰兹贝尔格也在石英中观测到拉曼散射。1939年,由北京大学出版了吴大猷的《多原子分子的结构及其振动光谱》的英文专著。该书是自拉曼获诺贝尔奖以来,第一部全面总结分子拉曼光谱研究成果的经典著作。1988年,黄昆和波恩合著了《晶格动力学理论》,建立了超晶格拉曼散射理论,2002年获国家科技奖,为晶体的拉曼散射提供了理论基础,成为该领域重要的经典著作之一。

那么,什么是拉曼散射效应? 一束单色光入射于试样后有3个可能去向:一部分光被透射;一部分光被吸收;还有一部分光则被散射。散射光中的大部分,波长与入射光相同,称为瑞利散射;而一小部分由于试样中分子振动和分子转动的作用波长发生偏移,称为拉曼散射。光谱中常常出现一些尖锐的峰,是试样中某些特定分子的特征。这就使得拉曼光谱具有进行定性分析并对相似物质进行区分的功能。而且,由于拉曼光谱的峰强度与相应分子的浓度成正比,拉曼光谱也能用于定量分析。通常,将获得和分析拉曼光谱以及与其应用有关的方法和技术统称为拉曼光谱技术。一般把瑞利散射和拉曼散射合起来所形成的光谱称为拉曼光谱。由于拉曼散射非常弱,所以一直到 1928 年才被拉曼等所发现。

　　拉曼光谱和红外光谱一样,都是源于分子的振动和转动能级跃迁,属于分子振动-转动光谱,可以获得分子结构的直接信息。但相比红外吸收光谱法,拉曼光谱法的发展一直较为缓慢。1928~1940 年,由于可见光分光技术和照相感光技术已经发展起来,拉曼光谱受到广泛的重视。1940~1960 年,拉曼光谱的地位一落千丈。主要是因为拉曼效应太弱(约为入射光强的 10^{-6})。1960 年以后,激光技术的发展使拉曼技术得以复兴。激光束因其高亮度、方向性和偏振性等优点,成为拉曼光谱的理想光源。随着探测技术的改进和对被测样品要求的降低,目前在物理、化学、医药、工业等各个领域拉曼光谱得到了广泛的应用。

　　拉曼光谱分析技术主要包括单道检测的拉曼光谱分析技术;以 CCD 为代表的多通道探测器用于拉曼光谱的检测仪的分析技术;采用傅里叶变换技术的 FT-Raman 光谱分析技术;共振拉曼光谱分析技术(采集特殊信息);表面增强拉曼效应分析技术(增加灵敏度);近红外激发傅里叶变换拉曼光谱技术。

6.2　拉曼光谱分析方法基本原理

　　一束频率为 ν_0 的单色光,当它不能被照射的物体吸收时,大部分光将沿入射光束通过样品,有 $1/10^5 \sim 1/10^6$ 强度的光被散射到各个方向,在与入射方向垂直的方向,可以观察到两种散射。这里需要介绍两个重要概念:瑞利散射和拉曼散射。瑞利散射是光与样品分子间的弹性碰撞,光子的能量或频率不变,只改变光子运动的方向;拉曼散射是光与样品分子间的非弹性碰撞,光子的能量或频率以及方向都发生变化。

　　19 世纪 70 年代,瑞利(Rayleigh)首先发现了上述散射现象而命名为瑞利散射。瑞利散射可以看成是光与样品分子间的弹性碰撞,它们之间没有能量的交换,即光的频率不变,只是改变了光子运动的方向,尽管入射光是平行的,散射光却是各向同性的。瑞利还发现散射光的强度与散射方向有关,且与入射光波长的四次方成反比。由于组成白光的各色光线中,蓝光的波长较短,因而其散射光的强度较大,这正是晴天天空呈现蔚蓝色的原因。

6.2.1　拉曼散射原理

　　拉曼效应可以用一个简单的实验观察到,在一个暗室里,以一束绿光照射透明液体,绿光看起来就像悬浮在液体上。若通过对绿光不透明的橙色玻璃滤光片观察,将看不到绿光,而是能观察到一束非常暗淡的红光,这束红光就是拉曼散射光。拉曼效应并不吸收激发光,不能用实际的上能级来解释,玻恩和黄昆用虚的上能级说明拉曼效应。尽管散射部分并没有吸收,但是利用吸收的物理场景也可以来展示这个散射的过程。如图 6.1 所示,假设散射物分子原来处于电子基态,当受到入射光照射时,激发光与此分子的作用引起极化可以看作虚的吸收,跃迁到虚态虚能级上的电子不稳定,立即跃迁到下能级而发光。如果分子回到它原来的振动能级,它发射的光子具有与入射光子相同的能量,即相同的波长,此时,没有能量传递给分子,这就是瑞利散射。入射光子的能量为 $h\nu_0$,当与分子碰撞后,还可能出现以下两种情况:①分子处于基态振动能级,与光子碰撞后,分子从入射光子获取确定的能量 $h\Delta\nu$ 达到较高能级,散射光子能量 $h(\nu_0-\Delta\nu)=h\nu$,频率降低至 $(\nu_0-\Delta\nu)$,形成频率为 $(\nu_0-\Delta\nu)$ 的谱线,称为斯托克斯散射;②分子处于激发态振动能级,与光子碰撞后,分子跃迁回基态而将确定的能量 $h\Delta\nu$ 传给光子,散射光子能量 $h(\nu_0+\Delta\nu)=h\nu$,频率增加至 $(\nu_0+\Delta\nu)$,形成频率为 $(\nu_0+\Delta\nu)$ 的谱线,称为反斯托克斯散射。一般讨论的拉曼散射是指斯托克斯拉曼散射,除非有特殊说明。在波数为变量的拉曼光谱图上,斯托克斯线和反斯托克斯线对称地分布在瑞利散射线的两侧,这是因为上述两种情况分别对应于得到或者失去了一个振动量子的能量。

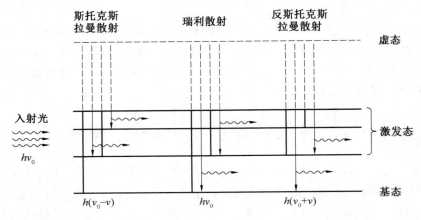

图 6.1   拉曼散射过程能级示意图

6.2.2   拉曼位移和拉曼光谱图

对于斯托克斯位移和反斯托克斯位移,散射光子的频率都发生了变化。如果最后状态是由基态到了激发态,则需要获取能量才能够实现,这样入射光子提供能量,散射后能量减少;如果最后状态是从激发态回到了基态,则会释放出能量,这样散射后能量增加。拉曼散射光与入射光频率差 $\Delta\nu$ 称为拉曼位移。其中斯托克斯线为负拉曼位移,而反斯托克斯线为正拉曼位移,图 6.2 是典型的四氯化碳的拉曼光谱。拉曼光谱图通常以拉曼位移(以波数为单位)为横坐标,拉曼线强度为纵坐标。由于斯托克斯线远强于反斯托克斯线,因此拉曼光谱仪记录的通常为斯托克斯线。若将激发光的波数(也即瑞利散射波数,ν_0)作为零点写在光谱的最右端,略去反斯托克斯拉曼散射谱带,即可得到类似于红外光谱的拉曼光谱图。

同一物质分子,随着入射光频率的改变,拉曼线的频率也改变,但拉曼位移 $\Delta\nu$ 始终保持不变。拉曼位移与入射光频率无关,只与物质分子的转动和振动能级有关,是特征的,不同物质 $\Delta\nu$ 不同。另外,正负拉曼位移的跃迁概率是一样的,由玻尔兹曼分布可知,常温下处于基态的分子占绝大多数,而正拉曼位移源于基态分子的跃迁,因此斯托克斯线远强于反斯托克斯线。随着温度的升高,斯托克斯线的强度将降低,而反斯托克斯线的强度将升高。

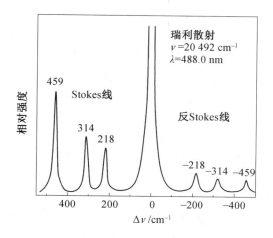

图 6.2　四氯化碳的拉曼光谱图(激光激发波长为 488.0 nm)

　　拉曼散射光强度取决于分子的极化率、光源的强度、活性基团的浓度等多种因素。极化率越高,分子中电子云相对于骨架的移动越大,拉曼散射越强。在不考虑吸收的情况下,其强度与入射光频率的 4 次方成正比。由于拉曼散射光强度与活性成分的浓度成比例,因此拉曼光谱与荧光光谱更相似,而不同于吸收光谱,在吸收光谱中强度与浓度呈对数关系。据此,可利用拉曼光谱进行定量分析。散射的本质是入射光引起电子云振荡而导致的光发射。由化学键结合在一起的原子,其位置的变化会改变电子云的极化率。散射光的强度正比于电子云的位移大小,分子振动将导致散射光强度的周期性变化。拉曼散射光的强度并不是在所有方向都是相等的,所以讨论拉曼散射光强度必须指明入射光传播方向与所检测的拉曼散射光之间的角度。通常在与入射光方向成 90° 或 180° 的方向上观测拉曼散射。

6.2.3　退偏比(又称去偏振度)

　　一般的光谱只有两个基本参数,即频率和强度。但拉曼光谱还有一个去偏振度(ρ),以它来衡量分子振动的对称性,增加了有关分子结构的信息。ρ 定义为

$$\rho = \frac{I_\perp}{I_\parallel} \tag{6.1}$$

式中,$I_\perp$ 为偏振方向与入射光偏振方向垂直的拉曼散射强度,即当偏振器与激光方向垂直时检测器可测到的散射光强度;$I_\parallel$ 为偏振方向与入射光偏振方向平行的拉曼散射强度,即当偏振器与激光方向平行时检测器可测到的散射光强度。在使用 90° 背散射几何时,无规则取向分子的去偏振度在 0~0.75 之间。

　　退偏比与分子的极化率有关,若令 $\bar{\alpha}$ 为分子极化率中各向同性部分,$\bar{\beta}$ 为各向异性部分,则

$$\rho = \frac{3(\bar{\beta})_\perp^2}{45(\bar{\alpha})^2 + 4(\bar{\beta})^2} \tag{6.2}$$

对于球形对称振动来说,ρ 为零,所产生的拉曼散射光为完全偏振光。对非对称振动

而言,极化率是各向异性的,ρ 为 $3/4$。ρ 越小,分子的对称性越高。通过测定拉曼线的退偏比可以确定分子的对称性。

分子对称理论并不能给出拉曼活性振动散射光的强度有多大,但可以根据影响振动化学键偏振性和分子或化学键对称性因素来估计相对拉曼散射强度。影响拉曼峰强度的因素大致有下列几项:①极性化学键的振动产生弱拉曼强度,强偶极矩使电子云限定在某个区域,使得光更难移动电子云;②伸缩振动通常比弯曲振动有更强的散射;③伸缩振动的拉曼强度随键级而增强;④拉曼强度随键连接原子的原子序数而增强;⑤对称振动比反对称振动有更强的拉曼散射;⑥晶体材料比非晶体材料有更强更多的拉曼峰。

6.2.4 拉曼位移产生的条件

红外吸收过程的产生需要有偶极矩的变换,拉曼散射不要求有偶极矩的变化,却要求有极化率的变化。正是利用它们之间的差别,红外光谱和拉曼光谱可以互为补充。

根据极化原理,当原子或者分子在静电场 E 中,可以感应出原子的偶极子 μ,原子核移向偶极子负端,电子云移向偶极子正端。这个过程也可以应用到分子在入射光的电场中,这时,正负电荷中心相对移动,极化产生诱导偶极距 P,即

$$P = \alpha E \tag{6.3}$$

式中,P 正比于电场强度 E,比例系数 α 称为分子的极化率,指分子在电场作用下,分子中电子云发生变形的难易程度。分子中两原子距离最大时,α 也最大。能够产生诱导偶极矩就一定有极化率的变化。散射的本质是入射光引起电子云振荡而导致的光发射。分子体积越大,变形率越大,极化率也就越大。无论是极性分子或者非极性分子在电场强度的作用下都会产生与电场方向相反的诱导偶极矩。产生诱导偶极矩的原因:一是分子中的电子云在外电场作用下相对分子骨架发生变形;二是原子相对分子骨架发生变形。在光辐射的作用下,分子作为一个次级辐射源可以发射或散射辐射。然而,如果分子的极化率不变,分子的振动就不能形成辐射源,则能量以振动光量子的增加或损失形式的变化不会发生。

根据经典电动力学理论,分子在光波的交变电磁场作用下会诱导出电偶极矩,在一定条件下符合式(6.4)(不考虑转动情况):

$$P = \alpha_0 E_0 \cos(2\pi\nu_0 t) + \frac{1}{2} q_0 E_0 \left(\frac{d\alpha}{dq}\right)_0 \{\cos[2\pi(\nu_0-\nu)t] + \cos[2\pi(\nu_0+\nu)t]\} \tag{6.4}$$

随着外场(光辐射)振动而变化着的分子诱导偶极矩与激发频率 ν_0 和 $(\nu_0\pm\nu)$ 相关。式(6.4)中第一项相当于 $d\alpha/dq=0$,振动没有引起分子极化率的变化,发生弹性散射,发生在频率 ν_0 处,对应瑞利散射;后面两项则对应于正拉曼位移$(\nu_0-\nu)$和负拉曼位移$(\nu_0+\nu)$,只有当 $d\alpha/dq$ 不为 0 时,也就是存在极化率的变化时,此两项才不为零,才能产生拉曼散射。因此,$d\alpha/dq \neq 0$ 为拉曼活性的条件或者拉曼选律($\Delta\nu=0,\pm1,\pm2,\pm3,\cdots$)。拉曼散射强度与极化率呈正比例关系。

可以从微观角度来理解拉曼散射。光与介质之间作用存在三种情况:①若介质是均匀的,且不考虑其热起伏,光通过介质后不发生任何变化;②若介质不很均匀(有某种起伏),光波与其作用后被散射到其他地方,只要起伏与时间无关,散射光的频率就不会发生

变化,只是波矢方向受到偏射,就是弹性散射;③若介质中的不均匀性随时间而变化,光波与这些起伏交换能量,使散射光的能量,即频率发生了变化,就产生了非弹性散射。这种散射主要是分子转动、振动,晶格振动及各类激发元参与的散射。入射光电磁波的电矢量在材料内感生出一周期变化的电偶极矩,因而产生(辐)散射光。若电偶极矩单元(如双原子分子等)处于静止状态,由感生偶极矩发出的散射光频率与入射光频率相同,此时的散射为瑞利散射;若"单元"处在转、振动状态,则"频率"不再相同,转、振动使结构发生周期性改变,散射光被转、振动的频率"调制"。所以除了入射频率之外,散射光中还含有频率等于入射频率与转、振动频率的和与差的光。显然,转、振动在拉曼散射谱中占有重要的作用。

并不是所有的分子结构都具有拉曼活性的。分子振动是否出现拉曼活性主要取决于分子在运动过程时某一固定方向上极化率的变化。对于全对称振动模式的分子,在激发光子的作用下,会发生分子极化,产生拉曼活性,而且活性很强;而对于离子键的化合物,由于没有分子变形发生,不能产生拉曼活性。

6.3　拉曼光谱仪介绍

6.3.1　拉曼光谱仪的构造

拉曼光谱仪包括光源、外光路系统、色散系统和记录检测系统,如图 6.3 所示。虚线框内为外光路系统,包括聚光、集光、样品架、滤光和偏振几部分。

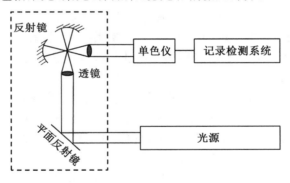

图 6.3　拉曼光谱仪结构示意图

(1)光源。

由于拉曼散射很弱,现代拉曼光谱仪的光源多采用高强度的激光光源。作为激光拉曼光谱仪的光源需符合以下要求:①单线输出功率一般为 20～1 000 mW;②功率的稳定性好,变动不大于 1%;③寿命长,应在 1 000 h 以上。常用激光器按波长大小顺序有 Ar^+ 激光器(488.0 nm(蓝紫色)和 514.5 nm(绿色))、Kr^+ 激光器(568.2 nm)、He—Ne 激光器(632.8 nm)、红宝石激光器(694.0 nm)、二极管激光器(782 nm 和 830 nm)和 Nd/YAG 激光器(1 064 nm)。前两种激光器功率大,能提高拉曼线的强度。后几种属于近红外辐射,其优点在于辐射能量低,不易使试样分解,同时不足以激发试样分子外层电子的跃迁而产生较大的荧光干扰。由于高强度激光光源易使试样分解,尤其是对生物大分子、聚合物等,因此一般采用旋转技术加以克服。

目前傅里叶拉曼光谱仪大都采用 Nd:YAG 激光器,即掺钕的钇－铝石榴石激光器、红宝石激光器、掺钕的玻璃激光器等,这些均属固体激光器。它们的工作方式可以是连续的,也可以是脉冲的,这类激光器的特点是输出的激光功率高,可以做得很小、很坚固,其缺点是输出激光的单色性和频率的稳定性都不如气体激光器。Nd:YAG 激光器的发光粒子是钕离子(Nd^{3+}),其激光波长为 1.06 μm,该激光器的突出优点是效率高、阈值低,很适合于用作连续工作的器件,其输出功率可达几千瓦。固体激光器都是采用光泵浦的方式产生激光,早期使用的光泵为闪光灯光泵,如高压氙灯光泵。这类光泵的激光器效率低、寿命短,目前已采用二极管光泵固体 Nd:YAG 激光器。激光波长可从 1 064 nm 调到 1 300 nm,以进一步降低荧光样品的荧光干扰。在光谱范围的另一端,特别是对共振拉曼的研究来说需要使用紫外激光系统。共振拉曼光谱技术和非线性拉曼光谱技术要求激发光源频率可调。

(2)外光路系统:外光路系统是从激发光源后面到单色仪前面的一切设备,包括聚光透镜、集光透镜、样品架、滤光和偏振器等。

①聚光透镜:用一块或两块焦距合适的汇聚透镜,使样品处于汇聚激光束的中部,以提高样品光的辐照功率。

②集光透镜:常用透镜组或反射凹面镜作为散射光的收集镜。

③样品架:样品架的设计要保证使照明最有效和杂散光最少,尤其要避免入射光进入光谱仪的入射狭缝。样品架的设计是最重要的一环。

激光束照射在试样上有两种方式:一种是 90°的方式;另一种是 180°的同轴方式。90°方式可以进行极准确的偏振测定,能改进拉曼与瑞利两种散射的比值,使低频振动测量较容易;180°方式可获得最大的激发效率,适于浑浊和微量样品测定。两者相比,90°方式比较有利,一般仪器都采用 90°方式,亦有采用两种方式。

由于拉曼光谱法用玻璃作为窗口,而不是红外光谱中的卤化物晶体,试样的制备方法较红外光谱简单,可直接用单晶和固体粉末测试,也可配制成溶液,尤其是水溶液测试;不稳定的、贵重的试样可在原封装的安瓿瓶内直接测试;还可进行高温和低温试样、有色试样和整体试样的测试。从前面的讲述中可知,拉曼散射的强度较弱。在放置试样时应根据液氮冷却检测器的状态与多少选择不同的方式。气体试样通常放在多重反射气槽或激光器的共振腔内。液体试样采用常规试样池,若为微量,则用毛细管试样池。对于易挥发样,应封盖。透明的棒状、块状和片状固体试样可置于特制的试样架上直接进行测定。滤光片粉末试样可放入玻璃试样管或压片测定。试样池或试样架置于能在三维空间可调的试样平台上。

④滤光:安置滤光部件的主要目的是抑制杂散光以提高拉曼散射的信噪比。

⑤偏振器:做偏振谱测量时,必须在外光路中插入偏振元件。加入偏振旋转器可以改变入射光的偏振方向。

(3)色散系统。

使拉曼散射光按波长在空间分开,通常使用单色仪。主要作用是减少杂散光对测量的干扰,之后进入光电倍增管。由于拉曼位移较小,杂散光较强,为了提高分辨率,对拉曼光谱仪的单色性要求较高。色散型拉曼光谱仪采用多单色器系统,如双单色器、三单色器。最好的是带有全息光栅的双单色器,能有效消除杂散光,使与激光波长非常接近的弱拉曼线得到检测。使用多光栅必然要降低光通量,目前大都使用平面全息光栅;若使用凹面全息光栅,可减少反射镜,提高光的反射效率。

在傅里叶拉曼光谱仪中,以迈克尔逊干涉仪代替色散元件,光源利用率高,可采用红外激光光源,以避免分析物或杂质的荧光干扰。此外,在散射光到达检测器之前,必须用光学过滤器将其中的瑞利散射滤去,至少降低 $3 \sim 7$ 个数量级,否则拉曼散射光将"淹没"在瑞利散射中。光学过滤器的性能是决定傅里叶变换型拉曼光谱仪检测波数范围(特别是低波数区)和信噪比好坏的一个关键因素。常见的光学过滤器有 Chevron 过滤器和介电过滤器,它们的波数范围在 $3\,600 \sim 100$ cm^{-1};Notch 过滤器的斯托克斯范围在 $3\,600 \sim 50$ cm^{-1},而反斯托克斯范围在 $100 \sim 2\,000$ cm^{-1}。掺铟的 CdTe 光学过滤器配合 Ta:Sa 激发光源及宽带检测器,低波数可达 30 cm^{-1}。单色仪是拉曼光谱仪的心脏,要求环境清洁,必要时要用洗耳球吹拂去镜面上的灰尘,但切忌用粗糙的滤纸或布抹擦,以免划破光学镀膜。

(4)记录检测系统。

拉曼散射信号的接收类型分单通道和多通道接收两种。光电倍增管接收属于单通道接收,拉曼光谱仪的检测器一般采用光电倍增管。对其要求是:量子效率高(量子效率是指光阴极每秒出现的信号脉冲与每秒到达光阴极的光子数之比值),热离子暗电流小(热离子暗电流是在光束断绝后阴极产生的一些热激发电子)。为了减少荧光的干扰,在色散型仪器中可用电荷耦合阵列(CCD)检测器。最常用的检测器为 Ga—As 光阴极光电倍增管,其优点是光谱响应范围宽,量子效率高,而且在可见光区内的响应稳定。光电倍增管的输出脉冲数一般有 4 种方法检出:直流放大、同步检出、噪声电压测定和脉冲计数法,脉冲计数法是最常用的一种。

在傅里叶拉曼光谱仪中,常用的检测器为 Ge 或 InGaAs 检测器。Ge 检测器在液氮温度下的检测范围在高波数区可达 $3\,400$ cm^{-1} 拉曼位移;InGaAs 检测器在室温下高波数区可达 $3\,600$ cm^{-1},用液氮冷却可降低噪声,但高波数区只能到 $3\,000$ cm^{-1} 拉曼位移;Si 检测器低温下检测范围较窄,但在反斯托克斯区的响应良好。为保持检测器良好的信噪比和稳定性,检测器需要用液氮预冷 1 h 左右后再用。

傅里叶拉曼光谱仪的数据系统由于采用了傅里叶变换技术,对计算机的内存和计算速度有更高的要求,它的光谱数据处理功能既具有色散型拉曼光谱仪所具有的如基线校正、平滑、多次扫描平均及拉曼位移转换等功能,还具有光谱减法、光谱检索、导数光谱、退卷积、曲线拟合和因子分析等数据处理功能。

6.3.2　拉曼光谱仪的特点

拉曼光谱仪可以提供快速、简单、可重复且更重要的是无损伤的定性定量分析,它无须样品准备,样品可直接通过光纤探头或者通过玻璃、石英和光纤测量。

(1)由于水的拉曼散射很微弱,拉曼光谱是研究水溶液中的生物样品和化学化合物的理想工具。

(2)拉曼一次可以同时覆盖 $50\sim4\,000\ cm^{-1}$ 波数的区间,可对有机物及无机物进行分析。相反,若让红外光谱覆盖相同的区间,则必须改变光栅、光束分离器、滤波器和检测器。

(3)拉曼光谱谱峰清晰尖锐,更适合定量研究、数据库搜索,以及运用差异分析进行定性研究。在化学结构分析中,独立的拉曼区间的强度和功能基团的数量相关。尤其是共振拉曼光谱,灵敏度高,检出限可到 $10^{-6}\sim10^{-8}\ mol/L$。

(4)因为激光束的直径在它的聚焦部位通常只有 $0.2\sim2\ mm$,常规拉曼光谱只需要少量的样品就可以得到。这是拉曼光谱相对常规红外光谱一个很大的优势。而且,拉曼显微镜物镜可将激光束进一步聚焦至 $20\ \mu m$,甚至更小,可分析更小面积的样品。通常只需要 μg 级的样品即可。

(5)共振拉曼效应可以有选择性地增强某些谱线,因此可用于研究发色基团的局部结构特征,如大生物分子发色基团的拉曼光强能被选择性地增强 $1\,000\sim10\,000$ 倍。

6.3.3　其他拉曼光谱分析方法

拉曼散射信号很弱,这也是传统拉曼散射技术本身的固有特性。由于信号强度弱,检测灵敏度相应较低,因此低浓度分析难度较大。增强拉曼光谱技术能有效克服这个缺点,主要的增强方式有两种:表面增强和共振增强。它们能使试样的拉曼散射强度增强几个数量级。这些方法的拓展使得拉曼光谱技术的应用更加广泛。

(1)共振拉曼光谱技术(RRS)。

由于拉曼散射是个非常弱的过程,所以拉曼信号也很弱,其光强一般仅为入射光强的 $10^{-7}\sim10^{-8}$。1953 年,Shorygin 发现当入射激光波长与待测分子的某个电子吸收峰接近或重合时,拉曼跃迁的概率大大增加,使这一分子的某个或几个特征拉曼谱带强度可达到正常拉曼谱带的 $10^{4}\sim10^{6}$ 倍,这种现象称为共振拉曼效应。基于共振拉曼效应建立的拉曼光谱法称共振拉曼光谱法。在普通拉曼光谱中,中间态不是分子的本征态(通常是个虚拟态),使吸收和散射的概率都很小。在共振拉曼光谱中,由于激发光源频率落在被照射分子的某一电子吸收带以内,使虚拟态变成了本征态,从而大大增加了分子对入射光的吸收强度。

共振拉曼光谱的特点如下:共振拉曼光谱基频的强度可以达到瑞利线的强度;泛频和合频的强度有时大于或等于基频的强度;由于共振拉曼光谱中谱线的增强是选择性的,既可用于研究发色基团的局部结构特征,也可以选择性测定试样中的某一种物质;和普通拉曼光谱相比,其散射时间短,一般为 $10^{-12}\sim10^{-5}\ s$。由此可见,共振拉曼光谱有利于低浓度和微量试样的检测,最低检出浓度范围为 $10^{-6}\sim10^{-8}\ mol/L$。共振拉曼光谱需要连续可调的激光器,以满足不同样品在不同区域的吸收。激发光源的谱线频率要尽可能窄,单色性要好。激发光源要高强度、高会聚。光谱分析器要高灵敏度和高分辨率。

应用该技术可以不加预处理得到人体体液的拉曼光谱。许多生物分子的电子吸收区位于紫外,紫外共振拉曼技术的研究已经得到足够重视。利用紫外共振拉曼光谱技术在蛋白质、核酸、DNA 和丝状病毒粒子的研究已经取得显著成果。用共振拉曼偏振测量技术还可以获得有关分子对称性的信息。但必须指出,在实验方面,实现共振拉曼散射比通常的拉曼散射要困难一些。激发光波长必须与要检测的电子发色团的吸收区相吻合才能发生共振拉曼散射。这使得激发强度和拉曼散射强度都与试样厚度有关,从而使得定量分析复杂化。此外,由于热效应和光化学作用,激发强度的吸收可能损伤试样。试样吸收区的激发常常增大荧光发射,在拉曼光谱中增强了荧光背景。这些都是应用共振拉曼光谱技术时应该注意的问题。

(2)表面增强拉曼光谱技术(SERS)。

1974 年,Fleischmann 等人发现吸附在粗糙金银表面的单分子层吡啶分子的拉曼信号强度得到很大程度的提高,同时信号强度随着电极所加电位的变化而变化。1977 年,Jeanmaire 与 Van Duyne,Albrecht 与 Creighton 等人经过系统的实验研究和理论计算,将这种与银、金、铜等粗糙表面相关的增强效应称为表面增强拉曼散射(surface enhanced Raman scattering,SERS)效应,对应的光谱称为表面增强拉曼光谱。随后,人们在其他粗糙表面也观察到 SERS 现象。SERS 技术迅速发展,在分析科学、表面科学以及生物科学等领域得到广泛应用,成长为一种非常强大的分析工具。

SERS 有几种不同机制,大致可分为两类:电磁效应和化学效应。电磁效应是金属表面与激发光的相互作用使分析物电场强度增大的结果。其中较重要的效应是金属表面等离微元的激发。表面激元是金属表面导带电子的振荡。在表面等离激元共振频率里,导带电子易于移动,从而在局部电场强度产生大的振荡。表面等离激元频率与金属的电子结构和金属表面粗糙程度或胶质粒直径有关。电磁效应随离开金属表面距离的 3 次方而减弱,其范围约为离金属表面几个纳米。电磁效应与分析物本身没有大的关系。化学效应是由于分析物与金属波函数重叠而发生,与电磁效应相比,化学反应作用范围较短,而且与分析物强烈相关。不论考虑哪种增强机制,为了得到大的增强,金属表面必须具有合适的粗糙程度。

关于增强机理的本质,学术界目前仍未达成共识,大多数学者认为 SERS 增强主要由物理增强和化学增强两个方面构成,并认为前者占主导地位,而后者在增强效应中只贡献 1~2 个数量级。物理增强对吸附到基底附近分子的增强没有选择性。大量实验研究表明,单纯的物理或化学增强机理都不足以解释所有的 SERS 现象,增强过程的影响因素十分复杂,在很多体系中,认为这两种因素可能同时起作用,它们的相对贡献在不同的体系中有所不同。

表面增强拉曼光谱技术有效地弥补了拉曼信号灵敏度低的弱点,可以获得常规拉曼光谱难以得到的信息。它在获取表面和界面信息方面的功能是非常突出的,这一技术已被广泛地应用于表面和界面的物理和化学研究。它在生物大分子和聚合物的构型、构象和其他结构参数的研究上也很有应用价值,利用这种高灵敏的吸附增强效应进行生物分子的检测,特别是抗体分子、蛋白质分子和 DNA 分子的标记检测已成为近年来的发展趋势。在分析化学领域,由于 SERS 技术能获得痕量分子结构信号,人们已做了诸多探索,但在定量分析方面仍然存在许多困难。SERS 技术虽然有着强大的分析功能,但其应用仍然受到诸多限制。应用限制主要受下列因素所决定:SERS 要求试样与基衬相接触,这失去了拉曼光谱术非侵入和不接触分析的基本优点;SERS 基衬对不同材料的吸附性能不同,这使定量分析发生问题;基衬重现性和稳定性难以控制,这个困难的解决目前正在取得很大进展;SERS 技术要求所检测的分子含有芳环、杂环、氨原子硝基、氨基、羧酸基或磷和硫原子中之一,这使检测对象有一定的限制;试样可能与 SERS 基衬发生化学或光化学反应(对金基衬这不是大问题)。

尽管有这些限制,SERS 技术已发展成一种成熟的分析技术。将表面增强拉曼光谱和共振拉曼光谱技术联用时,其检出限可达 $10^{-9} \sim 10^{-12}$ mol/L。

6.4　拉曼光谱的特点与应用

6.4.1　拉曼光谱的特点

拉曼光谱分析的特点突出。谱线的波数随入射光的波数改变,但对同一样品,同一拉曼谱线的位移与入射光波长无关,只与样品的振动转动能级有关。斯托克斯线和反斯托克斯线对称地分布在瑞利散射线两侧,是由于分别相应的得到或失去了一个振动量子的能量。斯托克斯线比反斯托克斯线的强度大,这是由于玻尔兹曼分布,处于基态上的粒子数远大于激发态上的粒子数。拉曼光谱是一个散射过程,因而任何尺寸、形状、透明度的样品,只要能被激光照射到,就可直接用来测量。由于激光束的直径较小,且可进一步聚焦,因而极微量样品都可测量。水是极性很强的分子,因而其红外吸收非常强烈。但水的拉曼散射却极微弱,因而水溶液样品可直接进行测量,这对生物大分子的研究非常有利。对于聚合物及其他分子,拉曼散射的选择定则的限制较小,因而可得到更为丰富的谱带。S—S、C—C、C＝C、N＝N 等红外较弱的官能团,在拉曼光谱中信号较为强烈。

6.4.2　拉曼光谱的应用

根据拉曼光谱分析的特点,可以采用该技术对物质进行定性分析、结构分析和定量分析。定性分析:不同的物质具有不同的特征光谱,因此可以通过光谱进行定性分析。结构分析:对光谱谱带的分析,又是进行物质结构分析的基础。定量分析:根据物质对光谱的吸光度的特点,可以对物质的量有很好的分析能力。

(1)定性分析。拉曼位移 $\Delta \nu$ 表征了分子中不同基团振动的特性,因此,可以通过测定 $\Delta \nu$ 对分子进行定性和结构分析。另外,还可通过退偏比的测定确定分子的对称性。目前,激光拉曼光谱已应用于无机、有机、高分子等化合物的定性分析;生物大分子的构象变化及相互作用研究;各种材料(包括纳米材料、生物材料、金刚石)和膜(包括半导体薄膜、生物膜)的拉曼分析;矿物组成分析;宝石、文物、公安试样的无损鉴定等方面。

(2)结构分析。由于官能团不是孤立的,它在分子中与周围的原子相互联系,因此,在不同的分子中,相同官能团的拉曼位移有一定的差异,$\Delta \nu$ 不是固定的频率,而是在某一频率范围内变动。对于有机化合物的结构研究,虽然拉曼光谱的应用远不如红外吸收光谱广泛,但拉曼光谱适合于测定有机分子的骨架,并能够方便地区分各种异构体,如位置异构、几何异构、顺反异构等。如 C＝C 双键振动的拉曼位移位于 1 600～1 680 cm^{-1},特殊地,乙烯 1 620 cm^{-1}、氯乙烯 1 608 cm^{-1}、烯醛 1 618 cm^{-1}、丙烯 1 647 cm^{-1} 等。另外,

—C＝C—、—C≡C—、—S—H、—S—S—、—C＝S—、—C—N—、—S＝N—、—N＝N—、—N—H—、—C—S—等基团,拉曼散射信号强,特征明显,也适合拉曼光谱测定。红外光谱中,由 C≡N、C＝S、S—H 伸缩振动产生的谱带一般较弱或强度可变,而在拉曼光谱中则是强谱带。环状化合物的对称呼吸振动常常是最强的拉曼谱带。在拉曼光谱中,X＝Y＝Z,如 C＝N＝C、O＝C＝O—这类键的对称伸缩振动是强谱带,而这类键的反对称伸缩振动是弱谱带。红外光谱与此相反。拉曼光谱与红外光谱配合使用,可以确认分子几何构型,如顺反异构。

(3)定量分析。虽然拉曼光谱主要应用于分子结构或材料结构的表征以及许多物质的定性鉴定、鉴别方面,但在定量分析方面仍然可以有所作为,尤其各种表面增强的激光拉曼光谱。定量分析包含两层意思,即某种待测物的浓度与拉曼信号或其变化定量相关、复杂物质或材料体系的定量组成表征。由于表面增强拉曼散射属于近场现象,待测分子只有位于高度增强的电磁场之内(所谓的热点,通常小于 2 nm)才能发挥作用。所以,固体或金属溶胶材料的组成和结构特性、分子在固体或金属溶胶表面的取向、激光源的激发波长(如紫外、可见、红外各有特点)、采用的内标和数据分析方法等可能都会影响到拉曼光谱定量分析的灵敏度和可靠性。总之,利用 SERS 完成定量检测需要解决以下问题:①均一和较大面积的基底;②精确控制基底和分析物之间的距离;③测量分析物的绝对拉曼信号并可重复;④其他相关问题。

拉曼光谱图可以给出很多信息。根据拉曼频率可以分析物质基本性质(如成分、化学和结构);根据拉曼峰位的变化可以研究材料的微观力学;根据拉曼偏振可以测定物质的微观结构和形态学(如对称性和取向度);拉曼半峰宽则可以反映晶体的完美性;拉曼峰强可以用来定量分析物质各组分的含量。

6.4.3　影响拉曼光谱的因素

荧光散射是主要因素。可以采用以下方法对发光(荧光)进行抑制和消除:①纯化样品。②强激光长时间照射样品。③加荧光淬灭剂,如硝基苯、KBr、AgI 等。④利用脉冲激光光源。若用一个激光脉冲照射样品,将在 $10^{-11} \sim 10^{-13}$ s 内产生拉曼散射光,而荧光则是在 $10^{-7} \sim 10^{-9}$ s 后才出现。⑤改变激发光的波长以避开荧光干扰。对于不同的激发光,拉曼谱带的相对位移是不变的,荧光的相对位移是不同的。

散射光是影响荧光强度的外部因素,对荧光测定干扰的主要是波长比入射光波长更长的拉曼光。这是因为一束平行单色光照射在液体样品上时,大部分光线透过溶液,小部分由于光子和物质分子相碰撞,使光子的运动方向发生改变而向不同角度散射,这种光称为散射光。其中瑞利光仅运动方向改变,无能量交换。拉曼光运动方向改变,并有能量交换,波长较入射光稍长或稍短。消除散射光的方法是选择适当的激发波长。

6.5　红外光谱与拉曼光谱的比较

拉曼散射与红外光谱虽然都涉及分子振动或转动光谱,但产生的机理不同。拉曼光谱通过拉曼位移表征特征的振动状态,属于散射光谱;而红外光谱通过峰值频率表征特征的振动状态,属于吸收光谱。这也决定了测量拉曼光谱和红外光谱所使用光源、检测器以及其他仪器部件的差别。拉曼位移与红外谱峰为什么会在同一位置?因为都对应于一个振动量子数对应的能级差。鉴于红外光谱和拉曼光谱的机理和特点,两者互为补充,互相佐证。

拉曼散射与红外吸收选律不同。伴有偶极矩变化的振动可以产生红外吸收谱带,其中永久偶极矩存在于极性基团;瞬时偶极矩存在于非对称分子。拉曼活性振动伴随有极化率变化的振动,其中诱导偶极矩可以产生于非极性基团、对称分子。对称分子的对称振动显示拉曼活性;对称分子的不对称振动显示红外活性。与光辐射作用时,分子的非对称性振动和极性基团的振动,都会引起分子偶极矩的变化,因而这类振动是红外活性的;而分子对称性振动和非极性基团振动,会使分子变形,极化率随之变化,具有拉曼活性。对任何分子都可粗略地用下面的原则来判断其拉曼活性或红外活性:①互排斥规则。凡具有对称中心的分子,若其分子振动对拉曼是活性的,则其红外就是非活性的;反之亦然,选律不相容,如 CO_2、CS 等。②相互允许规则。凡是没有对称中心的分子,若其分子振动对拉曼是活性的,则其红外也是活性的,如 SO_2 等,三种振动既是红外活性的,又是拉曼活性的。③相互禁阻规则。对于少数分子振动,其红外和拉曼光谱都是非活性的,如乙烯分子的扭曲振动,既没有偶极矩变化,也没有极化率的变化。

正是由于拉曼散射的选择定则(它确定哪些跃迁过程可参与拉曼散射)与红外吸收光谱不同,有些跃迁只能通过拉曼散射才能观察到,而另外一些跃迁只能在直接吸收光谱中看到,或者反之。当然,也会有一些跃迁在两种光谱中均可观察到,或者均不可以观察到,在研究中,为了获得关于研究系统能级的全面知识,很可能至少需要一并研究拉曼散射光谱和红外光谱。因此,应该将红外光谱学和拉曼光谱学二者看作是研究分子能级间跃迁的互补方法,而不是二者取其一。

红外光谱和拉曼光谱的主要区别如下,表 6.1 中也部分列出了两者的区别:

(1)红外光谱的入射光及检测光均是红外光,而拉曼光谱的入射光大多数是可见光,散射光也是可见光;红外光谱使用的是红外光,尤其是中红外,好多光学材料不能穿透,限制了使用,而拉曼可选择的波长很多,从可见光到近红外都可以使用。

(2)红外光谱测定的是光的吸收,横坐标用波数或波长表示;而拉曼光谱测定的是光的散射,横坐标是拉曼位移。

(3)两者的产生机理不同。红外吸收是由于振动引起分子偶极矩或电荷分布变化产生的。拉曼散射是由于键上电子云分布产生瞬间变形引起暂时极化,是极化率的改变,产生诱导偶极,当返回基态时发生散射,散射的同时电子云也恢复原态。

(4)拉曼谱峰比较尖锐,识别混合物,特别是识别无机混合物要比红外光谱容易。

(5)在鉴定有机化合物方面,红外光谱具有较大的优势,主要原因是红外光谱的标准数据库比拉曼光谱的丰富。

(6)在鉴定无机化合物方面,拉曼光谱仪获得 400 cm^{-1} 以下的谱图信息要比红外光谱仪容易得多。所以一般说来,无机化合物的拉曼光谱信息量比红外光谱的大。

(7)红外光谱主要反映分子的官能团,而拉曼光谱主要反映分子的骨架,主要用于分析生物大分子。

(8)拉曼光谱和红外光谱可以互相补充,对于具有对称中心的分子来说,具有一互斥规则:与对称中心有对称关系的振动,红外不可见,拉曼可见;与对称中心无对称关系的振动,红外可见,拉曼不可见。但一个基团存在几种振动模式时,偶极矩变化大的振动,红外吸收峰强;偶极矩变化小的振动,红外吸收峰弱。拉曼光谱与之相反,偶极矩变化大的振动,拉曼峰弱;偶极矩变化小的振动,拉曼峰强;偶极矩没有变化的振动,拉曼峰最强。这就是红外和拉曼的互补性。红外强,拉曼弱,反之也是如此。但是也有一些情况下二者检测的信息是相同的。

(9)红外光谱仪用能斯特灯、碳化硅棒或白炽线圈作为光源,而拉曼光谱仪用激光作为光源。

(10)红外很容易测量,而且信号很好,而拉曼的信号很弱。

(11)红外制样有时相对复杂,而且可能会损坏样品,但是拉曼并不需要处理样品。

相比于红外光谱,拉曼光谱具有自身的优势:

(1)样品无须制备:拉曼光谱是散射光谱,因而任何形状、尺寸、透明度的样品,只要能被激光照射到,就可直接用来测量。适用于各种物理状态的试样,而且可以直接通过光纤探头或者通过玻璃、石英和光纤测量。

(2)所需样品量少:激光束的直径很小(0.2～2 mm),常规拉曼光谱只需要少量的样品就可以得到,而且,拉曼显微镜可将激光束进一步聚焦至 20 μm 甚至更小,极微量的样品都可测量。

(3)水分子的存在不会影响拉曼光谱分析:水分子极性很强,红外吸收非常强烈。但水分子的拉曼散射极微弱,因而水溶液样品可直接进行测量,不必考虑水分子对光谱的影响,这对生物大分子的研究非常有利。

(4)拉曼光谱覆盖波段区间大:拉曼光谱一次可以同时覆盖40～4 000 cm^{-1}波数的区间,可对有机物和无机物进行分析。相反,若让红外光谱覆盖相同的区间必须改变光栅、光束分离器、滤波器和检测器。

(5)更适合定量研究:拉曼光谱谱峰清晰尖锐,更适合定量研究、数据库搜索以及运用差异分析进行定性研究。在化学结构分析中,独立的拉曼区间的强度可以和官能团的数量相关。容易识别混合物,特别是识别无机混合物要比红外光谱容易。

(6)对于聚合物及其他分子,拉曼散射的选样定则限制很少,因而可以得到更为丰富的谱带。S—S、C—C、C＝C 等红外较弱的官能团在拉曼散射信号较强,适合用拉曼光谱表征。

(7)共振拉曼效应可以用来有选择性地增强大生物分子特定发色基团的振动,这些发色基团的拉曼光强能被选择性地增强 1 000～10 000 倍。

除此之外,在两个十分重要的领域中拉曼光谱保留着不可替代的作用:

(1)显微光谱术:拉曼给出的空间分辨率比红外高一个数量级;

(2)远距离测试技术:拉曼能进行远距离在线或原位分析。

表 6.1　红外光谱与拉曼光谱比较

	红外光谱	拉曼光谱
相同点	给定基团的红外吸收波数与拉曼位移相同,都在红外光区,反映分子的结构信息,拉曼位移相当于红外吸收频率。红外中能得到的信息在拉曼中也会出现	
产生机理	振动引起偶极矩或电荷分布变化	电子云分布瞬间极化产生诱导偶极矩
入射光	红外光	可见光
检测光	红外光的吸收	可见光的散射
谱带范围	$400～4\ 000\ cm^{-1}$	$40～4\ 000\ cm^{-1}$
水	不能作为溶剂	可作为溶剂(水的散射截面小,拉曼信号弱,且拉曼信号简单)
样品检测装置	不能用玻璃仪器	玻璃毛细管作为样品池(玻璃属于非晶,难聚焦)
制样	需要研磨制成溴化钾片(固体样品无吸收)	固体样品可以直接测试
解析三要素	峰位、峰强、峰形	拉曼光谱也同样有三要素,还有退偏比
谱带强弱	极性基团的谱带强烈($C=O$、$C-Cl$)	非极性基团谱带强($S-S$、$C-C$、$N-N$)

6.6　拉曼光谱分析方法的研究进展

6.6.1　拉曼光谱(RS)

谢毅院士团队报道了利用非增强原位拉曼光谱技术结合理论计算探究 CO_2 电催化过程中 $Cu(Tpy)_2-KB@GC$ 催化剂的结构和催化活性物种的演变机制。研究团队对比了相同电催化条件下 CO_2 饱和 0.5 mol/L $KHCO_3$ 溶液和 Ar 饱和 0.5 mol/L $KHCO_3$ 溶液中拉曼光谱随时间的变化(图 6.4),获得了催化剂活性位点转移的光谱学证据,并基于实验结果结合密度泛函理论分析辅助阐述了 CO_2 还原为 CO 的机理途径,解释了 $Cu(Tpy)_2-KB@GC$ 的高催化活性。

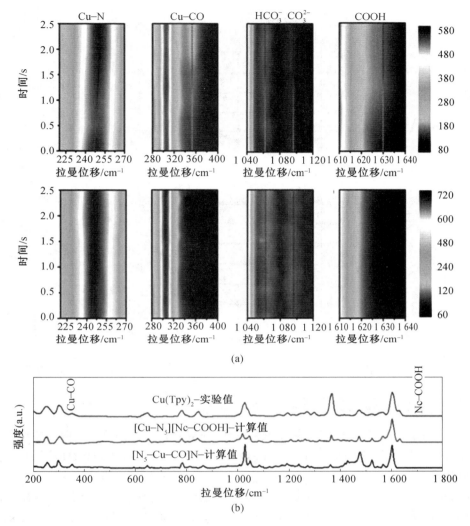

(a)

(b)

图 6.4　电催化条件下 Cu(Tpy)$_2$－KB@GC 拉曼光谱随时间的变化

6.6.2　共振拉曼光谱(RRS)

拉曼散射中,当激发光源频率落在分子的某一电子吸收带内,分子对入射光的吸收强度显著增加,吸收光子向电子激发态的跃迁变成共振吸收,即产生共振拉曼光谱(RRS)。

Casari 等人结合了紫外－可见吸收光谱和紫外 RRS 研究线性碳链的振动特性。研究团队通过匹配同步辐射的可调激发波长实现精确跃迁,这些波长与单个振动跃迁的共振条件相匹配。因此,根据不同激发波长下记录的光谱学信息,可以确定 C$_8$ 的 α 模式从基态到激发态各个位置的转变能量,如图 6.5 所示。

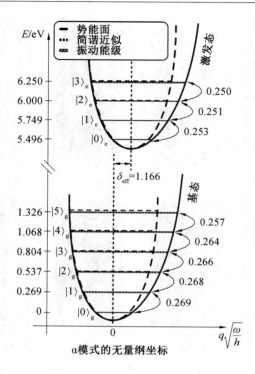

图 6.5 从 C_8 的紫外－可见吸收光谱和 RRS 光谱中提取的基态和激发态势能面

6.6.3 表面增强拉曼光谱(SERS)

为了解决拉曼散射信号弱、灵敏度低的问题,研究者们将待测分子吸附在粗糙的纳米金属材料表面,使分子的拉曼散射强度得到高达几个数量级的增强,即表面增强拉曼光谱(SERS)技术。

Wright 等人报道了 SERS 在 CO_2 还原催化剂 $Ni(TpyS)_2$ 的催化机理研究中的应用。研究者通过结合 SERS 和密度泛函理论的计算结果筛选中间体,确定了一种基于锚定基团的中间体物种的反应途径,强调了锚定基团的性质在表面结合催化中可以发挥关键作用。根据存在 CO_2 时得到的 SERS 光谱和理论计算结果,研究者提出了 $Ni(TpyS)_2$ 的一种催化循环:在初始还原和 Ni—N 键断裂后,形成水配位物质 $[L_5-Ni-OH_2]^{1+}$。由于水分子高度不稳定,在分解时在镍中心产生一个空位。在第二个还原步骤后,镍中心攻击 CO_2 的碳原子,形成催化产物 CO,如图 6.6 所示。

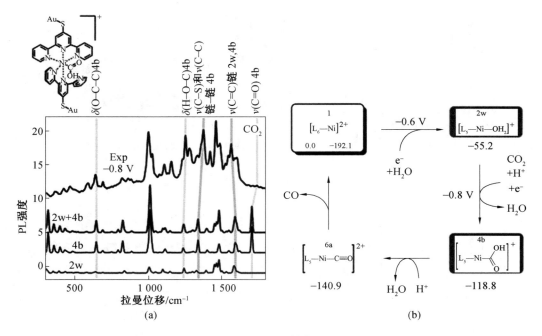

图 6.6　Ni(TpyS)₂ 催化 CO_2 还原

此外,SERS 也被应用于手性分子的检测。Arabi 等人报道了基于手性分子印迹的表面增强拉曼散射(SERS－CIP)检测策略,该策略成功实现了对海水中精氨酸、组氨酸、天冬氨酸等 8 种氨基酸手性对映体的高选择性和高灵敏分析检测,如图 6.7 所示。利用 SERS 技术,研究团队开发了一种检测识别机制来识别手性分子印迹聚合物(CIP)的空间状态,并借此区分特异性结合和非特异性结合的氨基酸对映体分子。该机制能够满足理想的手性识别策略的要求,具有良好的实用性。

由于水的拉曼截面很小且不干扰目标生物的检测,SERS 技术也常被应用于生物医学领域,可直接或间接地研究复杂生物系统。Wang 等人报道了一种结合 SERS 技术制备的可穿戴等离子－表面传感器。与当前基于汗液每次仅能检测一种分析物的电化学可穿戴传感器相比,该成果可实现对生物体内多目标物分子的无损、实时、在线监测,填补了现有可穿戴式传感技术的空白,如图 6.8 所示。

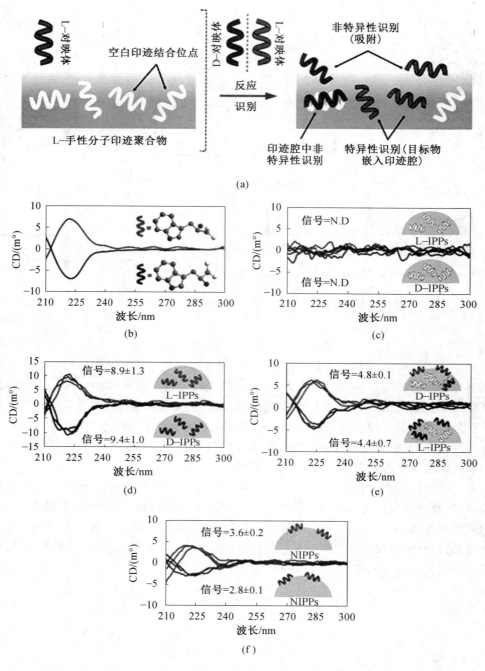

图 6.7　手性对映体的非特异性识别的研究(1 m°＝0.001°)

CD—圆二色谱;N.D.—未检测到;L—IPPs—L—印迹聚多巴胺颗粒;

D—IPPs—D—印迹聚多巴胺颗粒;NIPPs—无印迹聚多巴胺颗粒

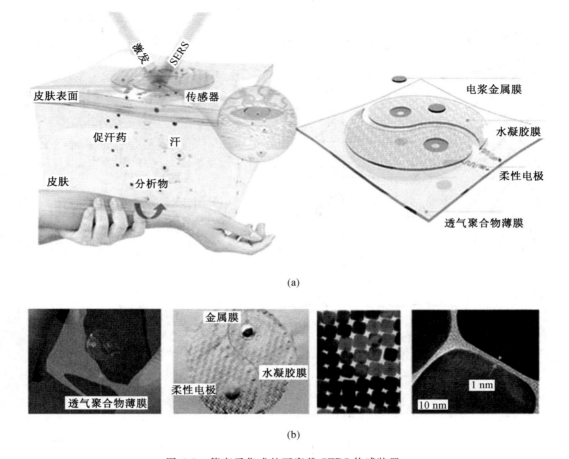

(a)

(b)

图 6.8　等离子集成的可穿戴 SERS 传感装置

6.6.4　壳隔离纳米颗粒增强拉曼光谱(SHINERS)

2010 年,田中群院士研究团队报道了壳隔离纳米颗粒增强拉曼光谱(shell-isolated nanoparticle-enhanced Raman spectroscopy,SHINERS)技术,该技术在表面增强拉曼散射(SERS)的基础上,将样品分子的支撑基底和拉曼信号放大器在空间上分离,克服了传统 SERS 无法用于非金银铜材料和原子级平滑单晶表面的问题。在该工作的基础上,田中群院士研究团队报道了 SHINERS 技术在 Au(hkl)、Pt(hkl)等单晶电极反应的原位监测和异质金属 Pd/Pt 包覆 Au 单晶的催化反应机理等更多研究中的应用。2021 年,李剑锋等人报道了 SHINERS 技术在析氢反应(HER)机理研究中的应用,揭示了原子级平坦的 Pd 单晶表面的界面水的结构和解离过程,阐明了界面水结构有序化的机理,以及局部阳离子对界面水结构和 HER 反应速率的影响,如图 6.9 所示。

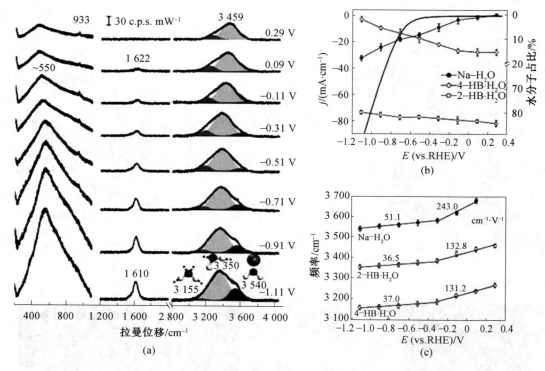

图 6.9　界面水的拉曼光谱

6.6.5　尖端增强拉曼光谱(TERS)

尖端增强拉曼光谱(tip-enhanced Raman spectroscopy，TERS)技术是纳米技术领域不可或缺的化学和光学表征技术，可以应用于不同材料领域的光谱研究和结构表征，如一维和二维纳米材料、有机分子、高分子和半导体材料等。

侯建国院士研究团队结合 TERS 与扫描隧道显微镜(STM)和非接触原子力显微镜(AFM)等多种显微成像技术，实现了对单分子在电、力、光等外场作用下的精密测量。由于拉曼信号与化学键的振动直接相关，因此化学键信息可以通过 TERS 表征，从而确定表面物质的非均质性。TERS 的加入弥补了 STM 和 AFM 缺乏的化学敏感性，多种成像技术的联合使用让研究团队通过特定的 C—H 键断裂，明确关联了三种并五苯衍生物 α、β 和 γ 的结构和化学异质性，并揭示了 Ag(110)表面的并五苯分子转化成不同衍生物的机理，如图 6.10 所示。

日本大阪大学 Prabhat Verma 等人报道了 TERS 在二维材料中纳米尺度缺陷可视化的应用，如图 6.11 所示。研究者通过开发稳定的 TERS 系统，展示了大尺寸二硫化钨(WS$_2$)的高光谱纳米成像，揭示了各种随机分布的缺陷。该光学系统实现了纳米级精度的尖端漂移和焦点漂移补偿，避免了近场光学测量中信号随时间的明显损失。由于该装置的 TERS 成像时间不受机械漂移的限制，作者在该装置下进行了 6 h 的 TERS 成像，这是传统纳米级成像周期的 12 倍。

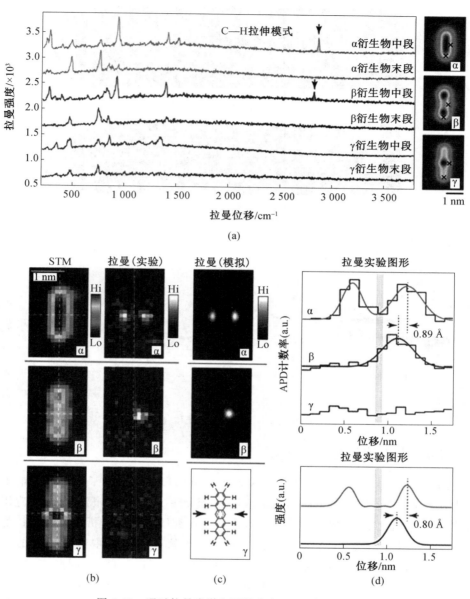

图 6.10　通过拉曼光谱和图谱确定 C—H 键断裂

APD—雪崩光电二极管

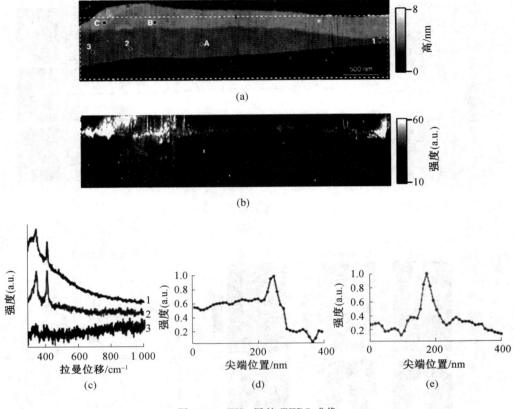

图 6.11 WS$_2$ 层的 TERS 成像

6.6.6 电子拉曼光谱(ERS)

电子拉曼光谱(electronic Raman spectroscopy,ERS)中,光子被材料的电子激发散射,可用于确定电子能级子带间的电子跃迁。Science Advances 报道了 ERS 应用于二维反磁体镍磷三硫化物(NiPS$_3$)的电子跃迁研究。研究团队通过分析吸光度和拉曼位移等信息结合第一性原理密度泛函计算分析,推断拉曼峰 R$_1$ 和 R$_2$ 主要由 Ni^{2+} 的 d 轨道贡献,且由于三角畸变第一激发态^{3}T$_{2g}$进一步分裂为^{3}A$_{1g}$和^{3}E$_g$ 状态,因此有^{3}A$_{2g}$→^{3}A$_{1g}$跃迁和^{3}A$_{1g}$→^{3}E$_g$ 跃迁两种电子拉曼(ER)模式与实验结果对应,如图 6.12 所示。该研究表明 ERS 技术可应用于二维强相关材料体系中 d 轨道相关电子跃迁研究,为基础物理研究和超薄光磁器件设计提供了丰富的物理信息。

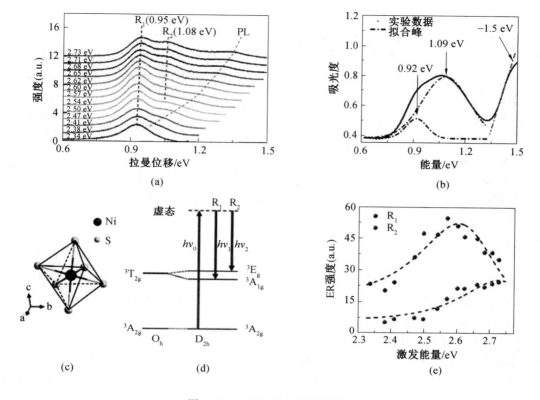

图 6.12　$NiPS_3$ 的电子拉曼模式机理

习　　题

1.什么是拉曼效应？简述瑞利散射和拉曼散射的区别？

2.比较拉曼光谱与红外光谱，二者如何相互补充？

3.如何增强拉曼光谱的强度？

4.拉曼位移产生的条件？拉曼位移的特点？

5.用虚能级解释拉曼光谱的产生。

6.采用拉曼光谱可以进行哪些材料的分析？

7.影响拉曼光谱的因素有哪些？

8.从微观角度理解拉曼散射。

9.简述拉曼光谱仪的外光路系统的工作过程？

10.何谓退偏比？它与什么因素有关？

本章参考文献

[1] 杨序纲,吴琪琳.拉曼光谱的分析与应用[M].北京:国防工业出版社,2008.

[2] ZHANG H H,XU C,ZHAN X W,et al.Mechanistic insights into CO_2 conversion

chemistry of copper bis-(terpyridine) molecular electrocatalyst using accessible ope-rando spectrochemistry[J].Nature Communications,2022,13(1):6029.

[3] MARABOTTI P,TOMMASINI M,CASTIGLIONI C,et al.Electron-phonon cou-pling and vibrational properties of size-selected linear carbon chains by resonance Raman scattering[J].Nature Communications,2022,13(1):5052.

[4] WRIGHT D,LIN Q Q,BERTA D,et al.Mechanistic study of an immobilized molec-ular electrocatalyst by in situ gap-plasmon-assisted spectro-electrochemistry[J].Na-ture Catalysis,2021,4(2):157-163.

[5] ARABI M,OSTOVAN A,WANG Y Q,et al.Chiral molecular imprinting-based SERS detection strategy for absolute enantiomeric discrimination[J].Nature Com-munications,2022,13(1):5757.

[6] WANG Y L,ZHAO C,WANG J J,et al.Wearable plasmonic-metasurface sensor for noninvasive and universal molecular fingerprint detection on biointerfaces[J].Sci-ence Advances,2021,7(4):eabe4553.

[7] LI J F,HUANG Y F,DING Y,et al.Shell-isolated nanoparticle-enhanced Raman spectroscopy[J].Nature,2010,464(7287):392-395.

[8] LI J F,ZHANG Y J,RUDNEV A V,et al.Electrochemical shell-isolated nanoparti-cle-enhanced Raman spectroscopy:correlating structural information and adsorption processes of pyridine at the Au(hkl) single crystal/solution interface[J].Journal of the American Chemical Society,2015,137(6):2400-2408.

[9] DONG J C,SU M,BRIEGA MARTOS V,et al.Direct in situ Raman spectroscopic evidence of oxygen reduction reaction intermediates at high-index Pt(hkl) surfaces [J].Journal of the American Chemical Society,2020,142(2):715-719.

[10] WANG Y H,LIANG M M,ZHANG Y J,et al.Probing interfacial electronic and catalytic properties on well-defined surfaces by using in situ Raman spectroscopy [J].Angewandte Chemie International Edition,2018,57(35):11257-11261.

[11] WANG Y H,ZHENG S S,YANG W M,et al.In situ Raman spectroscopy reveals the structure and dissociation of interfacial water[J].Nature,2021,600(7887):81-85.

[12] XU J Y,ZHU X,TAN S J,et al.Determining structural and chemical heterogenei-ties of surface species at the single-bond limit[J].Science,2021,371(6531):818-822.

[13] KATO R,MORIYAMA T,UMAKOSHI T,et al.Ultrastable tip-enhanced hyper-spectral optical nanoimaging for defect analysis of large-sized WS_2 layers[J].Sci-ence Advances,2022,8(28):eabo4021.

[14] WANG X Z,CAO J,LI H,et al.Electronic Raman scattering in the 2D antiferro-magnet $NiPS_3$[J].Science Advances,2022,8(2):eabl7707.

第 7 章　热分析方法概论

　　由于材料及其制品都是在一定的温度环境下使用的,在使用过程中,将对不同的温度作出反映,表现出不同的热物理性能,这些热物理性能称为材料的热学性能。这些物理性质可以具体化为质量、温度(差)、热量、力学量、声学量、光学量、电学量、磁学量。"热分析(thermal analysis)和量热法(calorimetry)"这一术语可以用来描述涉及待测样品对温度变化的各种测量方法。国际热分析与量热协会(international confederation for thermal analysis and calorimetry,ICTAC)对"热分析"的定义是:在温度精密控制的程序下,针对物质的物理性质或者反应产物随时间或者随温度变化的一系列测量技术。由这一定义表明,热分析技术需满足以下几个条件:

　　(1)测量一个物性参数或者反应产物;

　　(2)测量的参数是温度的函数;

　　(3)测试需要在温度精密控制的程序下进行,温度程序可以包括以固定的温度变化速率升温或降温,或者保持恒定温度,或者任何组合。

7.1　热分析的发展历程

　　热分析被简单地定义为:"热分析是研究样品性质与温度之间关系的一类技术"(Thermal analysis is a group of techniuqes that study the relationship between a sample property and its temperature)。热分析(thermal analysis)距今已经有超过 200 年的历史。1700 年,Ole Rømer 将少量的酒精放置于玻璃槽中并与毛细管相连,当酒精受热时则会发生膨胀现象。Fahrenheit 在 1708 年参观了 Ole Rømer 的实验室后,利用该装置发明了世界上第一个温度计,即液体—玻璃温度计。1713 年,Fahrenheit 提出的华氏温标是一个普遍可接受的温标,这被认为是热分析的开端,因为温度测量是热分析的基础。1739 年,Martine 通过在火焰前防止彼此靠近的等体积的汞和水的加热速率,最早证明了差示测温法的优势。其研究结果表明,汞比水的加热速率更快,在冷却实验过程中汞比水的冷却速率更快,这可能是通过差热分析(DTA)比较热容差别的最早实验。Anders Celsius 在 1742 年定义了水的沸点为 100 ℃ 以及水的凝固点为 0 ℃。随后,他的学生 Stromer 在 1749 年定义了摄氏温标。1780 年,Higgins 在研究石灰黏结剂和生石灰的过程中,第一次使用天平测量试样受热时所产生的质量变化。1786 年,英国人 Wedgwood 研究黏土时发现热失重现象。19 世纪,当用热力学原理阐明了温度与热量(即热熵)之间的区别后,就能进行热量的测量了。1821 年,Seebeck 发现了当在不同金属组成的电偶两端施加温差时会发现电势差,该现象被称为 Seebeck 效应。利用该效应可以制作出热电偶并进行非常精确的温度测试,这也是目前测温非常重要的手段之一。Siemens 表征了金属电阻随温度的变化,并对温度和电阻之间的关系进行了精确的测定。因此,类似于热电偶,热敏电阻也可以用来作为温度传感器。

在 1887 年,Le Chatelier 针对黏土矿物质利用加热曲线法(heating-curve method)进行了最早的热分析实验。他将一个热电偶放入黏土样品并在炉中升温,用镜式电流计在感光板上记录升温曲线。在 1899 年,Roberts—Austen 将两个不同的热电偶相反连接显著提高了这种测量的灵敏度,这标志着差热分析法(DTA)出现,该方法主要利用加热曲线法测试标样与样品的温度差异。1903 年,Tammann 首次使用热分析这一术语。1908年,Burgess 对温度—时间和温度差—时间曲线进行了进一步的发展和应用。他发现温度差—时间曲线中的峰面积与热过程所涉及的焓变之间也存在着一定的关系。Le Chatelier 针对多层高岭土的加热过程中,在 150~200 ℃之间有一个微弱的吸热峰,该吸热峰随着温度的升高而下降,在 700 ℃时出现了第二个吸热峰,随后在 1 000 ℃附近出现了一个放热峰,且峰形变得更加明显。这些现象表明,将温度测试和差示测温技术结合起来表征相转变和反应的热量测定是可行的。在 1915 年,Honda 通过测试样品的质量随温度的变化方法,即热重分析法(TGA)被开发出来,此时第一台热天平被发明出来。

由于当时的差热分析仪和热天平极为粗糙、重复性差、灵敏度低、分辨力不高,因而很难推广,造成在很长的时间内进展缓慢。第二次世界大战之后,由于仪器自动化程度的提高,热分析方法随之普及。在 20 世纪 40 年代末,美国的 Leeds 和 Northrup 公司开始制作了商品化的差热分析仪。首批商品热天平生产于 1945 年。第三类热分析方法,即测试样品随温度的尺寸变化的热膨胀法在第二次世界大战之前被开发出来。20 世纪 50 年代,苏联率先提出了热机械测试方法(thermomechanical analysis,TMA)。1953 年,Teitelbaum 发明了逸出气体检测法,对试样在加热时放出的气体进行检测。1959 年,Grim 发明了逸出气体分析法,即对试样在加热时放出的气体进行定性和定量的分析。在 1955 年以前,人们进行差热分析实验时都是把热电偶直接插到被测样品和参比样品中测量温度和差热信号。这导致热电偶被样品污染,从而导致加速老化甚至损毁。1955 年,Boersma 针对这种测试问题提出了解决办法,即样品放在坩埚内而热敏电阻放置在坩埚外,从而发明了现在的热流差示量热分析。20 世纪 60 年代初,开始研制和生产较为精细的差热分析仪。1964 年,Waston 首次提出了功率补偿型的差示扫描量热技术,即样品的平均温度由程序控制,然后根据热效应来调节输入到被测样品端和参比端加热器的功率。用差示温度控制回路来检测样品和参比之间的温度差,并通过差分功率来校正偏差,同时适当考虑所需的电压方向和幅度。此后,随着电子技术和计算机技术的发展,热分析仪器的研制和生产取得了明显的进步,如 1992 年 Reading 在北美热分析会议上提出温度调制式差示扫描量热法(modulated diffrential scanning calorimetry,MDSC)。Mackenzie 对热分析的历史进行过详细的追溯和整理,有兴趣的读者可以参考相关文献。

从热分析技术的应用来看,19 世纪末到 20 世纪初差热分析主要应用于研究黏土、矿物和金属及其合金。到 20 世纪中期,热分析技术才应用于化学领域,起初应用于无机物,随后才拓展应用到络合物、有机化合物以及高分子领域。到了 20 世纪 70 年代,又开辟了对生物大分子和食品工业方面的研究。从 20 世纪 80 年代开始应用于胆固醇、药物等分析。随着电子技术的发展,特别是近代半导体器件、电子计算机技术的发展,自动记录、信号放大、程序温度控制和数据处理等智能化方面有了很大的改进和提高,使仪器的精度、重复性、分辨力和自动数据处理装置得到显著的改善和提高,操作也变得越来越方便,推动了热分析技术逐步向纵深方向发展,应用也更为广泛。

国际热分析与量热协会依据测试量的不同将热分析归纳为 9 类 16 种,其中这 9 类物理量分别是质量(热重法、等压质量变化测试、逸出气体检测、放射热分析、热微粒分析)、温度(升温曲线测定、差热分析)、热量(差示扫描量热法)、尺寸(热膨胀测试)、力学量(热机械分析、动态热机械分析)、声学量(热发声法、热传声法)、光学量(热光学法)、电学量(热电学法)、磁学量(热磁学法)。其中,部分热分析技术的主要测试参数与特征曲线如表 7.1 所示。

值得注意的是,由热分析方法获得的数据通常并不是在平衡条件下完成的。一般而言,样品温度的变化不会在样品及其周围环境和样品之间达到热平衡的状态。在动态的实验条件下,以及考虑“热滞后”(thermal lag)效应后,可以认为在样品和周围环境之间是不存在热平衡的。此时,我们需要认识到样品的温度通常是不均匀的,而且当样品产生或者释放热量和/或其质量发生改变时,其体积、组成或结构等性质将会变得非常复杂。由热分析方法通常得到的积分测量结果,即关于体积、质量等的非特征性数据,并且由此得到的相关值是一个平均值。一般来说,无法通过这些数据来直接、准确地确定反应/转变开始的位置或者某种微晶如何快速地生长为一定的结构形式。此外,通过热分析与量热法获得的结果取决于操作参数(如加热速率、气氛、压力等)和样品参数(如样品的质量、形状、结构等),在分析时不应仅仅基于单一实验方法来对获取的数据进行解释。为了更好地理解所有的实验数据,应该优先使用同步分析技术或几种热分析方法进行分析。此外,还需要结合其他种类(如物相表征、结构表征、成分表征等)的研究方法进行进一步的分析。

表 7.1　部分热分析技术的主要测试参数与特征曲线

测试方法	测试参数	特征曲线
差热分析(DTA)	温度差(ΔT)	
差示扫描量热分析(DSC)	热流(dH/dt)	

续表

测试方法	测试参数	特征曲线
热重分析（TG）	质量（m）	
热机械分析（TMA）	长度（l）	
激光闪光法（LFA）	热扩散系数（α）	

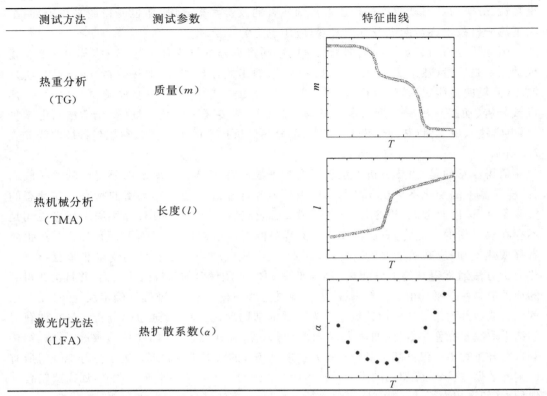

　　热分析的应用主要包括以下优点：(1)可在宽温域范围内对样品进行研究；(2)可使用各种温度程序（不同的升降温速率）；(3)对样品的物理状态无特殊要求（可以是粉末、块体、液体）；(3)所需样品量可以很少（0.1 μg～10 mg）；(4)仪器的灵敏度很高（质量相对变化的精确度可达 10^{-5}）；(7)可以与其他技术联用；(8)可以获取多种信息。一般来说，热分析可以应用于测量物质加热（冷却）过程中的物理性质参数：如质量、反应热、比热容等；研究物质的成分、状态、结构和其他各种物理化学性质；评定材料的耐热性能，探索材料热稳定性与结构的关系，研究新材料、新工艺等。具体而言，热分析的研究内容包括：熔化、凝固、升华、蒸发、吸附、解吸、裂解、氧化还原、相图制作、物相分析、纯度验证、玻璃化、固相反应、软化、结晶、比热容、动力学研究、反应机理、传热研究、相变、热膨胀系数测定等。

7.2　热分析方法的特点

7.2.1　热分析方法的优势

(1)对样品要求低，用量少。

　　对于大多数固态和液态物质而言，根据实验需要不做或者稍做处理即可进行热分析实验。此外，相比于其他分析测试方法，热分析实验需要的样品量一般比较少。

（2）灵敏度高。

热分析方法具有非常高的灵敏度，对于热重分析而言，其质量的灵敏度可达 $0.1\ \mu g$。差示扫描量热的热流灵敏度可达 $0.02\ \mu W$。对于热机械分析仪其力学测量精度可达 $0.001\ N$。

（3）可以连续记录物理量随温度或时间的变化。

与其他光学、电学等分析测试方法不同，热分析方法可以得到样品的物理性质随温度（或时间）的连续性变化。由实验得到的曲线可以更加真实地反映出材料的物理性质随温度（或时间）的连续变化情况。然而，传统测试方法采用不同温度下等温测量的间歇式实验则容易遗漏材料的性质在温度变化过程中的一些重要信息。

（4）测量温度范围宽。

当前热分析方法可以测量极低温度（1 K 以下）的热性质，也可以测量高达 3 000 K 的材料热性质。由此可见，热分析的测量温度范围非常宽。然而，仅通过一台热分析仪器很难测量非常宽温域内的性质变化，一般通过缩小仪器的工作范围来提高仪器的工作精度，但是可以搭配使用不同温度范围的仪器实现保证精度的条件下拓宽研究的温度区间。

（5）温度控制方式灵活。

在实验过程中，如果样品发生了一个从特定温度到其他指定温度的变化，则在指定温度下进行的等温实验属于热分析范畴。热分析可以采用包括线性升温/降温、步进式升温/降温、循环升/降温、恒定温度，以及多种温度程序组合的方式。

（6）可以在较短的时间内测量材料的性质随温度或时间的变化。

对于热分析而言，完成一次实验所需的时间长短取决于具体的温度控制程序。其中，热重分析最快升温速率可达 2 000 K/min，最快线性升温速率可达 500 K/min。闪速差示扫描量热的最快升温速率可达 2×10^{6} K/min。实验采用的温度变化程序取决于具体的实验需要。

（7）可以灵活地选择和改变实验气氛。

对于大多数物质而言，与试样接触的气氛十分重要，使用热分析技术可以研究试样在不同的实验气氛下的物理性质随温度或时间的变换信息。气氛一般可以分为静态气氛和动态气氛。

静态气氛主要指：常压气氛，高压或低压气氛以及真空气氛。

动态气氛主要指：氧化性气氛、还原性气氛、惰性气氛、腐蚀性气氛等。

（8）方便与其他实验方法联用。

仅通过一种分析方法所得到的信息是有限的，而由多种独立实验所得到的结果进行对比往往难以得到相对一致的结论。例如，对样品在高温时分解得到的气体产物进行分析时，如果把高温气体富集后再用光谱、色谱或质谱的方法对其进行分析，由于温度的急剧变化会引起部分产物发生冷凝或进一步的反应，在此基础上得到的分析结果往往不能反映气体产物的真实信息。如果采用热分析方法与光谱、色谱或质谱等方法进行联用，则可以实时地对分解产物的浓度和种类变化进行在线分析。

7.2.2　热分析方法的局限

（1）缺乏特异性。

由热分析方法得到的曲线一般不具有特异性。例如,在使用差热分析法研究样品的热分解过程,如果该分解过程同时伴随着吸热和放热两个相反的热过程,则最终得到的差热分析曲线有时只会出现一个吸热或放热过程,曲线的形状取决于这两个吸热和放热过程的热量大小。如果这两个相反的过程不同步,但是温度相近,得到的差热曲线会发生变形,呈现不对称的"肩峰"现象。

（2）影响因素众多。

在测量材料的物理性质时,在实验中可以改变温度和气氛等实验条件。然而,在实际的实验中,温度的变化方式(加热速率和加热方式)和实验气氛(包括其他种类和流速)等均会对样品在不同温度或时间下的性质变化产生不同程度的影响。此外,样品本身的形态(如尺寸、形状、规整度等)和用量也对实验曲线有不同程度的影响。此外,实验采用的仪器结构类型、热分析技术种类以及不同操作人员等因素都会给实验结果带来不同程度的影响。

（3）曲线解析复杂。

如上述所言,热分析实验受到的实验条件(包括温度程序、气氛、样品条件等)、仪器结构等因素的影响,因此得到的曲线之间存在较大差异。所以,在实验结束后对曲线进行解析时,应充分考虑以上因素,对所得到的曲线进行合理的解析。

7.3　测试条件的影响

吹扫气体为热分析提供了最重要的测试环境,因此气体的选择对测试结果有显著影响:

（1）空气:是测量时经常用到的气氛,由于空气的主要成分是氮气,因此其物理和化学特性与氮气非常相似。取决于不同的样品成分,空气可以是惰性的或者是活性的。

（2）氮气:用于无氧条件下的测量。值得注意的是,氮气会与部分金属在高温下发生明显的化学反应。

（3）氩气:是理想的惰性气体,经常用于为热分析提供惰性环境。

（4）氦气:具有所有气体中最高的热导率,因此它可以作为优良的导热介质。

除了气氛,使用的坩埚对热分析的结果也有显著的影响:

（1）坩埚应该是惰性的,即坩埚不应在测试的温度范围与样品反应。坩埚本身不应该在测量温度范围内有任何物理转变,熔点必须足够高。

（2）坩埚可防止测量池与样品直接接触,防止传感器或者坩埚支架受到污染。

（3）坩埚种类在某种程度上决定测量系统的技术指标,例如量热灵敏度和信号时间常数。时间常数小则获得的峰就越尖锐,因而相邻或重叠效应的分辨率和分离就越好。

（4）由导热性好的材料制造的平底坩埚温度梯度小,可以实现样品支架与样品间的传热优化。

7.4　热分析实验数据的质量评价参数

7.4.1　噪声与信噪比

噪声是由于各种未知的偶然因素所引起的基线无规则的起伏变化。信噪比为样品热效应信号与基线噪声之比。一般定义基线振幅的 1/2 作为噪声（Noise，N），由基线到峰顶的高度为信号（Signal，S），以 S/N 大于 3 为信号的检出下限。

7.4.2　分辨率

分辨率是指在一定条件下仪器分辨两个临近热效应（相差 10 ℃以内）的能力。

7.4.3　时间常数

时间常数是某一体系相应快速性的度量。差示扫描量热测量系统的时间常数是试样产生一个阶段式的恒定热流速率并突然停止后，测量信号达到新的最终数值的 $1/e$（下降到两个恒定值之差的 63.2%）时所需的时间。

7.4.4　重复性与重复性限

重复性的定义是在相同条件下，对同一被测量样品进行连续多次测量所得结果之间的一致性。主要强调是由同一分析者在同一实验室利用同一台仪器所测结果精密度的定量度量。

重复性限的定义是在重复性实验条件下，对同一物理量相继进行两次重复测量时，两次重复测量值之绝对差有 95% 的概率小于或者等于该容许值，即指在重复性实验条件下（由同一操作者、在同一天、用同一台设备对相同材料按照相同的测试方法进行的两次测量结果的比较）所得两次测试结果之绝对差有 95% 的概率小于或等于该值。

7.4.5　再现性与再现性限

再现性定义的是在改变了的测量条件下，同一被测量样品的测试结果之间的一致性。再现性是指两个或者多个实验室之间所得结果精密度的定量度量。

再现性限的定义是在再现性实验条件下（由不同的操作者、用不同的设备、在不同的实验室针对相同材料按照相同的测试方法进行的两次测试结果做比较）所得两次测试结果之间绝对差有 95% 的概率小于或者等于该值，即在再现性实验条件下，对同一量进行两个单次测量，测试结果之绝对差有 95% 的概率小于或者等于该容许值。

7.5　热分析曲线的特征

以差示扫描量热曲线为例可以了解热分析曲线中的各个特征。

7.5.1　基线(baseline)

无样品存在时,基线定义为产生的信号测量轨迹;当有样品存在时,指试样无(相)转变或反应发生时热分析曲线的区段。

(1)仪器基线(instrument baseline)。

无试样和参比物,仅由相同质量和材料的空坩埚测得的热分析曲线。

(2)试样基线(specimen baseline)。

仪器装载有试样和参比物,在反应或转变区外测得的热分析曲线。

(3)准极限(virtual baseline)。

假定反应或转变热为零,通过反应区或转变区的结果外推得到的极限。假定热容随温度的变化呈线性,利用一条直线内插或外推试样基线来画这条线。如果在反应或转变过程中,热容没有明显的变化,则可由峰的起点和终点直接连线画出基线;如果有出现热容的明显变化,则可采用S形基线。

7.5.2　峰(peak)

热分析曲线偏离试样基线的部分,曲线达到最大或者最小,而后又返回到试样基线。热分析曲线的峰可表示为某一化学反应或转变,峰开始偏离准基线,相当于反应或转变的开始。

(1)吸热峰(endothermic peak)。

针对差示扫描量热曲线而言,吸热峰是指输入到试样的热流速率大于输入到参比试样的热流速率,这相当于吸热转变。

(2)放热峰(exothermic peak)。

针对差示扫描量热曲线而言,放热峰是指输入到试样的热流速率小于输入到参比样品的热流速率,这相当于放热转变。

(3)峰高(peak height)。

准基线到热分析曲线出峰的最大距离,峰高不一定与试样的质量成正比。

(4)峰宽(peak width)。

峰的起、止温度或起、止时间的距离。

(5)峰面积(peak area)。

由峰和准基线包围的面积。

7.5.3　特征温度点与特征时间点

(1)初始点(onset point)。

由外推起始基线可得到最初偏离热分析曲线的点。

(2)外推起始点(extrapolated onset point)。

外推起始准基线与热分析曲线峰的起始边或台阶的拐点或类似的辅助线的最大线性部分做切线的交点。

（3）中点（mid-point）。

热分析曲线台阶的半高度处。

（4）峰（peak）。

热分析曲线与准基线差值最大处。

（5）外推终点（extrapolated end point）。

外推终止准基线与热分析曲线峰的终止边或台阶的拐点或类似的辅助线的最大线性部分所做切线的交点。

（6）终点（end point）。

由外推终止准基线可知道最后偏离热分析曲线的点。

7.6　热分析典型测试实例

7.6.1　物相转变的测定

1.玻璃化转变与焓松弛

（1）玻璃化转变（glass transition）：非晶态（或半晶）聚合物从玻璃态向高弹态的转变。

（2）玻璃化转变温度（glass transition temperature）：非晶态（或半晶）聚合物从橡胶态（黏弹态）向玻璃态的转变温度，简称玻璃化温度。

2.熔融与结晶

（1）熔融（melting）或熔化（fusion）是指完全结晶或部分结晶物质的固体状态向不同黏度的液态的转变。

（2）结晶（crystallization）是指从非晶液态向完全结晶或部分结晶固态的转变。

（3）熔化热或熔化焓（melting enthalpy）是指在恒定压力下，使某种物质熔融所需要的热量，其单位为 J/g。

（4）结晶热或结晶焓（crystallization enthalpy）是指在恒定压力下，使得某种物质结晶释放的热量，其单位为 J/g。

3.热量（quantity of heat）

（1）吸热效应（endothermic effect）是指相对于参照物，吸收能量的过程，这时热分析曲线偏离试样基线。

（2）放热效应（exothermic effect）是指相对于参照物，释放能量的过程，这时热分析曲线偏离试样基线。

（3）热流速率（heat flow rate）是指单位时间内传递的热量（$\mathrm{d}Q/\mathrm{d}t$），单位为 W。

（4）热量变化（change of heat）是指在特定的时间或温度范围内因试样的化学变化、物理变化或温度变化，从而产生的吸热量（为正）或放热量（为负），可表示为

$$\Delta Q = \int_{t_1}^{t_2} \frac{\mathrm{d}Q}{\mathrm{d}t} \mathrm{d}t \tag{7.1}$$

其中，ΔQ 表示热量的变化，其单位为 J。

7.6.2 物质特性参数的测定

（1）比定压热容的测定。

比定压热容（specific heat at constant pressure，c_p）的定义是指在恒定的压力条件下，单位质量的样品升高单位温度时所需要吸收的热量，其单位为 J/(g·K)。

$$c_p = \frac{1}{m}\left[\frac{\partial Q}{\partial t}\right]_p \tag{7.2}$$

（2）纯度测定。

纯度测定是指由差示扫描量热曲线的逐点温度（经热阻和时间常数校正）和与其相应的部分面积（差示扫描量热曲线部分面积与总面积之比）的关系，求取杂质的摩尔分数。

7.7 热分析方法的发展展望

7.7.1 提高仪器的灵敏度与稳定性

提高仪器的灵敏度与稳定性对热分析测试具有至关重要的意义，随着传感器、结构设计等多方面综合优化，有望进一步提升热分析仪器的灵敏度与稳定性。

7.7.2 拓展仪器功能

对于热分析仪器而言，主要可以从以下几个方面来拓展其功能：
（1）在不影响灵敏度的前提下拓宽温度范围；
（2）开发适用于仪器的光照装置、电磁场装置、高压装置等。

7.7.3 推广与其他分析方法的联用

目前热分析仪已实现与红外光谱、质谱、气相色谱、拉曼光谱等技术的联用，相比于传统热分析技术，这类联用热分析仪的功能较常规仪器更强大，可以通过多种不同测试结果对比确定物质在高温下的变化。

7.7.4 拓展软件功能

随着计算机的硬件和软件的飞速发展，实验数据的记录和分析变得越来越方便，由于热分析本身的复杂性，可以通过进一步拓展分析软件的功能从而实现对热分析曲线的更加深入的定量分析。

7.7.5 开发可满足特殊需求的热分析仪

为了满足部分特殊需求，开发出具有特定功能的热分析仪是未来的一个重要发展方向。例如 Mettler Toledo 公司推出的可实现每分钟几百万摄氏度加热速率的闪速差示扫描量热仪。

本章参考文献

[1] HONDA K. On a thermobalance[J]. Sci. Rep. Tohoku Imp. Univ., 1915, 4:1-4.

[2] OZAWA T. Thermal analysis-review and prospect[J]. Thermochimica Acta, 2000, 355(1-2):35-42.

[3] MACKENZIE R C. De calore: Prelude to thermal analysis[J]. Thermochimica Acta, 1984, 73(3):251-306.

[4] MACKENZIE R C. Origin and development of differential thermal analysis[J]. Thermochimica Acta, 1984, 73(3):307-367.

[5] MACKENZIE R C. A history of thermal analysis[J]. Thermochimica Acta, 1984, 73(3):247-367.

第 8 章　热学相关理论

8.1　热力学相关理论

　　热是人们从远古时期就十分关注的现象。自从 1780 年 Lavoisier 和 Laplace 发表《论热》一文以来,至今已有 240 多年的历史。之后 Hess 在测定了大量物质的燃烧热、生成热和反应热的基础上,于 1840 年总结出了 Hess 定律。1905 年,能斯特(Nernst)发表了《论由热测量计算化学平衡》一文,提出了著名的能斯特热定理。随后,逐渐确立了热力学三大定律。

8.1.1　热力学基本参数

　　物质的宏观热力学平衡状态可以通过内能 U、体积 V、化学组分的摩尔数 N_i 这些参数来共同描述。

　　(1)功。

　　在准静态过程(可逆过程)中,功(W)可定义为

$$dW = -P\,dV \tag{8.1}$$

式中,P 是压力。值得注意的是,即便初始状态和最终状态是固定的,功的大小也与不同的过程有关,即功是取决于热力学路径的。

　　(2)热。

　　基于功的定义,热(Q)可以定义为两个平衡状态之间能量的差值(dU)再减去功的部分。值得注意的是,当初始和最终平衡状态确定时,这两个状态之间的能量差永远是恒定的,因此

$$dQ = dU - dW \tag{8.2}$$

　　结合式(8.1),则有

$$dQ = dU + P\,dV \tag{8.3}$$

　　(3)熵。

　　熵是热力学参数的函数,即

$$S = S(U, V, N) \tag{8.4}$$

　　复合系统的熵等于各子系统熵之和:

$$S = \sum_n S^{(n)} \tag{8.5}$$

式中,$S^{(n)}$ 是第 n 个子系统的熵值。由于熵的可加性原则,如果描述熵的各个热力学参数均变成 λ 倍,则熵值本身也变成原来的 λ 倍:

$$S(\lambda U, \lambda V, \lambda N) = \lambda S(U, V, N) \tag{8.6}$$

此时,可以推论:

$$\frac{\partial S}{\partial U} > 0 \tag{8.7}$$

(4)温度。

热力学基本关系有

$$U = U(S, V, N) \tag{8.8}$$

此时,全微分形式为

$$dU = \frac{\partial U}{\partial S} dS + \frac{\partial U}{\partial V} dV + \frac{\partial U}{\partial N} dN \tag{8.9}$$

其中,可以得到温度的定义:

$$T = \frac{\partial U}{\partial S} \tag{8.10}$$

结合上式可以看出,热力学温度 T 恒大于 0。

值得指出的是压力 P 的定义为 $P = -\partial U / \partial V$,如果在热力学过程中分子的摩尔数没有变化 $dN = 0$,则

$$dU = T dS - p dV \tag{8.11}$$

结合上式可以得出

$$dQ = T dS \tag{8.12}$$

因此,流入系统的热总是伴随着系统熵的增加。

假设两个子系统的温度分别为 $T^{(1)}$ 和 $T^{(2)}$,而最初时刻子系统之间是绝热的。当绝热条件去除后,子系统之间必然发生能量和熵的流动。假设初始状态和最终状态之间的熵值差异为 ΔS,熵增原理要求

$$\Delta S > 0 \tag{8.13}$$

此时,子系统的体积和分子仍受到约束不能发生交换,因此

$$\Delta S \approx \left(\frac{1}{T^{(1)}} - \frac{1}{T^{(2)}} \right) \Delta U^{(1)} \tag{8.14}$$

如果假设 $T^{(1)} > T^{(2)}$,则

$$\Delta U^{(1)} < 0 \tag{8.15}$$

这表示当子系统 1 的温度大于子系统 2,子系统 1 的能量会减小,能量会从子系统 1 流入子系统 2。如果假设 $T^{(1)} < T^{(2)}$,则反之亦然。换言之,一旦子系统之间温度不相等,则一定会造成能量传输。

(5)焓。

焓(H)是内能的勒让德(Legendre)变化形式,将压力替代体积成为独立变量:

$$H \equiv U[P] \tag{8.16}$$

此时,焓的微分形式可以表示为

$$dH = T dS + V dP + \mu dN \tag{8.17}$$

实际上焓为状态函数,虽然有能量单位但并非是能量,也不遵循热力学第一定律。

8.1.2　热力学基本原理

热力学主要关注的问题是：当复合系统中的内部约束被去除时，系统最终的平衡状态如何。

(1)热力学第一定律。

热力学第一定律表述为：能量能在物体间传递也能与其他形式的能量转化，但在传递或转化的过程中，能量的总量不变：

$$U = Q + W \tag{8.18}$$

或者微分形式为

$$dU = dQ + dW \tag{8.19}$$

因此，第一类永动机(不消耗能量却能够源源不断对外做功的机器)无法制成。

(2)热力学第二定律。

热力学第二定律于 1850 年与 1851 年分别由德国人克劳修斯(Rudolph Clausius)和英国人开尔文(Lord Kelvin)提出。克劳修斯表述为：无法将热能从低温物体转移到高温物体而不对环境产生影响。开尔文表述为：无法从单一热源取热使其完全转化为有用功而不对环境产生影响。该定律揭示了自然界中不同形式的能量虽然是可以互相等量转换的，但是能量种类本身是具有优劣之分的，在深层次上描述的是自然界中一种被称为熵的用于描述对象混乱程度的物理量在孤立系统中不会自发减小的规律。熵增原理表述：孤立系统的熵永远不会自发减小，在可逆过程作用下熵保持不变，不可逆过程中熵一定会增加。

(3)热力学第三定律。

热力学第三定律通常表述为：绝对零度时任何系统的熵值为零，或者绝对零度($T = 0$)在任何可以实现的物理过程中均不可能达到。早在 1907 年，Nernst 提出在任何均热过程当热力学温度趋向于零时，其熵变也趋向于零。对比可见，Nernst 定理并不如热力学第三定律严格。实际上，Simon 和 Planck 等人进一步发展了 Nernst 定理并在此基础上提出了热力学第三定律。

在恒定温度与压力的条件下，平衡状态的实现取决于 Gibbs 热力学势的最小化，即

$$\Delta G = \Delta H - T\Delta S \tag{8.20}$$

当热力学温度 T 为零时，Gibbs 势的变化等于焓值的变化。如果将上式重新整理可以得到

$$\frac{\Delta G - \Delta H}{T} = \Delta S \tag{8.21}$$

通过对公式左边同时取微分，则有

$$\left(\frac{d\Delta G}{dT}\right)_{T=0} - \left(\frac{d\Delta H}{dT}\right)_{T=0} = \lim_{T \to 0} \Delta S \tag{8.22}$$

根据 Nernst 定理：

$$\lim_{T \to 0} \Delta S = 0 \tag{8.23}$$

因此，焓值变化与 Gibbs 势的变化是非常近似的。因此，在 Nernst 定理中，$T = 0$ 所

对应的过程既等温又等熵。实际上，Planck 在 Nernst 定律进一步发展得到 $T=0$ 对应的过程与 $S=0$ 对应的过程是重合的。

8.1.3　传热理论

特定系统与其周围环境的相互作用是热力学中一个重要问题，这些作用通常涉及功和热这两个重要的概念。然而，平衡态热力学所关注的往往是系统或者环境的初始状态和最终状态，而无法涉及这些相互作用的本质及其对应过程的发生速率。相比之下，传热理论主要针对是热能传递的具体模式，并且针对具体的传递模式进行热传输速率的精确计算。热传递主要涉及三个重要的模式，即热传导、热对流以及热辐射（图 8.1）。热传导针对的是静态的物质（固体或流体）在温度梯度作用下发生的热能在物质内部的传输过程。热对流针对是运动的流体与固体界面之间的能量传输。热辐射是指物质之间通过发射和吸收电磁波的过程来实现能量的非接触式传递。

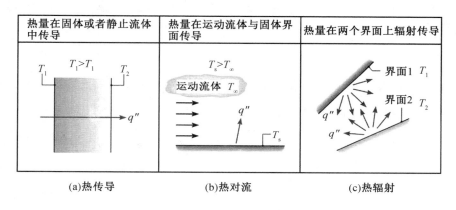

图 8.1　热传递的三种重要模式

1.热传导

热传导的物理本质在于热能通过原子或者分子的运动的形式进行传播，具体而言具有高能量的原子或分子通过振动或者碰撞的形式将能量传递给较低能量的原子或分子。以气体为例，较高温度区域的气体分子拥有更高的动能，当它们与周围较低温度处气体分子发生碰撞时，会逐渐地将能量传递给其他气体分子，从而提高其他气体分子的动能，这对应于低温区域的温度逐渐提升。宏观上而言，温度逐渐从高温区域传递到低温区域。液体分子中的导热形式与气体是类似的。在液体中，分子之间的间距更近，因此分子间的相互作用更强以及分子间碰撞更频繁。因此，相比于气体而言，液体具有更高的热导率。在固体中，由于相邻原子间的相互佐证用，每个原子只能在其平衡位置上做热振动。所有原子的振动形成了固体中的格波，此时热能在固体中的传播可以通过格波的形式描述。

热传导可以用温差导致的热流来理解，即傅里叶导热公式：

$$q=-kA\frac{\mathrm{d}T}{\mathrm{d}x} \tag{8.24}$$

式中，q 是热流（单位是 W）；A 是横截面积（单位是 m^2）；k 是材料的热导率（单位是

W/(m·K))。式(8.24)对应于最简单的一维稳态导热情况。稳态导热指的是从材料一端流入的热流等于从材料另一端流出的热流。假设加热金属棒的一端，热量会从加热器流入金属棒从而导致金属棒温度的上升，随后热流将从金属棒的热端传递至冷端，最终将在金属棒在冷端与热端之间建立起稳定的线性温度梯度。此时，流入金属棒热端的热流将等于流出金属棒冷端的热流，即实现了一维稳态导热情况。

热量在绝缘性晶体的传递是通过原子振动实现的，高温区原子振动的能量将会以波动的形式传递给低温区的原子，由此实现能量的传递。原子的公有化振动定义了格波，因此格波的传递实现了热能的传递。Peierls 最早通过将原子公有化运动形成的格波假想为具有量子化能量的声子(Phonon)，从而可以将波动形式的能量传递变为粒子形式的能量传递。实际上，最早研究气体的热导率则是利用气体动力学理论，即认为气体分子通过碰撞实现能量的传递。因此，声子概念的引入则可以在固体中以类似于处理气体热导率的方式分析热的传导过程，如图 8.2 所示。

声子气体可以从高温区域传递到低温区域，从而实现热能的输运。因此，可以定义固体的热导率：

$$k = \frac{1}{3} c l_{\mathrm{mpf}} \bar{v} \tag{8.25}$$

式中，c 是比热容；l_{mpf} 是声子的平均自由程(即声子在连续两次的碰撞间隔中行走的距离)；$\bar{v}$ 是声音在固体中的传播速度(即声速)。

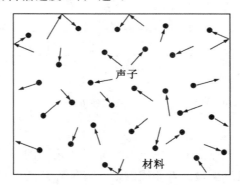

图 8.2　固体中的声子气体理论

类似于气体中热的传输，固体中的导热也是通过声子之间的相互碰撞而实现的。声子之间的相互作用主要包括两种方式：N 过程(Normal process)与 U 过程(Umklapp process)。在 N 过程中，声子的晶体动量是守恒的，如图 8.3(a)和图 8.3(c)所示：

$$k_3 = k_1 + k_2 \tag{8.26}$$

然而，在 U 过程中声子的晶体动量是不守恒的，如图 8.3(b)和图 8.3(d)所示：

$$k_3 = k_1 + k_2 + G \tag{8.27}$$

式中，G 是倒易晶格矢量，只有添加了倒易晶格矢量后上述晶体动量才能守恒。实际上，N 过程并不会引入热阻，即材料的热导率是无穷大。然而，实际晶体的热导率必然是有限值，这主要是因为 U 过程引入了热阻。当温度升高时，具有非常大晶体动量的声子变得越来越多，因此 U 过程发生的次数越来越频繁。这解释了为什么材料的热导率通常是随着温度的升高而显著下降的。

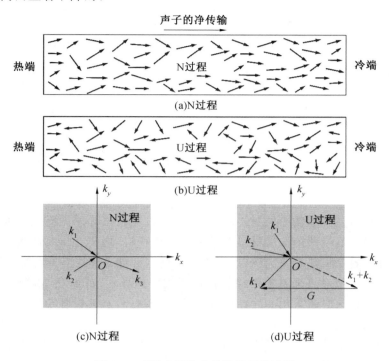

图 8.3　声子在固体中传输的两种过程

一般材料的热导率如表 8.1 所示。可以看出金属是电的良导体,同时也具有较高的热导率,然而绝缘体材料(如金刚石和砷化硼)甚至具有高于金属的热导率。由此可见材料中的导热机制主要包括两种,即电子导热和晶格振动导热。因此,材料的总热导率可以表示为电子热导率(k_{ele})和晶格热导率(k_{lat})之和。电子导热的机制可以类比于电子电导的机制,即电子是能量的载体,电子的定向流动可以实现热能的定向输运。晶格振动导热机制可以理解为材料的一端被加热,从而使得热端的原子具有更高的能量,表现为剧烈的原子振动。通过原子之间的键合作用,原子振动以波的形式不断地传递到相邻原子,从而实现能量从热端到冷端的定向传递。

表 8.1　材料的室温热导率

材料	热导率/$(W \cdot m^{-1} \cdot K^{-1})$	状态
金刚石	3 000	固体(非金属)
砷化硼	1 160	固体(非金属)
银	406	固体(金属)
铜	385	固体(金属)
黄铜	109	固体(金属)
硅	148	固体(非金属)
锗	60	固体(非金属)

续表

材料	热导率/(W·m^{-1}·K^{-1})	状态
水银	8.36	液体（金属）
玻璃	1	固体（非金属）
水	0.62	液体
甘油	0.38	液体
乙醇	0.24	液体
氢气	0.17	气体
氦气	0.15	气体
空气	0.025	气体

热导率是材料热学性质中的核心参数，实现材料晶格热导率的有效调控在许多研究领域（如热电材料、高温热障涂层材料以及高热导率材料）均具有重要的理论与实际应用意义。以降低材料晶格热导率为例，这对于提升热电材料的性能至关重要。因此，确定材料的晶格热导率下限对热电材料的探索提供了重要指导。Cahill 等人基于德拜（Debye）在研究固体低温比热时所采用的线性色散关系（图 8.4(a)），假设各个频率声子的最小弛豫时间为其振动周期的一半时（能量从一个谐振子传递给下一个谐振子所需要的最小时间），材料会实现最低的晶格热导率（Debye－Cahill 模型）。然而，根据一维原子链模型得到的声学支色散关系遵循正弦函数。实际晶体的声学支色散关系仅在布里渊区中心时满足随频率线性变化（即长波限条件），而在布里渊区边界上声子频率近似为常数（声子群速度为零）。换言之，实际色散关系与线性色散关系存在差异，这意味着热导率与定容比热容的预测也会因为色散关系的不同而存在一定差异（图 8.4(b)）。此外，实际晶体的最低热导率也将会低于通过线性色散关系所推测的数值。因此，Chen 等人通过利用接近实际晶体色散关系的正弦函数重新计算材料的晶格热导率并与实验值进行对比，发现两者具有一个更好的对应关系。此外，该模型预测得到的材料最低晶格热导率比 Debye－Cahill 模型得到的数值更低（图 8.4(c)）。

2.热对流

热对流传热的机制包括两种：原子以随机扩散的形式实现能量传递，以及流体通过宏观流动实现能量传输。流体的运动实际上是在任意时刻大量的分子以团聚体的形式进行整体的运动。当温度梯度存在时，该宏观流体运动可以实现热传输。热对流主要关注的类型是当运动的流体与界面两者之间存在温差时两者之间的能量传递。流体与界面的相互作用导致在流体中接近界面的位置出现一个流速从零变为有限流速的边界层区域，如图 8.5 所示。从温度变化的角度而言，流体中同样会存在一个类似的热边界层，即该层流体的温度从界面温度一直向流体温度变化。只要固体表面的温度高于流体温度，则热能不断从固体表面向流体中传输。

在靠近固体界面的流动边界层处，由于流体的流速非常低（趋近于零），分子的随机扩散运动是能量传输的主要机制。流体宏观流动对热对流的贡献当边界层随着流体流动而

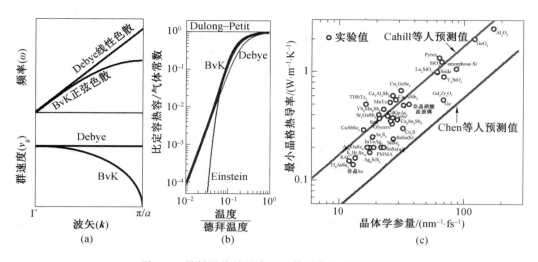

图 8.4　最低晶格热导率与晶体学参量之间的关系

BvK—波恩－冯卡门；Dulong－Petit—杜隆－珀蒂定律；Einstein—爱因斯坦

不断增长时变得越来越重要。实际上，流入边界层的热量被流体带到下游并最终被传递到边界层外的流体。因此，了解边界层现象对理解热对流有至关重要的意义。

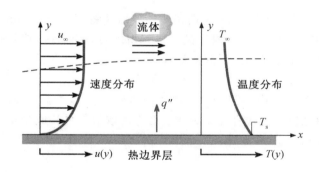

图 8.5　流动边界层

　　针对流体的性质，可以将热对流分为自然对流以及强制对流。其中，自然对流指的是流体流动是通过温度差导致的密度差从而驱动的。例如，空气与热表面接触时体积膨胀因而密度减小，此时热界面附近的空气与周围空气出现密度差从而导致自然对流。与之相比，强制对流指的是流体的流动是通过外部方式驱动的，例如水泵、风扇等。相比于自然对流而言，强制对流有非常高的流体流速。通常，仅以分子扩散或者流体宏观流动为能量传递形式的热对流所传递的热量为显热。与之相比，如果对流传热过程中还涉及相变（例如冷凝、蒸发等），则传递的能量还将包括潜热。

　　对流传热过程的热流密度可利用牛顿冷却公式进行计算：

$$q = h(T_s - T_\infty) \tag{8.28}$$

式中，h 是对流换热系数；T_s 是固体表面的温度；T_∞ 是流体的温度。对流换热系数取决于边界层的条件，它与固体表面几何形状、粗糙程度、流体的运动性质（自然流动或者强制对流)、流体的热力学与输运性质等有关。不同对流形式的对流换热系数如表 8.2 所示。

表 8.2 不同情况下的对流换热系数值

对流形式	流体或形式	换热系数/(W·m^{-2}·K^{-1})
自然对流	气体	2～25
	流体	50～1 000
强制对流	气体	25～250
	流体	100～20 000
涉及相变的对流	沸腾或冷凝	2 500～100 000

3.热辐射

热辐射指的是任何绝对温度非零的物质对外放出能量,这类物质不仅包括固体,同样也包括液体和气体。热辐射中能量发射可以归结于原子或者分子中电子状态的改变。能量辐射实际上是通过电磁波的传输实现的。相比于对流或者导热都需要相应的介质,热辐射不仅不需要任何介质,而且在真空中传递得最为有效。

针对理想的辐射体(绝对黑体),其表面辐射出的能量是由该物质的热能决定的,可以定义表面发射功率为单位面积上发射能量的速率,

$$E_b = \sigma T_s^4 \tag{8.29}$$

式中,T_s 是物体表面的绝对温度;σ 是斯特藩一玻尔兹曼(Stefan—Boltzmann)常数,其数值为 5.67×10^{-8} W/(m^2·K^4)。对于某一实际物体的表面而言,其所放出的热辐射能量一定会少于理想黑体在相同温度下的能量:

$$E = \varepsilon \sigma T_s^4 \tag{8.30}$$

式中,ε 是样品表面的发射率,其取值的区间为 $0 < \varepsilon < 1$。该参数表征的是样品表面相对于理想黑体的发射能量的有效程度。具体发射率的取值与材料成分和表面情况有非常强烈的依赖关系,如图 8.6 所示。

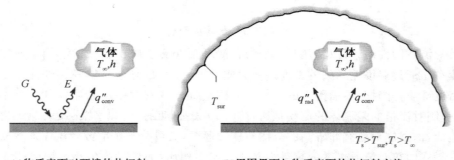

(a)物质表面对环境的热辐射   (b)周围界面与物质表面的热辐射交换

图 8.6 热辐射能量交换

不仅材料可以对周围环境发射热辐射,环境同样可以对样品表明入射热辐射电磁波。辐射可以源自特定的热源,例如太阳或任何我们关注的其他表面。不论辐射源具体是什么,可以定义所有辐照到样品单位面积上的能量为辐照量 G。该辐照量的一部分会被样

品表面吸收,从而增加材料的热能。样品单位面积上吸收辐射能量被定义为样品的吸收率 α,即

$$G_{abs} = \alpha G \tag{8.31}$$

式中,吸收率的取值为 $0 < \alpha < 1$。如果样品的吸收率小于 1,而样品表面是不透明的,则剩余的辐射会从样品表面反射回去。如果样品表面是半透明的,部分辐射还会穿过样品。需要注意的是,吸收率不仅取决于样品表面情况,还取决于辐射本身的性质。例如,样品表面对于太阳光的系数可能与对炉子表面辐射吸收是不一样的。

热辐射中经常遇到的特例是研究一个具有温度 T_s 的较小样品表面与一个更大的均热表面之间的能量交换,而该均热表面的温度 T_{sur} 与样品温度不相同。这时一般近似认为更大均热表面可以用黑体辐射来表示,即 $G = \sigma T_{sur}^4$。如果样品表面假想为吸收率等于发射率,则从环境表面到样品表面的净热辐射传递为

$$q = \varepsilon E_b(T_s) - \alpha G = \varepsilon \sigma(T_s^4 - T_{sur}^4) \tag{8.32}$$

8.2　动力学基本理论

通过动力学分析可以确定反应的速率方程,用来描述反应过程中反应物或产物随时间的转化程度,这类实验通常在恒定的温度下进行。通常将实验数据与根据理论动力学表达式计算出的预测值进行比较以确定最佳的速率方程,该速率方程可以用来准确地描述实验测量过程。通过这种动力学表达式推断出反应机制,即反应物转化成产物的具体化学反应步骤。此外,还可以用动力学分析来确定温度对反应速率的影响。在反应速率方程中,温度变化对速率常数 k 的影响较大,通常用阿伦尼乌斯(Arrhenius)方程来定量描述这种温度依赖性

$$k = A\exp\left(\frac{E_a}{RT}\right) \tag{8.33}$$

式中,k 为速率常数,单位是 s^{-1};A 为频率因子,单位是 s^{-1};E_a 为活化能,单位是 J/mol;T 为温度,单位是 K;R 为理想气体常数。活化能是对反应能量势垒的度量,而频率因子则是对导致产物生成频率的度量。因此,这种动力学分析方法可以方便地比较不同体系的反应性,预估在实验测量温度范围以外的反应性和稳定性。

8.2.1　理论基础

动力学研究的重要基础是以时间和温度为函数关系的一系列反应程度的测量数据。可以将在时间为 t 的反应物和/或产物的总量(或与此相关的任何定量参数)看作对反应程度或反应分数的度量。等温条件广泛地应用于动力学研究,通过在几个不同的恒定温度下测量的反应速率可获得 Arrhenius 参数。

(1)均相反应动力学。

对于等温均相反应的动力学研究,通常是在恒定温度下测量一种(或多种)反应物或产物的浓度随时间的变化关系,速率方程的一般形式为

$$\frac{dC}{dt} = k(T)f(C) \tag{8.34}$$

$$\frac{\mathrm{d}\alpha}{\mathrm{d}t} = k(T)f(\alpha) \tag{8.35}$$

式中，α 为反应分数；$f(C)$ 和 $f(\alpha)$ 分别为浓度和转化率的表达式。

（2）非均相反应动力学。

非均相反应与均相反应有显著的区别，对于涉及固体的反应而言，化学反应一般优先发生在晶体表面或反应物和产物之间的过渡相区域（即反应界面），在该区域一般反应能力局部增强。反应物组分一般位于固体产物的表面附近，以增加产物相的数量。反应界面是在成核过程中产生的，随后通过核生长进入其所在的由晶体组成的反应物原料中。由于界面的反应性保持不变，因此在其整个反应过程中，界面线性推移或生长的速率保持恒定。因此，在这种类型的反应中的反应固体内的产物形成速率与反应物－产物界面的总面积成正比。

与均相反应不同，在涉及固体反应速率过程中的动力学分析，浓度通常不再具有明确的物理意义。在反应物晶体的内部空间中，各处的浓度均相同，而一旦超出这些边界，则发生化学变化的物质数量均为零。由于存在浓度的空间变化，因此材料在扩散控制反应中的分布是不均匀的。因此，固体组分的反应性随着位置和时间的变化而不同，这意味着当该组分位于活性界面的影响区域内，反应发生的概率将会显著增加。因此，在进行动力学分析时需要考虑系统变化的活性界面影响，以及由反应物或产物物质的扩散速率所带来的影响或控制。在定量描述反应进行程度的表达式中，为了方便仍采用上述均相反应的公式，其中 $f(\alpha)$ 一般被称为机理函数或模式函数。

8.2.2　热分析动力学方程

对于等温条件下的固态反应，其反应速率可以描述为

$$\frac{\mathrm{d}\alpha}{\mathrm{d}t} = A\exp\left(-\frac{E_a}{RT}\right)f(\alpha) \tag{8.36}$$

对于由热重法测试得到的数据而言，反应进度（转化率）α 可以定义为

$$\alpha = \frac{m_0 - m_t}{m_0 - m_\infty} \tag{8.37}$$

式中，m_0 是反应开始时的初始质量；m_t 是时间为 t 时的质量；m_∞ 是反应结束时的最终质量。

对于由非等温实验得到的实验数据而言，对上述公式进行变换可以得到

$$\frac{\mathrm{d}\alpha}{\mathrm{d}T} = \frac{\mathrm{d}\alpha}{\mathrm{d}t} \cdot \frac{\mathrm{d}t}{\mathrm{d}T} \tag{8.38}$$

因此，$\mathrm{d}\alpha/\mathrm{d}T$ 为非等温反应速率；$\mathrm{d}\alpha/\mathrm{d}t$ 为等温反应速率；$\mathrm{d}T/\mathrm{d}t$ 为加热速率，通常用 β 来表示。

通过变化可以得到固定加热速率下非等温速率方程的表达式：

$$\frac{\mathrm{d}\alpha}{\mathrm{d}T} = \frac{A}{\beta}\exp\left(-\frac{E_a}{RT}\right)f(\alpha) \tag{8.39}$$

上式可以整理为

$$\frac{\mathrm{d}\alpha}{f(\alpha)} = \frac{A}{\beta}\exp\left(-\frac{E_\mathrm{a}}{RT}\right)\mathrm{d}T \tag{8.40}$$

可以看出公式的左边只包含变量 α，而公式的右边只包含变量 T，由于该式在任意的变量 α 和 T 时均相等，因此公式左右只能同时为一个常数 C，因此

$$\frac{\mathrm{d}\alpha}{f(\alpha)} = C \tag{8.41}$$

$$\frac{A}{\beta}\exp\left(-\frac{E_\mathrm{a}}{RT}\right)\mathrm{d}T = C \tag{8.42}$$

对上面两个公式整理并积分可得

$$\int_0^a \frac{\mathrm{d}\alpha}{f(\alpha)} = g(\alpha) \tag{8.43}$$

$$\int_0^T \frac{A}{\beta}\exp\left(-\frac{E_\mathrm{a}}{RT}\right)\mathrm{d}T = g(\alpha) \tag{8.44}$$

式中，$g(\alpha)$ 是积分形式的机理函数。

机理函数是对实验的动力学过程的理论数学描述，在固态反应中可以用机理函数来描述特定的反应类型，并在数学上将其转化为速率方程。根据机理的不同，目前固态反应动力学研究中广泛使用的机理函数通常分为成核、几何收缩、扩散和级数反应四种类型。这些机理函数大多是基于某些特定的机理假设而发展起来的。此外，还有一些其他机理函数基于经验假设，它们的提出主要出于方便数学分析的角度考虑，而从机理的角度往往很难理解这些函数。在均相反应动力学（如气相或液相）中，通常通过动力学研究直接获得可用于描述反应进程的速率常数。此外，通过反应动力学机理的研究以及速率常数随温度、压力或反应物/产物浓度的变化研究通常有助于揭示反应的发生机理，而这些机理通常涉及不同程度的反应物转化产物的多个具体化学步骤。然而，在固态动力学中，由于与每个反应步骤相关的信息通常难以获得，因此机理解释通常需要确定合理的反应模型。实际上，反应的机理函数的选择应得到其他互为补充的技术，例如光谱、X 射线衍射等实验数据的支持才能证明其更为合理。

对于等温实验而言，通常根据其等温曲线的形状（$\alpha - t$ 或者 $\mathrm{d}\alpha/\mathrm{d}t - \alpha$）或其机理假设对动力学分析时用到的机理函数进行分类。基于这些曲线的形状，动力学机理函数可以分为加速、减速、线性或 S 形机理函数。加速模型机理函数是其中的反应速率（$\mathrm{d}\alpha/\mathrm{d}t$）随反应进行而增加，减速模型是反应速率随反应进行而减小，线性模型则是反应速率对反应进程（α）保持恒定。S 形模型是反应速率和反应进程呈现钟形关系。

1. 成核与核生长模型

晶体由于其自身具有杂质、位错、裂纹等，这些缺陷将引起局部能量波动。在反应过程中，这些缺陷是反应成核的位点。由于反应活化能在这些位置处最小，因此它们也被称为成核点。

常见的固态动力学反应为

$$\mathrm{A(s)} \longrightarrow \mathrm{B(s)} + \mathrm{C(g)} \tag{8.45}$$

式中，固体反应物 A 在热分解过程中产生固体产物 B 和气体产物 C。

成核过程是在反应物（A）的晶格中的反应点（成核位点）进行而形成的新产物相（B）。在进行动力学计算时，通常假设成核过程是单步成核或多步成核。

（1）单步成核。

单步成核模型通常假设成核和核生长在单个步骤中发生。对于 N_0 个潜在的成核位点（具有相同的成核概率）而言，一旦成核（核的数量用 N 表示），它们将生长。成核速率是一级反应，可以表示为

$$\frac{\mathrm{d}N}{\mathrm{d}t} = k_{\mathrm{N}}(N_0 - N) \tag{8.46}$$

式中，N 为时间 t 时存在的成核数量，即 N 是时间 t 的函数（$N(t)$）；k_{N} 为成核的速率常数；N_0 为常数。上式可以整理为

$$\frac{\mathrm{d}(N_0 - N)}{\mathrm{d}t} = -k_{\mathrm{N}}(N_0 - N) \tag{8.47}$$

利用常数对时间的微分为零的性质，可以将上式整理为

$$\frac{\mathrm{d}(N_0 - N)}{\mathrm{d}t} = \frac{\mathrm{d}N_0}{\mathrm{d}t} - \frac{\mathrm{d}N}{\mathrm{d}t} = -\frac{\mathrm{d}N}{\mathrm{d}t} \tag{8.48}$$

因为 N_0 是常数，所以 N_0 对时间的微分为零。由此可知，$N_0 - N$ 的通解为

$$N_0 - N = B\exp^{-k_{\mathrm{N}}t} \tag{8.49}$$

为了求解 B，我们需要利用的初始条件为：当 $t = 0$ 时，成核数量为 0，即 $B = N_0$，所以成核数量随时间的变化关系可以整理为

$$N = N_0(1 - \exp^{-k_{\mathrm{N}}t}) \tag{8.50}$$

对上式进行微分可得

$$\frac{\mathrm{d}N}{\mathrm{d}t} = k_{\mathrm{N}}N_0\exp^{-k_{\mathrm{N}}t} \tag{8.51}$$

当 k_{N} 无限小时，上式中的指数项趋近于 1，因此公式变为

$$\frac{\mathrm{d}N}{\mathrm{d}t} = k_{\mathrm{N}}N_0 \tag{8.52}$$

这表明成核速率近似为常数。当 k_{N} 非常大时，表明成核速率非常快，此时所有位点迅速成核，瞬时速率可表示为

$$\frac{\mathrm{d}N}{\mathrm{d}t} = \infty \tag{8.53}$$

（2）多步成核。

多步成核通常假定需要几个不同的步骤来完成核的生长过程。因此，产物 B 的形成将在 A 的晶格内诱导应变，这使得形成的 B 核的小聚集体变得不稳定，并且容易产生逆反应使 B 再形成反应物 A。如果形成的 B 核的数量高于临界数量（m_c）则可以克服应变。因此，我们可以定义两种类型的核："子核"和"生成核"。当 B 核的数量低于临界数量（$m < m_c$）时，"子核"是亚微观尺寸。在该条件下，"子核"将发生逆反应形成反应物 A，当 B 核的数量高于临界数量（$m > m_c$）时进一步长大称为"生成核"。因此，"子核"必须积累相当数量的生成物 B 分子（用 p 表示）后才可能进一步转变成"生成核"。

在成核过程中，单个分子依次积累，直至 p 个分子时形成一个"生成核"（此时分子数

$n < p$)。假定该过程中每个分子累计的每一个步骤的速率常数是恒定的,有

$$k_0 = k_1 = k_2 = \cdots = k_{p-1} = k_p \tag{8.54}$$

在 p 个分子已经完成(此时分子数 $n > p$)后,进一步积累分子引起核生长的速率常数(k_g)可表示为

$$k_p = k_{p+1} = k_{p+2} \cdots = k_g \tag{8.55}$$

假设核生长的速率大于核形成的速率($k_g > k_i$),如果形成“生成核”需要 β 次连续反应,且每次的概率为 k_i,则在时间 t 形成的核的数目可用下式表示:

$$N = \frac{N_0 (k_i t)^\beta}{\beta !} = D t^\beta \tag{8.56}$$

其中

$$D = \frac{N_0 k_i^\beta}{\beta !} \tag{8.57}$$

微分后,公式可以变换为

$$\frac{\mathrm{d}N}{\mathrm{d}t} = D\beta t^{\beta-1} \tag{8.58}$$

(3)核生长过程。

可以用由核生长形成的核半径来表示核生长速率(用 $G(x)$ 表示),通常核生长速率随着核的尺寸大小而变化。例如,通常为亚显微尺寸的小核的生长速率与大核的生长速率不相同。尺寸非常小的“子核”由于其不稳定性较差,生长速率较低,容易发生逆反应变回到反应物状态。在时间 t 时稳定的核(即“生成核”)的半径可以用下式来表示:

$$r(t, t_0) = \int_{t_0}^{t} G(x) \mathrm{d}x \tag{8.59}$$

式中,$G(x)$ 是核生长速率;t_0 是“生成核”的形成时间。

除了核半径外,还应考虑核生长过程中的两个重要因素:即核的形状因子(σ)和核的生长维数(λ)。因此,我们可以用单个核占据的体积 $V(t)$ 来定量表示核的生长速率。在时间 t_0 形成的稳定核在时间 t 占据的体积 $V(t)$ 可表示为

$$V(t) = \sigma \left[r(t, t_0) \right]^\lambda \tag{8.60}$$

式中,λ 是生长维数($\lambda = 1, 2, 3$);σ 是形状因子(当假设为圆球时,$\sigma = 4\pi/3$);r 是时间 t 时核的半径。上式给出了单个核所占据的空间体积。所有核占据的总体积 $V(t)$ 可通过成核速率 $\mathrm{d}N/\mathrm{d}t$、生长速率 $v(t, t_0)$ 以及核生长的不同初始时间组成的方程进行计算得到,可以表示为

$$V(t) = \int_0^t v(t) \left(\frac{\mathrm{d}N}{\mathrm{d}t} \right)_{t=t_0} \mathrm{d}t_0 \tag{8.61}$$

综合以上三式可以得到

$$V(t) = \int_0^t \sigma \left[\int_{t_0}^t G(x) \right]^\lambda \left(\frac{\mathrm{d}N}{\mathrm{d}t} \right)_{t=t_0} \mathrm{d}t_0 \tag{8.62}$$

2.几何收缩模型

假设成核在晶体的表面上快速发生,通过所得到的反应界面向晶体中的推进来控制分解速率。对于任何晶体颗粒,存在以下关系:

$$r = r_0 - kt \tag{8.63}$$

式中，r 为时间 t 时的半径；r_0 为时间 t_0 时的半径；k 为反应速率常数。

反应进度（α）的定义为

$$\alpha = \frac{m_0 - m_t}{m_0} \tag{8.64}$$

式中，m_0 为初始质量；m_∞ 为时间无穷大时的最终质量，定义 $m_\infty = 0$。当颗粒为球形时，已知球体的体积为 $4\pi r^3/3$，对于 n 个粒子，其体积为 $4n\pi r^3/3$。此时，总质量为 $4\rho n\pi r^3/3$，其中 ρ 为材料的密度。

因此，反应进度可表示为

$$\alpha = \frac{\frac{4}{3}n\rho\pi r_0^3 - \frac{4}{3}n\rho\pi r^3}{\frac{4}{3}n\rho\pi r_0^3} \tag{8.65}$$

上式可以简化为

$$\alpha = 1 - \left(\frac{r}{r_0}\right)^3 \tag{8.66}$$

将式(8.63)代入式(8.66)可得

$$\alpha = 1 - \left(\frac{r_0 - kt}{r_0}\right)^3 \tag{8.67}$$

整理可得

$$1 - \alpha = \left(1 - \frac{kt}{r_0}\right)^3 \tag{8.68}$$

定义 $k_0 = k/r_0$，则上式可以整理为

$$1 - (1-\alpha)^{1/3} = k_0 t \tag{8.69}$$

可见，几何收缩模型将粒径大小与速率常数放在一起进行综合分析，因此不同粒径的样品将对反应的速率常数产生明显的影响。

3.扩散模型

均相反应动力学和多相反应动力学之间的主要差别是组分在体系中的移动方式不同。对于均相反应体系而言，反应物分子彼此间容易达到对方。对于固态反应而言，其通常发生在晶格之间或分子必须渗透到晶格中，分子的运动受到限制并且还与晶格缺陷密切相关。当反应速率受反应物到反应界面的扩散或来自反应界面的产物的移动控制时，产物的界面层增加。除了少数可逆反应或当发生大的放热或消耗时，固态反应通常不通过质量传递控制。

三维扩散模型是基于球形固体颗粒的假设（图 8.7），使用 n 个球形颗粒的反应转化率为

$$\alpha = \frac{\frac{4}{3}n\rho\pi R^3 - \frac{4}{3}n\rho\pi(R-x)^3}{\frac{4}{3}n\rho\pi R^3} \tag{8.70}$$

式中，x 是反应区域的厚度，上式可以简化为

$$\alpha = 1 - \left(\frac{R-x}{R}\right)^3 \tag{8.71}$$

整理可得

$$x = R\left[1 - (1-\alpha)^{1/3}\right] \tag{8.72}$$

根据抛物线定律：

$$x^2 = kt \tag{8.73}$$

所以，可得

$$R^2\left[1 - (1-\alpha)^{1/3}\right]^2 = kt \tag{8.74}$$

此时，定义 $k' = k/R^2$，则上式可以整理为

$$\left[1 - (1-\alpha)^{1/3}\right]^2 = k't \tag{8.75}$$

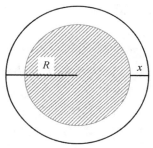

图 8.7　球形颗粒反应的示意图

8.3　物质受热过程中的物理－化学转变

8.3.1　物质受热过程中的物理转变

（1）玻璃化转变。

分子结构处于无序状态的固体物质为非晶态物质，例如玻璃。相比而言，分子、原子或离子有序排列在晶格中的物质为结晶物质或晶体。在热力学上，将非晶态物质看成是冻结的过冷液体。在非晶态固体物质中，除了分子振动和（原子和原子团）转动外，还有持续进行的分子或分子链段的协同重排，重排的延续距离即特征长度通常在若干个纳米范围，随温度升高而下降。协同重排需要的时间是另外一个特征量，可用内部松弛时间或特征频率（松弛时间的倒数）表示。松弛时间与温度密切相关，随温度升高而缩短。

玻璃化转变取决于松弛时间与观察时间的相对长短，可将玻璃化转变前后的状态称为固态和液态。如果松弛时间很长以至于在测试过程中测不到缓慢的协同重排，即观察时间短于松弛时间，即物质呈现固态即玻璃态。对于非晶聚合物，通常所说的塑料即为聚合物的玻璃态。如果观察时间比松弛时间长，测试时可很好地测量到快速发生的协同重排，即物质呈现液态，对于聚合物也称为橡胶态。

对于玻璃化转变现象，可通过冷却无法结晶的熔体来观察。冷却时熔体经历过冷，如

果分子协同重排的特征时间与测量条件(降温速率)决定的观察时间接近同一数量级而使得重排发生"冻结",就会出现玻璃化。与之相反,将玻璃化的物质加热时,会发生重排"解冻",也会出现玻璃化转变现象,即由固态转变为液态。玻璃化转变是所有非晶态物质或半结晶物质可能发生的现象。玻璃态物质虽然呈现非晶态,但并不处于热力学平衡状态。聚合物由玻璃态向橡胶态转变是一个松弛过程,受到动力学控制。因此,玻璃化转变并不是出现在某一个特定温度,而是出现在一个较宽的温度范围,与实验条件密切相关。

当非晶物质冷却时,因为分子的协同重排变慢,所以与温度有关的特征松弛时间增大,因此连续的冷却过程可以看成由一系列的台阶组成。在高温时,松弛时间极短,材料能够完全松弛达到平衡,因而材料处于平衡态(液态)。当温度下降时,松弛时间会显著变长,但是分子重排对材料达到平衡仍足够快。当温度显著降低时,分子协同重排已经变得非常慢,以至于测量时间不足以让松弛达到平衡,分子协同重排发生冻结,仅保留固体特有的分子运动。相应地,热容随分子重排冻结而下降。

观察玻璃化转变主要有两种方式:

①改变温度。升温时分子协同重排解冻(去玻璃化),而降温时冻结(玻璃化)。因此,可在改变温度时观察玻璃化转变现象,该转变称为"热力学玻璃化转变"。

②恒温时改变频率。非晶态物质在低频下受机械应力作用时,分子协同重排能够跟上应力的变化,所以呈液态即橡胶状。高频时协同重排不再能够跟上应力变化,所以材料显得僵硬,呈玻璃态。因此,在恒温下改变频率,可观察材料的"动态力学玻璃化转变"。

分子间的相互作用对玻璃化转变的影响非常明显,因此可以通过测量玻璃化转变来研究和表征材料的结构差别和变化。影响聚合物玻璃化转变的因素包括:

①结晶。很多聚合物为部分结晶的材料。在半结晶材料中,微晶与无定形区共存。随着材料结晶程度的提高,非晶部分含量下降,玻璃化转变的台阶高度变小。有些大分子既属于晶相又属于非晶相,所有非晶区的分子运动受到微晶存在的影响。结果结晶度的增大使得玻璃化转变变宽并移至更高温度。

②取向。制造聚合物薄膜或纤维时需要拉伸和压延等工艺过程,而这些过程使大分子取向,取向会影响玻璃化转变。与半结晶聚合物类似,玻璃化转变移至稍高的温度且变宽。半结晶聚合物的取向使得结晶度显著增大。不过,经拉伸的聚合物常常在加热时收缩,会改变测量过程中样品与差示扫描量热传感器之间的热接触。收缩从玻璃化转变开始,可造成差示扫描量热曲线发生畸变,从而完全无用。只有经预热(已收缩)的样品才可能重复地测量。然而,预热样品会消除热历史和机械历史。

③热历史和热机械历史。热历史会引起物理老化和松弛焓,对玻璃化转变产生影响。由物理老化引起的焓松弛峰也与生产过程和加工以及储存时期的热历史的内应力有关。热机械历史也是一种热历史。往往第一次测量的样品与热历史有关,焓松弛峰可能出现在玻璃化转变区域的不同位置。第二次测量前,将样品快速冷却以消除热历史的影响,然后升温测量其玻璃化转变,可以得到无焓松弛的清晰台阶,如图8.8所示。

④交联。交联体系的玻璃化转变温度与交联度有关。随着交联度增大,玻璃化转变移至更高的温度,如图8.9所示。

⑤共混。对于聚合物共混物,不相容聚合物的各个组分,可以认为是单独的相,各个

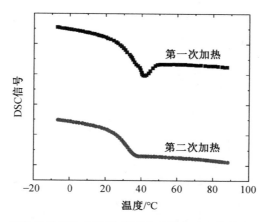

图 8.8　丙烯酸共聚物和聚甲基丙烯酸甲酯玻璃化转变的第一次
和第二次升温的差示扫描量热曲线

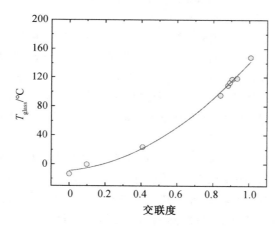

图 8.9　环氧树脂体系的玻璃化转变温度与交联度的关系

相区相互共存。每个相会独立发生玻璃化转变,所以可测量到若干个不同的玻璃化转变。将台阶高度及玻璃化转变温度与其纯组分比较,可获得各相的相对含量和各相之间可能存在的相互影响以及共混工艺质量的信息,如图 8.10 所示。

⑥共聚。共聚物的玻璃化转变取决于聚合单体及其在大分子中的排列。如果单体是相容的或统计分布的,则只能测量到单个玻璃化转变。嵌段或接枝共聚物常出现相分离,因而会测量到两个玻璃化转变。如果嵌段很短,则可能由于化学原因而不出现相分离,只观察到单个玻璃化转变。

(2)结晶与熔融。

原子、离子或分子按照一定的空间次序排列而形成的固体称为晶体。物质从液态(溶液或熔融状态)形成晶体的过程称为结晶,物质结晶时的温度称为结晶温度,结晶时放出热量,但温度保持不变,直至结晶结束。结晶物质从固态变成液态的过程称为熔融,熔融后所形成的液体状态称为熔融态。晶体都有一定的熔融温度,称为熔点。例如,冰的熔点是 0 ℃,熔融时需要从外界吸收热量,而温度保持不变直至熔融结束。

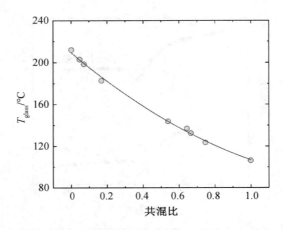

图 8.10　PS/PPE 共混物的玻璃化转变温度与共混比的关系

非结晶的物质称为非晶态物质,非晶态物质不会熔化。有些固体物质在加热时,不经过熔融为液态的过程,直接成为气态物质,即升华,例如碘。

聚合物固体或为部分结晶,或呈现出完全非晶状态。只有规整的大分子能够结晶,并且与金属和盐等低分子物质不同,聚合物由于分子链很长,结晶时只能部分进入微晶结构,非晶区同时存在于微晶之间。结晶聚合物通常可称为半结晶聚合物,在达到结晶熔融温度前是坚硬的。晶态物质的百分数(称为结晶度)取决于聚合物分子的规整度和结晶发生时的条件。添加成核剂或结晶抑制剂会影响最终的结晶度。硬度和强度随结晶度的增大而增大。

聚合物中的微晶在熔融时被破坏,但通常在冷却时重新形成。聚合物熔体在降温时的再结晶有过冷倾向,即结晶温度低于熔融温度,且晶体生长速率与降温速率有关。因此,许多通常为半晶体的聚合物,通过将其熔体快速冷却(即骤冷或淬火)至玻璃化转变温度以下可以得到非晶态。理论上,只要降温速率足够快,以致物质熔体在冷却过程中来不及结晶就已经达到其玻璃化转变温度之下,便可获得非晶态。聚合物熔融时,其中相对稳定的微晶会发生过热,结果熔融发生在热力学熔融温度之上。这时,熔体和微晶并不处于热力学平衡态,熔融过程不可逆。因此,聚合物熔融存在可逆和不可逆过程,可用温度调制差示扫描量热仪进行测量。

原则上,结晶和熔融等物理转变可以用差示扫描量热仪进行反复测量,但是存在如下前提:

①样品在冷却后回复到原有状态。然而,实际情况与样品本身情况和降温速率有关。降温速率快时,许多物质由熔体固化为非晶态玻璃,因而在第二次升温时观察不到熔融现象。

②样品不因为蒸发、升华或分解而从坩埚中逸出,或发生转变。蒸发损失的样品已被吹扫气体从测量炉体中带走,不可能在降温过程中重新回到坩埚中结晶。

此外,差示扫描量热的曲线具有如下特征:

①许多有机化合物在熔融时发生分解,分解反应可以是放热的,也可以是吸热的。

②不纯物质、混合物和共混物经常呈现若干个峰。含共熔杂质的物质呈现出两个峰:

前一个是共熔峰,其大小随着杂质含量的增大而增大;后一个是熔融主峰。有时共熔体是非晶态的,这时只有熔融主峰。

③样品越纯、越轻,峰形越窄,即熔程越短。量少、很纯的样品的差示扫描量热吸热峰的半宽小于 1 K;一般半峰宽小于 10 K;但是有时半结晶聚合物的熔融范围可能更宽。

④冷却结晶会发生过冷,过冷程度(熔融与结晶起始温度之差)在 1~50 K。成核后快速结晶的峰几乎垂直向上。

⑤结晶能力差的物质在冷却时形成玻璃态固体。加热时,这种无定形固体会在玻璃化转变温度以上结晶,该过程称为冷结晶。继续加热,则晶体熔融,在刚生成的晶体最后熔化前可能发生若干个多晶型转变。

(3)多晶型。

某些化合物能以两种或者多种结构不同的形式结晶,即能以不同的晶型存在。该化合物称为多晶型化合物。不同的晶型具有非常不同的物理性质,如熔融温度、颜色、溶解性、折光指数、硬度以及电导率和热导率等。多晶型的转变是固－固转变,固－固转变共同的特征是固体样品在转变后仍然是固体样品。但是,不同的晶型在熔融时得到同一个液相。多晶体为同素异形现象,硫、碳(石墨、金刚石等)、磷等许多无机化合物和血多有机化合物以及聚合物均会出现多晶型。用希腊字母(α、β、γ)可以表示在特定温度范围内的各个稳定态晶型。为了有所区别,在字母右边加上撇(α')可以表示在特定温度范围内存在的亚稳态晶型。

通常可以将多晶型分为互变型和单变型两类:

①固－固转变可逆的称为互变型多晶型,如图 8.11(a)所示。固态Ⅰ和固态Ⅱ能可逆转变。由低温 α 型(固态Ⅰ)向高温 β 型(固态Ⅱ)的转变是吸热的,因而 β 型形态的熔融焓高于 α 型形态的熔融焓。α 型的熔点只有当 α 型向 β 型转变特别慢时才能观察到。

②亚稳态晶型放热变为稳定态晶型的固－固转变称为单变型,因为转变只向单方向进行并不可逆转,如图 8.11(b)所示。熔融温度较低的亚稳态 β' 晶型(固态Ⅱ)的熔融焓通常小于熔融温度较高的稳定态 β 型(固态Ⅰ)的熔融焓。熔融热之差等于单向转变焓。根据奥斯特瓦尔德(Ostwald)规则,较不稳定的晶型通常在由熔体冷却时先结晶,然后逐步转变到更稳定的晶型,该过程为 Ostwald 熟化。在差示扫描量热中,通过慢慢加热无定形物质(由熔体骤冷得到)至玻璃化转变温度以上,常常可得到亚稳态晶型,也可从特定溶剂的溶液结晶得到亚稳态晶型。

8.3.2　物质受热过程中的化学转变

(1)橡胶硫化反应。

橡胶是呈现高弹性形变或黏弹性形变的聚合物,即施加应力时形变度高,即使受到相当低的负载,橡胶也能呈现相当大的可逆应变。橡胶包括硫化天然橡胶和具有由于化学或物理交联产生的类橡胶性能的合成聚合物。1839 年 Goodyear 发现将含硫胶乳的胶黏性橡胶颗粒加热,可生成一种弹性、防水和有回弹力的材料,该加热过程称为硫化。在硫化过程中,硫原子在聚异戊二烯链之间形成交联键,生成三维网络结构,最终获得具有黏弹性能的橡胶。橡胶是轻度交联的聚合物,具有很大的网络空隙,因而仍可以认为只是在

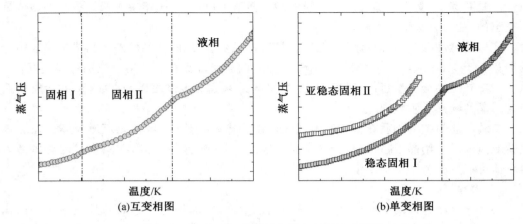

图 8.11　多晶型互变相图和单变相图的示意图

一些分离良好的交联点以化学方式连接起来的线型或支化大分子。

　　橡胶的硫化可在动态升温或等温中进行。差示扫描量热可以测定硫化反应的温度和反应熔值。橡胶的玻璃化转变温度与硫化度（交联转化率）有关，交联反应使得大分子的运动型下降，从而导致玻璃化转变温度随硫化度增加而上升。在橡胶硫化过程中，大分子之间的交联度逐渐提高，导致弹性模量随之增大，而损耗模量及损耗因子随之下降。

　　(2)热固性树脂固化反应。

　　热固性树脂是高度交联的三维网络结构聚合物。起始物质（预聚物）为液态或固态，通过升高温度（或光照性）发生固化，即交联反应，形成坚硬的、刚性的热固性树脂。固化后的热固性树脂不再能够热成型，只可机械加工。因此，热固性树脂必须在固化反应期间，在特定的模塑或涂层工艺中转变成最终形状。热固性树脂一般是非晶态的，不熔化，也不溶解，只在较高温度（玻璃化转变）时软化，这通常是它们应用的最高温度极限。由于交联程度高，因而热固性树脂具有高抗化学腐蚀和抗热形变性能，并呈现出高机械强度和低蠕变倾向。

本章参考文献

[1] CALLEN H B.Thermodynamics and an introduction to thermostatistics[M].New York：Wiley，1991.

[2] INCROPERA F P，DEWITT D P，BERGMAN T L，et al.Fundamentals of heat and mass transfer[M].New York：Wiley，1996.

[3] TRITT T M.Thermal conductivity：theory，properties，and applications[M].New York：Springer Science & Business Media，2005.

[4] PEIERLS R E.Quantum theory of solids[M].Oxford：Oxford University Press，1955.

[5] PEIERLS R E.On the kinetic theory of thermal conduction in crystals[J].Ann.Phys.，1929，3(8)：1055-1101.

［6］ KITTEL C.Introduction to solid state physics［M］.New York：Wiley,1996.

［7］ ONN D,WITEK A,QIU Y,et al.Some aspects of the thermal conductivity of isotopically enriched diamond single crystals［J］.Phys.Rev.Lett.1992,68(18):2806.

［8］ OLSON J,POHL R,VANDERSANDE J,et al.Thermal conductivity of diamond between 170 and 1 200 K and the isotope effect［J］.Phys.Rev.B,1993,47(22):14850.

［9］ WEI L,KUO P,THOMAS R,et al.Thermal conductivity of isotopically modified single crystal diamond［J］.Phys.Rev.Lett.,1993,70(24):3764.

［10］ TIAN F,SONG B,CHEN X,et al.Unusual high thermal conductivity in boron arsenide bulk crystals［J］.Science,2018,361(6402):582-585.

［11］ KANG J S,LI M,WU H,et al.Experimental observation of high thermal conductivity in boron arsenide［J］.Science,2018,361(6402):575-578.

［12］ LI S,ZHENG Q,LV Y,et al.High thermal conductivity in cubic boron arsenide crystals［J］.Science,2018,361(6402):579-581.

［13］ SNYDER G J,TOBERER E S.Complex thermoelectric materials［J］.Nat.Mater.,2008,7:105-114.

［14］ SLACK G A.The thermal conductivity of nonmetallic crystals［J］.Solid State Phys.,1979,34:1-71.

［15］ IOFFE A F.On thermal conduction in semiconductors［J］.Il Nuovo Cimento,1956,3:702-715.

［16］ CLARKE D R,PHILLPOT S R.Thermal barrier coating materials［J］.Mater.Today,2005,8(6):22-29.

［17］ CLARKE D R,LEVI C G.Materials design for the next generation thermal barrier coatings［J］.Annu.Rev.Mater.Res.,2003,33(1):383-417.

［18］ CLARKE D R.Materials selection guidelines for low thermal conductivity thermal barrier coatings［J］.Surf.Coat.Tech.,2003,163:67-74.

［19］ SLACK G A.Nonmetallic crystals with high thermal conductivity［J］.J.Phys.Chem.Solids,1973,34(2):321-335.

［20］ CAHILL D G,POHL R O.Heat flow and lattice vibrations in glasses［J］.Solid State Commun.1989,70(10):927-930.

［21］ CHEN Z,ZHANG X,LIN S,et al.Rationalizing phonon dispersion for lattice thermal conductivity of solids［J］.Natl.Sci.Rev.,2018,5(6):888-894.

第 9 章　差热分析与差示扫描量热

9.1　差热分析原理

差热分析(DTA)是指测试样品的温度与热惰性材料(即物性不随温度发生变化)的温度相比较的结果随加热温度的关系。差热分析的单位为℃或者 K,以前用热电偶的电压 mV 或者 μV 来表示。差热分析主要研究物质在受热或冷却过程中发生的物理变化和化学变化伴随着的吸热和放热现象。如:晶型转变、沸腾、升华、蒸发、熔融等物理变化,以及氧化还原、分解、脱水和离解等等化学变化均伴随一定的热效应变化。差热分析正是建立在物质的这类性质基础之上的一种方法。差热分析装置示意图如图 9.1 所示,即腔体温度通过加热器精密控制,测试样品温度与热惰性样品温度通过热电偶测量得到。

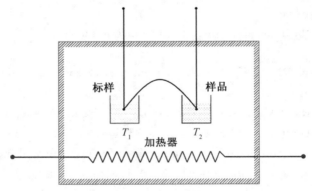

图 9.1　差热分析装置示意图

由于测试样品中的吸热或者放热反应,因此测试样品的温度与热惰性材料的温度出现差异,由此得到测试样品吸热或者放热反应的相关信息,具体测试原理如图 9.2 所示。其中,图 9.2(a)是热惰性样品(标样)的温度随时间的变化,由于没有发生任何吸热或者放热反应,因此热惰性样品的温度随时间线性变化。与之相比,在特定温度下测试样品发生吸热或者放热反应导致温度偏离线性(图 9.2(b)和图 9.2(c))。通过对比图 9.2(a)与图 9.2(b)以及对比图 9.2(d)和图 9.2(e),可以得到关于吸热或者放热反应的相关信息。实际上图 9.2(c)和图 9.2(f)是差热分析特征曲线。通常吸热或者放热反应包括:相变、脱水、还原反应、分解、结晶、氧化等。根据吸热峰和放热峰的个数以及位置可以定量确定测试样品的成分。此外,吸热峰和放热峰曲线下方对应的面积与反应所涉及的焓值相关,因此可以用于半定量地确定热反应。

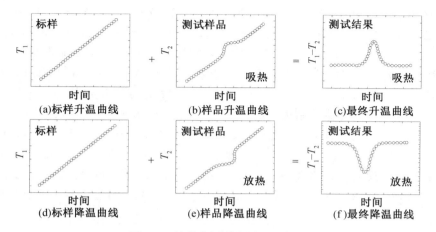

图 9.2　差热分析测试原理示意图

9.2　影响差热分析的因素

影响差热曲线的因素包括仪器方面的因素与实验条件的影响,其中仪器方面的因素如下:

(1)加热炉的结构与尺寸:加热炉的炉膛直径越小、长度越长,则均温区越大,在均温区内的温度梯度就越小。

(2)坩埚材料和形状:坩埚的直径大,高度小,试样容易反应,灵敏度高,峰形也尖锐。目前多用陶瓷坩埚。

(3)热电偶的性能及放置位置:热电偶热端应置于试样中心。

此外,实验条件的因素如下:

(1)升温速率:升温速率是对差热分析曲线产生最明显影响的实验条件之一,升温速度快,峰尖而窄,形状拉长,甚至相邻峰重叠;升温速度慢,峰宽而矮,形状扁平,热效应起始温度超前。常用升温速率:1～10 K/min。

(2)炉内气氛:不同性质的气氛如氧化气氛,还原气氛或惰性气氛有较大影响;气氛对差热分析测定的影响主要由气氛对试样的影响来决定。如果试样在受热反应过程中放出气体能与气氛组分发生作用,那么气氛对差热分析测定的影响就越显著。

(3)炉内压力:对于不涉及气相的物理变化,如晶型转变、熔融、结晶等变化,转变前后体积基本不变或变化不大,那么压力对转变温度的影响很小,差热分析峰温基本不变;对于有些化学反应或物理变化要放出或消耗气体,则压力对平衡温度有明显的影响,从而对差热分析的峰温也有较大的影响,如热分解、升华、汽化、氧化等等,其峰温移动的程度与过程的热效应有关。

9.3　差热分析应用实例

Cuthbert 和 Rowland 针对一系列碳酸盐进行了差热分析。如图 9.3 所示,方解石

(Calcite)（其中 $w(CaO) \approx 55.62\%$，$w(CO_2) \approx 44.11\%$）表现出一个非常强且较宽的吸热峰，该峰出现于 400 ℃，在 650 ℃ 达到最大值，在 690 ℃ 结束。霰石（Aragonite）（其中 $w(CaO) \approx 56.21\%$，$w(CO_2) \approx 43.38\%$）中可以观测到一个与 Calcite 非常类似的吸热峰，该峰出现于 600 ℃，在 860 ℃ 达到峰值并最终在 920 ℃ 结束。菱镁矿（Magnesite）（其中 $w(MgO) \approx 45.98\%$，$w(CO_2) \approx 50.54\%$）中可以发现两个吸热峰，第一个峰出现于 400 ℃，在 650 ℃ 达到峰值并结束于690 ℃。随后，立即出现第二个吸热峰，其峰强显著低于第一个峰。与之相比，白云石（Dolomite）（其中 $w(MgO) \approx 20.13\%$，$w(CaO) \approx 31.25\%$，$w(CO_2) \approx 46.92\%$）在 600 ℃ 出现第一个吸热峰，并在 780 ℃ 达到峰值。该材料第二个吸热峰出现在 830 ℃，并在 900 ℃ 结束。Haul 等人也利用差热分析研究了 Dolomite的热分解过程。Gordon 和 Campbell 针对一系列硝酸盐进行了差热分析。

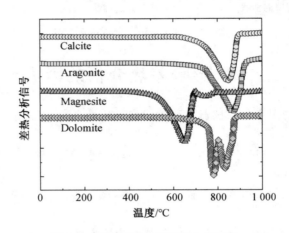

图 9.3　不同碳酸盐的差热分析结果

$KNbO_3$ 和 $KTaO_3$ 都是 ABO_3 钙钛矿结构的材料，两者都属于立方相且晶格常数非常近似，因此可以合理推测这两种物质可以形成固溶体。由于这两种材料的居里温度（13 K 和 688 K）差别非常大，如果可以形成固溶体则有望实现固溶体的居里温度在一个非常宽的温度范围内实现调节。为了研究这一问题，Reisman 等人利用差热分析确立了 $KNbO_3-KTaO_3$ 二元系的相图，如图 9.4 所示。

Kissinger 指出通过研究不同加热速率下差热曲线中吸热/放热峰的移动，可以推测出反应过程中的动力学常数。Matusita 等人利用差热分析研究了 $Li_2O \cdot 2SiO_2$ 晶体生长过程中的激活能。如图 9.5 所示，$Li_2O \cdot 2SiO_2$ 晶体在不同加热速率下出现的放热峰不断向更高温度偏移。其中，材料的热容与晶体形核生长的激活能是高度相关的，如下所示：

$$\log \left[C_p \frac{d(\Delta T)}{dt} + K\Delta T \right] = -\frac{E_D}{RT} + \text{constant} \qquad (9.1)$$

由此，$\log \left[C_p \dfrac{d(\Delta T)}{dt} + K\Delta T \right]$ 与 $1/T$ 近似满足线性关系，并通过确定该直线的斜率可以确定晶体生长的激活能。值得注意的是，晶体生长的表面形核激活能等于该斜率值。然而，晶体体形核的激活能应该是该斜率数值的三倍。

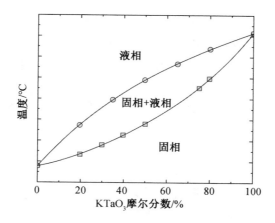

图 9.4　$KNbO_3-KTaO_3$ 二元系的相图

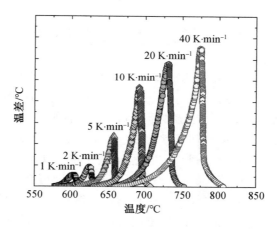

图 9.5　$Li_2O \cdot 2SiO_2$ 晶体在不同加热速率下的差热曲线

　　Xu 等人利用差热分析研究了 $Na_2O \cdot 2CaO \cdot 3SiO_2$ 的形核与结晶过程。不同 $Na_2O \cdot 2CaO \cdot 3SiO_2$ 样品的差热分析曲线如图 9.6 所示。针对固定加热速率的差热曲线,较宽的结晶峰对应于表面形核而较为尖锐的峰对应于块体形核过程。因此,可以看出样品 A 和样品 B 中主要以表面形核为主要的机制。相比之下,样品 C 和样品 D 中主要以体形核为主要的机制。考虑到样品 A 和样品 B 主要是由小颗粒($<$50 μm)组成的,因此这两个样品中的比表面积更大,所以可以理解表面形核在这两个样品中占据主导。与之相比,样品 C 和样品 D 的颗粒尺寸为 425~500 μm,所以体形核占据主导因素。虽然样品 B 与样品 A 均具有相似的颗粒尺寸,但可以发现样品 B 的放热峰相比样品 A 更为尖锐。这可能是由于样品 B 中出现了相当程度的体形核过程,因为样品 B 在 600 ℃ 的温度下保温了 10 h,可能样品中已经出现了一部分的块体核心。

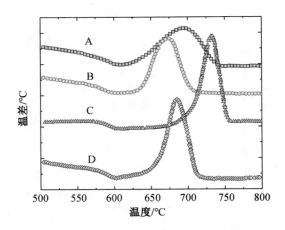

图 9.6　不同 $Na_2O \cdot 2CaO \cdot 3SiO_2$ 样品的差热分析曲线

9.4　差示扫描量热原理

差热分析是间接以温差变化表达物质物理或化学变化过程中的热量变化,且差热分析曲线是影响因素很多因此难以定量分析。相比之下,差示扫描量热法(DSC)是在程序控制下,测量输入到试样和参比样品的能量差随温度或时间变化的一种技术。差示扫描量热仪主要是测量样品在加热、冷却或者均热过程中的温度以及对应的能量变化。能量变化以及温度的确定可以表征固态相变、熔化、玻璃化转变以及一系列复杂的过程。差示扫描量热分析最大的优势在于样品一般不需要特别准备即可直接进行测试,所以测试方便快捷。因此,可以利用差示扫描量热检测吸热和放热效应、测量峰面积(转变焓和反应焓)、测定可表征峰或者热效应的温度、测定比热容。此外,差示扫描量热还可以定量测量物理转变和化学反应,包括:熔点和熔融焓、结晶行为和过冷、固—固转变和多晶型、无定形材料的玻璃化转变、热解、化学反应如热分解或聚合、反应动力学和反应进程预测等。此外,差示扫描量热的优点如下:

(1)克服了差热分析中试样本身的热效应对升温速率的影响:当试样开始吸热时,本身的升温速率大幅落后于设定值;反应结束后,试样的升温速率又会高于设定值。

(2)能进行精确的定量分析:而差热分析只能进行定性或半定量分析。

(3)始终保持试样与参比物之间的温度相同:无温差、无热传递,热量损失小,检测信号大,在灵敏度和精度方面相较差热分析都有大幅提高。

(4)目前,差示扫描量热法的温度范围最高已能够达到 1 650 ℃,极大地拓宽了它的应用前景。

根据测量方法的不同,可以将差示扫描量热具体分为:功率补偿型差示扫描量热法和热流型差示扫描量热法。其中,功率补偿型差示扫描量热法是在样品和参比样品始终保持相同温度的条件下,测定可满足此条件样品和参比样品两端所需要的能量差,并直接作为信号(热量差)输出。要求试样和参比物温度,无论试样吸热或放热都要处于动态零位平衡状态使温差为零,而使温差为零的办法就是功率补偿。当试样吸热时,补偿系统流入试样一侧的加热丝电流增大;当试样放热时,补偿系统流入参比物一侧的电流增大,从而使两者的热量平衡,温差消失。

与之相比,热流型差示扫描量热法是在给予样品和参比样品相同的功率下,测定样品和参比样品两端的温差,根据热流方程,将温差换算成能量差作为信号的输出。通过测量加热过程中试样吸收或放出的热流量。相比于差热分析只能测试温差信息,差示扫描量热可以测试温差信号并建立热熔与温差之间的关系,因此差示扫描量热又被称为定量差热分析。在差热分析中,实际测量的参数为样品与热惰性样品(或者参比样品)的温度,最终测试曲线通过两个温度的差值来体现。在差示扫描量热中,测试样品与参比样品的温度是通过两个独立的加热器分别控制的,通过控制加热器的功率可以实现测试样品与参比样品满足均热条件。因此,在差示扫描量热中实际测量的参数为输入到两个加热器的功率,而最终的测试曲线通过两个功率的差值来体现。热流型扫描差示量热与功率补偿型扫描差示量热最大的不同点在于:样品和参比样品共置于同一个加热器内,但在样品支架与参比样品支架内各放置独立的热电偶随时监测样品和参比样品之间的差示热流(图 9.7)。

差示扫描量热与差热分析的异同点比较:

(1)差示扫描量热和差热分析曲线测量的转变温度和热效应类似。

(2)差示扫描量热适用于定量工作,因为峰面积直接对应于热效应的大小。

(3)差示扫描量热的分辨率、重复性、准确性和极限稳定性都比差热分析好,更适合于有机和高分子材料的测定;而差热分析更多用于矿物,金属等无机材料的分析。

(4)差示扫描量热的影响因素与差热分析的相似,如扫描速率、样品的影响等。

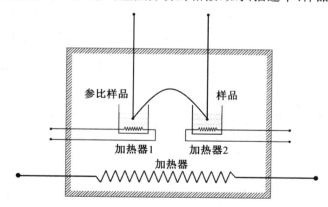

图 9.7　差示扫描量热的装置示意图

9.5　测试注意事项

测试时需要注意:样品与坩埚之间接触良好,以免影响热效应的测量;防止坩埚外表面受样品或样品分解物的污染;样品周围气氛的影响。

9.5.1　热接触

热接触差造成样品内部温度梯度大,实际尖锐的效应变得拖尾。温度梯度小得到的效应尖锐,可提高结果的重复性,增强相邻峰的分离。采用质量少的样品和由样品与坩埚之间的良好接触可获得样品坩埚内很小的温度梯度。

(1)为了减少界面热阻,最理想的样品是平坦的圆片、密实的粉末和液体;对于不规则形状的块体需要将与坩埚底面接触的样品面进行磨平以实现良好的热接触。

(2)脆性或者酥松的物质,可将其研磨成粉并在坩埚中压实。

(3)对于放热反应强烈的样品,可用粗糙的氧化铝或者玻璃粉末与样品混合(稀释)来测量。

(4)坩埚底部一定要平整,无锯齿形或者弯曲,否则会传热不良。

9.5.2　潜在的污染问题

(1)坩埚外表面不可以沾染参比样品,样品也不可以与差示扫描量热的传感器直接接触。受污染的传感器可能产生假象,造成传热不良。

(2)仪器内部尤其是传感器可能出现污染,可以采用热清洁的方式去除(利用空气作为吹扫气体在 600 ℃恒温 10 min)。

(3)有些样品在测量时会沿着敞口坩埚壁面攀升而污染差示扫描量热的传感器,可用打孔的坩埚盖来防止。

9.5.3　气氛的影响

(1)敞口的坩埚可以让测量池的气体接触到样品(气体自由交换),因此测量在等压条件(即周围气体压力几乎恒定)下进行。不过需要考虑到样品溢出坩埚或者溅出样品可能损坏仪器的可能。

(2)受限制的气体交换(自生气氛)对于测定液体的沸点是必需的,可以防止样品过早蒸发,此时需要用到打孔的坩埚盖。

(3)如果样品被完全密封在坩埚内,则不发生膨胀。由于样品受热分解而导致气压的不断增大会将分解起点推向更高温度。此时测量条件受到坩埚耐压限度的限制,如需要可以采用高压坩埚。

9.5.4　测量后观察样品

在测量之后对样品仔细观察可以得到非常丰富的信息:

(1)样品看上去是否熔化? 在差示扫描量热中是否观测到明显的吸热熔融峰?

(2)样品是否变色?

(3)是否观察到气泡,或者泡沫形成的迹象? 气泡表示分解伴随着显著失重。

(4)样品是否与坩埚发生反应?

(5)针对残余物质进行 X 射线衍射分析或者化学分析也可以得到大量的信息。

9.6　差示扫描量热应用实例

9.6.1　比热测试

晶体的热容(C)定义为当晶体体积保持不变,没有化学反应和相变情况下,温度(T)每改变 1 K,晶体所吸收或放出的热量(Q)或晶体内能的改变,单位为 J/K。

$$C = \frac{\mathrm{d}Q}{\mathrm{d}T} \tag{9.2}$$

相应地可以定义样品的比热容(c),可简称为比热,其单位为 J/(g·K)。比热可以用于定量物体的吸热或散热能力。比热越大,物体吸热或散热能力越强。

$$c = \frac{\Delta Q}{m\Delta T} \tag{9.3}$$

其中,m 是晶体的质量。比热容可以通过测试条件不同进一步分为比定压热容(c_p)和比定容热容(c_V)。其中,比定压热容是在单位质量的物质在压力不变的条件下,温度升高或下降 1 K 所吸收或放出的能量。比定容热容是在单位质量的物质在体积不变的条件下,温度升高或下降 1 K 吸收或放出的能量。值得注意的是,由于固体和液体在没有物态变化的情况下,外界供给的热量是用来改变温度的,其本身体积变化不大,所以固体与液体的比定压热容和比定容热容的差别也不太大。

对于一个绝缘的晶体而言,温度升高时宏观表现为固体吸收热量。如果把晶体理想化为仅由谐振子与弹簧组成的系统,即原子类比于谐振子而原子间的化学键类比于弹簧。因此,温度升高时吸收的热量提供了原子振动所需的能量,如图 9.8 所示。换言之,随着温度的升高,原子振动变得愈加剧烈。

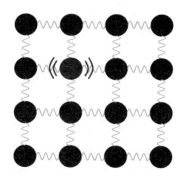

图 9.8　温度升高时单原子振动增强

对于在三维坐标轴上运动的单一谐振子而言,其体系的能量(E_{total})仅取决于弹簧的弹性系数 k 与振动的振幅 A:

$$E_{\text{total}} = \frac{3mv^2}{2} \tag{9.4}$$

能量与谐振子动能的关系为

$$E_{\text{total}} = \frac{3}{2}kA^2 \tag{9.5}$$

通过假设谐振子的动能均由吸收的热能提供,其中热能可以表示为 $k_B T$,k_B 是玻尔兹曼常数:

$$\frac{1}{2}mv^2 = k_B T \tag{9.6}$$

因此,单个谐振子的总能量可以表示为

$$E_{\text{total}} = 3k_B T \tag{9.7}$$

根据比热容的定义可以得到单个谐振子(单原子)的比热容,即单原子的比热容为

$$c = \frac{\mathrm{d}E_{\text{total}}}{\mathrm{d}T} = 3k_B \tag{9.8}$$

计算 1 mol 晶体的比热容,则有

$$c_p = 3k_B N_A \approx 25 \text{ J/(mol} \cdot \text{K)} \tag{9.9}$$

其中,N_A 是阿伏伽德罗常数($N_A = 6.02 \times 10^{23} \text{ mol}^{-1}$)。上述结果则为杜隆—珀蒂(Dulong—Petit)定律。通过对比实际测试的比热值与 Dulong—Petit 定律可以看出(图 9.9),当温度较高时(200 K 以上),实际测试的比热与 Dulong—Petit 定律的预测值非常接近。然而,当温度低于 200 K 时,实际比热随着温度而显著下降。值得指出的是,Dulong—Petit 定律假设 $mv^2/2 = k_B T$,即吸收的热能($k_B T$)与谐振子的动能成正比。然而,当温度很低时对应的热能并不能激发谐振子的运动,因此实际谐振子的动能并不等于吸收的热量。

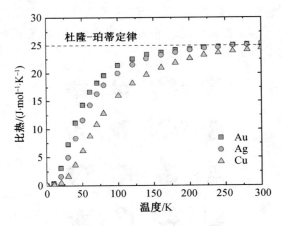

图 9.9　材料实际测试的比热与杜隆—珀蒂定律比较

为了解决上述固体比热的问题,Einstein 利用能量量子化的思想解决了上述问题。即 Einstein 认为一维运动下的谐振子的能量只能是量子化的:

$$E_n = \left(n + \frac{1}{2}\right)\hbar\omega \tag{9.10}$$

其中,n 是量子数;$\hbar$ 是约化普朗克(Planck)常数;ω 是角频率。值得注意的是,ω 是一个与材料成分相关的物理量,在计算时 ω 假设为常数。在此假设上通过利用统计物理的配

分函数求解系统平均能量的方式,Einstein 可以得到单个量子谐振子的平均能量 $\langle E \rangle$ 为

$$\langle E \rangle = -\frac{\partial \log Z}{\partial \beta} = -\frac{\hbar\omega}{2} + \frac{\hbar\omega \, e^{\beta\hbar\omega}}{e^{\beta\hbar\omega} - 1} \tag{9.11}$$

其中, Z 是配分函数; $\beta = 1/(k_B T)$。通过平均能量对温度的微分可以得到单个量子谐振子(单原子)的热容,即单原子比热为

$$\frac{\mathrm{d}\langle E \rangle}{\mathrm{d}T} = \frac{(\hbar\omega)^2 \, e^{\beta\hbar\omega}}{(e^{\beta\hbar\omega} - 1)^2} \frac{1}{k_B T^2} = k_B \, (\beta\hbar\omega)^2 \, \frac{e^{\beta\hbar\omega}}{(e^{\beta\hbar\omega} - 1)^2} \tag{9.12}$$

通过将一维量子谐振子变为三维量子谐振子,则比热变为

$$c = 3k_B (\beta\hbar\omega)^2 \, \frac{e^{\beta\hbar\omega}}{(e^{\beta\hbar\omega} - 1)^2} \tag{9.13}$$

当高温情况下有 $k_B T \gg \hbar\omega$ 时, $\beta\hbar\omega \ll 1$,因此 $e^{\beta\hbar\omega} \approx 1 + \beta\hbar\omega$,所以比热的表达式可以简化为

$$c \approx 3k_B (\beta\hbar\omega)^2 \, \frac{1 + \beta\hbar\omega}{(1 + \beta\hbar\omega - 1)^2} \approx 3k_B \tag{9.14}$$

换言之,此时 Einstein 模型得到的高温比热与 Dulong－Petit 定律的结果是一致的。然而,当温度很低时有 $k_B T \ll \hbar\omega$,此时 $e^{\beta\hbar\omega}$ 是一个很大的数值,比热的表达式可以简化为

$$c = 3k_B (\beta\hbar\omega)^2 \, \frac{e^{\beta\hbar\omega}}{(e^{\beta\hbar\omega} - 1)^2} \approx 3k_B \, \frac{(\beta\hbar\omega)^2}{e^{\beta\hbar\omega}} \tag{9.15}$$

由此可见,固体的比热在低温情况下随着温度的降低而呈现出指数下降。通过拟合出金刚石的角频率可以将 Einstein 模型预测的比热与实际测试的比热进行对比,如图 9.10 所示。可以看出,整体上而言 Einstein 模型确实能够较好地拟合出固体比热在低温条件下随温度下降而显著降低的趋势。

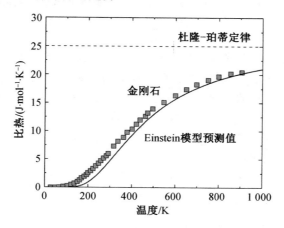

图 9.10　Einstein 模型预测的比热与金刚石实际测试的比热结果对比

然而,如果进一步对比更低温度条件下 Einstein 模型预测的比热与实际测试的比热可以发现,Einstein 模型预测的比热值在低温区间随温度下降得太快,而实际测试的比热随温度的关系满足 T^3,如图 9.11 所示。

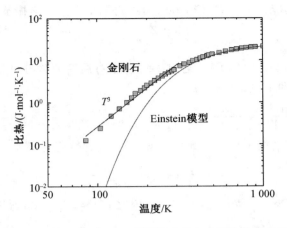

图 9.11　低温下 Einstein 预测的比热与实际比热的差异

因此，Einstein 模型仍存在一定问题。针对这一问题 Debye 引入了新的模型。相比于 Einstein 考虑每个单原子为独立的量子谐振子，Debye 认为每个原子在振动时都会将振动传递到邻近原子，因此晶体中的原子振动应该以声波的形式传播。在此假设的基础上，Debye 计算的平均能量的表达式为

$$\langle E\rangle = \frac{12\pi}{v^3\beta^4\hbar^3}\int\frac{(\beta\hbar\omega)^3}{e^{\beta\hbar\omega}-1}d(\beta\hbar\omega) \tag{9.16}$$

通过进一步简化，该平均能量的表达式为

$$\langle E\rangle = \frac{12\pi(k_B T)^4}{v^3\hbar^3}\frac{\pi^4}{15}\sim T^4 \tag{9.17}$$

由此可见平均能量随温度的变化关系为 T^4，由此可以推出热容随温度的依赖关系为

$$C = \frac{d\langle E\rangle}{dT}\sim T^3 \tag{9.18}$$

可见，Debye 模型可以实现与实验值相同的在低温区间的温度依赖关系。

样品的比热容（可简称为比热）可以通过差示扫描量热确定出来，即通过将热流曲线中基线扣除，可以得到样品的比热。焓值随时间的变化率可以表示为

$$\frac{dH}{dt} = mc\frac{dT}{dt} \tag{9.19}$$

因此，对于参比样品而言

$$\frac{dH_{Ref}}{dt} = m_{Ref}c_{Ref}\frac{dT}{dt} \tag{9.20}$$

对于测试样品而言

$$\frac{dH_{Sample}}{dt} = m_{Sample}c_{Sample}\frac{dT}{dt} \tag{9.21}$$

结合上述两式，则样品的比热可以表示为

$$c_{Sample} = \frac{m_{Ref}c_{Ref}\dfrac{dH_{Ref}}{dt}}{m_{Sample}\dfrac{dH_{Sample}}{dt}} \tag{9.22}$$

其测试方法一般为:先测试没有放置任何样品的空坩埚的热流曲线(即基线)。重复这一步骤,确认前后两次空坩埚得到的热流曲线是重合的。然后,将标样(通常是蓝宝石)加入到坩埚中再次测试其热流曲线。之后取出标样并将待测样品放入坩埚中再次测试热流曲线。由此可见,比热测试的准确性非常依赖于测试的基线是否稳定。为了提高比热测试的准确性,一般要求样品的质量与蓝宝石的质量是近似的。采用上述方法可以利用差示扫描量热仪对样品的比热进行测量,针对康铜合金的比热测试结果如图 9.12 所示。

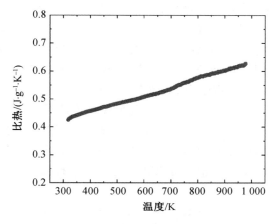

图 9.12　康铜合金从室温到 1 000 K 的比热

9.6.2　焓值测试

材料的焓值是需要加热样品至某一个特定温度时需要对样品输入的能量,焓值可以通过热容曲线的积分得到,即

$$\Delta H m = K A \tag{9.23}$$

其中,ΔH 是热反应(或者热转变)过程中的焓值;m 是反应样品的质量;K 是矫正系数;A 是差示扫描量热测试曲线中峰对应的面积。其中 K 的数值取决于样品的几何尺寸与热导率。

9.7　其他类型的差示扫描量热仪

9.7.1　温度调制式差示扫描量热

差示扫描量热的传统温度程序是以恒定的速率将样品升温或降温。温度调制式差示扫描量热法的升温速率以更复杂的方式变化,是在线性温度程序上叠加一个很小的调制温度。一般温度调制方法主要包括等温步阶调制、周期性调制、随机调制三种。其中,等温步阶调制式差示扫描量热的温度程序由一系列等温周期步阶组成。周期性调制式差示扫描量热的温度程序为在线性温度变化上叠加一个周期性变化(正弦)的调制,也可叠加其他调制函数(如锯齿形)。随机调制式差示扫描量热的温度程序是在基础线性升温速率上叠加脉冲形式的随机温度变化。温度调制的优势在于可将热流分离成两个分量:一个对应于试样的比热容;另一个对应于动力学过程,如化学反应、结晶过程或蒸发过程。

(1)等温步阶调制式差示扫描量热。

等温步阶调制式差示扫描量热的温度程序由大量交替的等温段和动态段组成。等温或动态段的长度一般为 30 s~20 min,动态段的升温速率为 0.5~3 K/min。动态段和等温段的长度通常相等,所有的动态段用相同的升温速率。等温步阶调制式差示扫描量热的基本概念是在等温段仅测量动力学现象(如结晶、化学反应或蒸发),而动态段的热流主要由试样的热学质量和比热容产生,因此可以将比热信息和动力学信息分开。

(2)周期性调制式差示扫描量热。

周期性调制式差示扫描量热是指在线性加热外,再重叠一个周期性正弦振荡方式加热。当以缓慢线性加热时,可得到高的分辨率,而周期性正弦波振荡方式加热时造成了瞬间的剧烈温度变化,从而可实现较好的灵敏度,因而改进了传统差示扫描量热不能同时具备高灵敏度和高分辨率的问题。通过配合傅里叶变换方法可将总热流分解成可逆与不可逆的部分,因而可将许多重叠的转变分开,最终实现对材料结构及特性做进一步的了解。周期性调制式差示扫描量热也被称为温度调幅式差示扫描量热或者傅里叶变换式差示扫描量热。周期性调制式差示扫描量热可以利用现有差示扫描量热的硬件,只修改温度控制及其分析软件。

针对聚碳酸酯和聚对苯二甲酸乙二醇酯构成的双层膜结构的传统差示扫描量热分析结果如图 9.13 所示,样品在 130~150 ℃出现了一个转变峰。然而,解释以及定量分析该峰值非常困难,这是由于该转变峰同时包含了聚碳酸酯的玻璃化转变以及聚对苯二甲酸乙二醇酯的结晶放热。其中,聚碳酸酯的玻璃化转变是一个可逆的转变过程,而聚对苯二甲酸乙二醇酯的结晶放热是不可逆的。为了解决这一问题,Gill 等人针对聚碳酸酯和聚对苯二甲酸乙二醇酯构成的双层膜结构进行了周期性调制式差示扫描量热分析。可以看出,该技术成功地将聚碳酸酯的玻璃化转变以及聚对苯二甲酸乙二醇酯的结晶放热分开成两条单独的曲线。

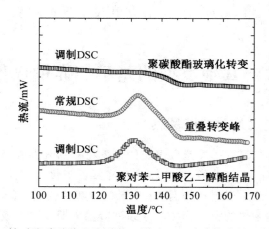

图 9.13　针对聚碳酸酯和聚对苯二甲酸乙二醇酯构成的双层膜结构的
周期性调制式差示扫描量热分析结果

　　此外,利用周期性调制式差示扫描量热还可以进行比热容测量,如图 9.14 所示。相比于传统差示扫描量热分析需要多次测试才能获得样品的比热容,周期性调制式差示扫描量热可以通过单次测量即可获得材料的比热容。图 9.14 中所示的曲线为周期性调制式差示扫描量热的比热容,另外标注的散点是相关文献报道的比热容数据。可见,周期性调制式差示扫描量热可以得到非常精确的测试结果。

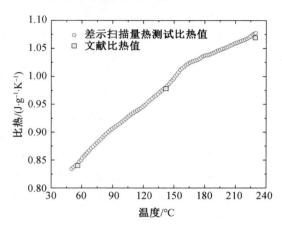

图 9.14　周期性调制式差示扫描量热测试得到的蓝宝石比热

　　(3)随机调制式差示扫描量热。

　　随机调制式差示扫描量热的温度程序由沿着基础升温速率的台阶式增量和随机间隔长度减量组成。该技术的分析主要基于以下两点假设:

　　①差示扫描量热在足够长时间间隔内,对于相当小的温度调制是一个线性的、不受影响的系统。

　　②样品对于温度程序的响应能够分离成为线性响应(可逆热流)和非线性响应(不可逆热流)。假定不可逆过程是缓慢的,如果效应的时间尺度比第一点所说的足够长的时间间隔更长,则认为该效应是缓慢的。

　　随机调制式差示扫描量热的测试主要包括以下四个主要步骤:

　　①输入信号为测量得到的差示扫描量热温度,由常规差示扫描量热温度程序叠加上很小的随机温度调制产生,测量得到的热流为输出信号。

　　②由输入信号与输出信号之间的相关性分析将热流分成两个分量:一个是与输入信号速率相关的分量;另一个是与输入信号速率无关的分量。其中,相关的分量表征样品—仪器系统的线性行为。与升温速率不相关的热流分量由过剩热容测定,这是不可逆热流。

　　③升温速率与热流的相关函数由已表征的系统确定;该函数等于响应小温度台阶的热流信号,对该函数积分可得出准稳态热容和可逆热容,总热流为可逆与不可逆热流之和。

　　④用已表征系统的各个频率计算,可获得任何频率下与频率有关的复合热容。

　　相比于其他温度调制式差示扫描量热,随机调制式差示扫描量热具有的优点包括:可测定准稳态热容以及准稳态可逆热流和不可逆热流;可由单次实验测定与频率有关的复合热容;可用准稳态量校准与频率有关的复合热容。因此,随机调制式差示扫描量热能测量热容以及将热流分离为可逆（显热）和不可逆（潜热）分量的唯一调制式差示扫描量热技术。

9.7.2　快速差示扫描量热

快速差示扫描量热仪是最新发展的一种快速差示扫描量热设备，其升温速率可达 2.4×10^{6} K/min，冷却速率 2.4×10^{5} K/min。快速差示扫描量热仪的核心部件是基于微机电系统技术的芯片传感器。在常规差示扫描量热中，为了保护传感器，测试试样都放置在坩埚中，因此坩埚的热容和导热性对测量有显著的影响。一般地，常规差示扫描量热所需的样品质量为 10 mg。在超快速差示扫描量热中，样品直接放置在丢弃型芯片传感器上进行测试，因此可以避免坩埚的影响。为了保证样品的热容很小，测试样品的质量一般仅为几十纳克（ng）。由于样品量非常小，因此必须借助显微镜制备样品。

快速差示扫描量热能分析之前无法测量的结构重组过程。极快的冷却速率可制备明确定义的结构性能的材料。极快的升温速率可大幅缩短测量时间从而防止结构改变。不同的冷却速率可影响试样的结晶行为和结构，因此快速差示扫描量热可用于研究结晶动力学。快速差示扫描量热在其升、降温低速段可与常规差示扫描量热交叠，例如快速差示扫描量热的最低升温速率为 30 K/min，最低冷却速率为 6 K/min。因此，快速差示扫描量热与常规差示扫描量热可互为补充，达到极宽的扫描速率范围。

Gao 等人利用快速差示扫描量热分析研究了具有不同厚度的聚苯乙烯薄膜在不同冷却速率下的玻璃化转变温度（图 9.15）。可以看出厚度为 160 nm 的聚苯乙烯薄膜的玻璃化转变温度随冷却速率的变化速率与块体的结果是非常近似的（差值在 2 K 左右）。当聚苯乙烯厚度降低为 71 nm 且冷却速率为 0.1 K/s 时，其玻璃化转变温度显著低于厚度为 160 nm 的薄膜（差值约为 7 K）。当聚苯乙烯薄膜的厚度进一步降低为 47 nm 时，其玻璃化转变温度在 0.1 K/s 的冷却速率下仅为 92 ℃。当冷却速率升高时，所有样品的玻璃化转变温度均得到提高。当冷却速率为 1 000 K/s 时，所有样品的玻璃化转变温度都趋于近似。

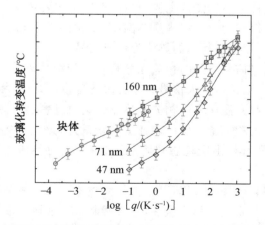

图 9.15　不同厚度的聚苯乙烯薄膜在不同冷却速率下的玻璃转变温度

Tao 等人利用快速差示扫描量热技术研究了不同冷却速率条件下,不同离子液体的玻璃化转变温度的变化(图 9.16)。可以看出所研究的六种离子液体的玻璃化转变温度随着冷却速率增大而不断升高。玻璃化转变温度随冷却速率的变化规律可以利用威廉姆斯—兰德尔—弗雷(Williams—Landel—Ferry)公式来描述:

$$\log\left(\frac{q}{q_{ref}}\right) = \frac{C_1(T_g - T_{g,ref})}{C_2 + (T_g - T_{g,ref})} \tag{9.24}$$

其中,q 是冷却速率;q_{ref} 是参考冷却速率,可以定为 0.1 K/s;$T_{g,ref}$ 是指当冷却速率为 0.1 K/s 时材料的玻璃化转变温度;C_1 和 C_2 是常数。

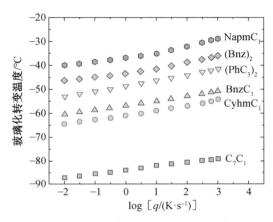

图 9.16　不同离子液体的玻璃化转变温度随冷却速率的变化规律

NapmC$_1$—1—(2—萘基甲基)—3—甲基咪唑乙酸盐;(Bnz)$_2$—1,3—二苄基咪唑乙酸盐;(PhC$_3$)$_2$—1—丁基—3—甲基咪唑六氟磷酸盐;BnzC$_1$—1—苄基—3—甲基咪唑乙酸盐;CyhmC$_1$—乙酸 1—(环己基甲基)—3—甲基咪唑鎓;C$_7$C$_1$—乙酸 1—庚基 3—甲基咪唑鎓

9.7.3　高压差示扫描量热

将差示扫描量热炉体集成于压力容器内,可制成高压差示扫描量热仪。高压差示扫描量热仪一般有三个气体结构:快速进气接口,用于增压;炉膛吹扫气体口,用于进行测试过程中的气流控制;气体出口,用于进行压力控制。测试炉内的实际压力由压力表显示。通过压力和气体流量控制器,可实现静态和动态程序气氛下的精确压力控制。加压将影响试样所有伴随发生体积改变的物理变化和化学反应,压力下进行差示扫描量热测试可缩短分析时间,较高压力和温度将加速反应进程;可模拟实际反应环境,在工艺条件下测试;可抑制或延迟蒸发,将蒸发效应与其他重叠的物理效应及化学反应分开,从而改进对重叠效应的分析和解释;可提高气氛的浓度,加速与气体的多相反应速率;可在特定气氛下测量,如氧化、无氧条件或含有毒或可燃气体;可通过不同压力下的实验,更精确地测试吸附或解吸附行为。

Ledru 等人利用高压差示扫描量热测试了金属铟的熔化焓值,测试结果如图 9.17(a)所示,可以看出随着压力增大,金属铟的熔化焓值不断减小。根据该测试数据拟合可以得到熔值随压力的变化规律如下：

$$\Delta H = \Delta H_0 - [(2.7 \pm 1.9) \times 10^{-3}]p - [(1.6 \pm 4) \times 10^{-6}]p^2 \tag{9.25}$$

其中，ΔH_0 是一个常数，对应于无压力情况下的熔化焓值；p 是压力。此外，金属铟的熔点随压力的变化结果如图 9.17(b)所示，可以看出熔点近似随着压力增大而线性增加，通过线性拟合可以得到如下表达式：

$$T_{In} = T_0 + (0.050\ 7 \pm 0.003\ 0)p \tag{9.26}$$

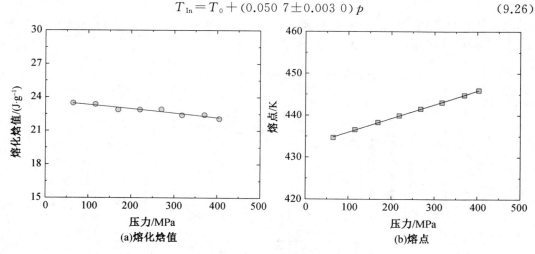

(a)熔化焓值　　　　　　　　　(b)熔点

图 9.17　金属铟在不同压力下的参数变化

Hohne 等人研究了线型聚乙烯在不同压力下的熔化行为。如图 9.18(a)所示是线型聚乙烯的峰值温度随压力的关系，该峰值温度随着压力的增加而不断升高。值得注意的是，在 180～300 MPa 的压力区间内，明显存在两个独立的峰值，这其实分别对应于折叠链晶体与拓展链晶体。这表明从折叠链晶体与拓展链晶体的转变是不连续的。此外，熔化比热随压力的变化规律如图 9.18(b)所示。该规律可以解释为：随着压力的增大，晶体的结晶度越来越高。此外熔化焓在 400 MPa 时存在一个最大值。相应地，样品密度测量同样也在 350 MPa 条件下出现一个峰值。

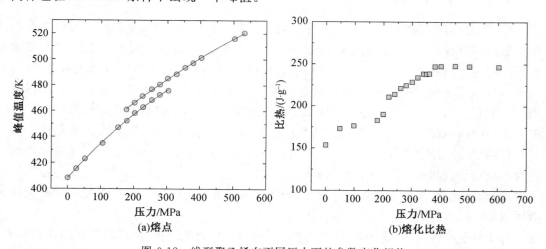

(a)熔点　　　　　　　　　(b)熔化比热

图 9.18　线型聚乙烯在不同压力下的参数变化规律

Hohne 等人利用高压差示扫描量热技术研究聚甲基戊烯在不同压力下熔化与相转变温度,结果如图 9.19 所示。可以看出,从四方晶相(固相)到液相的转变所对应的熔化吸热峰出现在 200～300 ℃ 的温度区间内。当压力低于 150 MPa 时,该熔化温度随着压力增大而增大;在 150～250 MPa 的压力范围内,熔化温度几乎不随压力变化;当压力大于 250 MPa 时,进一步增大压力会使得熔化温度降低。此外,在 100 ℃ 左右出现了从六方晶相到四方晶相的固态相转变过程。可以看出,该固相转变温度随着压力的增大而不断增加。

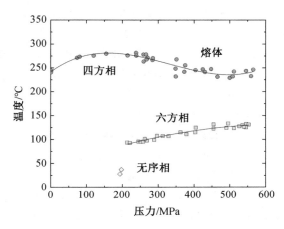

图 9.19 聚甲基戊烯在不同压力下相转变温度的变化

习　　题

1.简述 DSC 和 DTA 的不同?

2.从差热分析曲线上可以获得哪些重要信息?

本章参考文献

[1] CUTHBERT F,ROWLAND R A.Differential thermal analysis of some carbonate minerals[J].Am.Min.J.Earth Planet.Mater.,1947,32(3-4):111-116.

[2] HAUL A,HEYSTEK H.Differential thermal analysis of the dolomite decomposition[J].Am.Min.J.Earth Planet.Mater.,1952,37(3-4):166-179.

[3] REISMAN A,TRIEBWASSER S,HOLTZBERG F.Phase diagram of the system $KNbO_3$-$KTaO_3$ by the methods of differential thermal and resistance analysis[J].J.Am.Chem.Soc.,1955,77(16):4228-4230.

[4] KISSINGER H E.Variation of peak temperature with heating rate in differential thermal analysis[J].J.Res.Natl.Bur.Stand,1956,57(4):217-221.

[5] KISSINGER H E.Reaction kinetics in differential thermal analysis[J].Anal.Chem.,1957,29(11):1702-1706.

[6] MATUSITA K,SAKKA S,MATSUI Y.Determination of the activation energy for crystal growth by differential thermal analysis[J].J.Mater.Sci.,1975,10(6):961-966.

[7] XU X J,RAY C S,DAY D E.Nucleation and crystallization of $Na_2O \cdot 2CaO \cdot 3SiO_2$ glass by differential thermal analysis[J].J.Am.Ceram.Soc.,1991,74(5):909-914.

[8] EINSTEIN A.Die plancksche theorie der strahlung und die theorie der spezifischen wärme[J].Ann.Phys.,1907,327(1):180-190.

[9] GILL P,SAUERBRUNN S,READING M.Modulated differential scanning calorimetry[J].J.Therm.Anal.,1993,40(3):931-939.

[10] READING M,LUGET A,WILSON R.Modulated differential scanning calorimetry [J].Thermochimica Acta,1994,238:295-307.

[11] GAO S,KOH Y P,SIMON S L.Calorimetric glass transition of single polystyrene ultrathin films[J].Macromolecules,2013,46(2):562-570.

[12] KALETUNC G.Calorimetry in food processing:analysis and design of food systems [M].New Jersey:Wiley-Blackwell,2009.

[13] LEDRU J,IMRIE C T,HUTCHINSON J,et al.High pressure differential scanning calorimetry:aspects of calibration[J].Thermochimica Acta,2006,446(1-2):66-72.

[14] HÖHNE G,SCHAWE J,SHULGIN A.The phase transition behaviour of linear polyethylenes at high pressure[J].Thermochimica Acta,1997,296(1-2):1-10.

[15] HÖHNE G,RASTOGI S,WUNDERLICH B.High pressure differential scanning calorimetry of poly(4-methyl-pentene-1)[J].Polymer,2000,41(25):8869-8878.

第 10 章　热重分析

　　热重法(TG)或热重分析法(TGA)是一种主要测量样品质量随温度的变化或者在固定温度下随时间的变化。物质在加热过程中往往出现质量变化,如含水化合物的脱水、无机和有机化合物的热分解、物质加热时与周围气氛作用、固体或液体物质的升华或蒸发等都在加热过程中伴随有质量变化,这种质量变化的量可以用热重分析仪来检测。20世纪初 Honda 首次提出了"热天平"的概念,随后 Saito 等人进一步改进了热天平技术。热天平意味着将样品放置于一个温度可控的环境中,但并不是把天平也放置在相同的热环境中。实际上,天平或者其他的质量测量工具总是处在与周围的环境温度相同或者相近的地方。

　　热重分析的精度非常高,根据天平达到的分辨率,可将其分为半微量天平(10 μg)、微量天平(1 μg),以及超微量天平(0.1 μg)。通常,样品一般以固定的速率加热(即动力测量)或者保持在一个特定的温度条件下(均热测量)。除了分辨率,可连续测量的最大量程也是天平的重要性能,特别是当测量不均匀物质时,一般需要样品质量较大(几十甚至几百微克)。此外,测试气氛的选择对于热重测试有重要的影响,即惰性气氛、反应性气氛或者氧化性气氛。热重测试曲线反映的是质量或者质量百分比随温度或者时间的变化关系。不同的效应可以使得样品损失或者得到质量,从而在热重曲线上表现出台阶:

　　(1)具有挥发性物质的蒸发;干燥,气体、水分和其他挥发性物质的解吸附和吸附,结晶水的失去。

　　(2)材料在空气或者氧气中的氧化。

　　(3)物质的分解。

　　(4)铁磁材料的磁性随着温度而改变(居里转变),如果在非均匀磁场中测量样品,则在居里转变处磁引力的改变会产生热重信号。

　　根据测试条件不同,可以将热重分析归纳为静态法与动态法。其中,静态法包括等温质量变化测定(在恒温条件下测量物质质量与温度的关系)与等压质量变化测定(在程序控制温度下,测量物质在恒定挥发物分压下平衡质量与温度的关系)。静态法测试的准确度高,但是所需的测试时间非常长。相比之下,动态法是在程序升温下,测定物质质量变化与温度的关系。

　　热重分析法的原理实际上就是热天平,即在天平上加装受热装置及气氛装置,当样品在某一温度受热会发生质量的变化,由此可以连续自动地检测记录样品质量随温度变化的情况。热重分析法测试的核心在于精确测定质量变化。实际测试中可以根据天平梁倾斜度与质量变化成比例的关系,用差动变压器等检测倾斜度并自动记录。或者,可以用螺线管线圈对安装在天平系统中的永久磁铁施加力,使天平梁的倾斜复原。对永久磁铁所施加的力与质量变化成比例,这个力又与流过螺线管的电流成比例,因此只要测量并记录电流,便可以得到质量变化的曲线。

当质量不变时,随着温度或时间的变化曲线为一直线;当质量改变时曲线产生拐点,向上表示质量增加,向下表示质量减少。根据热重曲线上各平台之间的质量变化,可计算出试样各步的失重量。通过热重曲线可以看出热稳定区和反应区,通过质量或质量百分比的变化判断试样的热分解机理和各步的分解产物。在热重曲线中,水平部分表示质量是恒定的,曲线斜率发生变化的部分表示质量的变化。

10.1　影响热重曲线的因素

由热重法记录的质量变化对温度的关系曲线称为热重曲线。热重曲线的特性与准确度受到一系列因素的影响,这些因素可以按照仪器因素与样品因素大致分成以下两类。

1.仪器因素

(1)加热速率。

对于给定的温度间隔,样品的分解程度随着加热速率的降低而增大。如果分解反应本身是放热的,则样品的温度会高于加热炉的温度,此时两者的温差随着加热速率增大而增大。此外,如果存在连续的反应,则加热速率的大小会决定这些反应是否能够被清楚地分开。

(2)加热气氛。

如果样品发生的化学反应中会生成气体产物,则施加惰性气体成分可以有效清除气体产物从而推动化学反应的产生,例如化学反应(10.1)和(10.2)。如果样品发生的化学反应中涉及气体,则施加惰性气体成分会减少该气体从而抑制化学反应的发生,例如化学反应(10.3)。如果加热气氛是化学反应涉及的气体,则该气氛可以显著推动化学反应的发生,例如化学反应(10.3)。

$$A_{solid} \rightleftharpoons B_{solid} + C_{gas} \tag{10.1}$$

$$A_{solid} + B_{solid} \longrightarrow C_{gas} \tag{10.2}$$

$$A_{solid} + B_{gas} \longrightarrow C_{solid} + D_{gas} \tag{10.3}$$

(3)样品容器。

样品的尺寸大小以及热沉特性对样品热分解过程有显著影响。理想情况下如果容器尺寸足够大,则容器可以被认为是一个无穷大的热沉。此时,样品热分解过程可以在一个较小的温度区间内完成。

2.样品因素

(1)样品的多少。

由于样品在分解过程中的放热或者吸热特性,样品质量越大则放热或者吸热量越大,从而导致样品的温度显著偏离于实际的温度变化。

(2)样品的颗粒尺寸。

样品的颗粒尺寸会影响气态反应产物的扩散,从而影响反应速率和改变热重曲线形状。此外,样品的颗粒尺寸也决定了样品的比表面积,从而影响了热分解反应速率。一般来说,热分解反应发生的温度随着样品颗粒尺寸的降低而降低。

(3)样品的热导率。

样品表面与中心部分的温度梯度与样品的热导率密切相关,这一温度梯度对热分解反应有显著影响。如果样品的热导率越低,则温度梯度越大。

10.2　影响热重测试误差的因素

由于一系列因素的存在,热重测试的温度以及质量变化数据都可能出现显著的误差。因此,高精度的热重分析要求针对这些误差进行校正。此外,了解这些误差产生的因素对分析热重数据也有重要意义。以下是可能导致热重分析误差的因素:

(1)样品与容器的浮力。

样品与容器在气体中的浮力对热重测试存在影响。此外,气体的密度与温度密切相关。

(2)加热炉内的气体对流以及紊流。

气体对流以及紊流对样品质量测试存在影响,例如上升气流可能会导致表观质量的减少,紊流可能会导致表观质量的增大。值得指出的是,这一影响同时与容器的尺寸以及测试时的升温速率存在密切联系。

10.3　微商热重分析

对于常规的热重分析测试,样品的质量在连续的温度变化(或者时间变化)中被记录下来。通过质量对时间(或者温度)的微分,可以记录下该微分数值在连续的温度变化(或者时间变化)时的结果,这被称为微商热重分析(DTG)。常规热重分析(TG)质量损失曲线与微商热重分析(DTG)质量损失曲线的对比结果如图 10.1 所示。

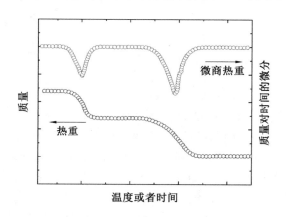

图 10.1　常规热重分析(TG)质量损失曲线与微商热重分析(DTG)
质量损失曲线的对比结果

从微商热重分析中可以得到如下信息:

（1）通过微商热重分析曲线可以确定质量变化最大时对应的温度；

（2）微商热重分析曲线下方的面积对应于质量的变化；

（3）微商热重分析曲线给出的峰高是相应温度下的质量变化数值。

热重曲线和微商热重曲线分析比较：

（1）微商热重分析曲线的峰顶即失重速率的最大值，与热重分析曲线的拐点相对应；

（2）微商热重分析曲线上的峰的数目和热重分析曲线的台阶数相等；

（3）峰面积与失重量成正比。

在热重法中，微商热分析曲线比热重分析曲线更有用，因为它与差热分析曲线相类似，可在相同的温度范围进行对比和分析，从而得到有价值的信息。

10.4 热重分析应用实例

碳酸钙的热重分析曲线如图 10.2 所示，可以看到碳酸钙大约在 600 ℃ 开始损失质量，大约在 760 ℃ 以后质量维持稳定。整个过程中质量的损失为总质量的 44% 左右。$CaCO_3$ 的分子量为 100，CaO 的分子量为 56，CO_2 的分子量为 44。根据热重曲线的结果可以推测，碳酸钙在 600 ℃ 开始发生热分解，其反应为固体的 CaO 和 CO_2 气体。

$$CaCO_3(s) \longrightarrow CaO(s) + CO_2(g) \tag{10.4}$$

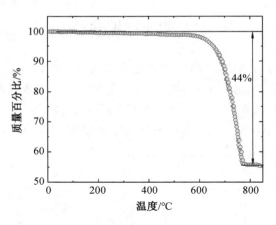

图 10.2 碳酸钙的热重分析曲线

如果将一定比例的 $CaCO_3$ 和 CaO 的混合物进行热重分析，通过热重曲线可以得到两种物质分别的比例。如图 10.3 所示，样品的质量在 600 ℃ 开始下降，大约在 760 ℃ 以后质量维持稳定，这与 $CaCO_3$ 的热分解反应是相同的。由于生成产物 CaO 非常稳定，因此在测试的温度范围内只存在 $CaCO_3$ 热分解这一个化学反应。通过对比热分解前后的质量差异，可以发现质量差为 36.5%。如果假设在混合物中 $CaCO_3$ 的质量百分比为 x，则 CaO 的质量百分比为 $100\% - x$。由于 $CaCO_3$ 热分解前后的质量差为 44%，因此可以 $CaCO_3$ 的质量百分比为

$$x = \frac{36.5\%}{44\%} = 82.95\% \tag{10.5}$$

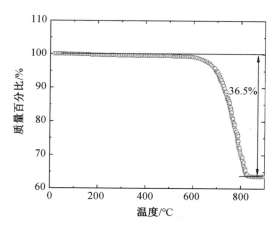

图 10.3　CaO 和 CaCO₃ 混合物的热重分析曲线

图 10.4 为含有一个结晶水的草酸钙（$CaC_2O_4 \cdot H_2O$）热重分析曲线，依据该曲线可以得到的热分解过程如下：

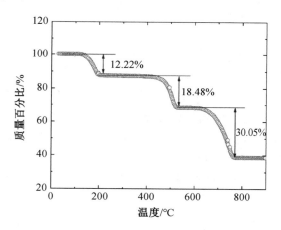

图 10.4　含有一个结晶水的草酸钙（$CaC_2O_4 \cdot H_2O$）热重分析曲线

（1）在 100～200 ℃的温度范围内发生了第一个热失重过程，质量损失为 12.2%，这相当于草酸钙失去了一个结晶水：

$$CaC_2O_4 \cdot H_2O(s) \longrightarrow CaC_2O_4(s) + H_2O(g) \qquad (10.6)$$

（2）在 400～550 ℃的温度范围内发生了第二个热失重过程，质量损失为 18.5%，这相当于 1 mol CaC_2O_4 失去了 1 mol CO：

$$CaC_2O_4(s) \longrightarrow CaCO_3(s) + CO(g) \qquad (10.7)$$

（3）在 600～800 ℃的温度范围内发生了第三个热失重过程，质量损失为 30%，这相当于 1 mol $CaCO_3$ 失去了 1 mol CO_2：

$$CaCO_3(s) \longrightarrow CaO(s) + CO_2(g) \qquad (10.8)$$

如果包含两种以上物质的混合物在加热过程中发生质量变化时，也可以采用类似的方法确定混合物中不同组分的占比。例如，图 10.5 为 $CaC_2O_4 \cdot H_2O$、CaC_2O_4、$CaCO_3$ 和 CaO 混合物的热重分析曲线。根据热重曲线可以得到以下信息：

(1)从 115 ℃左右开始到 200 ℃结束的热失重应该是 $CaC_2O_4 \cdot H_2O$ 的失水反应,生成 CaC_2O_4,其质量损失百分比为 $a\%$。

(2)从 390 ℃左右开始到 532 ℃左右结束的热失重应该是,原有 CaC_2O_4 以及由于 $CaC_2O_4 \cdot H_2O$ 失水生成的 CaC_2O_4 的热分解生成 $CaCO_3$ 和 CO,其质量损失百分比为 $b\%$。

(3)从 594 ℃左右开始到 781 ℃左右结束的热失重应该是原有 $CaCO_3$ 以及由 CaC_2O_4 热分解生成 $CaCO_3$ 的热分解,生成 CaO 和 CO_2,其质量损失百分比为 $c\%$。

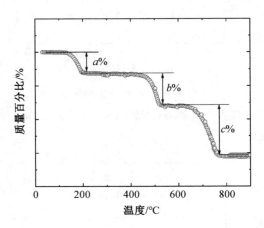

图 10.5 $CaC_2O_4 \cdot H_2O$、CaC_2O_4、$CaCO_3$ 和 CaC_2O_4 混合物的热重分析曲线

如果假设 $CaC_2O_4 \cdot H_2O$ 的质量百分比为 x,CaC_2O_4 的质量百分比为 y,$CaCO_3$ 的质量百分比为 z,则 CaO 的质量百分比为 $100\% - x - y - z$。$CaC_2O_4 \cdot H_2O$ 的分子量为 146,CaC_2O_4 的分子量为 128,H_2O 的分子量为 18,CO 的分子量为 28,CO_4 的分子量为 44。根据以上三个热失重反应,可以得到以下方程组:

$$x \frac{18}{146} = a\% \tag{10.9}$$

$$\left(x \frac{128}{146} + y\right) \frac{28}{128} = b\% \tag{10.10}$$

$$\left[\left(x \frac{128}{146} + y\right) \frac{100}{128} + z\right] \frac{44}{100} = c\% \tag{10.11}$$

因此,根据热重曲线的结果可以分别求解出各组分的占比。

传统的热重分析要求样品的质量在毫克左右,Berger 等人利用微机电系统制备了悬臂梁(图 10.6(a)),并利用机械偏转测试来确定悬臂梁的振动幅度。通过测试悬臂梁的共振频率可以确定出样品质量,该测试设备可以实现纳克级别的测量精度。针对 425 ng 的 $CuSO_4 \cdot 5H_2O$ 的质量随温度变化规律的测试结果如图 10.6(b)所示。其中,$CuSO_4 \cdot 5H_2O$ 失水的过程主要包括以下三个阶段:

(1)第一阶段,对应的温度为 330～350 K,其反应为

$$CuSO_4 \cdot 5H_2O \longrightarrow CuSO_4 \cdot 3H_2O + 2H_2O \tag{10.12}$$

(2)第二阶段,对应的温度为 350～390 K,其反应为

$$CuSO_4 \cdot 3H_2O \longrightarrow CuSO_4 \cdot H_2O + 2H_2O \tag{10.13}$$

(2)第三阶段,对应的温度为 460～520 K,其反应为

$$CuSO_4 \cdot H_2O \longrightarrow CuSO_4 + H_2O \tag{10.14}$$

由图 10.6 可以看出,测试曲线在 345 K 左右出现两个阶段的质量损失,这应该对应上述第一阶段与第二阶段的反应;在 480 K 还出现了一个小幅度的质量损失,这应该对应于第三阶段的质量损失。

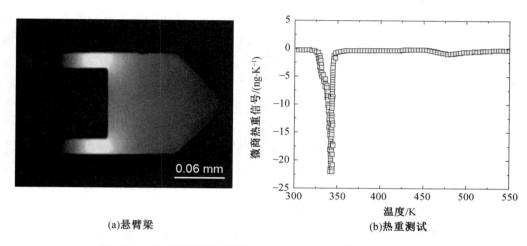

(a)悬臂梁   (b)热重测试

图 10.6 快速热重的悬臂梁与 $CuSO_4 \cdot 5H_2O$ 热重测试结果

当材料从固相变为气相(升华)或者液相变为气相(蒸发)的趋势可以通过蒸气压来定义。因此,如何确定物质的蒸气压对于了解升华与蒸发过程有重要的意义。在真空中自由蒸发过程可以利用朗谬尔(Langmuir)公式来描述:

$$-\frac{dm}{dt} = p\alpha\sqrt{\frac{M}{2\pi RT}} \tag{10.15}$$

其中,dm/dt 是物质质量随时间的变化率;p 是蒸气压;M 是蒸汽的摩尔质量;R 是气体常数;T 是绝对温度;α 是蒸发系数(一般假定为 1)。因此,通过测量物质在特定温度下质量随时间的变化率(即进行热重分析)可以确定出蒸气压。当材料的蒸发是在特定的气氛下而不是在真空中,此时 α 是蒸发系数不能假定为 1。此时,可以重新整理上述公式为

$$p = kv \tag{10.16}$$

其中

$$k = \frac{\sqrt{2\pi R}}{\alpha} \tag{10.17}$$

$$v = \frac{dm}{dt}\sqrt{\frac{T}{M}} \tag{10.18}$$

对于已知蒸气压的一系列材料进行测试,并绘制 p 和 v 之间的变化曲线,则可以确定出系数 k。由此可见,利用热重分析可以测试得到物质的蒸气压。此外,根据克劳修斯-克拉珀龙(Clausius-Clapeyron)公式,蒸气压随温度的变化关系可以表示为

$$\ln p = B - \frac{\Delta H}{RT} \tag{10.19}$$

其中,ΔH 是升华焓(针对固相到气相过程)和蒸发焓(针对液相到气相)。因此,如果绘制 $\ln p$ 和 $1/T$ 的曲线,则可以通过斜率确定出焓值(图 10.7)。由此可见,热重分析可以进一步确定出焓值大小。因此,Price 基于上述理论对物质的蒸气压与对应过程的焓值进行了测定。

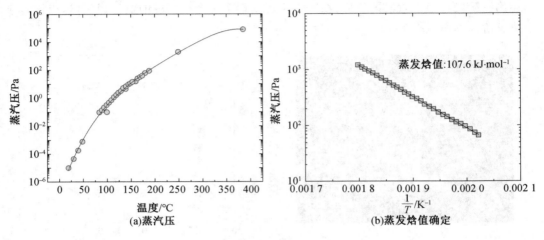

图 10.7　利用热重测试蒸气压与蒸发焓值

在热重分析时,样品的尺寸、升温与降温速率、测试气氛等参数都会影响到测试结果的分辨率。通常,较小的样品尺寸、较低的升温与降温速率,以及具有高热导率的气体氛围可以提高测试的分辨率。其中,控制升温与降温速率被证明为一个非常有效提升分辨率的方式。基于此开发出的新型热重分析仪可以实现非常高的分辨率。$CuSO_4 \cdot 5H_2O$ 在常规热重分析时得到的曲线如图 10.8 所示。可以看出,$CuSO_4 \cdot 5H_2O$ 失水所导致的质量损失出现于 70~250 ℃ 之间。尽管常规热重分析可以提供一个非常清楚的质量损失,但是最初失水损失的过程即便是利用微商热重曲线也并不能得到较好的分辨率。如果利用高分辨率热重分析手段,$CuSO_4 \cdot 5H_2O$ 的失水过程在微商热重曲线中非常尖锐

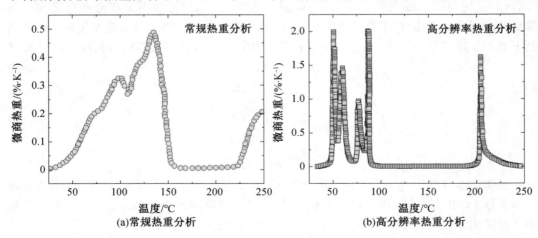

图 10.8　$CuSO_4 \cdot 5H_2O$ 在常规热重分析与高分辨率热重分析曲线对比

的峰也可以清晰地看到,这为清楚地确定失水过程的细节提供了非常重要的信息。

10.5 磁热法

10.5.1 磁热测试的基本原理

与热重法密切相关的一种热分析技术是磁热法(TM)。在磁热法中,被测样品放置在一个可以梯度变化的磁场中,可以测得其表观质量。因此,在表观质量中将会包括任何潜在的磁性引力或者斥力以及样品本身质量变化的影响信息。实际上,主要考虑的是铁磁性和亚铁磁性物质相关的较强的相互作用。采用磁热法可以检测那些质量没有发生实质性变化,但是表观质量发生变化的反应和过程。Gallagher 等人针对热重与磁热重分析进行了详细的综述。

10.5.2 磁热测试的应用实例

Gallagher 和 Warne 利用热重结合磁热重法分析了 $FeCO_3$ 的分解过程。$FeCO_3$ 的分解过程如式(10.20)所示,其中生成的 Fe_3O_4 具有铁磁性。

$$3FeCO_3 \longrightarrow Fe_3O_4 + CO + 2CO_2 \tag{10.20}$$

如图 10.9 所示,$FeCO_3$ 在 N_2 中的分解过程大约在 400 ℃ 开始发生,这与无磁场条件下的热分解反应是相似的。当分解后生成的 Fe_3O_4 长大成具有足够尺寸以及结晶完整性的晶体时,它们会表现出磁序。这会导致材料在磁场中产生明显的热增重,如图 10.9 所示,在接近 500 ℃ 时材料表现出最强的增重幅度,约为 58%。此时,材料的温度低于尖晶石相的转变温度(约为 550 ℃),而尖晶石相呈现出弱磁性。因此,当温度继续升高时,Fe_3O_4 开始转变成尖晶石相从而发生了明显的热失重。当温度升高到 550 ℃ 以上时,磁热重曲线与无磁场的热重曲线近似重合。

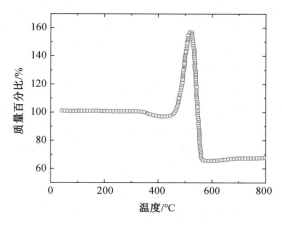

图 10.9 $FeCO_3$ 在 N_2 中的磁热重曲线

薄膜的磁热重分析一直受到基板存在的影响:基板的质量远大于薄膜;基板受到的浮力和空气动力学因素影响需要校正;此外,薄膜还可能与基板在高温下发生化学反应,而该反应可能无法通过热重分析探测到。如果薄膜在研究的温度范围内是铁磁性的或者亚铁磁性的,则通过时间梯度磁场则有可能实现显著的质量表观变化。Gallagher 等人利用磁热重分析法研究了 Co 薄膜的氧化及还原反应。单晶蓝宝石衬底上生长的 Co 薄膜的氧化以及随后还原过程中的磁热重分析曲线如图 10.10 所示。可以看出,Co 薄膜在 275 ℃ 开始出现表观质量损失,这是由于铁磁性的 Co 变成了弱磁性的氧化钴。因此,可以推测出 Co 薄膜的氧化反应大约是在 275 ℃ 开始发生,然后在 500 ℃ 该氧化过程基本结束。在随后的还原气氛下的测试中,样品发生了明显的质量增加,这表明氧化钴在 350 ℃ 开始发生还原反应从而产生了具有铁磁性的 Co。

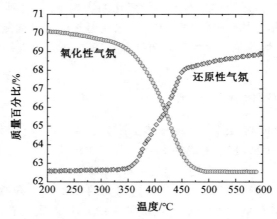

图 10.10   单晶蓝宝石衬底上生长的 Co 薄膜在氧气以及
$15\%H_2+85\%N_2$ 条件下的磁热重曲线

Sanders 和 Gallagher 利用磁热重法研究了 Fe_3O_4 到 $\alpha-Fe_2O_3$ 的氧化过程。该氧化过程一直被认为是涉及中间产物 $\gamma-Fe_2O_3$ 的形成。由于 $\gamma-Fe_2O_3$ 具有强铁磁性,因此利用磁热重法分析 Fe_3O_4 的氧化过程可以间接证实 $\gamma-Fe_2O_3$ 的形成。如图 10.11 所示,当热重曲线减去磁热重曲线时,在 270~272 ℃ 这个非常狭窄的温度区间内形成了一个显著的峰值,该峰大约在 320 ℃ 时消失。由此,可以推断出中间相 $\gamma-Fe_2O_3$ 在 150 ℃ 左右出现,在 270 ℃ 左右达到最大浓度,最终在 320 ℃ 消失。可以看出,磁热重法可以非常灵敏地探测出中间产物的出现,这是普通热重分析无法实现的。

Brown 等人利用热重与磁热重分析了 Fe 的氧化反应过程(图 10.12)。当不施加磁场时,Fe 粉在 150 ℃ 以上开始发生氧化反应,随后反应在 550 ℃ 加速到最大程度,最后在接近 900 ℃ 条件下完成。在整个过程中质量增加约为 43%,如果按照全部形成 Fe_2O_3 则增重为 42.9%,如果形成 Fe_3O_4 则增重 38.2%。磁热重曲线表明样品在大约 570 ℃ 出现一个表观质量损失,这对应于 Fe_3O_4 的居里温度,由此可知 Fe_3O_4 是 Fe 氧化反应过程中的一个主要中间产物。可以推测,当在氧气较少的环境下在金属与金属氧化物的界面上形成了 Fe_3O_4。结合热重曲线与磁热重曲线可知,当温度升高到 570 ℃ 以上时会发生从 Fe_3O_4 到 Fe_2O_3 的转变。

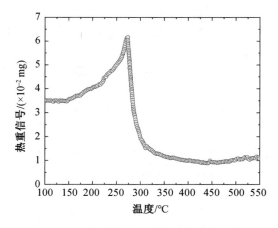

图 10.11　热重曲线与磁热重曲线的差值

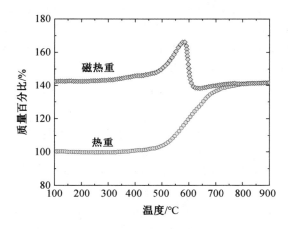

图 10.12　Fe 粉在空气中的热重曲线与磁热重曲线

习　　题

1.热重分析、差热分析和差示扫描量热分析三种方法的区别和各自的特点是什么?

2.影响热重曲线的主要因素有哪些?

3.微商热重曲线体现的物理意义及其相对热重曲线的优点是什么?

4.$Al(OH)_3$ 是常用的塑料阻燃剂,它通过失水散热而起阻燃作用。热重曲线上观察到它两步失重,240～370 ℃失重 28.85%,455～590 ℃失重 5.77%。用反应方程式表示其失水机制。

5.取 100 mg $FeC_2O_4 \cdot 2H_2O$ 试样进行热失重实验。在空气中测得 220 ℃失重 20.02 mg,在 250 ℃进一步失重 40.03 mg,275 ℃时增重 2.96 mg,产物有磁性。同时进行的差热分析测定观测到 220 ℃是吸热峰,250 ℃和 275 ℃是放热峰。写出反应方程式。

6.写出 $CaC_2O_4 \cdot H_2O$ 在热重分析时三步失重的反应式,并根据反应式计算理论上每步的失重和总失重量。

7.一混合试样由 $CaC_2O_4 \cdot H_2O$ 与 SiO_2 组成,质量为 7.020 g。当加热到 700 ℃时,混合物质量降低至 5.84 g。求原试样中 $CaC_2O_4 \cdot H_2O$ 的质量分数是多少?

本章参考文献

[1] FLYNN J H,WALL L A.General treatment of the thermogravimetry of polymers [J].J.Res.Natl.Bur.Stand.Sec.A,Phys.Chem.,1966,70(6):487-523.

[2] HONDA K.On a thermobalance[J].Sci.Rep.Tohoku Imp.Univ.,1915,4:1-4.

[3] SAITO H.The thermo-balance analysis for the chemical changes in metals,oxides and sulphides at high temperatures[J].Proc.Imp.Acad.,1926,2(2):58-60.

[4] BERGER R,LANG H,GERBER C,et al.Micromechanical thermogravimetry[J]. Chem.Phys.Lett.,1998,294(4-5):363-369.

[5] PRICE D M.Vapor pressure determination by thermogravimetry[J].Thermochimica Acta,2001,367:253-262.

[6] GILL P,SAUERBRUNN S,CROWE B.High resolution thermogravimetry[J].J. Therm.Anal.,1992,38(3):255-266.

[7] GALLAGHER P.Thermomagnetometry[J].J.Therm.Anal.Calorim.,1997,49(1): 33-44.

[8] BROWN M P.Handbook of thermal analysis and calorimetry[M],New York: Elsevier,1998.

[9] WARNE S S J,GALLAGHER P.Thermomagnetometry[J].Thermochimica Acta, 1987,110:269-279.

[10] GALLAGHER P,WARNE S S J.Thermomagnetometry and thermal decomposition of siderite[J].Thermochimica Acta,1981,43(3):253-267.

[11] GALLAGHER P,GYORGY E,SCHREY F,et al.The use of thermomagnetometry to follow reactions of thin films[J].Thermochimica Acta,1987,121:231-239.

[12] SANDERS J P,GALLAGHER P K.Thermomagnetometric evidence of γ-Fe_2O_3 as an intermediate in the oxidation of magnetite[J].Thermochimica Acta,2003,406(1-2):241-243.

[13] BROWN M,TRIBELHORN M,BLENKINSOP M.Use of thermomagnetometry in the study of iron-containing pyrotechnic systems[J].J.Therm.Anal.Calorim.,1993, 40(3):1123-1130.

第 11 章 热机械分析

11.1 热机械分析简介

通过热机械方法可以测量得到材料的力学参数，它们的测试对象通常局限于固体。在最简单的情况下，可以用来测量长度随温度变化的信息。在校准之后可以导出热膨胀系数，该测量方法通常称为热膨胀法(DIL)。如果通过施加载荷阻碍固体的膨胀，可以观察到膨胀效应和模量变化的综合效应，通常称这种方法为热机械分析(TMA)。热机械分析指的是以一定的升温速率加热试样，使试样在恒定的较小负荷下随温度升高发生形变，测量试样温度—形变曲线的方法。当热机械法是在程序温度控制下(等速升温、降温、恒温或循环温度)，测量物质在受非振荡性的负荷(如恒定负荷)时所产生的形变随温度变化，该技术也被称为静态热机械法。静态热机械法可以用来测量与研究材料的如下特性：线膨胀与收缩性能，玻璃化温度，穿刺性能，薄膜、纤维的拉伸收缩，热塑性材料的热性能分析，相转变，软化温度，分子重结晶效应，应力与应变的函数关系，热固性材料的固化性能。另外一种根据模量的变化得到转变的准确信息的方法是通过给具有良好定义的几何形状的样品施加小的正弦变化的应力，并根据响应的应变振幅来计算模量的信息，这种技术被称为动态热机械分析法(DTMA 或 DMA)。

热机械分析的测量模式包括：

(1)压缩或膨胀模式：两面平行的样品上覆盖石英玻璃圆片，以使得压缩应力均匀分布。

(2)针入模式：该测量模式是为了测定样品在负载下软化或者变形开始的温度。通常用球点探头作为针入测量。开始时球点探头仅与试样上很小的面积接触，加热时如果样品软化则探头逐渐深入样品，接触面积增大，导致测量过程中压缩应力下降。

(3)三点弯曲：该模式非常适合在压缩模式下不会呈现出可测量形变的硬材料。

(4)拉伸模式：针对薄膜和纤维可以测试样品的收缩或者拉伸行为。

测试注意事项如下：

(1)样品制备：理想的热机械分析测量应该用两面平行的样品，如果不平则可能在测量过程中移动，产生台阶状的假象。样品的表面应该打磨抛光，以避免只是测量一些单独的表面凸起点。此外，样品还需要避免灰尘或者颗粒的沾染。样品在测试前需保证足够干燥，否则在热机械分析测试曲线的开始阶段可能出现干燥效应(通常为收缩)。

(2)热机械历史：对样品的机械加工可能产生不希望的性质改变。内应力可能生成或消散。通常进行至适当温度的第一次测量可消除热历史，然后再第二次升温进行实际测量。

（3）升温速率：热机械分析的热传递不如差示扫描量热分析（一般热机械分析的样品尺寸比较大），所以用 $1\sim5$ K/min 范围的升温速率以防止过大的温度梯度。

11.2　热膨胀分析

热膨胀分析是利用物体的体积或长度随温度的升高而增大的现象，在一定的温度程序、负载力接近于零的情况下，测量样品的尺寸变化随温度或时间的函数关系。热机械分析在膨胀测量模式下所用的负载很小，该方法用于测量样品的热膨胀系数。

11.2.1　热膨胀系数的定义

材料的体积或长度随温度的升高而增大的现象称为热膨胀。热膨胀分析技术（DIL）是在程序控制下测量物质的体积或长度与温度关系的技术，主要是用于测试样品尺寸随温度的变化。热膨胀分析技术在研究一系列的材料行为中均有广泛应用，譬如马氏体相变、陶瓷烧结、玻璃化转变等。为了方便不同材料之间的对比，相对长度变化是热膨胀分析中记录的主要数据，并由此可以计算得到热膨胀系数。热膨胀系数分为：体膨胀系数、线膨胀系数。其中，线膨胀系数定义为

$$\alpha_l = \frac{1}{l_0}\left(\frac{\partial l}{\partial T}\right)_F \tag{11.1}$$

其中，l 是测试样品的长度；l_0 是测试样品的初始长度；T 是绝对温度；F 代表受力恒定。在实际工作中一般都是测定材料的线膨胀系数。所以对于普通材料，通常所说膨胀系数是指线膨胀系数。

类似地，可以定义体膨胀系数为

$$\alpha_V = \frac{1}{V_0}\left(\frac{\partial V}{\partial T}\right)_p \tag{11.2}$$

其中，V 是测试样品的体积；V_0 是测试样品的初始体积；p 代表压力恒定。

考虑到样品的体积可以定义为 $V = l_x l_y l_z$，其中 x、y、z 分别代表空间中的方向。此时，式（11.2）可以改写为

$$\alpha_V = \frac{1}{l_{0,x} l_{0,y} l_{0,z}}\left(\frac{\partial (l_x l_y l_z)}{\partial T}\right)_p \tag{11.3}$$

式（11.3）可以展开为

$$\alpha_V = \frac{1}{l_{0,x} l_{0,y} l_{0,z}}\left(l_y l_z\left(\frac{\partial (l_x)}{\partial T}\right)_p + l_x l_z\left(\frac{\partial (l_y)}{\partial T}\right)_p + l_x l_y\left(\frac{\partial (l_z)}{\partial T}\right)_p\right) \tag{11.4}$$

样品的长度可以改写为初始长度与变化量之和，即

$$l_x l_z = (l_{0,x} + \Delta l_x)(l_{0,z} + \Delta l_z) \tag{11.5}$$

$$l_x l_z = l_{0,x} l_{0,z} + l_{0,x}\Delta l_z + l_{0,z}\Delta l_x + \Delta l_x \Delta l_z \tag{11.6}$$

如果长度的变化相比于初始长度来说非常小，则式（11.6）可以近似简化为

$$l_x l_z \cong l_{0,x} l_{0,z} \tag{11.7}$$

此时，体膨胀系数的表达式（11.4）可以近似化简为

$$\alpha_V \cong \frac{1}{l_{0,x}}\left(\frac{\partial(l_x)}{\partial T}\right)_p + \frac{1}{l_{0,y}}\left(\frac{\partial(l_y)}{\partial T}\right)_p + \frac{1}{l_{0,z}}\left(\frac{\partial(l_z)}{\partial T}\right)_p \tag{11.8}$$

因此,线膨胀系数与体膨胀系数的关系近似为

$$\alpha_V \cong \alpha_{l_x} + \alpha_{l_y} + \alpha_{l_z} = 3\alpha_l \tag{11.9}$$

即体膨胀系数约为线膨胀系数的 3 倍。值得指出的是,上述推导过程中涉及的两个假设并不一定适用于所有样品:

(1)样品由于热膨胀所导致的长度变化与初始长度相比可以被忽略,然而实际样品在高温条件下可能发生显著的长度变化。

(2)热膨胀在空间中 3 个方向上是相同的,即各向同性。这一假设仅适用于各向同性的材料,然而绝大多数材料并不是各向同性的。不过由于测试的样品往往是多晶样品,材料的各向异性并不如单晶样品显著。

表 11.1　一些材料的平均线膨胀系数

材料	$\alpha/(\times 10^{-6}\ K^{-1})$	材料	$\alpha/(\times 10^{-6}\ K^{-1})$
Al_2O_3	8.8	石英玻璃	0.5
BeO	9.0	硅酸钙玻璃	9.0
MgO	13.5	电瓷	3.5~4.0
莫来石	5.3	刚玉瓷	5~5.5
尖晶石	7.6	硬质瓷	6
SiC	4.7	滑石瓷	7~9
ZrO_2	10.0	镁橄榄石瓷	9~11
TiC	7.4	金红石瓷	7~8
B_4C	4.5	钛酸钡瓷	10
TiC 金属陶瓷	9.0	黏土耐火砖	5.5

11.2.2　热膨胀效应的微观机制

原子之间存在吸引和排斥力,在这两种作用力的共同影响下,原子间势能函数随位置的变化规律如图 11.1 所示。由于排斥力产生的势能会随着原子间距的减小而显著上升,所以原子间势能函数并不是对称的,这一非对称性体现了原子间势能的非谐性。当原子间势能达到最低时,其对应的原子间距为 0 K 下原子间的平衡位置。随着温度升高,原子势能不断增加,原子振动的幅度增大。此时,原子振动的平衡位置随着温度升高而不断增大,从宏观上则体现为晶体的膨胀效应。然而,值得注意的是少数材料在温度升高时体现出负膨胀系数。定性地可以理解,具有强键合的材料的势阱更深,其势能函数体现出更高的对称性,因此热膨胀系数更小。与之相反,具有弱键合的材料其势能函数体现出强非对称性,从而往往具有更大的热膨胀系数。此外,材料的键合强弱程度与其熔点往往是相关联的,因此具有低熔点的材料(弱键合)通常具有更大的热膨胀系数。

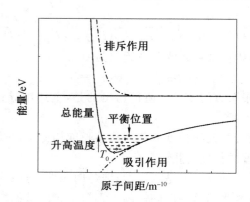

图 11.1　热膨胀系数产生的微观机制

11.2.3　热膨胀系数的测试方法

将棒状试样与作为标准的石英棒并排放置,固定两者的一端,准确地测定自由端的位移差值,此种方法称为示差热膨胀法。热膨胀仪可以分为:机械式膨胀仪、光学膨胀仪、电测式膨胀仪。它们的共同点是试样在加热炉中受热膨胀,通过顶杆将膨胀传递到检测系统。它们的不同点仅在于检测系统。

在热分析技术中,各种单功能的仪器倾向于综合化,称为综合热分析法。它是指在同一时间对同一样品使用两种或两种以上热分析手段,如差热分析－热重分析,扫描差示量热和热重分析,差热分析、热重分析与微商热重分析,扫描差示量热、热重分析与微商热重分析,差热分析与静态热机械法等的综合。综合热分析的实验方法和曲线解释与单功能热分析法完全一样,在曲线解释时有一些综合基本规律:产生吸热效应并伴有质量损失时,一般是物质脱水或分解;产生放热效应并伴有质量增加时,为氧化过程;产生吸热效应而无质量变化时,为晶型转变;有吸热效应并有体积收缩时,也可能是晶型转变;产生放热效应并有体积收缩,一般为重结晶或新物质生成;没有明显的热效应,开始收缩或从膨胀转变为收缩时,表示烧结开始,收缩越大,烧结进行得越剧烈。

11.2.4　热膨胀系数测试实例

De Andres 等人研究了 ARMCO 钢在加热时发生固态相变前后的热膨胀曲线。纯铁在室温条件下是体心立方相(α 相),当温度升高到 910 ℃时它会转变成面心立方相(γ 相)。从体心立方到面心立方的转变伴随着原子体积 1% 左右的收缩。如图 11.2 所示,在910 ℃时样品的相对变化是突然减小的,表现出固态相变时样品的体积收缩。

Liu 等人研究了 Fe－0.04%C(0.04% 为原子数分数)合金的热膨胀曲线,结果如图11.3 所示。图中 ab 段对应样品在加热过程中的连续膨胀,bc 段则对应于体心立方相(α相)到面心立方相(γ 相)的转变,此时由于奥氏体相的出现从而伴随着长度的收缩。其中,cd 段则对应于奥氏体相在加热过程中的均匀热膨胀,而 de 段则代表样品在均热条件下的结果。ef 段对应氩气对样品淬火时的收缩阶段,而 fg 对应从面心立方相到体心立方相的均热退火阶段。在完成从面心立方相到体心立方相的转变后,样品的长度在均热

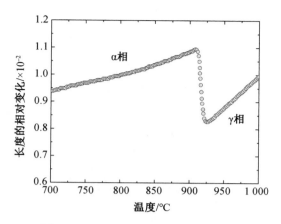

图 11.2　ARMCO 钢的加热膨胀曲线

条件下维持不变,而 hi 段则对应最终将样品淬火至室温的过程。

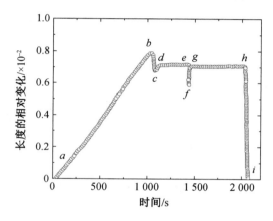

图 11.3　Fe－0.04%C 合金在加热和冷却过程中的热膨胀曲线

　　传统研究利用热膨胀曲线结合杠杆定律研究钢铁中不同相的占有比重。Suh 等人提出传统研究测量的前提假设是在相变过程中体积变化是各向同性的,这意味着测量的热膨胀数据可以反映各向同性的介质在单一方向上的变化。然而,在奥氏体分解成含有低碳含量的铁素体的过程中,由于固溶限,碳会从铁素体中排出从而使得未转变的奥氏体碳含量增加。碳的富集使得奥氏体的体积会随之增大,这意味着奥氏体的晶格膨胀,从而使得奥氏体的热膨胀曲线偏离线性,如图 11.4 所示。因此,针对该非线性奥氏体膨胀曲线杠杆定律本身并不适用。

　　Kapoor 等人研究了含有质量分数为 18%Ni 的马氏体时效钢在加热过程中的热膨胀曲线。如图 11.5 所示,标出了析出出现的位置,析出过程结束位置,奥氏体转变开始位置,以及奥氏体转变结束位置。从图中可以看出,马氏体向奥氏体转变包括两个步骤。图中的切线表现出转变开始和结束的区间并且可以定量相变过程中的收缩。其中,C_P 是因为沉积而导致的收缩,而 C_A 是相变过程导致的收缩。

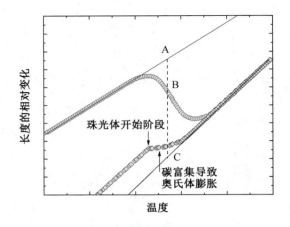

图 11.4 在冷却阶段的相变过程中钢铁的热膨胀曲线

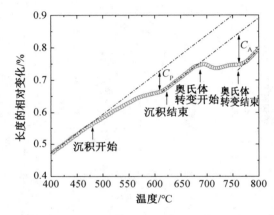

图 11.5 含有 18％Ni 的马氏体时效钢在加热过程中的热膨胀曲线

11.3 动态热机械分析

动态热机械分析法是在程序温度控制下测量物质在承受振荡件负荷(如正弦负荷)时模量和力学阻尼随温度变化的一种方法,它在测量分子结构单元的运动,特别在低温时比其他分析方法更为灵敏、更为有用。从表面上看,动态机械热分析法似乎是通过改进的静态热机械法实验得出的,但实际并非如此。动态机械热分析法起源于固体模量的测量以及它们的频率和温度依赖性等物理学概念。固体的主要模量有刚性或剪切模量、弹性模量和体积模量。动态热机械分析法可用于:探测由于模量或阻尼行为变化而产生的热效应;区别与频率有关和与频率无关的效应;测量表征热效应的温度;测量损耗角或力学损耗因子;测量模量及其分量储能模量和损耗模量;测定这些量与频率或温度的关系。

材料的应变速率不同时,其力学性能往往是不相同的,在一般情况下,随着应变速率的提高,材料的延伸率降低,屈服极限和强度极限提高。此外,材料的力学性能还与应变历史有关,材料的应变速率不同,所伴随的热和机械功也不同,它们反过来又影响材料的力学性能和化学性能,如图 11.6 所示,一种黏弹性物质在周期性外力作用下,位移也呈现出滞后的周期性。所以,材料的动态响应研究具有自己的特点,与静态力学有很大的区别,而且不同的动态力学方法测量的结果往往不尽相同。

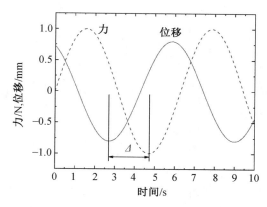

图 11.6　一种黏弹性物质在频率为 1 Hz 下的力和位移

施加于样品的振动应力产生相应的振动应变,根据应力和应变之间的关系可以将材料的不同行为归为以下三类:

(1)纯弹性:应力与应变相位相同,相角(δ)为 0。纯弹性样品振动时没有能量损失(图 11.7)。

(2)纯黏性:相角为 90°,纯黏性样品的形变能量完全转变成热。

(3)黏弹性:黏弹性样品的形变对应力响应有一定的滞后,所以相角在 0~90°之间。相角越大,则振动阻尼越强。

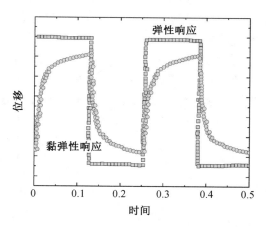

图 11.7　纯弹性物质和黏弹性物质的等温动态
负载热机械分析曲线

利用动态热机械分析可以测定样品许多不同的力学性质:

(1)黏弹性材料的模量和损耗因子。

(2)表征试样黏弹性行为的温度。

(3)阻尼。

(4)玻璃化转变温度。

(5)材料与频率有关的力学行为。

11.3.1　测量原理

周期性变化的力 $F(t)$ 可表示为

$$F(t) = F_0 \sin(\omega t) \tag{11.10}$$

其中，F_0 是周期性力的振幅；ω 是角频率，角频率与振动频率（f）的关系为 $\omega = 2\pi f$；t 是时间。对应样品发生的形变 $L(t)$ 由下式给出：

$$L(t) = L_0 \sin(\omega t + \delta) \tag{11.11}$$

其中，L_0 是形变的振幅；δ 是形变对于力的相位移。

力与位移之比为刚度，刚度是与样品的几何形状和模量有关的一个量，而模量是材料的一个重要性能。定义材料的原始截面积为 A，原始长度为 L_0，材料受到的力为 F，此时应力（σ）可以定义为 $\sigma = F/A$，应变（ε）可以定义为 $\varepsilon = L/L_0$。此时，拉伸或者压缩实验的弹性模量 E 可以定义为

$$E = \frac{\sigma}{\varepsilon} = \frac{F}{A}\frac{L_0}{L} = \frac{F}{L}\frac{L_0}{A} \tag{11.12}$$

如果定义 $g = L_0/A$，则 g 是一个仅依赖于样品形状的几何因子，此时可以得到弹性模量为

$$E = \frac{F}{L}\frac{L_0}{A} = \frac{F}{L}g \tag{11.13}$$

其中，F/L 是刚度，因此上式可表述为与几何形状有关的模量由刚度乘以几何因子得到。

三个模量和损耗角之间的关系可用图 11.8(a)中的三角形表示，其中储能模量与应力作用过程中储存在样品中的机械能量成正比。损耗模量大表明黏性大，因而阻尼强。此外，损耗因子 $\tan\delta$ 等于黏性和弹性之比。能量的损耗可以用图 11.8(b)中的例子来展示，从 M'' 位置自由下降的球体重新弹回来的高度只有 M'，前后的高度差值可以表示为能量损耗。所以该数值高则表明能量消散程度高，非弹性形变程度高。损耗因子的优点在于它与几何因子无关，因此即使样品的几何尺寸不完美也可以精确测定。

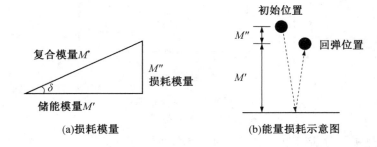

(a)损耗模量　　　　　　　(b)能量损耗示意图

图 11.8　三个模量与损耗角之间的关系和落球有能量损耗回弹的示意图

11.3.2　温度-频率等效原理

对应力作用下行为线性(弹性模量与力或位移振幅无关)的各向同性黏弹性材料,适用温度-频率等效原理。

如果在恒定负载下,分子发生缓慢重排使应力降至最低,材料因此随时间发生形变;如果施加振动应力,因为可用于重排的时间减少,所以应变随频率增大而降低。因此,材料在高频下比在低频下更坚硬,即模量随频率增大而增大;随着温度升高,分子能够更快重排,因此位移振幅增大,等同于模量下降。换言之,一定频率下在室温测得的模量与较高温度、较高频率下测得的模量相等。这就是说频率和温度以互补的方式影响材料的性能,这就是温度-频率等效原理。

运用温度-频率等效原理可获得实验无法直接达到的频率的模量信息。例如,在室温几千赫兹下橡胶共混物的阻尼行为无法直接由实验测试得到,因为动态热机械分析的最高频率无法达到。此时,借助温度-频率等效原理,用低温和可测频率范围进行的测试,可将室温下的损耗因子外推至几千赫兹。

11.3.3　动态热机械法应用实例

Xie 等人利用动态热机械分析研究了大米淀粉的凝胶状过程(图 11.9)。可以看出 G'、G'' 和 η^* 随着温度升高而不断下降,但是下降的速率并不是线性的,在 $60\sim70\ ℃$ 的温度区间内出现一个明显的转角。其中 G' 先是随着温度缓慢下降,然后当温度升高到 $65\ ℃$ 以后下降速率明显加快。G'' 当温度升高时出现了小幅度的上升,然后维持常数,随后在 $60\sim70\ ℃$ 之间出现了小幅度的上升,之后显著下降。复合黏度 η^* 在 $65\sim70\ ℃$ 之间随温度上升而逐渐下降,随后下降速率显著下降。

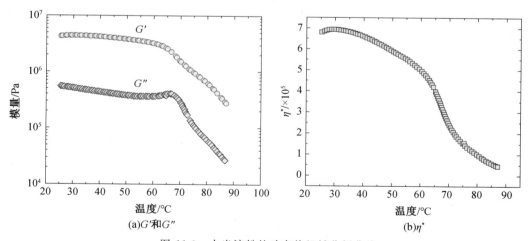

图 11.9　大米淀粉的动态热机械分析曲线

在循环载荷下能量的耗散称为阻尼效应,阻尼因子($\tan\delta$)可以用来评价材料耗散或吸收能量的能力。Ridzuan 等人研究了不同温度下环氧树脂与象草/玻璃纤维强化的复合物的阻尼曲线,结果如图 11.10 所示。通常,复合物的阻尼性质取决于多个参数:相间区域、纤维断裂、纤维－基体界面、摩擦阻力、基体断裂。可以看出,环氧树脂在玻璃化转变的过程中具有最高的阻尼因子。然而,随着象草和玻璃纤维的添加,阻尼因子显著下降,这意味着能量损失速率是下降的,这可能是由于在加热过程中分子迁移程度是有限的,复合物升高的硬度将会限制在原子尺度上聚合物链条的自由度,由于受限的分子迁移率,复合物增加的硬度将会降低材料的阻尼系数。

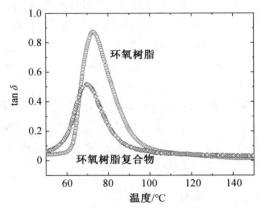

图 11.10　不同温度下环氧树脂与象草/玻璃纤维强化的复合物的阻尼曲线

Hazarika 等人利用三聚氰胺甲醛－糠醇共聚物、二羟甲基二羟基乙烯脲、纳米黏土和木头进行复合,并对其进行动态热机械分析。黏性与弹性的平衡时通过阻尼参数来评估。如图 11.11 所示,随着复合物的增加,tan δ 对应的峰值不断向更高温度方向移动。由于硅酸盐层之间的限制,聚合物链条的移动变得越来越困难。纳米黏土承受了绝大多数的力,而只有一小部分在界面处发生形变。能量耗散主要发生在界面处,由于此处存在非常强的界面作用。tan δ 对应的峰不仅与玻璃化转变温度相关,同时也与聚合物交联的密度存在密切联系。相比于为强化的天然木头,木头复合物的 tan δ 对应的峰明显更宽,这表明由于复合物中更高交联密度所导致的较低聚合物链条移动,从而需要更多分子弛豫时间。

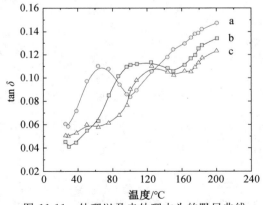

图 11.11　处理以及未处理木头的阻尼曲线

a—未处理的木头;b—木头与三聚氰胺甲醛－糠醇共聚物和二羟甲基二羟基乙烯脲的复合物;c—木头与三聚氰胺甲醛－糠醇共聚物和二羟甲基二羟基乙烯脲以及纳米黏土的复合物

习　题

1.10 m 长的铝线从 38 ℃ 的温度降低到 −1 ℃，长度变化是多少？15 m 长的铜线从 40 ℃ 冷却到 −9 ℃，长度变化是多少？其中铝的线膨胀系数为 $23.6×10^{-6}$ K^{-1}，铜的线膨胀系数为 $16.5×10^{-6}$ K^{-1}。

2.一个铜碗体积为 1 500 cm^{-3}，其中转满了水。当水的温度从 20 ℃ 上升到 50 ℃，有多少水溢出？铜的体膨胀系数为 $5.1×10^{-5}$ K^{-1}，水的体膨胀系数为 $2.07×10^{-4}$ K^{-1}。

本章参考文献

[1] SPEYER R.Thermal analysis of materials[M].Boca Raton:CRC Press,1993.

[2] KITTEL C.Introduction to solid state physics[M].New York:Wiley,1996.

[3] LI C W,HONG J,MAY A F,et al.Orbitally driven giant phonon anharmonicity in SnSe[J].Nat.Phys.,2015,11(12):1063-1069.

[4] ZHAO L D,LO S H,ZHANG Y,et al.Ultralow thermal conductivity and high thermoelectric figure of merit in SnSe crystals[J].Nature,2014,508(7496):373-377.

[5] DE ANDRES C G,CABALLERO F,CAPDEVILA C,et al.Application of dilatometric analysis to the study of solid-solid phase transformations in steels[J].Mater.Charact.,2002,48(1):101-111.

[6] LIU Y,WANG D,SOMMER F,et al.Isothermal austenite-ferrite transformation of Fe-0.04 at.% C alloy:Dilatometric measurement and kinetic analysis[J].Acta Mater.,2008,56(15):3833-3842.

[7] SUH D W,OH C S,HAN H N,et al.Dilatometric analysis of austenite decomposition considering the effect of non-isotropic volume change[J].Acta Mater.,2007,55(8):2659-2669.

[8] KAPOOR R,KUMAR L,BATRA I.A dilatometric study of the continuous heating transformations in 18wt.% Ni maraging steel of grade 350[J].Mater.Sci.Eng.A,2003,352(1-2):318-324.

[9] WETTON R E,MARSH R D L,VAN-DE-VELDE J G.Theory and application of dynamic mechanical thermal analysis[J].Thermochimica Acta,1991,175(1):1-11.

[10] TAYLOR R L,PISTER K S,GOUDREAU G L.Thermomechanical analysis of viscoelastic solids[J].Int.J.Numer.Methods.Eng.,1970,2(1):45-59.

[11] XIE F,YU L,CHEN L,et al.A new study of starch gelatinization under shear stress using dynamic mechanical analysis[J].Carbohydr.Polym,2008,72(2):229-234.

[12] RIDZUAN M J M,MAJID M S A,AFENDI M,et al.Thermal behaviour and dynamic mechanical analysis of pennisetum purpureum/glass-reinforced epoxy hybrid

composites[J].Compos.Struct.,2016,152:850-859.

[13] HAZARIKA A,MANDAL M,MAJI T K.Dynamic mechanical analysis,biodegradability and thermal stability of wood polymer nanocomposites[J].Compos.B.Eng.,2014,60:568-576.

[14] GUPTA M.Thermal and dynamic mechanical analysis of hybrid jute/sisal fibre reinforced epoxy composite[J].Proc.Inst.Mech.Eng.L.,2018,232(9):743-748.

第 12 章　热导率测试

12.1　热传递的方式

　　热能的传递形式分为三种:热传导、热对流,以及热辐射。其中热传导指的是通过原子振动实现热能从材料的一端传导至另外一端;热对流指的是热能被流动的流体从固体表面被带走;热辐射是指通过电磁波实现热能的传递。针对材料的热性能测试,主要针对的是材料的热导率,所涉及的是热传导问题。因此,以下讨论主要针对热传导。

　　对于非稳态情况下的热传输,可以用热扩散系数(D)来定义

$$D = \frac{k}{\rho c_p} \tag{12.1}$$

其中,ρ 是材料的密度(单位是 g/cm^3);c_p 是比热容(单位是 J/(g·K)),由此可知热扩散系数的单位为 m^2/s。热扩散系数是物体中某一点温度的扰动传递到另一点的速率的量度。

　　测试热导率的方法主要包括以下两种:

　　(1)在稳态导热情况下,通过测试热流和温差利用傅里叶导热公式计算热导率;

　　(2)在瞬态导热情况下,通过分别测试样品的热扩散系数、密度和比热容,从而计算材料的热导率。

12.2　稳态法

12.2.1　块体热导率测试

(1)一维稳态导热法。

　　依据 Fourier 导热公式,如果控制热流大小、样品尺寸,以及温度梯度,则可以实现热导率的测量,这即是稳态法测热导率的原理:

$$q = -kA\frac{\mathrm{d}T}{\mathrm{d}x} \tag{12.2}$$

　　在实际测试中,首先在待测试样上形成一个稳定的温度差,然后测量这两个温度点之间的距离、温度差和热流密度,最终计算出在此平均温度(两个温度值取平均)下的等效热导率,如图 12.1 所示。

　　图 12.2 为利用稳态法测试得到的 Mg$_3$Bi$_2$ 材料热导率随温度的变化关系。可以看到材料室温热导率约为 3 W/(m·K),而 10~20 K 之间的峰值热导率约为25 W/(m·K)。

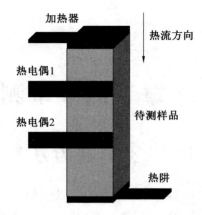

图 12.1　稳态法测试热导率的原理

为了保证测量的准确性,需要确保样品上两个热电偶之间的温差远大于热电偶自身的测量误差,这要求不断调节输入样品的热流密度。此外,为了保证低温热导率的测试准确性,还需要依据低温峰值热导率来估计所需样品的几何尺寸(即控制样品长度与截面积之比)。因此,采用合适的样品几何尺寸才能在较宽的温度范围内获得整体合理的测量结果。然而,增大样品长度会使得温度达到稳定分布的时间变长,因而显著增长测量的时间。

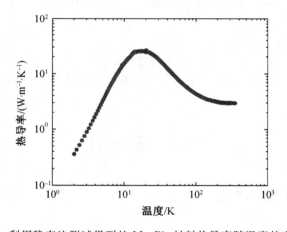

图 12.2　利用稳态法测试得到的 Mg_3Bi_2 材料热导率随温度的变化关系

(2)对比法。

此外,还有对比法也是基于稳态热流的原理对样品热导率进行测试。如图 12.3 所示,该方法将加热器、待测样品、参比样品,以及热阱以串联的方式结合起来。在真空环境下,如忽略热辐射的影响则热流以一维导热形式依次从加热器、待测样品、参比样品、热阱中流过。此时,即假定流过测试样品的热流与流过参比样品的热流是相等的,有

$$k_{sample}A_{sample}\frac{\Delta T_{sample}}{\Delta x_{sample}} = k_{ref}A_{ref}\frac{\Delta T_{ref}}{\Delta x_{ref}} \tag{12.3}$$

由于参比样品的热导率是已知的,因此只需要测量待测样品和参比样品的几何尺寸

以及样品上的温差,即可得到待测样品的热导率:

$$k_{\text{sample}} = k_{\text{ref}} \frac{A_{\text{ref}}}{A_{\text{sample}}} \frac{\Delta x_{\text{sample}}}{\Delta x_{\text{ref}}} \frac{\Delta T_{\text{ref}}}{\Delta T_{\text{sample}}} \tag{12.4}$$

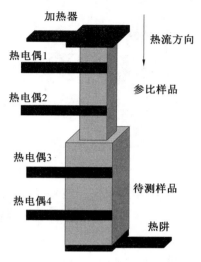

图 12.3　对比法测试热导率的原理

(3)径向导热法。

由于稳态法是利用温差来估算热导率,其测试结果的准确性非常依赖于样品几何尺寸。不仅如此,测量热导率以及其他额外的导线上均会存在热流流入样品或流出样品,这为热流的估计带来了误差。此外,稳态法假设热流在样品中满足一维稳态分布。然而,实际样品的温度分布与材料本身的热导率大小以及样品尺寸有关。上述一维稳态法测试热导率时都需要假设热辐射所造成的误差非常小,该假设在低温时候比较合理,然而在高温环境下热辐射效应逐渐增强,从测试样品和参比样品表面对外的辐射热损失非常强,从而对导热热流的估计会造成显著误差。为了降低热辐射的影响,可以采用径向导热法直接向样品内部提供热流。如果采用圆柱形式的测量模式,则热是从圆柱中心轴上产生并沿着圆柱的径向传递(图 12.4)。

忽略热流在轴向上的传递,当径向温度场实现稳态平衡时,可以通过测量半径不同位置处(r_1 和 r_2)的温度从而计算材料的热导率:

$$P = \frac{-\kappa (T_{r_1} - T_{r_2})}{\displaystyle\int_{r_1}^{r_2} \frac{\mathrm{d}r}{2\pi r}} \tag{12.5}$$

因此,测试样品的热导率是

$$\kappa = \frac{P \ln (r_1/r_2)}{2L\pi\Delta T} \tag{12.6}$$

其中,P 是单位时间内输入的热能;L 是样品的长度;ΔT 是热电偶的温差。

Slack 和 Glassbrenner 结合了线性与径向导热率法来表征 Si 和 Ge 在宽温域内的热导率。通过在这两种测试设备中采用不同尺寸的样品,并根据两种测试方法得到的数据

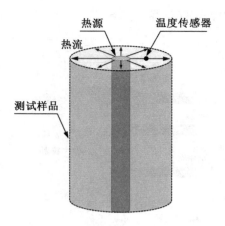

图 12.4　径向导热法测试原理

在重叠的温度区间的数据实现数据的相互校正。即利用线性法在 300 K 以下获得较为准确的热导率数值以及利用径向导热法在 300 K 以上实现较为精确的测量。

（4）平行热导法。

当样品的尺寸非常小时，在样品上添加热电偶与加热器非常困难，即便能够顺利将热电偶与加热器添加上去也会显著降低测试的灵敏度。为了解决针对微小尺寸样品的热导率测量，Zawilski 等人开发了平行热导法。如图 12.5 所示，平行导热法的基本构造与一维导热法是完全相同的。由于待测样品本身尺寸无法承受加热器与热电偶，因此需要一个标准样品连接热电偶与加热器。测试时需先测量标准样品的热导，这构成了后续样品测试的基线热导。然后，则是将待测样品与测试部件粘贴并测试此时的热导。通过减去之前基线热导，则可以估算出样品本身的热导，从而实现材料热导率的测试。此外，为了更加准确地估计样品热导率，需要扣除加热器与热电偶对导热以及热辐射的影响。值得注意的是，由于样品本身的尺寸非常小，此时热导率是否能够准确估计还取决于样品几何尺寸能否比较精确地确定出来。

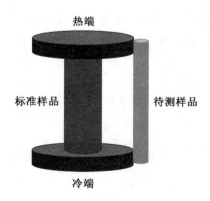

图 12.5　平行热导测试法示意图

12.2.2　薄膜热导率测试

在垂直于薄膜平面方向施加温度差是测试薄膜在该方向热导率的必要条件。由于薄膜的厚度一般在纳米到微米的尺度，因此在薄膜垂直方向构建并测量温差其实非常困难。图 12.6 是测试薄膜垂直平面方向上热导率的常用方法。生长在具有高热导率且低粗糙度的衬底上的薄膜厚度为 d_f。在薄膜的上方沉积一层具有高电阻率的金属条，该金属条的长度为 L 其宽度为 $2a(L \gg 2a)$。当对金属条施加电流时，金属条温度升高从而在垂直于薄膜平面方向上建立起温差，此外金属条还可以作为自身温度 T_h 测试的传感器。可以假设薄膜与金属条接触的上表面温度 T_{f1} 与金属条的温度一致。此时，为了确定薄膜的热导率则需要测量薄膜下表面的温度 T_{f2}。最直接的方式就是在薄膜下表面沉积一层金属条，然而这为薄膜样品的制备带来了困难。为了避免该难题，可以在薄膜附近沉积一个金属传感器去测量薄膜下方衬底的温度变化。结合二维导热模型则可以推断衬底温度的变化并最终测试出薄膜的热导率。

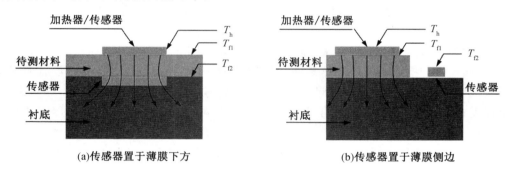

(a)传感器置于薄膜下方　　　　(b)传感器置于薄膜侧边

图 12.6　垂直于薄膜平面方向的热导率测试

对于薄膜热导率测试而言，主要的难点还在于测试薄膜沿着平面内方向上的热导率，这是由于衬底的存在会导致显著的热损失。为了提高测试的精度，Volklein 等人提出薄膜在平面内方向的热导率 κ_f 与薄膜厚度 d_f 的乘积需要等于或者大于衬底热导率 κ_s 与厚度 d_s 的乘积。为了完全避免衬底的影响，最理想的方式是测试悬吊的薄膜自身的热导率，这又为样品的微加工带来了挑战。薄膜平面方向内的热导率测试如图 12.7 所示。

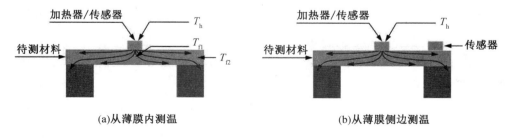

(a)从薄膜内测温　　　　(b)从薄膜侧边测温

图 12.7　薄膜平面方向内的热导率测试

12.3 瞬态法

12.3.1 块体热导率测试

(1)激光闪射法。

相比于稳态法测量热导率,瞬态法的优势在于测试时间显著缩短。由于热辐射与温度呈现四次方关系,因此高温热辐射强度远远高于室温热辐射。因此,热辐射对稳态法测试结果准确的影响随着温度升高而逐渐增强。相比而言,瞬态法可以避免稳态法由于存在强烈高温热辐射所导致的测量误差。瞬态法一般采用激光脉冲给圆片形状样品的一面提供高能量,该能量被吸收后以热能形式传递到样品的另外一面。为了确定该瞬态传热过程的数学模型,还需要满足一些假设:

(1)激光脉冲非常均匀地入射在样品的一面,并且在样品表面非常薄的一层内被完全吸收。实验上为了满足这一要求,会在样品表面喷上一层碳,以帮助能量的吸收。

(2)热量以一维导热的形式传输到样品的另外一面,即样品本身需要具有较高的均匀性和致密度。

(3)脉冲的时间相比于热量在样品中传输的时间非常短。

(4)测试过程中需要满足绝热条件,即在测量的时间(100 ms)内样品上没有明显的热损失。为了保证合理的测试时间,需要结合样品的热导率控制样品的厚度。一般来说,样品厚度在 2~3 mm,而针对具有低热导率(<1 W/(m·K))的样品,其厚度需要小于 1.5 mm。

在以上假设满足的情况下,由于瞬态热扩散所造成的样品中不同位置温度分布与时间的关系可以表示为

$$T(x,t) = \frac{1}{l} \int_0^l T(x,0)\,\mathrm{d}x + \frac{2}{l} \sum_{n=1}^{\infty} \exp\left(\frac{-n^2\pi^2\alpha t}{l^2}\right) \times \cos\left(\frac{n\pi x}{l}\right) \int_0^l T(x,0)\cos\frac{n\pi x}{l}\,\mathrm{d}x \tag{12.7}$$

其中,l 是样品从表面到内部的距离。在初始条件下,如果样品表面的薄层(厚度为 g)吸收了全部激光脉冲能量(Q,单位为 J/cm²),则温度分布可表示为

$$T(x,0) = \frac{Q}{\rho c_p g}, \quad 0 < x < g \tag{12.8}$$

而且,在薄层以外的样品部分的温度为

$$T(x,0) = 0, \quad g < x < l \tag{12.9}$$

因此,式(12.3)可以改写为

$$T(x,t) = \frac{Q}{l\rho c_p}\left[1 + 2\sum_{n=1}^{\infty} \exp\left(\frac{-n^2\pi^2\alpha t}{l^2}\right)\cos\left(\frac{n\pi x}{l}\right)\frac{\sin(n\pi g/l)}{(n\pi g/l)}\right] \tag{12.10}$$

由于薄层的厚度 g 远小于样品自身的厚度 l,因此 $\sin(n\pi g/l) \approx n\pi g/l$,式(12.6)可以改写为

$$T(x,t) = \frac{Q}{l\rho c_p}\left[1 + 2\sum_{n=1}^{\infty}\exp\left(\frac{-n^2\pi^2\alpha t}{l^2}\right)\cos\left(\frac{n\pi x}{l}\right)\right] \tag{12.11}$$

在样品的另外一端面($x=l$)，则 $\cos(n\pi x/l) = (-1)^n$，所以在该端面的温度为

$$T(l,t) = \frac{Q}{l\rho c_p}\left[1 + 2\sum_{n=1}^{\infty}\exp\left(\frac{-n^2\pi^2\alpha t}{l^2}\right)(-1)^n\right] \tag{12.12}$$

由式(12.8)可见，当时间为无穷长时，最终端面温度收敛为

$$T_{\max} = \frac{Q}{l\rho c_p} \tag{12.13}$$

定义无量纲的时间变量 t' 为

$$t' = \frac{\pi^2\alpha t}{l^2} \tag{12.14}$$

此时，式(12.8)可以改写为

$$T' = \frac{T(l,t)}{T_{\max}} = 1 + 2\sum_{n=1}^{\infty}(-1)^n\exp(-n^2 t') \tag{12.15}$$

因此，无量纲温度变量 T' 与无量纲时间变量 t' 之间的关系如图 12.8 所示。即随着无量纲时间变量的增大，最终无量纲温度变量无穷趋近于 1。从图上来看，无量纲温度变量最大值的二分之一($T'/2$)具有非常清晰的位置，此时对应的无量纲时间变量可定义为 $t'_{1/2}$，其数值是 1.38。由此可得到热扩散系数为

$$D = \frac{1.38 l^2}{\pi^2 t_{1/2}} \tag{12.16}$$

其中，$t_{1/2}$ 是样品端面升高到最大温度的一半时($T_{\max}-T_0$，其中 T_0 是初始温度)所需要的时间。所以，热扩散系数可以通过检测样品端面的温度随时间的变化(即确定 $t_{1/2}$)即可测出。

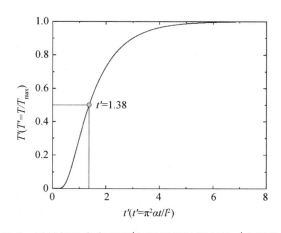

图 12.8　无量纲温度变量 T' 与无量纲时间变量 t' 之间的关系

利用商业激光热导仪(LFA 457,Netsch)可以对材料的热扩散系数进行表征。本实验采用康铜合金，其厚度约为 2.5 mm，直径为 12.7 mm。为了保证激光入射样品表面后能被顺利吸收，需首先对样品表面进行镀碳。测试在氩气保护气氛下进行，针对每一个温度点测试三次，并对实验结果取平均值，测得的热扩散系数随温度的变化关系如图

12.9(a)所示。通过排水法测量得到样品的密度为 8.4 g/cm³,因此可以通过热扩散系数、密度与比热容(图 12.9(a))三者的乘积计算出样品的热导率,如图 12.9(b)所示。

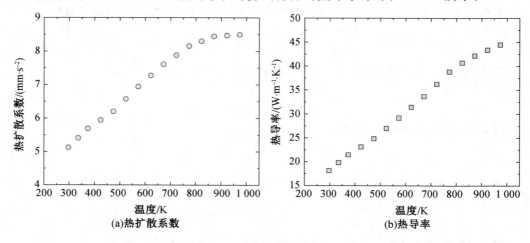

图 12.9　康铜合金的热扩散系数与热导率

(2)脉冲加热法。

此外,Maldonado 利用脉冲加热的方式进行材料热导率的测量。通过利用加热器提供方形脉冲电流实现周期性热流流入样品,如图 12.10 所示,与此同时控制与样品接触的热浴温度。由于测试过程中从未实现过热平衡,因此测量的间隔时间非常短,这将显著降低热导率的测试时间。本质上来看,测试原理与稳态法是一样的,只是加热器是通过脉冲方形波来加热。因此,加热器的热平衡方程可以表示为

$$\frac{dQ}{dt} = C(T_1)\frac{dT_1}{dt} = R(T_1)I^2(t) - K(T_1 - T_0) \tag{12.17}$$

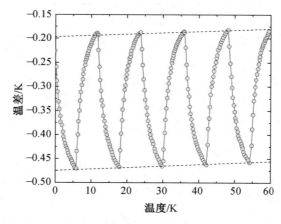

图 12.10　利用脉冲功率测试得到的结果

其中,dQ/dT 是加热器中的热流随时间的变化率;T_1 是加热器的温度;T_0 是热浴的温度;C 是加热器的热容;R 是加热器的电阻;K 是样品的热导。由于样品的热导是温度的函数,温差 $T_1 - T_0$ 需要始终保持一个较小的数值,此时才可以认为样品的温度是比较均

匀的,这时样品的热导可以表示为样品温度的单调函数。热浴的温度 T_0 可以缓慢地变化,当施加到加热器上的电流以 2π 为周期,这会使得加热器自身的温度 T_1 同样以 2π 为周期发生变化。通过假设加热器的热容和电阻,以及样品的热导为温度的单调函数,此时可以用 T_0 来替代 T_1 作为这三个参数的变量。此外,可以采用绝热近似认为 T_0 近似为一个常数。通过计算最大温差与最小温差的差值,可以得到材料热导的表达式:

$$K = \frac{R I_0^2}{\Delta T_{pp}} \tanh\left(\frac{K\tau}{2C}\right) \tag{12.18}$$

(3) 热线法。

将线性热源(金属加热线)埋入测试样品中,通过测量距离热线特定位置的温度升高,从而确定样品的热导率,如图 12.11 所示。类似于径向导热法,热线法同样采用一维径向导热假设。当电流通过金属热线时会产生一个热脉冲,在各向同性的材料中该线性热源将会产生一系列等温线。

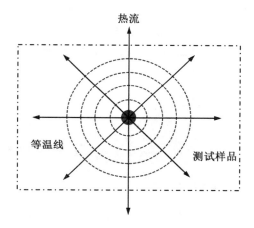

图 12.11　热线法的测量原理

在距离初始加热时间足够长的间隔后,瞬态温度可以近似为

$$T(r,t) = \frac{p}{4\pi\kappa L}\left[\ln\left(\frac{4\alpha t}{r^2}\right) + \frac{r^2}{4\alpha t} - \frac{1}{4}\left(\frac{r^2}{4\alpha t}\right) - \cdots - \gamma\right] \tag{12.19}$$

当时间足够长时,$r^2/4\alpha t$ 远小于 1,因此公式可简化为

$$T(r,t) = \frac{p}{4\pi\kappa L}\left[\ln\left(\frac{4\alpha t}{r^2}\right) - \gamma\right] \tag{12.20}$$

在某一点温度从 t_1 时刻到 t_2 时刻的升高可以表示为

$$\Delta T = T(t_2) - T(t_1) = \frac{p}{4\pi\kappa L}\ln\left(\frac{t_2}{t_1}\right) \tag{12.21}$$

此时,材料的热导率为

$$\kappa = \frac{p}{4\pi\left[T(t_2) - T(t_1)\right]L}\ln\left(\frac{t_2}{t_1}\right) \tag{12.22}$$

(4) 瞬态平面热源法。

瞬态平面热源法(热板法)是利用金属片或者金属板作为加热源与温度传感器。该金

属板热源外面有一层金属绝缘层,金属板被两块完全相同的平板材料以三明治的形式夹在一起,测试样品的其余所有表面都需要进行热绝缘。测试时,一个较小的恒定电流会流过金属板对其进行加热。由于金属板温度的升高取决于与它接触的样品,因此,通过观测短时间内温度的升高可以推断出样品的热学性质。该时间间隔一般为几秒钟,在瞬态信号的记录过程中可以认为金属板与一个无穷大的样品接触。金属板表面温度升高(ΔT一般为 1~3 K)与时间的关系可以被连续记录下来。因此,通过拟合温度曲线则可以估算材料的热导率:

$$\Delta T(\phi) = \frac{Q}{\pi^{1.5} r \kappa} D(\phi) \tag{12.23}$$

$$\phi = \sqrt{\frac{t\alpha}{r^2}} \tag{12.24}$$

其中,r 是金属板的半径;ϕ 是一个无量纲量。瞬态平面热源法可以测量较宽范围内材料的热导率(0.005~500 W/(m·K))。然而,瞬态平面热源法要求测试的样品具有平面结构,这使得测量粉末或者颗粒状材料的热导率非常困难。此外,瞬态平面热源法的测量误差还可能来自:接触界面的热阻;金属板自身的热惰性;电绝缘层自身热容导致的测量误差;金属板自身电阻率的变化。

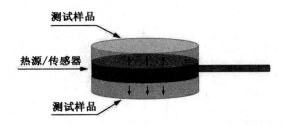

图 12.12　瞬态平面热源法测试原理示意图

12.3.2　薄膜热导率测试

Cahill 提出了利用 3ω 法测试薄膜的热导率,测试原理如图 12.13 所示。待测的薄膜沉积在衬底上,金属条沉积在薄膜的上表面。通常金属的宽度 a 为 20~100 μm,长度 L 为 1 000~10 000 μm,从数学模型上可以认为金属条无限长。金属条不仅可以作为电加热器,还可以作为温度传感器。当对金属条通过频率为 1ω 的交流电,此时电流可以表示为

$$I(t) = I_0 \cos(\omega t) \tag{12.25}$$

其中,I_0 是电流的振幅,此时焦耳热可以表示为

$$Q = I^2(t)R = I_0^2 \cos^2(\omega t)R \tag{12.26}$$

上式可以整理为

$$Q = I^2(t)R = I_0^2 R \frac{[\cos(2\omega t) + 1]}{2} \tag{12.27}$$

材料吸热量与热容和温差的关系为

$$Q = I_0^2 R \frac{[\cos(2\omega t) + 1]}{2} = C \Delta T \tag{12.28}$$

其中，C 是材料的热容；ΔT 是温差。所以温差可以表示为

$$\Delta T = \Delta T_0 \cos(2\omega t + \phi) \tag{12.29}$$

其中，ΔT_0 是温差的振幅；ϕ 是相角。由此可见，加热器自身的温度变化频率为 2ω。由于加热器的温度是电阻的单调函数，因此加热器的电阻也是以频率为 2ω 变化的函数：

$$R(t) = R_0(1 + \alpha_R \Delta T) = R_0[1 + \alpha_R \Delta T_0 \cos(2\omega t + \phi)] \tag{12.30}$$

其中，α_R 是加热器电阻的温度系数；R_0 是加热器电阻在初始状态的数值。此时，加热器的电压 $V(t)$ 可表示为

$$V(t) = I(t)R(t) = I_0 \cos(\omega t)R_0[1 + \alpha_R \Delta T_0 \cos(2\omega t + \phi)] \tag{12.31}$$

上式可以整理为

$$V(t) = I_0 R_0[\cos(\omega t) + \alpha_R \Delta T_0 \cos(2\omega t + \phi)\cos(\omega t)] \tag{12.32}$$

针对式(12.32)括号里面的第二项，利用和差化积公式展开可得

$$V(t) = I_0 R_0 \left\{ \cos(\omega t) + \frac{1}{2}\alpha_R \Delta T_0 [\cos(3\omega t + \phi) + \cos(\omega t + \phi)] \right\} \tag{12.33}$$

其中，电压随 3ω 频率变化的那一项（大括号中的第三项）包含着样品中热流输运的信息。然而，由于 3ω 频率对应的电压信号强度远低于电流频率为 1ω 所对应的电压，因此为了获得 3ω 频率对应的电压信息需要利用锁相放大器。

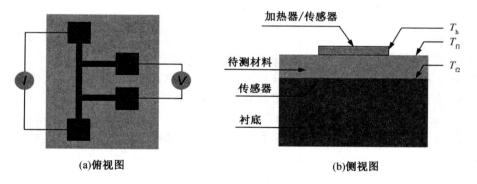

图 12.13　3ω 法测试薄膜热导率的示意图

为了测量垂直于薄膜平面的热导率，需要估计出沿着薄膜厚度方向上的温差。薄膜上方的温度可以认为是等于加热器的温度，而薄膜下方温度的确定则是通过实验热流与衬底的热导率来估计的。如果假设热流是在沿着薄膜厚度方向上一维传热，则薄膜的热导率可以通过下式计算：

$$\Delta T_{s+f} = \Delta T_s + \frac{p d_f}{2aL\kappa_{f,\perp}} \tag{12.34}$$

其中，f 代表薄膜的性质；S+f 代表薄膜在衬底上的结构；$\kappa_{f,\perp}$ 是通过拟合在不同频率下的温度升高数值来确定的。不仅如此，3ω 法还可以用于测试薄膜其平面内热导率。相比于垂直于薄膜方向上的热导率测量，如果需要薄膜在垂直于平面与平面内两个方向上都实现热传输则需要降低加热器的宽度。加热器的半宽度 a 需要满足以下条件：

$$\frac{a}{d_{\rm f}}\left(\frac{\kappa_{\rm f,\perp}}{\kappa_{\rm f,\parallel}}\right)^{1/2}\leqslant 0.1 \tag{12.35}$$

其中，$\kappa_{\rm f,\perp}$ 和 $\kappa_{\rm f,\parallel}$ 分别是薄膜在垂直方向上和平面内的热导率；$d_{\rm f}$ 是薄膜的厚度。由于在水平方向上的热输运取决于薄膜在平面方向内的热导率，因此二维热传输模型可以表示为

$$\Delta T_{\rm f}=\frac{p}{\pi L}\left(\frac{1}{\kappa_{\rm f,\perp}\kappa_{\rm f,\parallel}}\right)^{1/2}\int_0^\infty \frac{\sin^2\lambda}{\lambda^3}\tan h\left[\lambda\left(\frac{d_{\rm f}}{a}\right)\left(\frac{\kappa_{\rm f,\perp}}{\kappa_{\rm f,\parallel}}\right)^{1/2}\right]{\rm d}\lambda \tag{12.36}$$

上式给出的是针对纯一维导热归一化后的薄膜上的温差。在实际测量中，往往是通过利用宽度较大的加热器先测量出垂直于薄膜平面方向上的热导率，然后再用较小宽度的加热器测试出薄膜平面方向内的热导率。

相比于传统的稳态法，3ω 法中热辐射的影响（由于与尺寸相关）会被显著减小。即便测试温度高达 1 000 K，利用 3ω 法测量热导率时热辐射带来的影响仍低于 2%。不仅如此，3ω 法可以用来测量绝缘、半导体，以及导体等多种类型的材料。如果测量的材料本身是导电的，则在加热器与待测薄膜之间还需要先沉积一层绝缘材料。

12.4 其他测试方法

12.4.1 瞬态热反射法

瞬态热反射法是一种非接触式的光学加热与测量方式，可以测量材料的热导率、热容与界面热导等多种热学性质。待测的样品一般需要先镀一层金属薄膜（Al 或者 W），该金属层称为金属传感层。根据入射激光波长的不同其反射会随温度升高而发生变化，这使得通过检测反射改变检测材料的热响应成为一种可能。瞬态热反射法可以采用时域热反射（time-domain thermalreflectance，TDTR）与频域热反射（frequency-domain thermalreflectance，FDTR）。其中，时域热反射测量的是热反射根据入射激光脉冲与探测激光脉冲时间延迟的响应；频域热反射测量的是热反射随入射激光调制频率改变的响应。

12.4.2 Harman 法

Harman 法是一种用于直接表征热电材料的热电优值的方法。当不存在温差和电流时，即没有 Seebeck 效应、佩尔捷（Peltier）效应与欧姆定律，此时样品上的电压 V_s 应该是等于零。当对样品施加电流 I 时，依据欧姆定律样品由于电阻存在而产生的电压为 $V_{\rm IR}=IR$，其中 R 是样品的电阻。此外，由于 Peltier 效应的存在，电流会导致样品两端之间出现热流输运 $Q=\alpha IT$，其中 α 是样品的 Seebeck 系数，由此样品两端会产生温差 ΔT。温差的出现会导致 Seebeck 效应从而在样品两端产生一个额外的热电电压 $V_{\rm TE}$，此时，样品上的总电压为两种电压之和，即 $V=V_{\rm IR}+V_{\rm TE}$。当样品达到稳态时（需要在真空条件下测试从而避免对流），Peltier 效应带来的热流输运与导热热流是平衡的，此时

$$\alpha IT=\kappa A\Delta T/L \tag{12.37}$$

其中，κ 是样品的热导率；A 是样品的截面积；L 是样品的长度。此时，样品的热电性能 Z

可以表示为

$$Z = \frac{V_{TE}}{V_{IR}} = \frac{\alpha^2}{\rho\kappa}$$
(12.38)

其中，ρ 是材料的电阻率。Harman 法要求导线与材料之间的接触电阻非常小，从而避免接触电阻发热，以及接触电阻造成的温差对测试带来的误差。此时，通过 Harman 测量材料的 Z 值；并通过进一步测量材料的 Seebeck 系数与电阻率从而可以计算出材料的热导率。Buist 通过利用改进的 Harman 测试得到热电材料的热导率随温度的变化关系（图 12.14）。

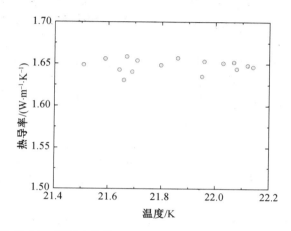

图 12.14　利用改进的 Harman 法测试得到的材料热导率

本章参考文献

[1] ZHAO D, QIAN X, GU X, et al. Measurement techniques for thermal conductivity and interfacial thermal conductance of bulk and thin film materials[J]. J. Electron. Packaging, 2016, 138(4): 040802.

[2] TRITT T M. Thermal conductivity: theory, properties, and applications[M]. New York: Springer Science & Business Media, 2005.

[3] MAO J, ZHU H, DING Z, et al. High thermoelectric cooling performance of n-type Mg_3Bi_2-based materials[J]. Science, 2019, 365(6452): 495-498.

[4] MIRKOVICH V. Comparative method and choice of standards for thermal conductivity determinations[J]. J. Am. Ceram. Soc., 1965, 48(8): 387-391.

[5] MAGLIC K D, CEZAIRLIYAN A, PELETSKY V E. Compendium of thermophysical property measurement methods[M]. Berlin: Springer, 1992.

[6] GLASSBRENNER C J, SLACK G A. Thermal conductivity of silicon and germanium from 3 K to the melting point[J]. Phys. Rev., 1964, 134(4A): A1058.

[7] SLACK G A, GLASSBRENNER C. Thermal conductivity of germanium from 3 K to 1 020 K[J]. Phys. Rev., 1960, 120(3): 782.

[8] POWELL R.Further measurements of the thermal and electrical conductivity of iron at high temperatures[J].Proc.Phys.Soc.,1939,51(3):407.

[9] TYE R.Thermal conductivity:Recent developments[J].Contemp.Phys.,1965,6(3): 225-229.

[10] ZAWILSKI B M,LITTLETON IV R T,TRITT T M.Description of the parallel thermal conductance technique for the measurement of the thermal conductivity of small diameter samples[J].Rev.Sci.Instrum.,2001,72(3):1770-1774.

[11] VÖLKLEIN F,REITH H,MEIER A.Measuring methods for the investigation of in-plane and cross-plane thermal conductivity of thin films[J].Phys.Status Solidi A,2013,210(1):106-118.

[12] LEE J,LI Z,REIFENBERG J P,et al.Thermal conductivity anisotropy and grain structure in $Ge_2 Sb_2 Te_5$ films[J].J.Appl.Phys.,2011,109(8):084902.

[13] PARKER W,JENKINS R,BUTLER C,et al.Flash method of determining thermal diffusivity,heat capacity,and thermal conductivity[J].J.Appl.Phys.,1961,32(9): 1679-1684.

[14] MALDONADO O.Pulse method for simultaneous measurement of electric thermopower and heat conductivity at low temperatures[J].Cryogenics,1992,32(10): 908-912.

[15] STALHANE B,PYK S.New method for determining the coefficients of thermal conductivity[J].Tek.Tidskr,1931,61(28):389-393.

[16] BOUGUERRA A,AÏT-MOKHTAR A,AMIRI O,et al.Measurement of thermal conductivity,thermal diffusivity and heat capacity of highly porous building materials using transient plane source technique[J].Int.Commun.Heat Mass,2001,28 (8):1065-1078.

[17] HE Y.Rapid thermal conductivity measurement with a hot disk sensor:Part 1.Theoretical considerations[J].Thermochimica Acta,2005,436(1-2):122-129.

[18] GUSTAVSSON M,KARAWACKI E,GUSTAFSSON S E.Thermal conductivity, thermal diffusivity,and specific heat of thin samples from transient measurements with hot disk sensors[J].Rev.Sci.Instrum.,1994,65(12):3856-3859.

[19] LI Y,SHI C,LIU J,et al.Improving the accuracy of the transient plane source method by correcting probe heat capacity and resistance influences[J].Meas.Sci. Technol.,2013,25(1):015006.

[20] CAHILL D G.Thermal conductivity measurement from 30 to 750 K:the 3ω method [J].Rev.Sci.Instrum.,1990,61(2):802-808.

[21] DAMES C.Measuring the thermal conductivity of thin films:3 omega and related electrothermal methods[J].Annu.Rev.Heat Transfer,2013,16:7-49.

[22] CAPINSKI W S,MARIS H J,RUF T,et al.Thermal-conductivity measurements of GaAs/AlAs superlattices using a picosecond optical pump-and-probe technique[J].

Phys.Rev.B,1999,59(12):8105-8113.

[23] ZHU J,TANG D,WANG W,et al.Ultrafast thermoreflectance techniques for measuring thermal conductivity and interface thermal conductance of thin films [J].J.Appl.Phys.,2010,108(9):094315.

[24] IWASAKI H,KOYANO M,HORI H.Evaluation of the figure of merit on thermo-electric materials by Harman method[J].Jpn.J.Appl.Phys.,2002,41(11R):6606.

[25] ROWE D M.CRC handbook of thermoelectrics[M].Boca Raton:CRC Press,1995.

[26] HARMAN T C.Special techniques for measurement of thermoelectric properties [J].J.Appl.Phys.,1958,29(9):1373-1374.

第 13 章　其他热分析方法

相比于上述商业热分析方法，还有一些分析设备往往不能直接通过商业方式得到。例如，射气热分析（emanation thermal analysis，ETA）和热声法（thermosonimetry，TS）。

13.1　热显微镜法

最早使用热台显微镜的研究工作是 100 多年前由 Lehmann 完成的。他使用一个简单的油浴加热装置，开发出了"结晶显微镜"（crystallisation microscope）。到了 1931 年，热台显微镜还没有广泛使用，Kofler 开发了一系列的热台原型。相比于 Lehmann 的设计思路而言，由 Kofler 开发的设备在设计和构造上要更加简单。在 1936 年，Kofler 开始使用水银温度计来测量温度，他进一步发展并完善了热台显微镜并将其应用在新的领域当中。物镜是显微镜中最关键的部分，因为它必须足够接近热台才能产生最高的分辨率。此外，还必须保证物镜受到热台的任何热损害，这可以通过将物镜与较热的样品物理分离和在热台的红外壳中引入高性能的光学窗口来实现。热显微镜中不仅会使用可加热样品的热台，还可以使用实现低温的冷台。通过冷态有助于研究金属中的低温相变以及对聚合物在玻璃化转变温度以下的行为进行评价。单独由热分析往往难以确切了解样品在加热时所发生的各种变化，由视觉外观获得的附加信息有助于解释或支持已做出的假说。通过热分析过程中投射或者反射显微镜法，可得到热分析与光学分析联用的即热光分析的结果。

通过热显微镜法针对磺胺嘧啶进行表征可以发现，玻璃态的磺胺嘧啶在 120.1 ℃时长出了球状晶体，在 176.6 ℃时球粒由于熔融而改变，再结晶为新的正交晶型，如图 13.1 所示。

(a)120.1 ℃　　　　　　　　　　　　　(b)176.6 ℃

图 13.1　热显微镜下拍摄到的磺胺嘧啶照片

Wiedemann 和 Bayer 结合热显微镜法与差示扫描量热法研究了 $KNO_3 - NaNO_3$ 的

相图。从差示扫描量热曲线上可以得知,主要的形核温度点应该是在 257.5 ℃。从热显微镜法可以看出,第一个晶体的形核温度为 258 ℃,这与差示扫描量热的结果是高度吻合的。晶粒核心的数量随着温度降低到 248 ℃ 而不断增多,继续将温度冷却到 240 ℃ 会发现晶体尺寸出现显著生长,当温度进一步降低到 216 ℃ 时共晶凝固过程完成。结合差示扫描量热可以看出,差热曲线确定出的共晶凝固点为 216 ℃,这与热显微镜法得到的结果也是一致的,如图 13.2 所示。

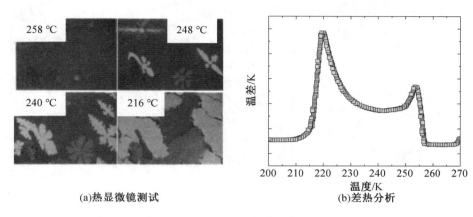

(a)热显微镜测试　　　　　　(b)差热分析

图 13.2　热显微镜法与差热分析联用表征 $3KNO_3:1NaNO_3$ 结晶过程

Perron 等人结合差热分析与热显微镜法研究了纯咖啡因的相变过程。根据差热分析曲线可以看出在 163 ℃ 出现第一个吸热峰,这对应于 β 相咖啡因到 α 相咖啡因的一阶相转变。在 243 ℃ 出现的第二吸热峰对应于咖啡因的溶解。在热显微镜法中并没有发现差热分析中第一个相变峰对应的变化,然而由于咖啡因非常高的蒸气压,它在熔点温度时会产生非常多的气泡,如图 13.3 所示。

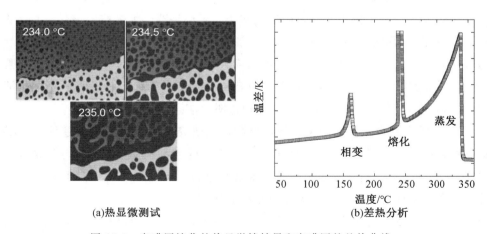

(a)热显微测试　　　　　　(b)差热分析

图 13.3　咖啡因熔化的热显微镜结果和咖啡因的差热曲线

Silva 等人利用偏正光热显微镜法研究了人体中脂质的热行为,如图 13.4 所示。可以看出,从 43 ℃ 到 56 ℃ 这个温度区间内一小部分脂质在不断消失。当温度接近 60 ℃ 时,几乎所有的物质都处于一个快速向液态转变的过程,但是不同各向同性但是不互溶的部分是共存的。融合的过程显然促使了不同脂质部分的偏析但是同也促使它们融合。当温度升高到 70 ℃时,所有的脂质都已经转变成液态。当温度继续升高时,可以发现不同的脂质部分聚合变大。

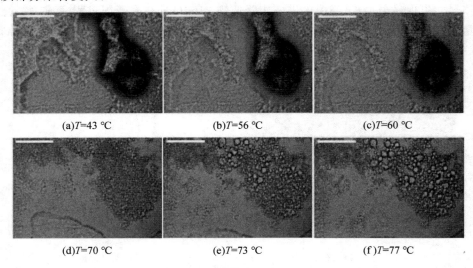

(a)T=43 ℃   (b)T=56 ℃   (c)T=60 ℃

(d)T=70 ℃   (e)T=73 ℃   (f)T=77 ℃

图 13.4　人体中提取的脂质在不同温度下的形貌

Seefeldt 等人利用热显微镜研究了卡马西平－烟酰胺的结晶过程,如图 13.5 所示。可以看出,非晶态的卡马西平－烟酰胺最开始的形核温度大约为 41 ℃,随后在 41～61 ℃这个温度区间内显著长大。随后最开始生成的固相在更高的温度下(81～95 ℃)会转变成另外的形式。该固相转变的前沿如图中箭头所标示,该前沿界面在视场内一直移动,直到整个样品都发生了固相转变。

Perpetuo 等人利用偏正光热显微镜技术研究了酪洛芬－烟酰胺的熔化过程。图13.6展示了酪洛芬－烟酰胺从 25 ℃到 100 ℃的加热过程中的变化。可以看出,酪洛芬－烟酰胺的熔化大约是在 94.5 ℃时发生的。当温度大约升高到 94.9 ℃时,酪洛芬－烟酰胺完全转变成了液态,但是明显可以发现不同液态共存。随着温度进一步升高,不同的液态逐渐融合,当温度升高到 96.4 ℃时只存在一种透明的液态形式。

Ashton 等人结合差示扫描量热与热显微镜法研究了碘化银的相变过程。如图 13.7所示是碘化银在加热和冷却循环过程中的差示扫描量热曲线与热显微镜分析结果。在加热过程中,碘化银从 β 相转变为 α 相的转变温度约为 148.2 ℃;在降温过程中,从 α 相到 β相的转变温度降低为 140.2 ℃。从对应的热显微镜分析结果可以看出,加热过程中 β 相转变为 α 相的转变发现样品的颜色从透明变成黄色;在冷却过程中,又从黄色转变为透明色。此外,还可以发现该相变过程还涉及样品的膨胀和收缩。

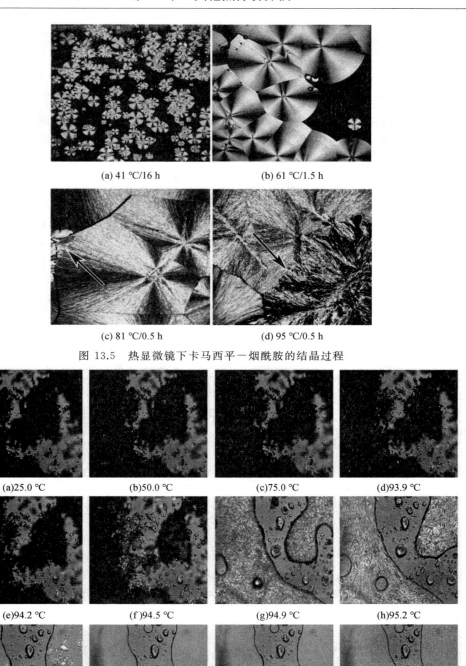

(a) 41 ℃/16 h (b) 61 ℃/1.5 h

(c) 81 ℃/0.5 h (d) 95 ℃/0.5 h

图 13.5　热显微镜下卡马西平－烟酰胺的结晶过程

(a)25.0 ℃ (b)50.0 ℃ (c)75.0 ℃ (d)93.9 ℃

(e)94.2 ℃ (f)94.5 ℃ (g)94.9 ℃ (h)95.2 ℃

(i)95.6 ℃ (j)96.4 ℃ (k)96.8 ℃ (l)100 ℃

图 13.6　酪洛芬－烟酰胺的熔化过程

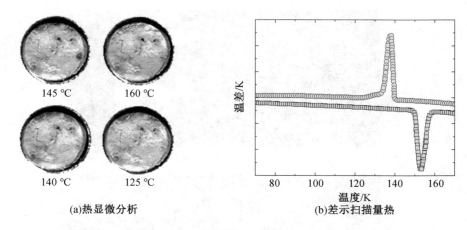

(a)热显微分析　　　　　　　(b)差示扫描量热

图 13.7　碘化银热显微镜分析与差示扫描量热联用结果

13.2　射气热分析

射气热分析技术是在程序控温和一定气氛下,检测样品中释放捕获的惰性气体(通常为放射性气体)的一类技术。该方法使用惰性气体的释放速率作为加热初始的固体样品时发生变化的一个标志。实际上,固体中的物理化学过程控制气体的释放,例如结构变化、固体样品与周围介质的相互作用以及固体中的化学平衡。由于大部分用于射气热分析研究的固体中并不含有天然的惰性气体,因此有必要用惰性气体对样品进行标记。将惰性气体原子引入待研究样品中的方法包括:

(1)扩散技术:利用惰性气体在升温和高压下可以扩散到固体中的原理,将样品与惰性气体放置在高压容器中,然后将其封闭在样品熔点温度的 30% 和 50% 温度下加热几个小时,然后在液氮中进行淬火;

(2)物理气相沉积:在惰性气体气氛中制备样品,惰性气体原子被捕获在沉积物质的结构中;

(3)惰性气体的加速离子注入法:引入的惰性气体量及其浓度分布取决于离子轰击的能量和标记的样品性质;

(4)核反应产生的惰性气体法:生成惰性气体的核反应反冲能量可用于将气体注入固体表面。

惰性气体原子在无机固体中的溶解度很小,惰性气体被捕获在诸如簇空位、晶界和孔隙的晶格缺陷处。固体中的缺陷既可以作为惰性气体的陷阱,也可以作为惰性气体的扩散路径。射气热分析可以用于研究在固体或表面上发生的过程。发生在固体或者相界面导致表面发生改变和/或惰性气体扩散率改变的过程,都可以在射气热分析中观察到。因此,射气热分析可用于研究的固态变化过程包括:(1)沉淀物材料的老化、重结晶、结构缺陷的退火;(2)晶体和非晶体的缺陷状态的变化、烧结、相变;(3)伴随着固体热分解而发生的表面和形态的变化;(4)固体及其表面的化学反应,包括固体－气体、固体－液体和固体－固体的相互作用。

对于比表面积发生变化的动力学、缺陷退火的机理、孔隙率和形态变化的动力学而言,一般可以从等温或者非等温条件下所获得的射气热分析结果进行评价。相比于 X 射线衍射分析,射气热分析可以用来研究结晶较差或无定形的固体。相比于差示热分析而言,射气热分析可以用来研究不伴随热效应或质量变化的过程,例如粉末样品的烧结过程。

可以用射气热分析测量值估算惰性气体的扩散参数,这可以用来测量固体中惰性气体的迁移率,可用这些信息研究固体中的缺陷状态。惰性气体原子通过例如离子轰击、中子辐照等形式深入到固体中,这些气体原子位于固体的缺陷中。在加热样品时惰性气体的释放是由于热刺激过程而引起的,这些热过程主要包括扩散、缺陷退火等。由于缺陷的存在对惰性气体的扩散过程有显著影响,因此可以用惰性气体的迁移率作为表征固体中缺陷状态的参数。此外,利用射气热分析可以研究粉末和凝胶固体的表面和形态所发生的变化。对许多金属和氧化物的烧结过程表明,射气热分析是研究烧结过程的有力工具。

Balek 针对放射性热分析进行了详细的综述。在不同温度下测试得到的扩散射气释放速率 E_D 主要与表面与晶界扩散相关,这使得表征材料的织构和形貌成为可能。图 13.8 是 α 相 Fe_2O_3 在不同温度下测试得到的射气热分析曲线,相对于具有更高取向度的样品所对应的射气热分析曲线较高。这主要是由于更小的平均晶粒尺寸会增大扩散射气释放速率 E_D。由于惰性气体在较低温度下的扩散主要是由织构缺陷(晶界、位错以及其他非平衡缺陷)所主导的,因此惰性气体扩散的激活能可以用来表征样品的状态。如图 13.8 所示,预热到 350 ℃、410 ℃ 以及 530 ℃ 样品的扩散激活熔值可通过曲线的斜率 $\log E_D = f(1/T)$ 推测出,其对应的激活能分别为 25 kJ/mol、35 kJ/mol 以及 55 kJ/mol。

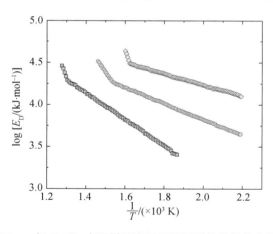

图 13.8　α 相 Fe_2O_3 在不同温度下测试得到的射气热分析曲线

除了确定材料的活性状态,射气热分析还可以用于表征待测材料与其他材料之间固相反应的程度。例如,为了研究 ZnO 与 Fe_2O_3 的固相反应,将 ZnO 利用 [238]Th 进行标记,并以 Fe_2O_3 作为主要测试对象(图 13.9)。其中 Fe_2O_3 是分别通过碳酸铁加热到 700 ℃、900 ℃,以及 1 000 ℃ 制备得到的三种类型。通过将两种材料进行 1:1 混合并加热至 1 100 ℃ 从而测试射气热分析。由于不同表面初始状态以及体积状态,射气热分析的曲线表现出显著的区别。其中,曲线中最明显的峰强可以表示为 Fe_2O_3 与 ZnO 之间的化学反应。该峰值出现的温度越高则表明 Fe_2O_3 的反应活性越低。

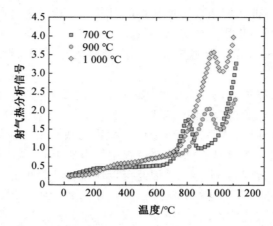

图 13.9　$ZnO-Fe_2O_3$ 混合物的射气热分析曲线,其中 Fe_2O_3 是通过碳酸铁加热到 700 ℃、900 ℃,以及 1 000 ℃制备得到的

　　由于射气热分析加热曲线可以反映任何表面积变化与材料的再结晶过程,因此,该分析方法可以应用表征烧结过程中的动力学行为。如图 13.10 所示,ThO_2 在均热过程中在 705 ℃、735 ℃、780 ℃,以及 825 ℃条件下与时间相关的扩散射气释放速率,其中 $E_D = K_2S$,而 $K_2 = (D/\lambda)^{1/2}\rho$,$S$ 为有效表面积。因此,烧结过程中的动力学规律可以表示为 $\log S = n\log t + C$。通过该图得到的结果可以得出结论:ThO_2 的烧结是通过单一机制所主导的。通过射气热分析所确定的有效表面积可以非常方便地反映粉末状样品的在烧结初始阶段的行为。

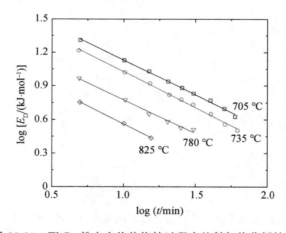

图 13.10　ThO_2 粉末在均热烧结过程中的射气热分析结果

13.3　热声法

　　热声法测量已被应用于监测许多化学反应。当样品发出的声波作为时间或者温度的函数被测量,而样品的温度在特定的气氛中按照设定的温度程序发生变化,这种技术被称

为热声法。固体中的声发射来自固体中释放弹性能量的过程,这些过程包括位错运动、裂纹的产生和增长、新相成核、松弛过程等。在物理性质发生不连续的变化时会产生弹性波从而引起声波效应,这些物理变化主要包括玻璃化转变、不连续的自由体积变化等过程。这些过程在常规的热分析中很难检测到,主要是由于这些转变过程中伴随着很低的能量变化。由于热声法的灵敏度很高,可以用于评估辐射损伤、缺陷含量、样品退火程度、脱水、分解、熔化等过程相关的机理研究。

在样品加热前和加热过程中,声波是以机械振动的形式发出去的。样品中的声波被探测装置拾取并传输,机械波被转换为压电转换器的电信号,如图 13.11 所示。转换器接触的样品表面需要经过良好的抛光,使用硅油能够改善信号的传递质量。由于在样品中直接插入热电偶会引起严重的机械阻尼效应,因此热电偶通常放置在尽可能靠近样品的地方,而不实际接触样品。在分析热声法的结果时,通常需要结合由其他的热分析技术所得到的信息,建立在一个加热过程中样品转变过程的全面信息图。

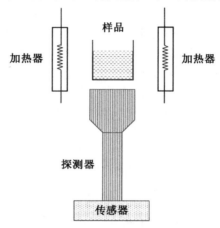

图 13.11　热发声法装置示意图

声音的本质在于能量通过机械波的方式进行传递。通常而言,所涉及的振动可以包含非常广的频率范围,例如从可听见的频率(赫兹)到非常高的不可听见频率(兆赫兹)。声音信号可以通过多个参数进行描述:强度、振幅以及频率分布。这些信号代表了连续振动与额外的、突然出现的噪声。因此,分析这些信号可以了解更多固相反应中所涉及的信息。Lonvik 研究了 $Mg(OH)_2$ 的热分解过程,他指出相比于差热分析而言,热声法可以探测到样品在热过程中由于热机械性能突然变化所引发的响应。Lee 等人利用热声法研究了六氯乙烷在固态相变过程中发射的声音信号。他们发现热声法所得到的信号与热膨胀测试的结果是一致的。通过对由许多独立的声学信号组成的波形进行频率分析可以发现不同信号之间存在显著的差别。

Lonvik 针对热声法进行了非常详细的综述。他指出许多声音发射都可通过声波的频率分布来描述,图 13.12 是 $K_2Cr_2O_7$ 和 K_2SO_4 的频率分布。可以看出不同物质在热过程中发出的声波具有截然不同频率分布,因此通过热声法测试得到的信号可以用于确定物质的组成成分。值得注意的是,所记录的频率分布图谱是由检测系统的自然共振与样品声波两者的信息,因此还需要将前者去除才能准确评估样品自身的热发声信息。

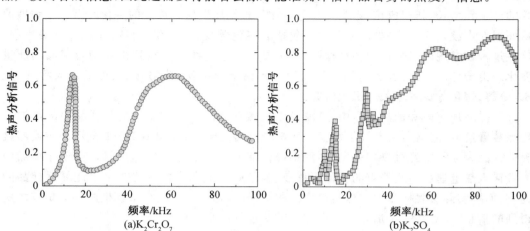

(a)K₂Cr₂O₇

(b)K₂SO₄

图 13.12　热声法测量 $K_2Cr_2O_7$ 和 K_2SO_4 的频率分布

　　热声法可以作为研究玻璃态物质结晶机制与动力学的一种新研究手段。图 13.13 是非晶态 $Fe_{78}Mo_2B_{20}$ 的热声法与差示扫描量热结果对比。可以看出热声法所获得的信号取决于信号频率的宽度。此外,差示扫描量热结果表明该样品在 780 ℃ 左右出现一个非常显著的结晶放热峰。与之相比,热声法在 785 ℃ 出现一个显著的峰。由此可见,热声法与差示扫描量热的结果是高度吻合的。

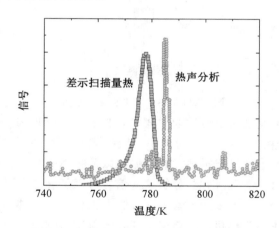

图 13.13　非晶态 $Fe_{78}Mo_2B_{20}$ 的热声法与差示扫描量热结果对比

　　Klimesz 等结合差示扫描量热与热声法研究了碘化银的固态相变过程。如图 13.14 所示,碘化银的差示扫描量热曲线在 430 K 左右出现了一个显著的吸热峰。该吸热峰在基线上的偏转温度点大约为 423 K,这对应于从低温密排六方相向高温超离子导体体心立方相的转变。差示扫描量热曲线中的吸热峰与热声测试中出现的声学现象是高度一致的。可以看出,在相变过程附近所发生的声学现象的数量(即 N 的数量)是高度一致的。

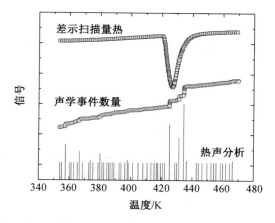

图 13.14　碘化银的差示扫描量热分析与热声分析结果

13.4　同步热分析

　　同步热分析仪(simultaneous thermal analysis,STA)是表示将不同类型的热分析技术同步应用的标准术语。"同步"一词意味着同一个样品在同一时间。这意味着该技术将不同类型的传感器与样品直接(或间接)地连接在一起,并且在同一个加热炉中对这个样品进一步加热或者降温。同步测量(simultaneous measurements)与平行测量(parallel measurements)有很大的差别,区别在于平行测量对于不同的样品使用不同的设备来实现。例如同时测定热重分析与差热分析(或差示扫描量热),可以解决单热重或单差热分析/差示扫描量热无法解决的问题。将热重分析与质谱分析仪或者傅里叶变换红外光谱仪联用,就能在线分析热重中形成的气体产物的性质。当有若干化合物逸出时,质谱分析仪和傅里叶变换红外光谱仪能跟踪它们的变化曲线。质谱和红外光谱是物质特有的。通过对光谱的解释与数据库参比光谱的对比,可用光谱来表征物质或物质种类,从而阐明分解的路径。

　　在以下的几种情况下,优先使用同步热分析方法:

　　(1)相比于独立测量的各个性质而言,同步测量需要更短的时间来完成每个性质的测试;

　　(2)测量得到的不同参数准确性是可以保证的;

　　(3)由于协同作用,得到的样品信息总数比通过单一的技术得到的信息总数更多;

　　(4)相同的样品(尺寸、质量、表面积、形态、组成)在完全相同的外部因素(加热速率或降温速率、气流量、气体组成、炉子类型等)条件下用不同的技术检测,与通过不同技术得到的结果相比可以得到一个更加正确的解释和关联。

　　然而,同步热分析也存在一定的问题。由于需要将不同的传感器连在一起,相对来说仪器的结构就比较复杂。由于仪器设计的妥协和折中处理,可能会引起一个或者多个信号的灵敏度下降。另外,测量参数的妥协也会引起更加有价值的原始数据的减少。可以作为互补的技术主要包括各种形式的物理的、化学的力学性能测试以及诸如 X 射线衍射、力学、波谱学、电子谱学以及光谱学。

13.5 热重－差示扫描量热及热重－差热分析

最常见的单个样品的同步热分析技术就是热重－差示扫描量热或热重－差热分析的联用。同步热分析的主要优点是做一次实验可以得到两条或者多条热分析曲线,如热重分析和差热分析可以获得对应的两条曲线。一般来说,热重曲线上发生质量变化时,在差热分析曲线上会存在对应的峰。然而,在差热曲线上出现峰形变化时,热重曲线不一定有质量变化。这种联用的一个重要优点就是可以通过差示扫描量热仪传感器来校正温度。在特定温度下的吸热或放热反应(例如熔化、相变等)可以比质量的改变更容易被精确检测到。另一个优点是,实际发生在内部的吸热或者放热热流量能够直接与样品的实际质量或者是已经发生反应的较少部分的样品质量相关联。通过同时在单个样品上进行两种物理量的测量,可以精确地得到每单位质量的样品(反应、蒸发、升华过程中)热传导过程的信息。由于过程中的热效应与转变的体积分数成比例,样品质量对时间的导数与热流量信号表现出类似的形状。当然,由于质量变化与能量变化密切相关,这仅仅对化学反应有效。上述结论对于(没有质量变化的)晶型转变以及熔融过程来说是无效的。

Redfern 利用热重与差示扫描量热分析联用的同步热分析法研究了聚合物的热行为。如图 13.15 所示,未固化聚酰亚胺树脂在 55 ℃ 出现了玻璃化转变,并在 121 ℃ 出现了一个小的聚合放热峰。在 283 ℃ 出现了一个由固化导致的放热峰,这与热重曲线中出现的质量损失是相关联的。该质量损失被认为是与可挥发性物质的散逸有关。该固化过程在差示扫描量曲线上表现出具有一个较长的尾巴,因此无法清楚确定反应的温度终点,不过通过热重曲线可以看出热分解发生于 430 ℃。

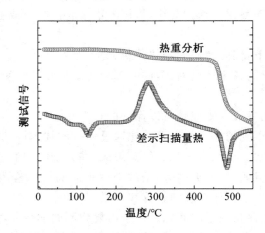

图 13.15　未固化聚酰亚胺树脂的热重－差示扫描量热曲线

Arvelakis 等人利用热重与差示扫描量热联用的分析技术研究了高碱性生物质灰的

热反应。图 13.16 是 KCl 和 K₂CO₃ 的热重和差示扫描量热结果。可以看出,KCl 的差示扫描量热曲线在 770 ℃ 左右出现了第一个峰,这应该对应于该材料的熔点。随后在850～1 150 ℃ 的温度区间内出现了一个较宽的差示扫描量热峰。相应地,热重曲线在 850 ℃ 以后出现了一个显著的质量损失,该温度区间对应于 KCl 的挥发过程。如图13.16(b)可以看出 K₂CO₃ 差示扫描量热在约 900 ℃ 出现第一个放热峰,此时热重曲线仍维持恒定,因此这应该是 K₂CO₃ 的熔化过程。当温度为 1 150 ℃ 时,差示扫描量热曲线上出现第二个峰,此时热重曲线开始发生失重,这应该对应于 CO₂ 的初始释放阶段。当质量损失达到 40％ 时,热重曲线的下降斜率在 1 350 ℃ 出现变化,这可能对应于 CO₂ 的完全释放。

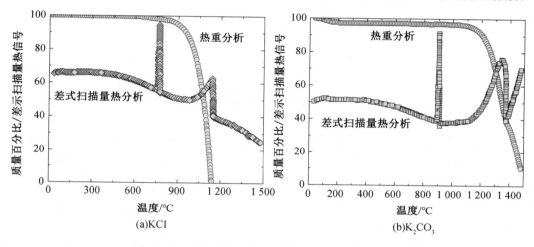

图 13.16　KCl 和 K₂CO₃ 的热重与差示扫描量热曲线

13.6　热机械分析－差热分析

由于不同的热机械分析测量模式(线性膨胀、针入、体积变化测量等)可以得到完全不同类型的信息,例如分解、熔融、分层等,但并不是所有的效应都伴随着热量交换。因此,在完全相同的测量环境下,与差示扫描量热或者差热分析联用可以同时给出同一样品的信息。实际上,将动态热机械分析与差热分析联用也可以得到尺寸变化和伴随熔融的形变信息。

Xie 等人利用差示扫描量热与动态热机械分析研究了大米淀粉在加热过程中凝胶化时的过程。如图 13.17 所示,损耗因子 $\tan\delta$ 曲线与热流曲线都在 68 ℃ 出现峰值。此外,动态热机械分析的峰出现对应的温度(T_{onset})与峰结束对应的温度(T_{offset})的差值($T_{offset} - T_{onset}$)比差示扫描量热更大。这说明机械性能的变化出现在热转变之前以及结束于热转变之后。因此,这说明动态热机械分析对于探测凝胶化过程更为敏感。

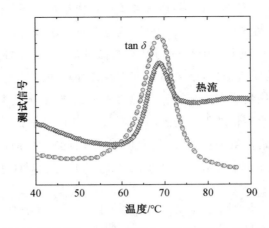

图 13.17　差示扫描量热与动态热机械分析联用研究大米淀粉凝胶化过程

13.7　逸出气体分析

逸出气体分析(evolved gas analysis,EGA)是一种用来确定在热分析实验期间形成的挥发性产物或产物的性质和数量的技术。该定义中包括了与检测系统联用的热重－质谱联用法(thermogravimetry－mass spectroscopy,TG－MS)以及热重－傅里叶变换红外光谱联用法(thermogravimetry － fourier transform infrared spectroscopy,TG － FTIR)。

(1)热重－质谱联用法。

进入质谱仪的气体在电离室中被电子轰击,气体分子被分解成阳离子,根据这些阳离子的质量/电荷将其分离。通过测量离子的电流可以获得强度作为质荷比函数的图谱。Materazzi 针对热重与质谱仪联用分析的发展历程进行了综述。Raemaekers 和 Bart 分别针对聚合物中利用热重与质谱仪联用分析的研究进行了详细的总结与整理。

Zitomer 首先提出结合热重分析与质谱分析确定硫化聚亚甲基的高温熔化与分解过程(图 13.18)。通过将硫化聚亚甲基在氮气环境下加热到高温,聚合物在熔点附近会发生迅速的质量损失并产生许多产物。可以看出,在熔点之前还出现了 20% 左右的质量损失,这应该主要是由于二氯代苯和二甲基甲酰胺的逸出。第一个分解产物硫甲醛出现在大约 256 ℃。继续升温的过程中会导致产生许多其他的硫化物,主要是二硫化碳和硫甲醛。在分解过程的后期还会出现少量的二氯代苯,这表明一些溶质会紧紧地与聚合物连接在一起,这些在初始的质量损失中并不会发现。

$CaC_2O_4 \cdot H_2O$ 在加热过程中表现出三步分解,通过热重－质谱联用法来鉴定分解产物随时间的变化是必不可少的技术手段。如图 13.19 所示,第一阶段的质量损失是由于 H_2O 所引起的,在第二阶段中主要检测到了一氧化碳和少量的二氧化碳,在第三阶段中主要检测到了二氧化碳和少量的一氧化碳。通过将微商热重曲线与质谱仪测试的曲线对比发现,热重记录的质量变化与质谱仪探测到的气体之间没有明显的时间差。

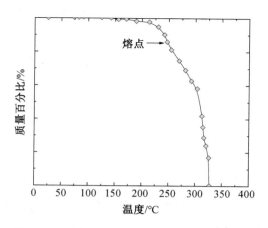

图 13.18　硫化聚亚甲基的高温熔化与分解过程

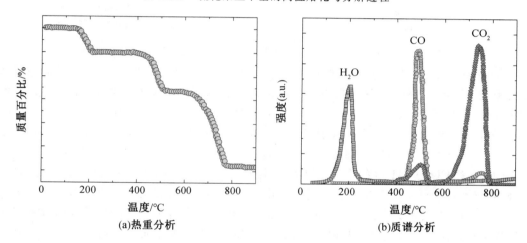

图 13.19　$CaC_2O_4 \cdot H_2O$ 在氩气中的热重分析和质谱分析曲线

(2)热重－傅里叶变换红外光谱联用法。

傅里叶变换红外光谱仪可以在 1 s 内使用一个干涉仪扫描得到多张红外光谱($400\sim$ $4\,000\ cm^{-1}$),这个快速扫描的优点可以用来分析在热重实验中释放的气体。通过热重－傅里叶变换红外光谱联用法可以识别所有带有振荡偶极子的分子或者键。Materazzi 针对热重－傅里叶变换红外光谱联用法的发展历史进行了详细的综述。与液体或固体的红外光谱相比,所得到的气相红外光谱可以提供气相中分子非常高的分辨率和精细的结构信息。碱式硝酸铜($Cu_2(OH)_3NO_3$)是一种典型的、可用于逸出气体分析的样品,在氮气中进行加热实验时热重测试(图 13.20(a))发现样品的质量在 200 ℃ 开始出现了显著的下降。傅里叶变换红外光谱测试表明 200 ℃ 以后开始检测到逸出气体,不同的气体在 241 ℃ 时出现了最大程度的释放(图 13.20(b))。通过对该曲线的研究发现,除了 H_2O ($3\,800\sim3\,600\ cm^{-1}$ 和 $1\,600\sim1\,500\ cm^{-1}$)、$NO_2$($1\,318\ cm^{-1}$ 和 $749\ cm^{-1}$)之外,在 $1\,612\ cm^{-1}$ 处的强吸收峰 V_1' 也表明有 HNO_3 释放出来,而其中只有一部分是分解的。

通过使用热重－傅里叶变换红外光谱联用法可以找到一个完整的反应机理:

$$Cu_2(OH)_3NO_3(s) \longrightarrow 2CuO(s) + H_2O(g) + HNO_3(g) \tag{13.1}$$

$$HNO_3(g) \Longleftrightarrow 0.5H_2O(g) + NO_2(g) + 0.25O_2(g) \tag{13.2}$$

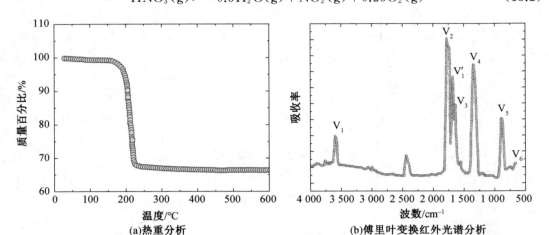

(a)热重分析　　　　　　　　　(b)傅里叶变换红外光谱分析

图 13.20　$Cu_2(OH)_3NO_3$ 的热重曲线和傅里叶变换红外光谱测试曲线

Humbeeck 针对同步热分析测试进行了详细的综述。Yoshida 等人开发了热分析与 X 射线表征相结合的同步热分析设备。他们通过将差示扫描量热分析仪与宽角度 X 射线衍射仪组合，针对 $C_{36}H_{74}$ 在 337～351 K 温度范围内的相变过程进行了深入研究。Johnson 和 Robb 利用热重－差热分析－逸出气体分析的同步热分析方法研究了 $Na_2CO_3 \cdot CaCO_3 \cdot 5H_2O$ 的热脱水与分解过程。如图 13.21 所示，在干燥氮气环境下 $Na_2CO_3 \cdot CaCO_3 \cdot 5H_2O$ 的水逸出开始发生于 50 ℃以上，对应于一个在 133 ℃的差热分析峰以及在 190 ℃的逸出气体分析峰。由于此时热重曲线没有偏转点，因此 $Na_2CO_3 \cdot CaCO_3 \cdot 5H_2O$ 是水逸出的唯一来源。该图中差热分析峰与逸出气体分析峰的位置不相同，这主要是由于逸出气体分析峰受到水蒸气传输速率的影响，而差热分析峰主要受到水逸出速率的影响，而这两者的速率并不完全一致。

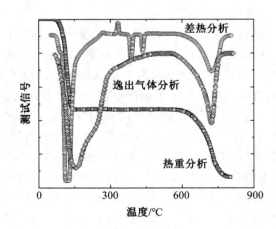

图 13.21　$Na_2CO_3 \cdot CaCO_3 \cdot 5H_2O$ 在氮气环境下利用 DTA－TG－EGA 的热分析曲线

Kriston 等人利用差示扫描量热－热重分析－逸出气体分析研究了 LiNiMnO 电池

的热分解反应。同步热分析曲线如图 13.22 所示,可以将热分解曲线大致划为四个不同的部分。在第一个温度区间,当温度低于 100 ℃时没有质量损失也没有探测到任何气体形成,然而差示扫描量热在 70 ℃出现了一个非常尖锐的吸热峰。该峰同样出现在未经过充放电循环的石墨中,因此这并不是由于石墨锂化造成的。第二个温度区间被认为是固体电解质界面膜开始分解时,然而这并不意味着固体电解质界面膜是一步完成的。在第二温度区间的起始处(约为 110 ℃时),傅里叶变换红外光谱表明气体中的主要成分是 CO_2 和水。在 150～170 ℃时,差示扫描量热曲线上出现了一个比较弱的放热峰,由于此时并没有质量损失以及气体出现,这表面固体电解质界面膜在继续变厚甚至是改变其成分。在第三个温度区间出现了一个显著的放热峰,此时还伴随着显著的质量损失与气体逸出。傅里叶变换红外光谱结果表明主要的成分是 CO_2 以及碳酸亚乙酯。在该温度区间应该同时出现多个反应:固体电解质界面膜的分解;Li 电解质的反应;碳酸亚乙酯的分解。在第四个温度区间里可以发现相互重叠的放热峰,此时质量损失与气体产生的量是最少的。该温度区间应该主要发生的是黏合剂的分解过程。

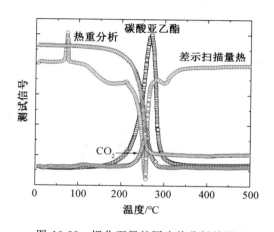

图 13.22　锂化石墨的同步热分析结果

Shao 等人利用热重—傅里叶变换红外光谱联用法研究了污水污泥的高温分解过程与产物。热重曲线如图 13.23(a)所示,可以看出分解过程主要发生在 150～550 ℃这一个非常宽的温度范围内。该温度区域的热重曲线可以划分为两个阶段:其中第一分解阶段发生于 150～380 ℃,这应该主要是降解过程;第二个阶段在 380～550 ℃,这主要是易于汽化的物质的进一步分解。在 550 ℃以上还存在一个较慢的分解过程,这应该是物质的完全分解。通过傅里叶变换红外光谱的分解结果可以得到不同分解产物随温度变化规律,如图 13.23(b)所示。总体上可以将该分解过程表示为:污水污泥→H_2＋CO＋CO_2＋烃＋炭,其中炭在 900 ℃以上的温度仍保持为固相。如图可以看出气体分解产物的四个不同的温度区间,分别是 $T < 200$ ℃,200 ℃$< T < 350$ ℃,350 ℃$< T < 550$ ℃,550 ℃$< T < 900$ ℃。通过主要产物可以确定每个过程中的反应如下:

(1)第一阶段,$T < 200$ ℃:

$$CH_{1.58}O_{0.83} \longrightarrow 0.76C + 0.57H_2O + 0.13CO_2 + 0.11CH_4 \qquad (13.3)$$

(2)第二阶段,200 ℃$< T < 350$ ℃:

$$CH_{1.58}O_{0.83} \longrightarrow 0.72C + 0.49H_2O + 0.02H_2 + 0.17CO_2 + 0.14CH_4 \qquad (13.4)$$

(3)第三阶段,350 ℃＜T＜550 ℃：

$$CH_{1.58}O_{0.83} \longrightarrow 0.63C + 0.37H_2O + 0.16H_2 + 0.02CO + 0.22CO_2 + 0.13CH_4 \quad (13.5)$$

(4)第四阶段,550 ℃＜T＜900 ℃：

$$CH_{1.58}O_{0.83} \longrightarrow 0.37C + 0.12H_2O + 0.59H_2 + 0.47CO + 0.12CO_2 + 0.04CH_4 \quad (13.6)$$

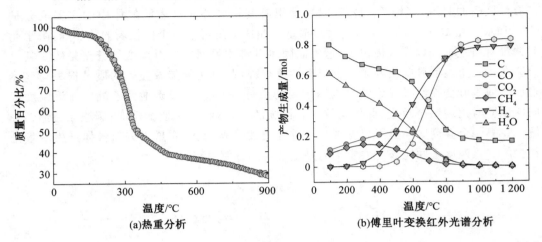

图 13.23　污水污泥的高温分解过程与产物

本章参考文献

[1] ARVELAKIS S,JENSEN P A,DAM-JOHANSEN K.Simultaneous thermal analysis (STA) on ash from high-alkali biomass[J].Energy & Fuels,2004,18(4):1066-1076.

[2] ZITOMER F. Thermogravimetric-mass spectrometric analysis [J]. Anal. Chem., 1968,40(7):1091-1095.

第 14 章　扫描探针显微镜

14.1　扫描探针显微镜的发展历史

14.1.1　光学显微镜

由于人眼在构造上的限制,肉眼的最高分辨率为 0.2 mm 左右,当物体间隔小于 0.2 mm时肉眼将不能分辨。人想要发现更小的物体、探索微观世界的奥秘,就必须利用显微镜工具来实现。第一代显微镜为光学显微镜。在公元前一世纪,人们就可以通过透明球形物体去观测微小物体。随着人们对透镜认识的不断深入,凹透镜和凸透镜的特性最早是在 1000 年左右被描述出来。眼镜大约在 1300 年发明,并在欧洲广泛使用。荷兰眼镜制造商汉斯·詹森(Hans Jansen)和他的儿子扎卡里亚斯(Zacharias)在 1590 年制造出具有类似显微镜的放大器。1610 年,意大利物理学家伽利略(Galileo)通过改变物镜和目镜之间的距离,设计了合理的显微镜光路结构,并用所设计的显微镜发现了昆虫的复眼结构。1665 年,英国物理学家罗伯特·胡克(Robert Hooke)制造了具有物镜、目镜及镜筒的复式显微镜,并利用复式显微镜观察了软木塞,发现了软木塞微小的蜂房状结构,称为"细胞",由此引起了细胞研究的热潮。1675 年,荷兰生物学家安东尼·冯·列文虎克(Anthony Von Leeuwenhoek)利用高超的磨制镜面技艺制备了当时拥有最大放大倍数的显微镜,并利用其制备的光学显微镜发现了微小的动物和红细胞。1684 年,荷兰物理学家惠更斯(Huygens)设计并制造出双透镜目镜——惠更斯目镜,是现代多种目镜的原型,这时的光学显微镜已初具现代显微镜的基本结构。1827 年,阿米奇(G.D.Amici)首次采用了浸液式目镜,进一步提高了光学显微镜观察围观物体的本领。光学显微镜的发展为生物学家和医学家发现细菌和微生物提供了有力的工具。

光学显微镜系统主要包括物镜、目镜、反光镜和聚光器四个部件,如图 14.1 所示。物镜是决定显微镜性能的最重要部件,接近被观察的物体。物镜的放大倍数与其长度成正比,即物镜越长,物镜放大倍数越大。物镜根据使用条件的不同可分为干燥物镜和浸液物镜,其中浸液物镜又可分为水浸物镜和油浸物镜(常用放大倍数为 90~100 倍)。物镜主要参数包括:放大倍数、数值孔径和工作距离。放大倍数是指眼睛看到像的大小与对应样品大小(长度比值)的比值。数值孔径(NA)是物镜和聚光器的主要参数,与显微镜的分辨力成正比,如公式(14.1)所示:

$$NA = n\sin(\mu) \tag{14.1}$$

式中,角 μ 为二分之一孔径角(A);n 为物镜的前透镜和样品盖玻璃之间成像介质的折射率。若成像介质为空气(具有折射率,$n=1.0$),则数值孔径仅取决于角度 μ,其最大值为

当 μ 为 90°。干燥物镜的数值孔径一般为 0.05～0.95，油浸物镜（香柏油）的数值孔径为 1.25。工作距离是指当所观察的样品最清楚时物镜的前端透镜距离样品表面的距离。物镜的工作距离与物镜的焦距有关，物镜的焦距越长，放大倍数越低，其工作距离越长。物镜的作用是将样品做第一次放大，它决定了光学显微镜分辨率的高低。光学显微镜的分辨力大小由物镜的分辨率决定，而物镜的分辨率由物镜的数值孔径和照明光线的波长决定。

$$\delta = \frac{0.612\lambda}{n\sin(\theta)} \tag{14.2}$$

式中，λ 为波长；n 为折射率；θ 为透镜的孔径角。由于光具有波粒二象性，光波相遇会产生干涉效应，因此光学显微镜的最高分辨率 δ 受限于光波长。透镜的最大孔径角为70°～75°。在介质折射率为 1.5 左右时，光学显微镜的最高分辨率可简化为

$$\delta \approx \frac{\lambda}{2} \tag{14.3}$$

因此光学显微镜的分辨率能达到光波长的一半。可见光波长范围为 400～760 nm，因此对一般光学显微镜而言，其最高分辨率为 200 nm 左右，比肉眼分辨率小三个数量级。根据分辨率的受限公式可知，采用短波长的光源（如紫外线、X 射线、γ 射线）对物体进行放大可进一步提升光学显微镜的分辨率。但是在技术上利用 X 射线和 γ 射线作为光源进行物体放大比较困难，没有得到很大发展。

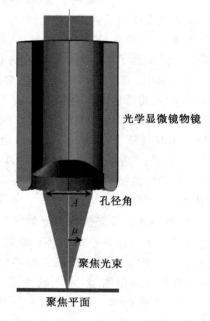

光学显微镜物镜

孔径角

A

μ

聚焦光束

聚焦平面

图 14.1　光学显微镜物镜示意图

14.1.2　电子显微镜

1924 年，德布罗意（De Broglie）提出了微观粒子具有波粒二象性的假设，指出任何一

种接近光速运动的粒子都具有波动本质。1926～1927 年，Davisson、Germer 以及 Thompson Reid 用电子衍射现象验证了电子的波动性，发现电子波长比 X 射线波长还要短，从而联想到可用电子射线代替可见光照明样品来制作电子显微镜，以克服光波长在分辨率上的局限性。

对于运动速度为 v，质量为 m 的粒子，其波长为 $\lambda = h/mv$。电子在加速电压 u 的作用下从静止开始达到运动速度 v，那么其电子获得的动能为

$$\frac{1}{2}mv^2 = eu \tag{14.4}$$

因此当加速电压越大，电子获得的动能越大，其波长就会越短。只要提高加速电压到一定值就可以将电子的速度加速至很高，得到波长很短的电子。电子显微镜的分辨率可达纳米级，但仍不能达原子级。透射电子显微镜的点分辨率为 0.2～0.5 nm，晶格分辨率为 0.1～0.2 nm，扫描电子显微镜的分辨率为 6～10 nm。

1926 年德国学者浦许（Busch）指出"具有轴对称的磁场对电子束起着透镜的作用，有可能使电子束聚焦成像"，为电子显微镜的制作提供了理论依据。此后物理学家们利用电子的波动性性质，成功研制了电子透镜。1931 年，德国学者克诺尔（Max Knoll）和研究员鲁斯卡（Ernst Ruska）在阴极射线示波器上装上了对电子起透射作用的线圈，获得了放大 12～17 倍的电子光学系统中光阑的像，证明可用电子束和电磁透镜得到电子像。1931～1933 年间，Ruska 等对以上装置进行了改进，用"极靴"替代透射线圈制成了短聚焦电子透镜。通过将两个短聚焦透镜分别作为物镜和投影镜，制成了二级放大的电子显微镜。通过不断的改进，做出了世界上第一台透射电子显微镜（transmission electron microscope，TEM），获得了金属箔和纤维一万倍的放大像，从而诞生了第二代显微镜。1934 年，电子显微镜的分辨率已达到 50 nm，Ruska 也因此获得了 1986 年的诺贝尔物理学奖。1939 年德国西门子公司造出了世界第一台商用透射电子显微镜，分辨率达到 3 nm。1951 年，美国宾夕法尼亚大学的穆勒（Erwin E.Mueller）发明了一种高放大倍数和高分辨率的场离子显微镜（field-ion microscope，FIM），能够在某些金属表面观察到单个原子。1954 年德国西门子公司又生产了著名的西门子 ElmiskopI 型电子显微镜，分辨率优于 1 nm。

电子显微镜是 20 世纪最重要的发明之一，对许多在光学显微镜中无法观测到的物体都现出了原形。电子显微镜的诞生，对医学生物和材料科学研究具有非常重要的帮助。虽然电子显微镜的分辨率可以达到纳米级别，但电子显微镜的工作环境要求高真空，难以观察活的物体，并且电子束的照射会使物体表面受到辐照损伤。另外电子显微镜使用成本很高，在一定程度上限制了它的发展。

14.1.3　扫描探针显微镜

电子显微镜的最高分辨率仍受限于电子波长，想要进一步提高其分辨率，就避不开采用波长更小的 X 射线和 γ 射线，但这些射线不能被聚焦。为了获得原子级分辨率，第三代显微技术即扫描探针显微镜（SPM）开始登上舞台。20 世纪 80 年代初期，IBM 公司苏黎世实验室的宾尼格（Gerd Binning）和罗雷格（Heinrich Rohrer）发明了扫描隧道显微镜（scanning tunneling microscopy，STM），它的分辨率达到 0.01 nm。这种新型的扫描隧道

显微镜采用了全新的、不同于电子显微镜的工作原理,它利用电子隧穿现象,将被测样品本身和尖锐的金属探针分别作为两个电极,并通过在两个电极上加电压,由于探针和样品表面距离只有数十埃,以及存在隧道效应,探针和样品表面就会产生隧道电流。样品表面微小的起伏都会对隧穿电流产生非常大的变化。在外加电场的作用下,由于针尖和样品之间距离非常近(通常小于 1 nm),电子会穿过两个电极之间的势垒流向另一电极,由于隧道电流(纳安级)随距离而剧烈变化,精确控制扫描针尖并通过反馈回路来监控隧穿电流并调整电流和尖端的位置在同一高度扫描材料表面,表面那些"凸凹不平"的原子所造成的电流变化通过计算机处理便能得到材料表面三维的原子结构图,如图 14.2 所示。STM 的出现使人类能够对原子级结构和活动过程进行观察。但 STM 需要被测样品必须为导体或半导体,不能直接观察绝缘体和表面不导电的样品,因此其应用受到一定的局限。STM 的诞生,使人类第一次观测到了原子,并能够在超高真空超低温的状态下操纵原子。因为这两项重大的意义,这两位科学家荣获了 1986 年的诺贝尔物理奖。

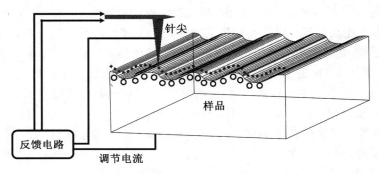

针尖

样品

反馈电路

调节电流

图 14.2　扫描隧道显微镜工作原理示意图

在 STM 的基础上为了弥补其限制性,1986 年,Binning、Quate 和 Gerber 发明了原子力显微镜(atomic force microscope,AFM)。原子力显微镜是通过利用一端固定且对微弱力极敏感的微悬臂探测样品表面的微观信号。微悬臂末端有一微小的针尖,当针尖与样品表面轻轻接触时,由于针尖尖端原子与样品表面原子间存在极微弱的排斥力,通过在扫描时控制这种力的恒定,带有针尖的微悬臂将对应于针尖与样品表面原子间作用力的等位面而在垂直于样品的表面方向起伏运动,利用光学检测法可测得微悬臂对应于扫描各点的位置变化,从而可以获得样品表面形貌的信息。在 AFM 基础上,又相继发明了磁力显微镜(magnetic force microscope,MFM)、扫描近场光学显微镜(scanning near-field optical microscope,SNOM)、摩擦力显微镜(friction force microscope,FFM)、横向力显微镜(lateral force microscope,LFM)、扫描离子电导显微镜(scanning ion conductivity microscope,SICM)等,这些显微镜都统称扫描探针显微镜。因为它们都是靠一根原子线度的极细针尖在被研究物质的表面上方扫描,检测采集针尖和样品间的不同物理量的变化从而得到样品表面的形貌图像和一些有关的电化学特性。如:STM 检测的是隧道电流,AFM 检测的是原子间相互作用力。SPM 可实现探针与样品之间不接触测试,可以避免对样品的污染和损伤。表 14.1 对几种不同显微技术的工作环境和性质进行了简单比较。

表 14.1　不同显微技术各项性能指标比较

	分辨率	样品环境	测试温度	破坏样品	探测深度
SPM	原子级(0.1 nm)	大气,溶液,真空	室温或者低温	无	100 μm
TEM	点分辨(0.3~0.5 nm) 晶格分辨(0.1~0.2 nm)	高真空	室温	小	一般小于 100 nm
SEM	6~10 nm	高真空	室温	小	10 mm(10 倍时) 1 μm(10 000 倍时)
FIM	原子级	超高真空	30~80 K	有	原子厚度

14.2　扫描探针显微镜的设计原理

扫描探针显微镜(SPM)是扫描隧道显微镜(STM)以及在扫描隧道显微镜的基础上发展起来的各种新型探针显微镜(原子力显微镜(AFM)、激光力显微镜(LFM)、磁力显微镜(MFM)、弹道电子发射显微镜(BEEM)、扫描离子电导显微镜(SICM)、扫描热显微镜和扫描隧道电位仪(STP)等等)的统称。扫描探针显微镜不采用任何光学或电子透射成像,因此不再受制于光或者电子波长,而是通过利用探针对样品表面进行扫描来实现微观成像,其基本原理如图 14.3 所示。通过移动针尖或者样品并通过反馈电路使样品和针尖之间的距离保持恒定,从而通过检测一个非常微小的探针(磁探针、静电力探针、电流探针、力探针),与样品表面的各种相互作用(电的相互作用、磁的相互作用、力的相互作用等),在纳米级的尺度上研究各种物质表面的结构以及各种相关的性质,实现不同的显微技术。利用这种方法得到被测样品表面信息的分辨率取决于控制扫描的定位精度和探针作用尖端的大小(即探针的尖锐度)。扫描探针显微镜(SPM)是一个统称,包括扫描隧道显微镜(STM)以及在 STM 基础上发展起来的各种新型显微镜,如原子力显微镜(AFM)、横向力显微镜(LFM)、磁力显微镜(MFM)、静电力显微镜(EFM)、扫描近场光学显微镜(SNOM)。其中 STM、AFM 和 LFM 可实现原子级(0.1 nm)分辨率,MFM 可实现 10 nm 分辨率,EFM 可实现 1 nm 分辨率,SNOM 可实现 100 nm 分辨率。不同类型SPM 之间的主要区别在于针尖特性及其相应的针尖-样品相互作用方式的不同。表 14.2总结了不同类型的 SPM 以及探针与样品之间的相互作用物理量。

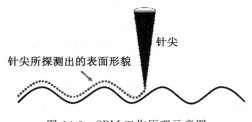

图 14.3　SPM 工作原理示意图

表 14.2　不同类型的 SPM 技术以及探针所检测的物理量

SPM 显微技术	检测的物理量	分辨率
扫描隧道显微镜(STM)	隧道电流	
原子力显微镜(AFM)	原子间作用力	0.1 nm
横向力显微镜(LFM)	相对运动横向力	原子级分辨率
扫描近场光学显微镜(NSOM)	近场光	100 nm
磁力显微镜(MFM)	磁力	10 nm
静电力显微镜(EFM)	摩擦力	1 nm
扫描近场超声波显微镜(SNAM)	超音波	100 nm
扫描离子显微镜(SICM)	离子传导	0.5 nm

14.3　扫描探针显微镜的工作模式

14.3.1　扫描隧道显微镜

(1)恒高模式。

针尖以一个恒定的高度在样品表面快速地扫描。当针尖扫描样品表面时,SPM 探针记录与针尖样品表面距离呈负指数关系的隧道电流,经过处理后得到样品表面图像。在恒高模式下,如果设定高度太高则分辨率不够,高度太低则碰到样品表面较大的突起时容易损坏针尖,如图 14.4 所示。

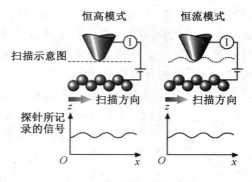

图 14.4　STM 不同工作模式

(2)恒流模式。

针尖在样品表面扫描时,通过反馈电路信号不断地调整扫描针尖在竖直方向的位置以保证隧道电流恒定在某一预设值,即隧道电流保持恒定。对于电子性质均一的表面,电流恒定实质上意味着针尖和样品的距离恒定,因此通过记录针尖在表面的 $x-y$ 方向扫描时的反馈电压可以得到表面的高度轮廓,从而获得样品表面形貌特征,如图 14.4 所示。恒流模式中有扫描速率、反馈速度、隧道电流设定点三个重要参数。扫描速率过快,反馈电路来不及反馈,就有可能出现撞针现象;扫描速率过慢,扫描时间太长,另外漂移现象的存在使针尖离开工作区,从而得不到样品表面图像。反馈速度过慢,反馈系统的反馈跟不上扫描速率,使针尖不能很好地跟踪样品表面形貌的变化;反馈速度过快,针尖上下起伏太快容易引起振荡,从而使样品形貌失真。隧道电流设定点值过大,针尖距离样品非常近,容易出现撞针事故;设定点值过小,针尖距离样品太远,针尖和样品之间的作用力非常小,针尖扫描时隧道电流的变化非常微弱,样品表面信号探测分辨率差。

14.3.2　原子力显微镜

(1)接触模式。

微悬臂探针紧压样品表面,扫描过程中与样品保持接触。该模式分辨率较高,但成像时探针对样品作用力较大,容易对样品表面形成划痕,或将样品碎片吸附在针尖上。因此该模式适合检测表面强度较高、结构稳定的样品。

(2)非接触模式。

探针在压电陶瓷驱动器激励作用下,在样品上方振动,始终不与样品接触,通过探测微悬臂振幅和频率变化来获取样品表面信息。在该模式下当针尖和样品间的距离较远时,原子间的作用力非常小(10^{-12} N 级别),因此分辨率较低。另外该成像模式操作相对复杂,通常不适用于在液体环境中测试成像,因此在实际应用中也相对较少。

(3)轻敲模式。

在扫描过程中微悬臂被压电驱动器激发到共振振荡状态,样品表面的起伏使微悬臂探针的振幅产生相应变化,从而得到样品的表面形貌。由于该模式下,针尖随着悬臂的振荡,极其短暂地对样品进行"敲击",因此横向力引起的对样品的破坏几乎完全消失,适合检测生物样品及其他柔软、易碎、易吸附的样品,但分辨率相比接触模式较低。

(4)横向力模式。

该成像模式是接触模式的一种扩展技术,针尖压在样品表面扫描时,探针所受的横向力会使微悬臂探针左右扭曲,通过检测这种扭曲,获得样品纳米尺度局域上与探针的横向作用力分布图。可以对样品纳米级摩擦系数进行间接测量。

(5)相移模式。

该成像模式是轻敲模式的一种扩展技术,通过检测微悬臂实际振动与其驱动信号源的相位差(即两者的相移)的变化来成像。引起相移的因素很多,如样品的组分、硬度、黏弹性、环境阻尼等。因此利用相移模式,可以在纳米尺度上获得样品表面局域的丰富信息。

(6)抬起模式。

该工作模式分两个阶段:第一阶段与普通原子力显微镜形貌成像一样,在探针与样品间距 1 nm 以内成像;第二阶段将探针抬起与样品距离一定高度,进行第二次扫描,该扫描过程可以对一些较微弱但作用距离较长的作用力进行检测,如磁力或静电力。

14.3.3　摩擦力显微镜

影响探针与样品表面之间横向力的因素很多,主要包括摩擦力、台阶扭动、黏弹性等。摩擦力显微镜是用于定量评价极轻载荷下($10^{-7} \sim 10^{-9}$ N)薄膜材料的摩擦学特性,能够获取样品表面微观摩擦系数,为纳米摩擦学研究提供依据。

14.3.4　磁力显微镜

控制磁性探针在磁性样品表面进行逐行扫描,利用抬起工作模式二次成像,获得样品纳米尺度局域上的磁畴结构及分布图。

14.3.5　静电力显微镜

控制导电探针在样品表面进行逐行扫描,利用抬起工作模式二次成像,获得样品纳米尺度局域上的静电场分布图。

14.3.6　其他工作模式

(1)扫描热显微镜。

扫描热显微镜是利用钨—镍金属探针探测与温度正相关的电压值,从而获取样品表面的形貌和热分布情况。扫描热显微镜所用的钨—镍金属探针是一根表面附有镍层的钨丝,镍层和钨丝之间有一层绝缘层,仅在针尖处钨和镍接触在一起,如图 14.5 所示。

(2)扫描离子电导显微镜。

扫描离子电导显微镜是利用一个充满电解液的微型针管作为扫描探针,探测探针针管内电极和在电解池中另一电极之间的电导变化从而获得样品表面的形貌信息。

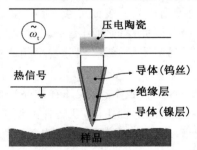

图 14.5　扫描热显微镜的针尖结构示意图

14.4　扫描探针显微镜的特点与应用

(1)原子级分辨率。

SPM 显微技术可以轻易观测到原子级结构,这是光学显微镜甚至电子显微镜所难以达到的,如 STM 在面内方向分辨率可达 0.1 nm,在面外方向可达 0.01 nm。可直接观察到表面缺陷、表面重构、表面吸附体的形态和位置,以及由吸附体引起的表面重构等。

(2)实时性。

SPM 显微技术可以实时真实地展示样品表面的高分辨三维图像,而不是通过计算或者间接的方式推算表面结构。可用于具备周期性或不具备周期性的表面结构研究及表面扩散等动态过程的研究。

（3）探测环境宽松。

SPM 显微技术可在真空、大气、常温、高温，以及水和其他溶液等不同环境下工作，不需要特别的制样技术，探测过程对样品无损伤。可以应用于多相催化机理、超导机制和电化学反应变化的研究。

（4）可观察单个原子层的局部表面结构。

SPM 显微技术可直接观察表面缺陷、表面重构、表面吸附体的形态和位置，以及由吸附体引起的表面重构等。通过配合扫描隧道谱 SPM 技术可以实现表面结构的信息表征，如态密度、表面电子阱、电荷密度波、表面势垒变化和能隙结构等。

（5）SPM 设备简单，体积小，价格便宜，安装环境要求较低，对测试样品无特殊要求。

（6）扫描速率较其他显微技术较低。由于 SPM 技术是通过探针对样品进行扫描成像，因此其扫描速率会受到一定的限制。

（7）扫描范围有限。SPM 显微技术扫描范围会受压电陶瓷伸缩范围限制，只有几十到几百微米范围大小。

（8）SPM 技术对样品表面粗糙度具有要求。SPM 显微技术中的管状压电扫描器其垂直方向的伸缩范围一般要比平面扫描范围小一个数量级，如果被测样品表面起伏过大会导致探针损坏。

扫描探针显微镜突破了传统的光学和电子光学成像原理，从而使人类在原子或分子尺度上测量各种物理量成为可能。SPM 被比作纳米的"眼"和"手"，具有高精度（原子级）观测和操纵制造功能。SPM 技术已经在纳米科技、材料科学、化学、生物等领域中得到广泛的应用。例如微米纳米结构表征、粗糙度、摩擦力、高度分布、自相关评估、软性材料的弹性和硬度测试、高分辨定量结构分析以及掺杂浓度的分布等应用；在失效分析方面，可以实现缺陷识别、电性能测量（甚至可穿过钝化层）和键合电极的摩擦特性分析；在生物应用方面，在液体中观测完整活细胞成像、细胞膜孔隙率和结构表征、生物纤维测量、DNA 成像和局部弹性测量，以及胶原蛋白脱水过程的观察、单分子化学反应的实时监控等；在硬盘检测方面，可对硬盘表面和缺陷进行检查和鉴定；在薄膜表征方面，可用于表征薄膜孔隙率、覆盖率、附着力、磨损和纳米颗粒分布等特征。

本章参考文献

[1] MORRIS V J，KIRBY A R，GUNNING A P.Other probe microscopes[M].London：Imperial College Press，2010.

[2] HAUSMANN M，PERNER B，RAPP A，et al.Near-field scanning optical microscopy in cell biology and cytogenetics[J].Methods in Molecular Biology(Clifton，N.J.)，2006，319：275-294.

[3] NG K W.Scanning probe microscopes[M].New York：CRC Press，2004：75-100.

[4] YAN J，ZHAN D，MAO B.Scanning probe microscopy and its applications in electrochemistry[J].Journal of Xiamen University(Natural Science)，2020，59(5)：756-766.

[5] 彭昌盛,宋少先,谷庆宝.扫描探针显微技术理论与应用[M].北京:化学工业出版社, 2007.

[6] JIANG C S.Nanometer-scale characterization of thin-film solar cells by atomic force microscopy-based electrical probes [M]. London:Institution of Engineering and Technology(IET),2020.

[7] PANDEY A,GARIMA,KAPOOR A K.Microscopic investigation by phase contrast imaging and surface spreading resistance mapping[C].Switzerland:Springer International Publishing,2019:561-564.

[8] HUDSON J E,ABRUNA H D.Scanning probe microscopy studies of molecular redox films[M].New York:Springer,1998.

[9] MARINELLO F,PEZZUOLO A,PASSERI D,et al.Scanning probe microscopy for polymer film characterization in food packaging[J].IOP Conference Series-Earth and Environmental Science,2019,275:012009.

[10] AKHMETOVA A I,GUKASOV V M,RYBAKOV Y L,et al.High-speed scanning probe microscopy in biomedicine[J].Biomedical Engineering-Meditsinskaya Teknika,2021,54(6):434-437.

[11] GNECCO E,SZYMONSKI M.Scanning probe microscopy on thin insulating films [M].Singapore:World Scientific Publishing,2009.

第 15 章　扫描隧道显微镜

扫描隧道显微镜(STM)诞生于 20 世纪 80 年代,它由 IBM 公司的 Gerd Binnig 和 Heinrich Rohrer 发明,并且两人凭此获得了 1986 年的诺贝尔物理学奖。扫描隧道显微镜技术是扫描探针显微术(SPM)的一种,基本原理主要为量子隧穿效应,基于对探针和样品表面间的隧穿电流大小的探测,可以观察样品表面上单原子级别的起伏。本章将从量子隧穿效应出发,详细地介绍 STM 的基本原理,随后对 STM 仪器的构造以及工作模式等进行介绍,最后将会列举一些具有代表性的科研应用实例,来加深对扫描隧道显微镜的认识。

15.1　扫描隧道显微镜的工作原理

15.1.1　量子隧穿效应

在经典力学中,当总能量为 E 的电子,面对高度为 V_0 的能量势垒时,若 $E<V_0$,那么电子是不可能越过势垒的。如图 15.1(a)所示,只有当电子的能量大于 V_0 时,即 $E>V_0$,电子才有可能越过势垒出现在 $x>l$ 的区间。而在量子力学中,电子除了粒子性外还具有波动性,其状态采用波函数 $\psi(x)$ 来描述,对于一维有限高势垒模型,如图 15.1(b)所示,当 $E<V_0$ 时,电子的波函数满足薛定谔方程:

$$-\frac{\hbar^2}{2m}\frac{\mathrm{d}^2}{\mathrm{d}x^2}\psi(x)=E\psi(x),\quad x<0,x>l \tag{15.1}$$

$$-\frac{\hbar^2}{2m}\frac{\mathrm{d}^2}{\mathrm{d}x^2}\psi(x)=|E-V_0|\psi(x),\quad 0<x<l \tag{15.2}$$

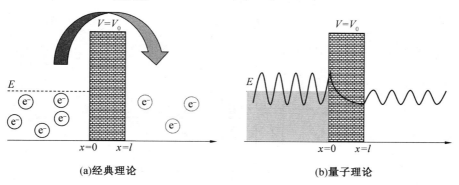

(a)经典理论　　　　　　　　　　(b)量子理论

图 15.1　电子跃迁一维有限高势垒模型

当 $x<0$ 时,式(15.1)的解为

$$\psi(x) = e^{i\sqrt{2mE/\hbar^2}\,x} + Re^{-i\sqrt{2mE/\hbar^2}\,x} \tag{15.3}$$

其中，右侧第一项代表电子的入射波；后一项代表碰到势垒后的反射波；$|R|^2$ 为反射系数。而当 $0<x<l$ 时，式(15.2)有如下解：

$$\psi(x) = Ae^{-\sqrt{2m(V_0-E)/\hbar^2}\,x} + Be^{\sqrt{2m(V_0-E)/\hbar^2}\,x} \tag{15.4}$$

从式(15.4)中可以看出，电子波函数在势垒区间内随着距离的增加呈指数衰减。在 $x>l$ 的区间，经典理论中不可能存在电子，而在量子力学中电子波函数对应的解为

$$\psi(x) = Te^{i\sqrt{2m(V_0-E)/\hbar^2}\,x} \tag{15.5}$$

式(15.5)表示电子透过势垒的透射波。这表示在量子力学中，电子能够穿透能量大于 E 的势垒 V_0，这种显现就被称作电子的隧穿或者隧道效应。上式中 $|T|^2$ 表示透射系数，并且有

$$T \sim \frac{E(V_0-E)}{V_0^2} e^{-\frac{2z}{\hbar}\sqrt{2m(V_0-E)}} \tag{15.6}$$

其中，z 表示势垒宽度，在 STM 测试时表示针尖到样品的距离。从式(15.6)可以看出透射系数与势垒高度、电子能量，以及势垒宽度相关。随着势垒宽度的增加，T 呈现指数衰减，因此在宏观条件下很难观察到量子的隧穿效应。

15.1.2 扫描隧道显微镜的工作原理

根据一维有限高势阱的模型，我们就可以解释 STM 工作的原理。之前提到扫描隧道显微镜是一种探针显微技术，STM 探针的材制有很多种，常用的有金(Au)、钨(W)、铂铱合金(Pt—Ir)等导体，并且用于 STM 实验的样品也需要是导体，这是产生隧穿电流的前提。在进行讨论之前我们首先要知道金属功函数(ϕ)的概念，金属功函数是将一个电子从金属本体移至真空能级所需的最小能量，数值上可以看作费米能级(金属中被电子占据态的上限)到真空能级的距离，功函数的概念也适用于半导体材料。

如图 15.2 所示，在 STM 测试时，样品和探针之间构成了一个金属—真空—金属隧穿结，将真空能级作为能量的参考 0 点，那么 $E_F = -\phi$。为了方便讨论，我们假设探针和样品的功函数相等。因此电流可以从探针隧穿到样品，或从样品隧穿到探针，但是在没有外界偏压的情况下，系统不会产生净隧穿电流。

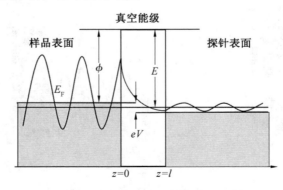

图 15.2　一维金属—真空—金属隧穿结示意图

当对样品施加一个偏压 V 时(图 15.2),样品中电子 Ψ_n 的能级 E_n 将会处于 $E_F - eV$ 和 E_F 之间,此时电子有概率隧穿至探针表面,即产生隧穿电流。我们假设所施加的偏压 V 远小于功函数的值,即 $eV \ll \phi$,那么样品中所有状态的能级 E_n 都非常接近费米能级 E_F,即 $E_n \approx -\phi$。此时样品第 n 态上的电子出现在探针表面($z = W$)的概率 w 为

$$w \propto |\psi_n(0)|^2 e^{-2\kappa W} \tag{15.7}$$

式中,$\psi_n(0)$ 为样品表面第 n 个状态的值,并且 κ 为

$$\kappa = \frac{\sqrt{2m\phi}}{h} \tag{15.8}$$

表示势垒区费米能级附近样品态的逆衰减长度。其中,eV 为功函数的单位,Å^{-1} 为逆衰减长度的单位,则有

$$\kappa = 0.51 \sqrt{\phi (eV)^{-1}} \tag{15.9}$$

在一个 STM 实验过程中,探针会扫描样品的表面,在扫描过程中探针的状态通常不会发生变化。当对样品施加偏压时,电子就会以恒定的速度流进探针表面($z = W$),形成隧穿电流。隧穿电流与样品表面处于能量区间 eV 的状态数成正比,这一数值取决于样品表面的局部特征。对于金属来说这一状态数是有限的,对于半导体和绝缘体来说很小甚至趋近于 0,而对于半金属来说则处于二者之间。对能量区间 eV 内的所有状态求和可以得到隧穿电流:

$$I \propto \sum_{E_n = E_F - eV}^{E_F} |\psi_n(0)|^2 e^{-2\kappa W} \tag{15.10}$$

如果偏压 V 足够小,以至于电子的态密度在其中没有明显变化,那么式(15.10)可以简化为费米能级上的局域态密度(local density of states,LDOS)。对于确定的位置 z 和能量 E,样品的局域态密度 $\rho(z, E)$ 被定义为

$$\rho(z, E) \equiv \frac{1}{eV} \sum_{E_n = E - eV}^{E} |\psi_n(z)|^2 \tag{15.11}$$

当 eV 趋近于 0 时,LDOS 就是在空间中给定位置和给定能量下,每单位体积能量下的电子数。LDOS 有一个重要的特征,对于给定的状态其概率密度 $|\psi_n|^2$,其在整个空间的积分为 1。当体积增加时,单个状态的概率密度减小,但是单位能量的状态数增加,LDOS 仍然为一个常数。费米能级附近的表面 LDOS 值通常作为判断样品表面为金属还是绝缘体的指标。隧穿电流可以采用样品的 LDOS 简写为

$$I \propto V\rho(0, E_F) e^{-2\kappa W} \approx V\rho(0, E_F) e^{-1.025\sqrt{\phi}W} \tag{15.12}$$

由式(15.12)可以看出隧穿电流随着越过势垒的距离 W 呈指数形式减小,这与之前提到的电子隧穿效应保持一致。对上式取对数可以发现,隧穿电流与功函数或者说隧穿势垒高度的关系为

$$\phi = \frac{\hbar^2}{8m} \left(\frac{d\ln I}{dW} \right)^2 \approx 0.95 \left(\frac{d\ln I}{dW} \right)^2 \tag{15.13}$$

在实验上,这个量可以通过交流电压控制压电陶瓷,改变针尖到样品的距离来测量,所测得的值随距离而变化。通过式(15.5)可知,在 $z = W$ 时,样品的波函数为 $\psi(W) = \psi(0)e^{-\kappa W}$,利用 LDOS 的定义式(15.11)以及式(15.10)可得

$$\sum_{E_F-eV}^{E_F} |\psi(0)|^2 e^{-2\kappa W} \equiv \rho(W, E_F) eV \qquad (15.14)$$

这表示隧穿电流正比于样品在探针表面费米能级附近的局域态密度,因此,隧穿电流可以简化为下式:

$$I \propto \rho(W, E_F) V \qquad (15.15)$$

至此我们详细地阐述了 STM 工作时,隧穿电流的产生以及影响因素,从上式可以看出,隧穿电流的大小与样品费米能级附近的局域态密度(LDOS)以及所施加的偏压相关。

15.2 扫描隧道显微镜的仪器构造

15.2.1 扫描隧道显微镜的仪器组成

扫描隧道显微镜主要由机械部分和控制系统构成。机械部分包括:隧道针尖、样品台、减震系统、粗调定位器、三维压电扫描控制器。控制系统主要包括电子学控制系统、在线扫描控制和离线数据处理软件。对于超高真空 STM 还包括真空系统、样品传送设备和变温系统。图 15.3 为简化的 STM 结构示意图,在工作时,隧道针尖与位于样品台上的被测样品之间产生隧穿电流,压电扫描控制器中的压电传之间产生隧穿电流,压电扫描控制器中的压电传感器会随着所受电压的高低产生细微的收缩或者膨胀,用于控制隧道探针的水平位置(x、y、z)。

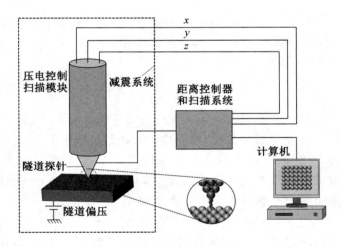

图 15.3 简化的 STM 结构示意图

由于压电控制器精度要求极高,因此需要粗调定位器先将控制器粗略调至靠近样品的位置,然后再让压电控制器发挥作用。利用电子控制系统记录收集隧穿电流,并且控制施加在压电传感器上的电压,最终在计算机终端产生样品表面的三维形貌。值得注意的是测试装置通常要放在减震系统中,以提高成像质量,常用的减震材料为金属弹簧或者橡胶垫,并且配合阻尼装置一起使用。

15.2.2　扫描隧道显微镜的扫描模式

STM 的扫描模式通常有两种:恒高模式和恒流模式。如图 15.4(a)所示,在恒高模式下,针尖在扫描过程中保持高度不变,此时由式(15.10)可知,隧穿电流的大小与针尖到样品之间的距离呈指数关系。因此,即使样品表面有原子尺度的起伏,也会导致隧穿电流非常显著的变化,通过测量电流的变化来反映样品的表面形貌。而对于恒流模式,如图 15.4(b)所示,在针尖扫描过程中,通过电子反馈回路控制隧穿电流保持不变。此时,为了维持恒定的隧穿电流,针尖将随着样品的表面起伏上下移动,此时控制针尖高度的电压(主要作用在三维控制器的压电陶瓷传感器上)也在不断变化,通过系统记录控制电压的变化即可得出样品的表面形貌。

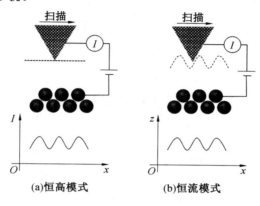

图 15.4　STM 扫描的两种模式示意图

需要注意,由于隧穿效应只在势垒高度较低的情况下发生,因此在实际测试过程中,探针与样品表面的间距会很小,通常在纳米—埃米的量级,进而保证系统获得较小的真空势垒。在这一前提下就要求待测样品表面粗糙度很小,尤其是对于恒高模式,表面起伏较大的样品很容易造成针尖与样品相碰撞,导致探针和样品的损坏。

15.2.3　扫描隧道显微镜的针尖制备

STM 的探针属于消耗品,即使探针没有损坏,随着使用次数以及使用时间的增加,其针尖也面临着氧化或吸附一定杂质的问题,这会造成隧穿电流不稳、噪声大等问题,这将直接影响 STM 的成像质量。因此,每次实验前都要对针尖进行处理,一般用化学法清洗,去除针尖表面的氧化层以及可能吸附的杂质,保证针尖具有良好的导电性。目前制备 STM 针尖的方法主要有机械成型法和电化学腐蚀法,针尖材料则主要有金属钨丝、铂—铱合金丝等。

机械成型法制备针尖可以直接用剪刀剪成,主要针对一些硬度较小的金属材料,如铂—铱合金,这种方法制备的针尖前端一般为斜锥状。机械成型法的优点在于简便快捷,并且质量较好的针尖也能够满足测量精度。但是机械成型法制备的探针针尖宽度和形状难以控制,测量时需要进行软件方面的图像及扫描矫正,进行图像处理时的难度较大。电化学腐蚀法制备针尖一般针对硬度较高的材料,如钨探针,这种方法所得的针尖前端一般为圆锥状,相较于机械成型法形状更为规则。用这种针尖进行 STM 扫描时,所得图像与真实的样品形貌比较接近,一般不需要额外进行软件矫正,并且图像处理时的难度也比较低。但是这种方法受实验条件限制,每次制备针尖的花费较大,并且用此方法制备的钨针尖很容易氧化,针尖利用率较低。

15.2.4 影响扫描隧道显微镜分辨率以及图像质量的因素

STM 是一种精度极高的实空间成像仪器,可以直接观察原子,其横向和纵向分辨率分别可以达到 0.1 nm 和 0.01 nm,甚至优于透射电子显微镜。不同于其他高分辨分析技术,高真空不是 STM 实验所必备的,并且其可以实现在大气环境甚至溶液中工作,工作温度区间也更为宽泛。由于其成像原理为电子的隧穿效应,因此 STM 的探针与样品不会直接接触,是一种无损的探测技术,但是其相应的检测深度也较小,通常只有 1~2 个原子层。

作为高精度的测试仪器,STM 的分辨率以及图像质量受到很多因素的影响。首先,正如上节所说到的,针尖的状态直接影响着 STM 的测试精度。好的探针针尖在宏观上应该有高的弯曲共振频率,这样可以减少相位的滞后,提高信息的采集速度。针尖的化学纯度要高,并且尖端最好只有一个稳定的原子,这样有利于获得稳定的隧穿电流。除了探针外,直接控制探针运动的三维扫描控制器的精度要足够高,这也就要求作为其核心部件的压电陶瓷具有极高的灵敏度,从而保证探针能够在纳米甚至埃米的尺度得到精准控制。在 STM 的测试过程中,样品和针尖工作距离非常小,并且隧穿电流和隧穿间隙也呈现指数关系,微小的振动或者碰撞都会严重影响仪器的稳定性,因此,整个测试装置要具备好的减震系统。除了以上几点外影响 STM 成像的因素还包括样品的导电性,电子学控制系统的反馈速度,以及测试过程中各种参数的选择。

15.3 扫描隧道谱

15.3.1 扫描隧道谱概述

扫描隧道显微镜在进行实验时,通常通过上述的两种模式来进行,即恒流模式与恒高模式。前者通过控制针尖高度的电压,后者通过针尖上的隧穿电流反映样品表面的电子态密度的变化,从而得出表面形貌的信息。但是这种测试模式有一定的局限性,其只在样品原子种类单一的情况下才能准确反映表面电子的 LDOS。而对于多种原子体系,或者样品表面清洁度较低,存在吸附杂质原子的情况时,STM 图谱将不再仅仅对应样品表面原子起伏,还有不同原子的各自 LDOS 的影响。因为不同原子之间的电子 LDOS 不同,这种差异影响着探针高度或者针尖隧穿电流的变化。此时扫描隧道谱(STS)技术就显得尤为重要,因其可以区分不同原子表面 LDOS,将形貌与原子 LODS 差异两种因素区分,得到样品真实的表面形貌。图 15.5 所示为扫描隧道谱的分类。

对均匀的单一原子样品进行 STM 测试时,由于原子种类一致,因此其表面 LDOS 也一致,由式(15.15)可知,隧穿电流随着所施加的偏压呈现线性变化趋势,如图 15.6 所示。

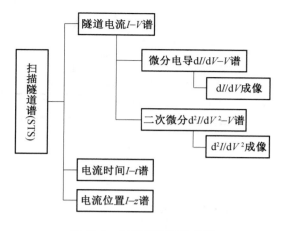

图 15.5　扫描隧道谱的分类

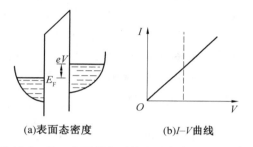

(a)表面态密度　　　　(b)$I-V$曲线

图 15.6　单一表面能态下的表面密度和 $I-V$ 曲线

但是,当样品表面存在不同种类的杂质原子或者吸附原子时,$I-V$ 曲线的线性关系将会被破坏,如图 15.7 所示。假设杂质原子的振动激发能为 ω,当所施加的偏压 $V=\hbar\omega/e$ 时,针尖下吸附原子的电子将会被激发,进而产生非弹性隧穿电流 I_i 并且叠加在原本的隧穿电流 I_e 上,并且额外的隧穿电流 I_i 也随着偏压 V 的改变而线性变化,此时总的隧穿电流 I 为

$$I = I_i + I_e \tag{15.16}$$

在这种情况下,$I-V$ 曲线的线性关系在 $V=\hbar\omega/e$ 处发生改变,由于额外隧穿电流 I_i 的引入,导致 $I-V$ 曲线的斜率在 $V>\hbar\omega/e$ 的区间大于在 $V<\hbar\omega/e$ 的区间。因此 $dI/dV-V$ 曲线在 $V=\hbar\omega/e$ 时有突增现象,而 dI^2/dV^2-V 曲线呈现出 δ 函数的形式。

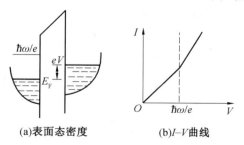

(a)表面态密度　　　　(b)$I-V$曲线

图 15.7　非单一表面能态情况以及非弹性隧穿
电流的引入后相应的扫描隧道曲线

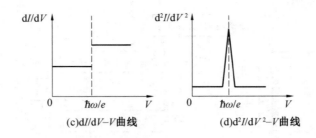

(c)dI/dV—V曲线　　　　　(d)d^2I/dV^2—V曲线

续图 15.7

15.3.2　扫描隧道谱的工作原理

在 15.1 节中,我们已经推导隧穿电流与 LDOS 的大概关系,但是从 STS 谱中推导样品的 LDOS 则需要基于隧穿电流表达式来进行讨论。在特索夫－哈曼(Tersoff－Hamann)模型中,样品和针尖的波函数被认为是独立的、无扰动的系统。利用时变摄动理论,Tersoff 和 Hamann 计算了整个系统的波函数。在他们的方法中,针尖的电势被描述为扰动 $V_{tip}(t)$,并被插入到与时间相关的 Schrodinger 方程中:

$$i\hbar\frac{\partial\psi_n}{\partial t}=\left[-\frac{h^2}{2m}\frac{\partial^2}{\partial x^2}+V_s+V_t(t)\right]\psi_n \tag{15.17}$$

式中,V_s 为样品的电势;ψ_n 指的是系统第 n 态的波函数;波函数 $\psi_n(x,t)$ 通常表示为 $\psi_n(x,t)=\psi(x)e^{-iE_nt/\hbar}$。电子从第 n 态隧穿到第 m 态的跃迁概率 ω_{nm} 可以写为

$$\omega_{nm}=\frac{2\pi}{h}|M_{nm}|^2\delta(E_m-E_n) \tag{15.18}$$

式中,M_{nm} 为隧穿概率的矩阵元,这个矩阵元可以用表面积分来表达:

$$M_{nm}=-\frac{\hbar^2}{2m}\int(\psi_m^*\,\nabla\psi_n-\psi_m\,\nabla\psi_n^*)\,\mathrm{d}S \tag{15.19}$$

式中,dS 为表面微元。通过对所有可能的电子状态求和来计算隧穿电流,用 ρ_s 和 ρ_t 分别表示样品和探针表面的 LDOS,那么隧穿电流可以表示为

$$I=\frac{4\pi e^2}{\hbar}V\rho_s(E_F)\rho_t(E_F)|M|^2 \tag{15.20}$$

式中,V 为相对于针尖施加在样品上的偏压;E_F 为费米能级。假设只有类似 s 状的波函数才能从半径为 R 的针尖隧穿,则针尖费米能级附近的态密度可以表示为

$$\rho_t(E_F)\propto|\psi_n|^2\propto e^{-2\kappa(R+z)} \tag{15.21}$$

式中,z 为探针针尖到样品之间的距离;κ 仍然表示势垒区费米能级附近样品态的逆衰减长度,在式(15.8)的基础上可以表示为

$$\kappa=\sqrt{\frac{2m}{h^2}\frac{(\phi_t+\phi_s)}{2}-E+\frac{eV}{2}} \tag{15.22}$$

式中,ϕ_t 和 ϕ_s 表示探针和样品的功函数;E 为状态相对于费米能级的能量。在式(15.22)中,我们认为只有表面布里渊区中心 Γ 点附近的电子态才会导致隧穿。由于 STM 探针

的材质通常是金属,针尖的态密度可以被假定为无特征的,即视为常数。出于方便,我们可以将隧穿电流的近似表达式写为

$$I \propto \int_0^{eV} \rho_s(E) T(E, eV) \mathrm{d}E \tag{15.23}$$

式中,$T(E, eV) = \mathrm{e}^{-2\kappa z}$ 表示电子的隧穿概率。结合式(15.23)以及 STS 实验中测得的另一个量 $I(V)$,可以得到微分电导率 $\mathrm{d}I/\mathrm{d}V$ 的表达式:

$$\mathrm{d}I/\mathrm{d}V \propto e\rho_s(eV) T(eV, eV) + e\int_0^{eV} \rho_s(E) \frac{\mathrm{d}[T(E, eV)]}{\mathrm{d}(eV)} \mathrm{d}E \tag{15.24}$$

虽然式(15.24)对于确定样品的一些性质很有用,例如半导体的带隙,但它只给出了表面布里渊中心 $\varGamma$ 点局域态密度(LDOS)的概念。尽管如此,在 STS 实验中仍然可以通过将微分电导率归一化为总电导率 I/V,即 $(\mathrm{d}I/\mathrm{d}V)/(I/V)$,在数值上准确地提取样品的 LDOS,其表达式如下所示:

$$\frac{\mathrm{d}I/\mathrm{d}V}{I/V} = \frac{\rho_s(eV) + \int_0^{eV} \dfrac{\rho_s(E)}{T(eV, eV)} \dfrac{\mathrm{d}}{\mathrm{d}(eV)}[T(E, eV)]\mathrm{d}E}{\dfrac{1}{eV}\int_0^{eV} \dfrac{T E, eV}{T(V, eV)} \rho_s(E)\mathrm{d}E} \tag{15.25}$$

由式(15.25)可以看到有两个不同的项对微分电导率有贡献:第一项为偏压相关的能量下的样品 LDOS,即 $\rho_s(eV)$;第二项为背景项,该背景项来自偏压决定的透射系数以及非恒定的探针针尖 LDOS。由于 $T(E, V)$ 和 $T(eV, eV)$ 在这个方程的分子和分母中以比率的形式出现,它们对 V 和 z 的指数依赖性趋于抵消。式(15.25)中右侧分子中第一项为样品的 LDOS,当 $V > 0$ 时(表示探测样品的空态),$T(E, eV) \leqslant T(eV, eV)$,并且最大隧穿发生在 $E = eV$ 处。由于式(15.25)中的所有项都具有相同的数量级,因此可以结合缓慢变化的背景项找到 LDOS 的归一化度量。当 $V < 0$ 时(表示探测样品的填充态),$T(E, eV) \geqslant T(eV, eV)$,并且最大的隧穿概率发生在 $E = 0$ 处。背景项和分母项具有相同的量级,但是都比态密度项大。因此,STS 通常很难探测样品的低表面填充态。然而,在许多实验情况下,特别是在对半导体表面进行 LDOS 测试的情况下,这种方法得到的结果与用其他光谱技术模拟或测量的表面 LDOS 一致。因此,即使这种处理缺乏强大的理论基础,它也成为 STS 数据呈现和解释的一种非常常见的方法。

15.4　扫描隧道显微镜的应用

15.4.1　高分辨成像

STM 具有原子级的分辨率,它可以清晰地获取导体表面原子形貌。早在 STM 发明初期,科学家们就获取了 Cu(111)面的清晰形貌,如图 15.8(a)所示。可以看到 Cu(111)表面上具有一些台阶,这些台阶是由"表面态电子"引起的。表面态电子可以自由地在表面移动,但不能渗透到固体中。当其中一个电子遇到像台阶边缘这样的障碍物时就会被部分反射,从台阶边缘延伸出来的波纹和晶体表面的各种缺陷只是当波从某物上散射时产生的驻波,波长约 15 Å(大约 10 个原子直径,1 Å = 0.1 nm),幅度在台阶边缘附近最

大，从波峰到波谷约为 0.04 Å。我们知道半导体表面通常会有一些不完全成键的悬键态，这些悬键态在 STM 的图像中也可以被清晰地观测到。图 15.8(b)和图 15.8(c)展示了 Si(111)面的7×7重构表面，图中亮点表示原子的悬键，前者表示 Si(111)面的空态，后者则表示占据态。从图中可以看出，原子在有缺陷的部分明显要亮过无缺陷的部分。

 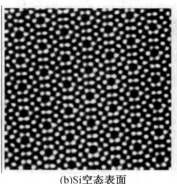 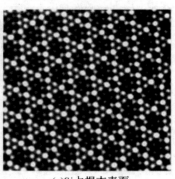

(a)Cu(111)表面   (b)Si空态表面   (c)Si占据态表面

图 15.8   Cu(111)面和 Si(111)−7×7 表面 STM 形貌

虽然扫描隧道显微镜已经具有极高的时空分辨率，但是科学家们探索更高分辨率的 STM 成像/检测技术脚步一直未曾停歇。例如，将飞秒激光器与 STM 结合已经产生了很多超快 STM 技术。2013 年，加拿大阿尔伯塔大学教授 Frank Hegmann 首次将太赫兹脉冲(THz)和 STM 结合，实现了亚皮秒时间分辨和纳米空间分辨。随后，他们将该技术用于光激发 InAs 纳米点的超快 THz−STM 成像。如图 15.9 所示，他们将 THz 探针脉冲和 150 fs−800 nm 的光泵浦脉冲都聚焦在 STM 针尖上，探测的样品为通过分子束外延在 n 型掺杂的 GaAs 衬底上生长的 InAs 纳米点。当太赫兹脉冲在光脉冲之前到达样品时，如图 15.9(a)所示，被太赫兹脉冲探测的 InAs 纳米点不会被激发，因此，在 STM 形貌扫描中显示的 InAs 纳米点不会出现在同时拍摄的 THz−STM 扫描图像中。而当光脉冲在 THz 探针脉冲之前到达时，样品就会在 THz 脉冲到达之前被光激发。此时在 GaAs 衬底中就会有电子和空穴产生，随后被捕获到 InAs 纳米点中，其中电子比空穴被捕获得更快。结果会发现 InAs 纳米点不仅出现在 STM 形貌图中(图 15.9(e))，也出现在 THz−STM 图像中(图 15.9(f))。值得注意的是，图 15.9(c)和图 15.9(f)是 InAs 纳米点的超快图像，两图时间间隔仅为 1 ps。

我国科学家也在提高 STM 时间或空间分辨率上取得了不错的成就。2020 年，北京大学物理学院量子材料科学中心江颖教授团队及其合作者研制出国内首台超快扫描隧道显微镜(STM)，实现了飞秒级时间分辨和原子级空间分辨，并捕捉到金属氧化物表面单个极化子的非平衡动力学行为。中国科学院空天信息创新研究院成功研制出太赫兹扫描隧道显微镜系统，突破了太赫兹与扫描隧道针尖耦合、太赫兹脉冲相位调制等关键核心技术，成功研制出国内首台太赫兹扫描隧道显微镜(THz−STM)。该显微镜具有埃级空间分辨率和亚皮秒级时间分辨率，可同时实现高时间和空间分辨下的精密检测(飞秒−埃级)，为进一步揭示微纳尺度下电子的超快动力学过程提供了强有力的技术手段，可用于新型量子材料、微纳光电子学、生物医学、超快化学等领域。

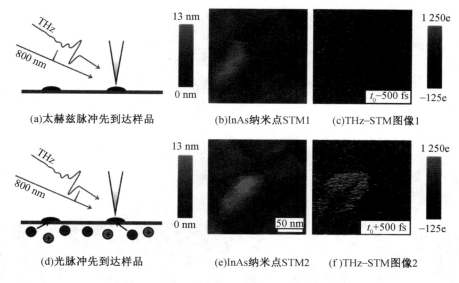

图 15.9　太赫兹脉冲和 STM 结合成像原理

15.4.2　扫描隧道显微镜的单原子操纵

由 STM 测试原理可知,当进行 STM 测试时,扫描探针总是会对表面吸附原子施加一定的力的作用,包含范德瓦尔斯力和静电力的贡献,通过调整针尖的位置和施加的偏压,就可以调整该力的大小和方向,从而使得被操纵原子能够越过衬底表面的扩散势垒或脱附势垒而离开原来的吸附位,并定向运动到新的吸附位。这种利用 STM 操纵单个原子的技术,对研究低维材料或者纳米尺度下的量子物理与器件具有重要意义。

STM 对原子进行操纵主要分为两种模式,即横向操纵和纵向操纵,如图 15.10 所示。横向操纵通常只是将单个原子沿材料表面拖动,期间原子并没有脱离材料表面;而后者则需要被搬运原子脱离材料表面束缚,通常需要克服共价键或范德瓦尔斯力的作用,因此横向操纵所需的力小于纵向操纵。在 1990 年,IBM 公司的 Don Eigler 和 Erhard Schweizer 在 4 K 的低温下使用 STM 原子操纵技术在 Ni 金属表面搬运 35 个 Xe 原子,使其组成一个“IBM”字样(图 15.11(a)),宣告了 STM 原子操纵技术的诞生。随后在 1993 年,D. M. Eigler 等人用类似的技术在 Cu(111) 表面构建了一个由 48 个 Fe 原子组成的“量子围栏”(图 15.11(b)),由于量子限域效应的影响,测量到了金属表面态的自由二维电子气在人工量子结构中形成的电子驻波。2013 年 IBM 公司又创作出了世界上最小的电影《一个男孩和他的原子》,其技术上就是依靠低温下 STM 原子操纵技术实现的,利用 STM 探针移动 Cu 衬底上的 CO_2 分子,形成单帧的静态图片,最后将这些图片连续播放,制成电影,该电影一共 242 帧,时长只有 1 min 34 s。

20 世纪 90 年代中期以来,我国科研人员在 STM 原子操纵领域也取得了一系列的重要进展。1995 年,中国科学院真空物理重点实验室庞世谨课题组利用大隧穿电流扫描的方法,在 Si(111) 面利用 STM 探针刻蚀出了原子级的纳米沟槽,并且利用这种方法刻蚀出了纳米尺度的汉字“中国”,如图 15.12(a) 所示。该方法之所以没能实现单原子的精准

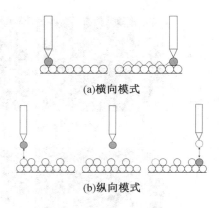

(a)横向模式

(b)纵向模式

图 15.10 STM 原子操纵的两种模式

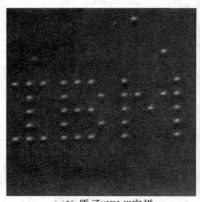

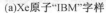

(a)Xe原子"IBM"字样

(b)Fe原子组成的"量子围栏"

图 15.11 原子操纵组成的字样与图形

操控,是因为 Si(111) 表面原子成键和断键的强度要大于针尖原子间的金属键,但是这种采用大电流刻蚀的方法为 STM 原子操纵技术提供了新的技术路径。中国科学院化学所利用纳米加工技术在石墨表面通过搬迁碳原子而绘制出世界上最小的中国地图,如图 15.12(b)所示。除了绘制原子级的图案外,STM 探针还可以将原子像算盘珠子一样拨来拨去,如图 15.12(c)所示为 C60 分子以每 10 个一组放在铜表面组成的算盘。它与普通算盘不同,算珠不是用细杆穿起来,而是沿铜表面的原子台阶排列的。

(a)STM刻蚀的汉字"中国"

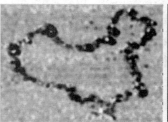

(b)C原子中国地图

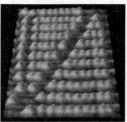

(c)原子算盘

图 15.12 刻蚀与搬运原子操控技术实例

2000 年以来,我国科学家还利用 STM 原子操控技术,开展了一系列金属有机吸附体系的物性调控研究。例如,利用 STM 针尖的电压脉冲,选择性地去除吸附在 Au(111)表面的磁性酞菁分子外围 8 个 H 原子,使该分子的 4 个轨道与 Au 基体化学键,从而在这种人工分子结构中恢复了局部自旋,并在费米面附近观察到明显的近藤共振,实现单分子精度的近藤效应(kondo－effect)的调控。同样地,在酞菁分子中心磁性原子上连接新 H 原子,也可以实现这种调控。近年来,南京大学丁海峰课题组在贵金属 Ag(111)面构筑了直径为 30 nm 的 Fe 量子围栏,并研究了 Gd 原子在围栏内的扩散及其与局域态密度(LDOS)的关系,研究结果表明,二维量子限域可用于控制原子扩散并创建新颖的原子结构。

　　传统的 STM 单原子操纵技术是利用 STM 的扫描探针与样品之间的吸引力与排斥力,随着技术的不断发展,研究人员逐步拓展了 STM 的操纵模式,例如通过给材料表面施加局域电场,调控材料的导电性、磁性甚至原子堆叠方式;通过精细调节探针与样品的垂直间距诱导出新奇的激发态;利用 STM 探针与样品的作用力,旋转、提拉或者折叠层状材料,控制样品的旋转角度与层间耦合强度,局域改变材料的能带结构等。虽然 STM 表面原子操纵技术具有非常广阔的应用前景,但目前实际应用也存在一定的问题,例如,扫描探针的稳定性较低,技术的集成性差,难以大规模应用等。

15.4.3　扫描隧道显微镜的微分导电成像

　　在 STM 中获得原子级的分辨率是表面科学的主要动力,因为该技术使研究人员能够获得实空间中单个原子或分子的图像。基于以上特性,STM 揭示了许多有趣的表面结构。普通的 STM Ⅰ～Ⅴ谱对于单种原子体系成像没有影响,但是当体系存在第二种或以上的原子时,由于原子之间的 LDOS 不同,因此隧穿电流反应的表面形貌也会受到影响,从而使得Ⅰ～Ⅴ谱不能准确地反映体系的真实形貌。此时我们就需要利用微分导电谱 dI/dV 成像来获取多原子体系的形貌,因其可以区分不同原子的 LDOS。

　　Dogan Kaya 等人研究了 Si(111)－7×7 表面氧化层形成原子尺度的形貌,在干净的 Si(111)－7×7 表面的氧化重构过程中,氧原子与表面硅原子或其余原子键合。如果氧分子被硅原子解离吸附,那么费米能级(E_F)上下约 0.3 eV 的表面悬键将会被去除,从而降低了 STM 隧穿的状态密度。图 15.13(a)中的这些在 1.0 V 间隙电压下的"暗位点",通常为表面重建亮度较低的原子。相反,如果将一个或多个氧原子插入到原子和其余原子之间的键中,则表面吸附原子及其未反应键的能量比未反应吸附原子悬挂键位置高出约 0.5 eV。未反应的硅原子的向外弛豫也使其物理上更靠近针尖。我们发现这些"亮点"在 1.0 V 的电压下是不可见的,但是当电压增加到 2.0 V 时,如 15.13(b)所示,移位的表面状态确实变得对 STM 可接近并且出现亮位点(如图中圆圈所示)。图 15.13(c)为 Si(111)－7×7 重构表面(白色菱形)的晶胞,其具有缺陷的一半(FH)和没有缺陷的一半(UH)位点。两种状态的角落和中心位置由箭头在图像上标出。

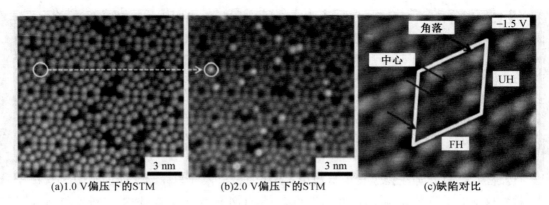

| (a)1.0 V偏压下的STM | (b)2.0 V偏压下的STM | (c)缺陷对比 |

图 15.13　Si(111)—7×7 表面氧化层形成原子尺度的形貌

15.4.4　单原子性质表征

我们已经知道 STM 具有原子级的分辨率。结合 STS 技术就可以实现对单个原子的性质进行表征。STS 可以通过探测 I～V 特性来实现纳米材料上局部点的电表征,测量时使 STM 探针针尖位于待测样品上方,在测量过程中保持反馈回路关闭。此时,STS 测量就可以获得真正的单个分子或纳米颗粒的电特性。

我们已经推导了隧穿电流和偏压的关系,假设在测量过程中 z 恒定不变,即探针到样品的间距不变,如果施加的电压很小变并且探针的状态已知(ρ_t 恒定),则 dI/dV 与样品的局域状态密度(LDOS)成正比。对于纳米颗粒来说,LDOS 对应于离散的零维能谱或能隙。在 STM 图像中 dI/dV 的空间映射可以通过电流成像隧道光谱(CITS)实现,并且 CITS 对于研究整个分子上的 LDOS 空间分布十分有用。R.J.Hamers 等人利用这种技术首次获得了 Si(111)—7×7 表面的填充和空表面状态的能量分辨的实空间图像,其横向分辨率达到了 3 Å,他们不仅在空间上解析了这些表面状态,而且还直接揭示了 Si(111)—7×7 表面态的原子位置和几何起源。Z.Klusek 等人利用 STM 和 CITS 观察了沉积在 Ir(111) 表面上单层石墨膜边缘的电子结构,从隧穿光谱得出的电子结构显示出非常接近费米能级的电子局部密度峰值。

在上述讨论中,电子隧穿被视为弹性过程,但是,电子通过隧穿势垒的非弹性隧穿过程也提供了少量电流。可以通过使用锁相大器测量二次微分 d^2I/dV^2 导电特性来检测有机分子的振动模式(称为非弹性隧穿光谱(IETS))。IETS 的开创性工作是由 Wilson Ho 课题组推出的,其和同事们首次证明 STM—IETS 技术可以提供吸附在表面上的单个分子的化学指纹。图 15.14 显示了在 77 K 的低温下,记录了在金衬底上的单层癸硫醇的 d^2I/dV^2 光谱。曲线中的两个峰得到了很好的解析。图中可以清晰地看到位于大约 ±33 meV 和 ±155 meV 处的两个峰,前者来自于 Au—S(29 meV)和/或 C—S 的拉伸模式(38 meV);后者可能是由 C—C 的拉伸模式(131 meV)或 CH_2 扭曲和摇摆模式(分别为 155 meV 和 163 meV)诱导。由于单层癸硫醇在高于 50 pA 的隧道电流下会被破坏,因此最大电流保持在低于 30 pA。在 IETS 测量中,电子通过非弹性隧穿过程释放 $\hbar\omega$ 的能量,作为纳米材料的声子振动。STM 在纳米光子学中也可用于观察纳米结构中的局部激发发光和等离子体模式,以及电特性。在这种情况下,从隧穿电子释放的能量被转换成光子能量,从而激发来自纳米材料的光子。通过 STM 和雪崩光电二极管的组合来计算光子的数量,可以同时观察形貌和光子发射图。然而,只要非弹性隧穿过程的贡献很小,我们就可以排除 STS 测量中非弹性隧穿过程的影响。

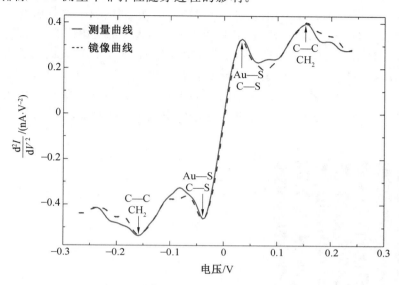

图 15.14　癸硫醇自组装单层在 77 K 时的非弹性电子隧穿光谱

15.4.5　功函数的测量

在上节中,我们证明了隧穿电流的大小与针尖到样品表面的距离和逆衰减长度 κ 呈指数关系,即 $I \propto e^{-2\kappa z}$,其中逆衰减长度 κ 还提供了有关针尖和样品的平均或有效功函数的信息。当针尖到样品表面距离较大时,有效功函数(将电子从固体的费米能级移除到远离固体表面的位置所需的功)必须接近表面局部功函数,这样成像效果将不会受到镜像力效应的影响。当针尖到样品表面距离约为 1 nm 时,图像电势效应将不可忽略。作为一阶近似,可以用 $\bar{\phi}_0 - \alpha/d$ 来代替有效功函数,其中 ϕ_0 是样品和针尖的真实平均功函数;d 是两个像平面之间的距离,它偏离了两个金属电极之间的距离;α 是一个常数,大约为 10 eV/Å。

样品的功函数通常会表现出一些空间变化,但在实验上也可以很容易地确定,因为针尖的功函数是确定的(不同材质的针尖功函数不同)。STM 测量有效功函数的最直接的方法就是打开反馈回路,快速的测量隧穿电流与针尖一样品距离 z 之间的关系,随后,可以绘制 $\ln(I)$ 与 z 的关系:

$$\ln(I) \approx -2\left[\sqrt{\frac{2m\bar{\phi}}{h^2} - E + \frac{eV}{2}}\right]z \tag{15.26}$$

如果样品的偏压很小,并且忽略针尖和样品的电子结构,那么就可以从 $\ln(I)$ 与 z 曲线的斜率中提取有效功函数。

利用 STM 来测量金属或半导体功函数（或者局域功函数）最早可以追溯到 STM 的发明者 Binnig 和 Rohrer，随后越来越多的人采用这一技术在原子级分辨率下表征材料的功函数等物性。R.J.de Vries 等人在低温下获得了 Pt 修饰的 Ge(001)面的图像，并且获得了隧穿电流与探针到样品表面距离的关系，即 $I-z$ 谱，如图 15.15 所示。G.F.A. Van de Walle 等人也采用上述的方法，测量过 Ni(111)面的功函数变化，并且由此推导出了针尖到样品之间距离 z 的变化，从而得到了 H 在 Ni(111)表面的吸附情况。Jia 等人采用扫描隧道显微镜测量了清洁的 Cu(111)面的大台阶以及 Au/Cu(111)表面的大台阶上的表观势垒高度，其测试结果与相应的表面功函数符合得很好。Yun Qi 等人则利用 STM 研究了 Si(111) 7×7 表面上的岛状 Pb 原子层功函数随厚度的变化规律。虽然用于表面功函数测量的技术手段多种多样，但要想获得原子级分辨率，STM 技术具有不可替代的优势。

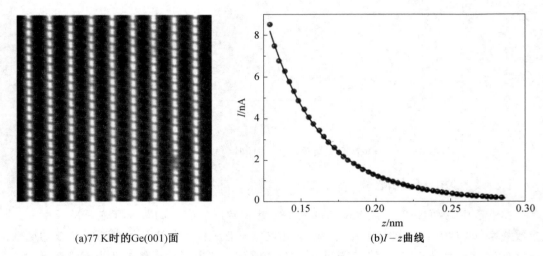

(a)77 K时的Ge(001)面　　　　　(b)$I-z$曲线

图 15.15　Ge(001)面功函数的测量

习　　题

1.简述 STM 的两种工作模式及适用条件。

2.请解释为什么进行 STM 测量的样品需要导电？

3.请简述扫描隧道显微镜的 I/V 成像不能区分不同原子的原因。

4.对于一维有限高势垒模型，当势垒高度为 V_0，宽度为 l 时，写出能量为 E 的电子（$E<V_0$），在相对势垒不同位置时的波函数。（$x<0,x>l$）

5.在 STM 测试时，假设针尖到样品表面的距离为 z，请写出电子在这一区间内的波函数。

6.请简要阐述采用 STM 测量样品功函数的原理，以及相对于 AFM 测量样品功函数的优劣。

本章参考文献

[1] APPELBAUM J A,BRINKMAN W F.Theory of many-body effects in tunneling[J]. Physical Review,1969,186(2):464-470.

[2] TERSOFF J,HAMANN D R.Theory and application for the scanning tunneling microscope[J].Physical Review Letters,1983,50(25):1998-2001.

[3] TERSOFF J,HAMANN D R.Theory of the scanning tunneling microscope[J].Phys Rev B Condens Matter,1985,31(2):805-813.

[4] BARDEEN J.Tunnelling from a many-particle point of view[J].Physical Review Letters,1961,6(2):57-59.

[5] KUBBY J A,GRIFFITH J E,BECKER R S,et al.Tunneling microscopy of Ge(001) [J].Phys Rev B Condens Matter,1987,36(11):6079-6093.

[6] HAMERS R J,AVOURIS P,BOZSO F.Imaging chemical-bond formation with the scanning tunneling microscope:Nh3 dissociation on Si(001)[J].Physical Review Letters,1987,59(18):2071-2074.

[7] FEENSTRA R M,STROSCIO J A,FEIN A P.Tunneling spectroscopy of the Si (111)2×1 surface[J].Surface Science,1987,181(1-2):295-306.

[8] GUO H,WANG Y,DU S,et al.High-resolution scanning tunneling microscopy imaging of Si(1 1 1)−7×7 structure and intrinsic molecular states[J].Journal of Physics:Condensed Matter,2014,26(39):394001.

[9] GRAFSTROM S.Photoassisted scanning tunneling microscopy[J].Journal of Applied Physics,2002,91(4):1717-1753.

[10] NUNES G JR,FREEMAN M R.Picosecond resolution in scanning tunneling microscopy[J].Science,1993,262(5136):1029-1032.

[11] COCKER T L,JELIC V,GUPTA M,et al.An ultrafast terahertz scanning tunnelling microscope[J].Nature Photonics,2013,7(8):620-625.

[12] BETZ M.Imaging ultrafast dynamics on the nanoscale with a THz-STM,Japan,July 7-11,2014[C].Washington:Optica Publishing Group,2014.

[13] GUO C,MENG X,FU H,et al.Probing nonequilibrium dynamics of photoexcited polarons on a metal-oxide surface with atomic precision[J].Physical Review Letters,2020,124(20):206801.

[14] EIGLER D M,SCHWEIZER E K.Positioning single atoms with a scanning tunnelling microscope[J].Nature,1990,344(6266):524-526.

[15] CROMMIE M F,LUTZ C P,EIGLER D M.Confinement of electrons to quantum corrals on a metal surface[J].Science,1993,262(5131):218-220.

[16] LI Y-A,WU D,WANG D-L,et al.Investigation of artificial quantum structures constructed by atom manipulation[J].Acta Physica Sinica,2021,70(2):020701.

[17] GU Q J,LIU N,ZHAO W B,et al.Regular artificial nanometer-scale structures fabricated with scanning tunneling microscope[J].Applied Physics Letters,1995,66(14):1747-1749.

[18] ZHAN A,LI Q,CHEN L,et al.Controlling the kondo effect of an adsorbed magnetic ion through its chemical bonding[J].Science,2005,309(5740):1542-1544.

[19] LIU L W,YANG K,XIAO W D,et al.Selective adsorption of metal-phthalocyanine on Au(111) surface with hydrogen atoms[J].Applied Physics Letters,2013,103(2):023110.

[20] LIU L,YANG K,JIANG Y,et al.Reversible single spin control of individual magnetic molecule by hydrogen atom adsorption[J].Sci Rep,2013,3(1):1-5.

[21] MAJIMA Y,OGAWA D,IWAMOTO M,et al.Negative differential resistance by molecular resonant tunneling between neutral tribenzosubporphine anchored to a Au(111) surface and tribenzosubporphine cation adsorbed on to a tungsten tip[J]. Journal of the American Chemical Society,2013,135(38):14159-14166.

[22] MAJIMA Y,AZUMA Y,NAGANO K.Anomalous negative differential conductance in nanomechanical double barrier tunneling structures[J].Applied Physics Letters,2005,87(16):163110.

[23] HAMERS R J,TROMP R M,DEMUTH J E.Surface electronic structure of Si (111)-(7×7) resolved in real space[J].Physical Review Letters,1986,56(18): 1972-1975.

[24] KLUSEK Z,KOZLOWSKI W,WAQAR Z,et al.Local electronic edge states of graphene layer deposited on Ir(111) surface studied by STM/CITS[J].Applied Surface Science,2005,252(5):1221-1227.

[25] OKABAYASHI N,KONDA Y,KOMEDA T.Inelastic electron tunneling spectroscopy of an alkanethiol self-assembled monolayer using scanning tunneling microscopy[J].Physical Review Letters,2008,100(21):217801.

[26] HO W.Single-molecule chemistry[J].The Journal of Chemical Physics,2002,117 (24):11033-11061.

[27] HALLBÄCK A-S,ONCEL N,HUSKENS J,et al.Inelastic electron tunneling spectroscopy on decanethiol at elevated temperatures[J].Nano Letters,2004,4(12): 2393-2395.

[28] GIMZEWSKI J K,SASS J K,SCHLITTER R R,et al.Enhanced photon-emission in scanning tunnelling microscopy[J].Europhysics Letters,1989,8(5):435-440.

[29] SILLY F,CHARRA F.Luminescence induced by a scanning-tunneling microscope

as a nanophotonic probe[J].Comptes Rendus Physique,2002,3(4):493-500.

[30] DE VRIES R J,SAEDI A,KOCKMANN D,et al.Spatial mapping of the inverse decay length using scanning tunneling microscopy[J].Applied Physics Letters, 2008,92(17):174101.

[31] VAN DE WALLE G F A,VAN KEMPEN H,WYDER P,et al.Scanning tunneling microscopy and(scanning) tunneling spectroscopy on stepped Ni(111)/H[J].Surface Science,1987,181(1-2):27-36.

[32] JIA J F,INOUE K,HASEGAWA Y,et al.Variation of the local work function at steps on metal surfaces studied with STM[J].Physical Review B,1998,58(3): 1193-1196.

[33] QI Y,MA X,JIANG P,et al.Atomic-layer-resolved local work functions of Pb thin films and their dependence on quantum well states[J].Applied Physics Letters, 2007,90(1):013109.

第 16 章　原子力显微镜

16.1　原子力显微镜概述

Gerd Binnig 和他的同事在 1982 年发明了扫描隧道显微镜(STM),其空间成像分辨率远高于传统显微镜技术。STM 是第一个能够以原子分辨率直接获得固体表面三维图像的仪器。尽管 STM 能够实现原子分辨率,但它只能用于电导体。1986 年 Gerd Binnig 和他的同事发明了原子力显微镜(AFM)。AFM 是以针尖与样品之间的原子级相互作用力为检测物理量,所以又被称为原子力显微镜,它的分辨率不是由光学显微镜和电子显微镜中用于相互作用的波长决定的,而是由扫描到样品表面的相互作用的探针决定的,因此,使用 AFM 技术获得的分辨率远远优于通过波长实现微观分辨的技术。目前的各种扫描式探针显微技术中,以原子力显微镜应用最为广泛,AFM 可适用于各种物品,如金属材料、高分子聚合物、生物细胞等,并可以在大气、真空、电性及液相等环境,进行不同物性分析,所以 AFM 最大的特点是其在空气中或液体环境中都可以操作。AFM 最初的应用主要集中在近原子分辨率的表面形貌测量,随着时间的推移,AFM 已广泛用于测量和成像表面物理性质。基于 AFM 的几种新的微观技术已经被开发用来测量纳米尺度下的弹性模量、磁性、电性和热性等性能。因此,AFM 在生物材料、晶体生长、作用力的研究等方面也有广泛的应用。根据针尖与样品材料的不同及针尖-样品距离的不同,针尖与样品之间的作用力可以是原子间斥力、范德瓦尔斯吸引力、弹性力、黏附力、磁力和静电力以及针尖在扫描时产生的摩擦力。通过控制并检测针尖与样品之间的这些作用力,不仅可以高分辨率表征样品表面形貌,还可分析与作用力相应的表面性质:摩擦力显微镜可分析研究材料的摩擦系数;磁力显微镜可研究样品表面的磁畴分布,成为分析磁性材料的强有力工具;利用电力显微镜可分析样品表面电势、薄膜的介电常数和沉积电荷等。另外,AFM 还可对原子和分子进行操纵、修饰和加工,并设计和创造出新的微观结构和物质。

16.2　原子力显微镜的原理和构造

AFM 是在 STM 基础上发展起来的,是通过测量样品表面分子(原子)与 AFM 微悬臂探针之间的相互作用力,来观测样品表面的形貌。AFM 结合了 STM 和触针式轮廓仪的原理。AFM 与 STM 的主要区别是以一个一端固定而另一端装在弹性微悬臂上的尖锐针尖代替隧道探针,以探测微悬臂受力产生的微小形变代替探测微小的隧道电流。其工作原理是将一个一端固定并对微弱力极敏感的微悬臂另一端微小的针尖与样品表面轻轻接触,由于针尖尖端原子与样品表面原子间存在极微弱的排斥力(吸引力或者排斥力,

$10^{-8} \sim 10^{-6}$ N),通过在扫描时控制这种力的恒定,带有针尖的微悬臂将根据针尖与样品表面原子间作用力的等位面而在垂直于样品的表面方向起伏运动。利用光学检测法可测得微悬臂对应于扫描各点的位置变化,将信号放大与转换,从而得到样品表面原子级的三维立体形貌信息,其原理示意图如图 16.1 所示。

　　AFM 主要由执行光栅扫描和 z 定位的压电扫描器、反馈电子线路、光学反射系统、探针、防震系统以及计算机控制系统构成。压电陶瓷管(PZT)控制样品在 x、y、z 方向的移动,当样品相对针尖沿着 xy 方向扫描时,表面的高低起伏使得针尖、样品之间的距离发生改变。在系统检测成像全过程中,探针和被测样品间的距离始终保持在纳米量级,距离太远将不能获得样品表面的信息,距离太近会损伤探针和被测样品。反馈回路的作用就是在工作过程中,由探针得到探针-样品相互作用的强度,从而来改变加在样品扫描器垂直方向的电压来调节探针和被测样品间的距离,反过来控制探针-样品相互作用的强度,实现反馈控制。反馈回路根据检测器信号与预设值的差值,不断调整针尖与样品之间的距离,并且保持针尖与样品之间的作用力不变,就可以通过探针的起伏得到样品表面形貌信息。这种测量模式称为恒力模式。当已知样品表面非常平滑时,可以采用恒高模式进行扫描,即针尖与样品之间距离保持恒定。这时针尖与样品之间的作用力大小直接反映了表面的形貌图像。由于 AFM 不需要在针尖和样品之间形成电流通路,突破了扫描隧道显微镜对样品要求其导电性的限制,因而原子力显微镜具有更广泛的应用场合。

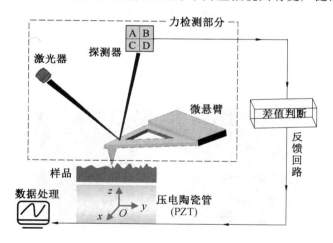

图 16.1　AFM 探针工作示意图

16.2.1　力检测部分

　　在原子力显微镜的系统中,所要检测的力是原子与原子之间的范德瓦尔斯力。所以在 AFM 中是使用微悬臂来检测原子之间力的变化量。微悬臂通常由一个一般 $100 \sim 500$ μm 长和 $0.5 \sim 5$ μm 厚的硅片或氮化硅片制成。微悬臂顶端有一个尖锐针尖,用来检测样品和针尖间的相互作用力。这微悬臂有一定的规格,例如:长度、宽度、弹性系数以及针尖的形状,而这些规格的选择是依照样品的特性,以及操作模式的不同。AFM 力检测是 AFM 系统中最核心的部分,该部分可以分为由针尖和微悬臂组成的力传感器和检测微悬臂细小弯曲形变的光电装置。当微悬臂末端的针尖逐渐靠近样品表面时,针尖原子和样品表面原子就会产生极微弱的原子间作用力($10^{-6}\sim10^{-8}$ N),从而导致微悬臂发生微小的弹性弯曲形变。微悬臂所承受的微作用力和形变大小之间遵循胡克定律(Hooke's law):

$$F = -kd \tag{16.1}$$

式中,k 为微悬臂的弹性系数;d 为微悬臂微小弹性形变距离。因此通过探测已知弹性系数的微悬臂在承受原子间作用力后的微观形变量的大小 d,便可以计算微悬臂所承受的作用力大小。微悬臂形变检测对于 AFM 系统至关重要,AFM 发展至今,检测微悬臂形变的方法主要有隧道电流检测法、电容检测法、光学检测法、压敏电阻检测法、光束偏转法。光束偏转法由 Meyer 和 Amer 于 1988 年发明,简便实用,广泛应用于目前的商品化仪器。由于针尖和样品之间的作用力是微悬臂的力常数和形变量之积,所以无论哪种检测方法,都应不影响微悬臂的力常数。

(1)AFM 微悬臂。

微悬臂材料、形状和结构设计对 AFM 的分辨率和成像质量都有至关重要的影响。为了能达到原子级分辨率,微悬臂需具有很小的力弹性系数 k,即受到很小的原子间作用力就可以致使较大的弹性形变量。微悬臂的弹性系数一般为 $0.01\sim100$ N/m,对于微悬臂弹性形变量的检测灵敏度可达 10^{-9} m,因此,当探针针尖与样品表面原子间的作用力达到 10^{-10} N 时形变量便可以被检测到。AFM 微悬臂目前主要有矩形和三角形两种,如图 16.2 所示。对于一个长度为 L,宽度为 w,厚度为 t,弹性模量为 E 的矩形悬臂而言,其弹性系数 k 为

$$k = \frac{Ew}{4}\left(\frac{t}{L}\right)^3 \tag{16.2}$$

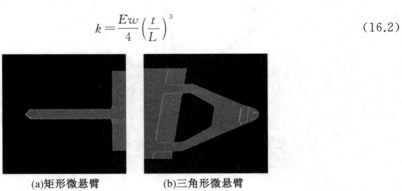

(a)矩形微悬臂　　　　(b)三角形微悬臂

图 16.2　不同类型微悬臂

实际情况下,除了考虑微悬臂的低弹性系数的要求外,微悬臂还需要具备较高的共振频率 f_r。微悬臂的振动频率足够高才能环境振动和声波的干扰。另外,微悬臂的共振频率也应高于数据采集速率,以便在较高的扫描速率下针尖可以跟随样品表面的起伏。一般数据采集速率高达 10^3 Hz,所以微悬臂的频率一般大于 10^4 Hz。对于一个矩形微悬臂来说,其共振频率为

$$f_r = \frac{\pi}{2}\sqrt{\frac{k}{m}} \tag{16.3}$$

式中，f_r 为共振频率；m 为微悬臂的有效质量。为了提高 AFM 探针对作用力的灵敏度，会选择弹性系数较小的微悬臂，但是低的弹性系数会导致共振频率的下降，因此为了保证减小微悬臂弹性系数的同时不降低微悬臂的共振频率，需要采用质量较轻的微悬臂材料。

　　AFM 微悬臂弹性形变检测的方法主要有隧道电流法、电容法、压敏电阻法、光干涉法和光反射法，如图 16.3 所示。隧道电流法是利用隧道电流对针尖和样品间距离极其敏感的原理，将扫描隧道显微镜所用的针尖置于微悬臂的一端背侧作为探测器，通过探测针尖与样品表面产生隧道电流的变化量来获取原子间作用力和微悬臂产生的形变量，其分辨率可达 10^{-10} m。电容法是利用微悬臂和另一电极构成电容，通过检测微悬臂与参考电极间的电容变化来探测微悬臂的细小形变，该方法可达 10^{-9} m 分辨率。压敏电阻法是通过检测原子间作用力所导致压敏电阻信号变化以获得微悬臂形变量的方法，其分辨率可达 0.1 nm。光干涉法是通过利用探测光束的光程发生变化来探测微悬臂共振频率的位移以及微悬臂形变偏移量。当微悬臂发生微小形变时，参考光束和探测光束之间的相位就会出现位移差，这种位移的大小将反映微悬臂弹性形变的偏移量，可测量 10^{-13} N 微小吸引力。光反射法是利用光束对光程和方向的敏感性，通过位置灵敏探测器来探测激光在微悬臂背面所反射的光束信号来获取微悬臂的弹性形变。位置灵敏探测器可以测量小至 1 nm 的光点位移，当微悬臂弯曲时，微悬臂反射的激光束位置将发生移动，位置探测器所接收到的信号将会对微悬臂的位移量进行放大，其放大倍数为微悬臂到探测器的距离与微悬臂的长度之比。因此微悬臂的微小位移量的放大倍数可以得到有效放大，使得 AFM 系统可以探测针尖在垂直方向优于 0.1 nm 的位移量，纵向分辨率可达 0.01 nm。光反射法简单，是目前 AFM 系统中探测微悬臂形变量的最主要的方法。相比于隧道电流法，光反射法对微悬臂的作用力很小，使得 AFM 系统更加稳定可靠。其次，由于激光的光斑直径为几微米，这使反射光束受微悬臂背面粗糙度的影响较小，可以降低 AFM 系

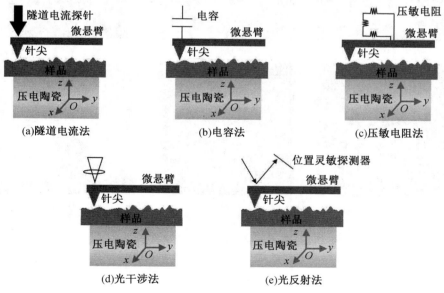

图 16.3　AFM 微悬臂弹性形变检测方法

统对热漂移的敏感性。另外微悬臂背面的污染对光信号的影响较小,而对隧道电流影响巨大。

(2)AFM 探针。

微悬臂末端的针尖对于 AFM 的分辨率具有至关重要的影响。探针性能的表现主要依赖于针尖的形状和尺寸,并与化学组成和表面性质密切相关。传统 AFM 针尖一般由硅片或氮化硅片制成。对于非常平整的样品,探针针尖对于样品表面相互作用影响较小,可以采用不同形状和针尖大小范围较宽的 AFM 针尖。而对于具有纳米起伏结构的样品,为了不失真测量,需要采用较细长、高长径比针尖,如图 16.4 所示。常用金字塔形AFM 探针针尖的锥角一般为 20°~30°,硅针尖的曲率半径为 5~10 nm,氮化硅的曲率半径为 20~60 nm。当样品的尺寸大小与探针针尖曲率半径相当或者更小时,所测试的数据会出现加宽效应。针尖的加宽效应不仅会将小的结构放大,而且还会造成成像的不真实,特别是在比较陡峭的突起和沟槽处。一般来说,如果针尖尖端的曲率半径远远小于表面结构的尺寸,则针尖效应可以忽略,针尖走过的轨迹基本上可以反映表面结构的起伏变化,如图 16.5 所示。为了避免针尖的加宽效应,获得更高的分辨率,可以采用高长径比的探针针尖,如图 16.6 所示。另外可以通过在 AFM 针尖上黏附细长的碳纳米管的方法制备超级 AFM 探针,针尖的曲率半径可达 0.5~20 nm,如图 16.6 所示。与传统的 AFM 探针针尖相比,碳纳米管针尖具有高长径比、高的机械柔性、高弹性形变等优点。

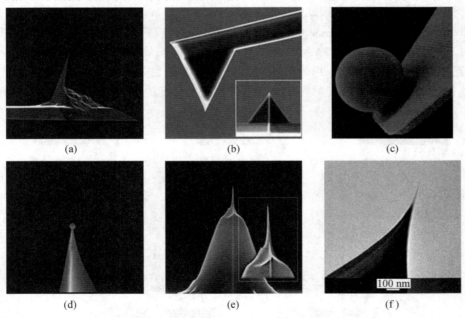

图 16.4　不同形状和尺寸的 AFM 探针针尖

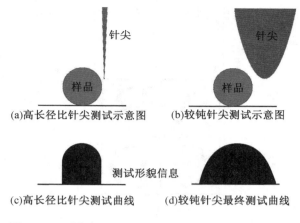

(a)高长径比针尖测试示意图　　　　(b)较钝针尖测试示意图

(c)高长径比针尖测试曲线　　(d)较钝针尖最终测试曲线

图 16.5　不同 AFM 针尖和待测样品之间测量曲线示意图

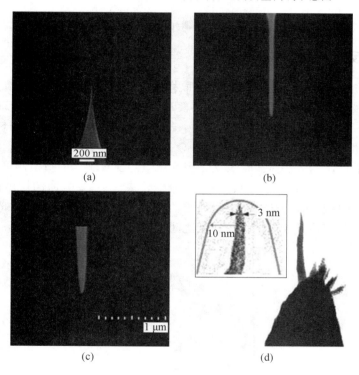

图 16.6　高长径比和细针尖的碳纳米管 AFM 探针针尖

16.2.2　位置检测部分

在 AFM 的系统中,当针尖与样品之间有了相互作用之后,原子间相互作用力会使得微悬臂发生弹性形变,所以当激光照射在微悬臂的末端时,其反射光的位置也会因为微悬臂的微小形变而发生变化,产生偏移量。如图 16.7 所示,聚焦到微悬臂上面的激光反射到激光位置检测器,通过对落在检测器 A、B、C、D 四个象限的光强进行计算,可以得到由表面形貌引起的微悬臂形变量大小,从而得到样品表面的不同信息。在整个 AFM 系统中位置信息是依靠激光光斑位置检测器将偏移量记录下并转换成电信号,以供控制器做信号处理。

图 16.7　AFM 系统中激光位置检测器的示意图

16.2.3　反馈系统部分

在 AFM 的系统中,通过激光检测器获取样品表面位置信息之后,反馈系统会将此信号当作反馈信号作为内部的调整信号,并驱使通常由压电陶瓷管制作的扫描器做适当的移动,以保持样品与针尖保持一定的作用力。压电陶瓷是一种性能奇特的材料,当在压电陶瓷对称的两个端面加上电压时,压电陶瓷会按特定的方向伸长或缩短。而伸长或缩短的尺寸与所加的电压的大小呈线性关系。因此压电陶瓷管制作的扫描器可以通过改变电压来精确控制微小的扫描移动。通常把三个分别代表 x、y、z 方向的压电陶瓷块组成三脚架的形状,通过控制 x、y 方向伸缩达到驱动探针在样品表面扫描的目的,通过控制 z 方向压电陶瓷的伸缩达到控制探针与样品之间距离的目的,如图 16.8 所示。

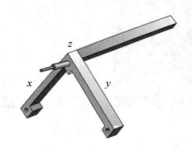

图 16.8　压电陶瓷控制扫描器示意图

AFM 便是通过结合以上力检测、位置检测和反馈系统三个部分来将样品的表面特性呈现出来的。在 AFM 的系统中,使用微小悬臂来探测针尖与样品之间的原子间相互作用力,这作用力会使微悬臂发生微小弹性形变,再利用激光照射在微悬臂的末端,当形变发生时,会使反射光的位置改变而造成激光反射偏移量,此时激光检测器会记录此偏移量,也会把此时的信号给反馈系统,以利于系统做适当的调整,最后再将样品的表面特性以三维影像的方式给呈现出来。

16.3　原子力显微镜的基本模式

AFM 探针针尖和样品表面非常接近时,二者间的作用力主要有原子(分子、离子)间的范德瓦尔斯力、库仑力、磁力、静电力、摩擦力(接触时)、黏附力、毛细力等。当探针针尖与样品表面靠近时,原子间作用力主要是范德瓦尔斯吸引力,如图 16.9 所示。随着探针针尖与样品表面距离减小,原子间作用力出现排斥力,当探针针尖原子与样品表面原子之间间距(r_0)约为 10^{-10} m 时,吸引力和排斥力达到平衡。当探针针尖与样品表面距离进一步靠近时,原子间的范德瓦尔斯排斥力迅速增加。AFM 的检测成像正是用的原子(分子、离子)间的微弱的排斥力(接触测量)或吸引力(非接触测量)。根据原子间作用力的性质,可以让针尖和样品表面保持不同的间距,从而实现样品和探针针尖之间不同的受力模式,从而采取不同的测试模式实现 AFM 检测成像。AFM 系统的主要基本测试模式有三种:接触模式、轻敲模式和非接触模式,如图 16.9 所示。在接触模式下,探针针尖与样品表面发生接触,原子间作用力表现为排斥力。在轻敲模式下,针尖与样品表面距离几纳米到十几纳米的距离,原子间作用力表现为吸引力,但微悬臂在测试扫描过程保持振动的状态,因此,探针针尖会与样品表面发生间歇性接触。在非接触模式下,针尖和样品表面保持数十纳米的距离,原子间作用力保持吸引力。

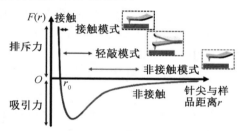

图 16.9　原子间作用力与原子间距离的力曲线图

16.3.1　接触模式

接触模式是 AFM 系统中最早和最基本的操作模式,也是最常用的扫描模式。接触模式下 AFM 微悬臂探针针尖紧压样品表面,扫描过程中与样品保持接触,以恒力或者恒高的模式对样品表面进行扫描,如图 16.10(a)所示。接触模式分辨率较高,可以在真空、气体和溶液环境下工作,但成像时探针对样品作用力较大,该模式不适用于生物大分子和低弹性模量样品的研究,容易对样品表面形成划痕,或将样品碎片吸附在针尖上,适合检测表面强度较高、结构稳定的样品。

对于低弹性模量样品,由于接触模式下探针针尖会与样品表面接触,因此要求针尖和样品之间的作用力要小于样品原子间的团聚力,需要探针在受到较小作用力时就能检测到微悬臂的微小位移,因此需要探针微悬臂的硬度不能太大。对于接触模式下的微悬臂其弹性系数应小于 10 N/m。在接触式扫描过程中,如果微悬臂的方向和扫描方向垂直,则探针针尖不仅可以探测到样品面外的原子力,还可以探测样品表面微区摩擦性质和横向力,可以对样品纳米级摩擦系数进行间接测量,并发展为摩擦力显微镜(FFM)和横向力显微镜(LFM)。

16.3.2 非接触模式

非接触模式成像可以避免探针针尖和样品表面接触,针尖与样品之间的作用力为范德瓦尔斯力(静电力),能有效防止针尖对样品的损伤。非接触模式一般采用弹性系数和共振频率较高的微悬臂。在非接触模式中,压电陶瓷驱动器激励微悬臂在其共振频率附近产生振动,探针在样品上方振动,始终不与样品接触,如图 16.10(b)所示。探针针尖和样品表面的原子间作用力将对微悬臂振动的频率和振幅产生影响,通过探测微悬臂振幅和频率变化来获取样品表面信息。非接触模式会增加 AFM 系统的灵敏度,但当针尖和样品间的距离较远时,原子间的作用力非常小(10^{-12} N 级别),因此分辨率较低。另外该种扫描成像模式操作相对复杂,通常不适用于在液体环境中测试成像,因此在实际应用中也相对较少。

16.3.3 轻敲模式

尽管接触式原子力显微镜广泛用于表征固体基质,但它在软生物系统中的应用需要专门的技术来调整施加在尖端的力。根据经验,应避免力大于 100 pN,因为它们可能导致可逆甚至不可逆变形。因此发明了轻敲模式扫描成像以最小化尖端和样品之间的摩擦力和作用力。轻敲模式也被称为动态力模式或间接接触式,介于接触和非接触模式之间。与非接触模式相比,轻敲模式下探针针尖离样品表面原子距离更近,因此该模式下选取的微悬臂硬度也更高,所以探针在振动的过程中探针针尖会间接性与样品表面接触,即轻敲,如图 16.10(c)所示。轻敲模式下,AFM 的分辨率较高,与接触模式相当。由于轻敲模式下针尖和样品接触时间很短,剪切力引起的分辨率下降和对样品损害的不利影响可以被消除,所以该模式适用于对生物大分子、聚合物及其他柔软、易碎、易吸附的样品进行成像研究。

同接触模式一样,轻敲模式也可以在大气和液体环境中进行扫描成像。轻敲模式一般采用的是调制振幅恒定的方法进行恒力模式扫描。当针尖与样品距离较远时,微悬臂以最大振幅自由振动;当针尖与样品表面距离较近时,空间阻碍作用使得微悬臂振动振幅减小;而当针尖与样品接触时,微悬臂的振动由于能量的损失而下降。检测器通过探测微悬臂交替变化的振幅变化值,再通过反馈回路调整针尖的位置,以保证微悬臂振动振幅恒定在某一个固定值,这样针尖做记录的运动轨迹就反映了样品的表面信息。在液体环境中进行轻敲模式测试,由于液体的阻尼作用,针尖对样品的剪切力更小,对样品损伤更小,因此在液体中可以利用该模式对活性生物样品进行现场检测,对溶液反应进行原位观察等。但在液体中进行轻敲扫描成像,样品表面液膜的存在会使图像失真。轻敲模式可以有效避免传统 AFM 扫描模式过程中针尖和样品之间所受到的摩擦力、黏附力、静电力等不利影响,极其有效地避免了 AFM 扫描成像过程中探针对样品的损伤。因此该扫描模式可以有效地检测生命科学领域的活细胞和大分子等。除了振幅调制的扫描方式,轻敲模式中也可以采用频率调制的方式进行扫描成像,这种检测方式可以大大提高 AFM 系统的噪声处理率,能获得原子级分辨率的样品信息。

轻敲模式可以实现对原子间微小作用力的扫描成像,在该模式下扩展的相位成像模式是一个重要的应用技术。通过检测微悬臂实际振动与其压电陶瓷驱动信号源的相位差(即两者的相移)的变化来探究材料的力学性质和样品表面的不同性质。引起相移的因素很多,如样品的组分、硬度、黏弹性、环境阻尼等。因此利用相移模式,可以在纳米尺度上获得样品表面局域性质的丰富信息,与摩擦力显微镜成像获得的样品信息相近,但由于相位成像技术是轻敲模式的一个拓展,它可以适用于柔软、黏附力较强和与衬底接触不牢样品的分析测试。相位成像技术不会影响轻敲模式成像的分辨率,是 AFM 轻敲模式应用的一个重大突破。

图 16.10　不同 AFM 扫描模式

16.3.4　轻敲抬起模式

轻敲抬起模式采用轻敲模式和非接触模式相组合实现对相关物理量的测量,主要用于磁力显微镜(MFM)和静电力显微镜(EFM)的扫描成像。该工作模式分两个阶段:第一阶段与普通 AFM 系统轻敲模式扫描形貌成像一样,但所采用的针尖有所不同,在探针与样品间距 1 nm 以内成像;第二阶段将探针抬起与样品距离一定高度(一般为 10～200 nm),进行第二次扫描,该扫描过程可以对一些较微弱但作用距离较长的作用力进行检测,如磁力或静电力。因此轻敲抬高模式对样品进行扫描可以同时获得形貌及其磁力或者静电力信息。该模式扫描成像具有分辨率高(空间分辨率可达 10 nm)、对样品无损且不需要特别制样等优点,对于磁性物体的研究非常有帮助。

16.4　原子力显微镜的特点及应用

原子力显微镜因其超高的成像分辨率,常常获得令人惊艳的结果。AFM 的优点包括:(1)制样相对简单,多数情况下对样品不破坏。(2)具有高分辨率,三维立体的成像能力。(3)可同时得到尽可能多的信息。(4)操作简单,对附属设备要求低。(5)AFM 高分辨力能力远远超过扫描电子显微镜(SEM),以及光学粗糙度仪。样品表面的三维数据满足了研究、生产、质量检验越来越微观化的要求。(6)非破坏性。探针与样品表面相互作用力远比以往接触针式粗糙度仪压力小,因此不会损伤样品,也不存在扫描电子显微镜的电子束损伤问题。另外扫描电子显微镜要求对不导电的样品进行镀膜处理,而原子力显微镜则不需要。(7)应用范围广,可用于表面观察、尺寸测定、表面粗糙测定、颗粒度解析、突起与凹坑的统计处理、成膜条件评价、保护层的尺寸台阶测定、层间绝缘膜的平整度评价、定向薄膜的摩擦处理过程的评价、缺陷分析等。(8)软件处理功能强,其三维图像显示其大小、视角、显示色、光泽可以自由设定,并可选用网络、等高线、线条显示。具有图像处理的宏管理,断面的形状与粗糙度解析,形貌解析等多种功能。但 AFM 也存在一些不足点,比如:(1)受样品因素限制较大(不可避免);(2)针尖易磨钝或受污染(磨损无法修复,污染清洗困难);(3)针尖与样品间作用力较小;(4)近场测量干扰问题;(5)扫描速率低;(6)针尖的放大效应。

16.4.1 原子力显微镜在物理学中的应用

AFM 已被广泛地应用于表面分析的各个领域,通过对表面形貌的分析可以获得更多样品的其他信息。三维形貌观测通过检测探针与样品间的作用力可表征样品表面的三维形貌,这是 AFM 最基本的功能。AFM 在水平方向具有 0.1~0.2 nm 的高分辨率,在垂直方向的分辨率约为 0.01 nm,如图 16.11 所示。尽管 AFM 和扫描电子显微镜(SEM)的横向分辨率是相似的,但 AFM 和 SEM 两种技术的最基本的区别在于处理试样深度变化时有不同的表征。由于表面的高低起伏状态能够准确地以数值的形式获取,AFM 对表面整体图像进行分析可得到样品表面的粗糙度、颗粒度、平均梯度、孔结构和孔径分布等参数,也可对样品的形貌进行丰富的三维模拟显示,使图像更适合于人的直观视觉,可以逼真地看到其表面的三维形貌。自然界里,氢原子与电负性大的原子 X 以共价键结合,它们若与电负性大、半径小的原子 Z(O、F、N)接触生成 X—H 形式的一种特殊的分子间或分子内相互作用,称为氢键。然而人们始终无法窥探氢键的原本“容貌”。中国国家纳米科学中心的科学家们利用原子力显微镜技术实现了对化学分子间作用的直接成像,在国际上首次直接观察到了分子间的氢键。

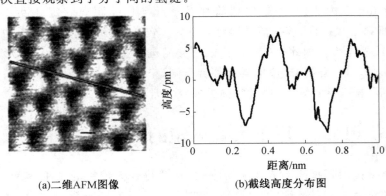

(a)二维AFM图像   (b)截线高度分布图

图 16.11 石墨烯表面 AFM 非接触模式下的测试结果图

1988 年,当 AFM 发明以后,Albrecht 等人首次将其应用于聚合物膜表面形态的观测之中,为膜表面形态的研究开启了一扇新的大门。AFM 在膜技术中的应用相当广泛,它可以在大气环境下和水溶液环境中研究膜的表面形态,精确测定其孔径及孔径分布,还可在电解质溶液中测定膜表面的电荷性质,定量测定膜表面与胶体颗粒之间的相互作用力。AFM 在膜技术中的应用与研究主要包括以下几个方面:(1)膜表面结构的观察与测定,包括孔结构、孔尺寸、孔径分布,如图 16.12 所示;(2)膜表面形态的观察,确定其表面粗糙度;(3)膜表面污染时的变化,以及污染颗粒与膜表面之间的相互作用力,确定其污染程度;(4)膜制备过程中相分离机理与不同形态膜表面之间的关系。

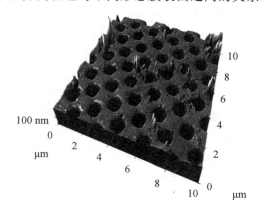

图 16.12　AFM 轻敲模式下对中空纤维透析膜孔径大小的探测

16.4.2　原子力显微镜在生物学中的应用

由于 AFM 的高分辨率,并且可以在生理条件下进行操作和观察,AFM 在生物学中的应用越来越得到重视,如图 16.13 所示。利用 AFM 可以对细胞以及细胞膜进行观察,最先用 AFM 进行成像是干燥于盖玻片表面的固定的红细胞。在 AFM 成像中,扫描区域在 50 μm～1 nm 之间,甚至更小。因而它能够对整个细胞或单个分子成像,如离子通道和受体。AFM 由于其纳米级的分辨率,可以清楚地观察大分子,如 DNA、蛋白质、多糖的

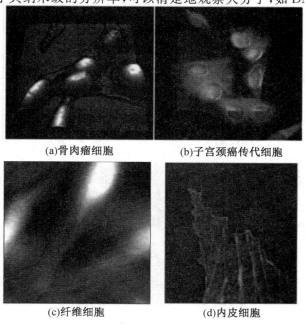

(a)骨肉瘤细胞　　　　　(b)子宫颈癌传代细胞

(c)纤维细胞　　　　　(d)内皮细胞

图 16.13　AFM 接触模式下测试的不同细胞的形貌图

物质的形貌结构。AFM 并非仅限于天然生物膜成像,而且可用于合成膜。利用这一点,人们可以合成特定物质所组成的生物膜,使蛋白质能够按一定的秩序镶嵌其内。这种技术对于对那些在通常情况下不形成阵列的蛋白质的成像具有一定的意义。此外,AFM 可用于探测 DNA 复制、蛋白质合成、药物反应等反应过程中的分子间力的作用,若对探针进行生物修饰,可以测量单个配体－受体对之间的结合力。

习　题

1.概述 AFM 的原理及构成。

2.简述 AFM 的工作模式及各自特点。

3.原子力显微镜探针在使用中应注意哪些因素,如何延长探针寿命?

4.哪些因素会影响扫描所获得的图像结果,如何减少这些外在因素的影响?

5.说明 AFM 对测试样品颗粒或者表面粗糙度的要求。

6.简述 AFM 对测试样品及测试环境的要求。

7.简单描述 AFM 测试时针尖与样品间作用力关系。

本章参考文献

[1] BHUSHAN B.Handbook of nano-technology[M].Berlin:Springer,2017.

[2] HUDSON J E,ABRUNA H D.Scanning probe microscopy studies of molecular redox films[M].New York:Springer,1998.

[3] BINNIG G,QUATE C F,GERBER C.Atomic force microscope[J].Physical Review Letters,1986,56(9):930-933.

[4] GNECCO E,SZYMONSKI M.Scanning probe microscopy in ultra high vacuum[M].Singapore:World Scientific Publishing,2009.

[5] ENGEL A,MÜLLER D J.Observing single biomolecules at work with the atomic force microscope[J].Nature Structural Biology,2000,7(9):715-718.

[6] MARTI O,RIBI H O,DRAKE B,et al.Atomic force microscopy of an organic monolayer[J].Science,1988,239(4835):50-52.

[7] WICKRAMASINGHE H K.Progress in scanning probe microscopy[J].Acta Materialia,2000,48(1):347-358.

[8] 彭昌盛,宋少先,谷庆宝.扫描探针显微技术理论与应用[M].北京:化学工业出版社,2007.

[9] CHOUDHURY S.Atomic force microscope(AFM) in chemistry,biology and material science[J].Materials Science Foundations,2009,49-51:415-432.

[10] TOUHAMI A.Atomic force microscopy:A new look at microbes[M].Switzerland:Springer Cham,2020.

[11] TOCA-HERRERA J L.Atomic force microscopy meets biophysics,bioengineering,

chemistry,and materials science[J].ChemSusChem,2019,12(3):603-611.

[12] 施春陵,蒋建清.原子力显微镜(AFM)在材料性能分析中的应用[J].江苏冶金,2005,33(1):7-9.

[13] ZHANG J,CHEN P,YUAN B,et al.Real-space identification of intermolecular bonding with atomic force microscopy[J].Science,2013,342(6158):611-614.

[14] HÖLSCHER H,ALLERS W,SCHWARZ U D,et al.Interpretation of "true atomic resolution" images of graphite(001) in noncontact atomic force microscopy[J].Physical Review B,2000,62(11):0163-1829.

[15] DAN'KO V,INDUTNYI I,MYN'KO V,et al.The nanostructuring of surfaces and films using interference lithography and chalcogenide photoresist[J].Nanoscale Res Lett,2015,10:83.

[16] CICCONI A,MICHELI E,RAFFA G D,et al.Atomic force microscopy reveals that the drosophila telomere-capping protein verrocchio is a single-stranded DNA-binding protein[J].Methods in Molecular Biology(Clifton,N.J.),2021,2281:241-263.

[17] LEVISETTI R.Structural and microanalytical imaging of biological-materials by scanning microscopy with heavy-ion probes[J].Annual Review of Biophysics and Biophysical Chemistry,1988,17:325-347.

[18] BERGKVIST M,CADY N C.Chemical functionalization and bioconjugation strategies for atomic force microscope cantilevers[J].Methods in Molecular Biology(Clifton,N.J.),2011,751:381-400.

[19] BERQUAND A,RODUIT C,KASAS S,et al.Atomic force microscopy imaging of living cells[J].Microscopy Today,2010,18(6):8-14.

[20] BIOAFM B.Using atomic force microscopy(AFM) to image cells[EB/OL].[2015-10-21].https://www.azonano.com/article.aspx? ArticleID=4137.

第 17 章　其他类型扫描探针显微镜

17.1　开尔文力探针显微镜和静电力显微镜

17.1.1　开尔文力探针显微镜和静电力显微镜简介

开尔文力探针显微技术能够在纳米尺度上实现样品表面电势采集,是研究不同材料表面电学特性的一种重要工具。开尔文力探针显微镜(KPFM)自 20 世纪 90 年代问世以来,在材料、物理、化学、生物、医学等各个研究领域得到了充分的发展和应用,尤其在表征纳米结构及半导体纳米器件的电学特性上具有明显优势。KPFM 主要通过获取相关样品表面和尖端的接触电势差(CPD)来搭建表面电学特性对比框架。而针尖和样品之间的接触电势差取决于样品的功函数、表面吸附、掺杂情况、氧化层等各种参数。理论上可以通过控制变量来获取这些参数信息。在固体物理学中把一个处于费米能级的电子从固体内部移到真空中所需的最小能量定义为功函数。功函数是一种表面特性而不是材料的固有属性,故 KPFM 属于一种表面变化检测技术。

KPFM 技术有效结合了 nc－AFM(non-contact atomic force microscopy)、EFM(electrostatic force microscope)以及开尔文探针技术。AFM 具有不同的操作模式,在非接触模式(动态模式)下,针尖在其共振频率附近振荡。当针尖扫过样品表面时,针尖和样品表面相互作用力的变化导致共振频率发生变化。这些频率的变化相对参考频率又被用作反馈信号,以获得样品表面的地形。而静电力显微镜则通过施加一个交流电压 V_{AC} 来调制针尖和样品表面的力场,诱导悬臂梁的机械振荡。这种方法适用于本节主要讨论的静电力显微镜(EFM)和 KPFM,具体物理原理及工作方式将在 17.1.2 节进行论证。开尔文在 1898 年提出一种基于表面电位的测试方法,一对平行板电容器由待测样品和一个以特定频率振动的已知金属板构成。当板间距离变化时会在电容器之间形成交流电,通过对电容器的一极施加直流电压将电流大小调制为 0,所施加的电压大小被认为是两种材料的接触电势差。

在 KPFM 测量中,待测样品表面和导电尖端之间的 CPD 定义为

$$V_{CPD} = \frac{\Delta\phi}{e} = \frac{\phi_{sample} - \phi_{tip}}{e} \tag{17.1}$$

其中,ϕ_{sample} 和 ϕ_{tip} 分别代表样品和尖端的功函数;e 为电子电荷。当针尖和样品足够靠近时,由于二者功函数的差异电子会从功函数低的一端向功函数高的一端流动使费米能级对齐(真空能级不再相同),此时尖端和样品表面会形成电势差 V_{CPD}。由于 AFM 的悬臂是一种非常灵敏的力显微装置,可以检测到极微小的振荡。如果施加一个和 V_{CPD} 大小相

同方向相反的直流偏置电压 V_{DC}，那么针尖和样品接触区域的表面电荷将被消除。当已知针尖功函数时即可得到样品表面的功函数。针尖功函数取决于覆盖在针尖表面的金属类型。但考虑探针污染或氧化等问题，一般需要先对探针进行标定后再进行样品测量。一般采用标准样品进行探针标定。

常见的标准样品：

(1) 单晶金或镀金薄膜，使用前一般需要使用 H_2 火焰进行热处理清除表面杂质，获得的干净的金表面可以认为功函数为 5.1 eV。

(2) 新鲜解理的高定向热解石墨 (HOPG)，一般认为其功函数为 4.6 eV。

为防止气体环境、温度、湿度等对样品表面产生影响进而测量结果，测量及标定探针功函数的过程一般需要在超高真空或惰性气体氛围下进行。标定过程和正常测试流程如下：测量标准样品的 V_{CPD}，通过式 (17.1) 和已知的标准样品功函数 ϕ_{sample} 反推针尖的功函数 ϕ_{tip}。正式测量样品时采用标定后的 ϕ_{tip}，再根据测量结果计算得到样品功函数 ϕ_{sample}。

17.1.2　开尔文力探针显微镜和静电力显微镜的原理

如前所述，KPFM 是 EFM 和开尔文探针技术的拓展应用，EFM 是一种双通道技术。在第一个通道进行正常的形貌采集，形貌采集完成后在第二个通道中将尖端抬起一定高度，并在尖端和样品之间施加一个偏置，收集的相位数据显示静电诱导的共振频率位移。EFM 依赖于尖端和样品之间的静电力来引起被机械驱动的悬臂梁的相位滞后的变化。尖端-样品的相互作用通常被视为平行板电容器。一般将尖端和样品之间的相互作用等效为平行板电容器，根据电容的基本方程，电容器极板之间的静电力可描述为

$$F = -\frac{1}{2}\frac{dC}{dZ}\Delta V^2 \tag{17.2}$$

其中，C 代表两极板间的电容；Z 代表两极板间的垂直间距；dC/dZ 为尖端与样品表面之间的电容梯度；ΔV 代表两极板之间的电势差。

当对针尖施加交流偏置和直流偏置电压 $V_{DC} + V_{AC}\sin(\omega t)$ 时，针尖和样品间的总电势差为

$$\Delta V = V_{tip} \pm V_{CPD} = (V_{DC} \pm V_{CPD}) + V_{AC}\sin(\omega t) \tag{17.3}$$

其中，当 V_{DC} 施加在样品上取 "+"，施加在针尖上取 "-"。

将式 (17.3) 代入式 (17.2) 得到尖端和样品间的静电力表达式：

$$F = -\frac{1}{2}\frac{dC}{dZ}\left[(V_{DC} \pm V_{CPD}) + V_{AC}\sin(\omega t)\right]^2 \tag{17.4}$$

展开可得

$$F = -\frac{1}{2}\frac{dC}{dZ}\left[(V_{DC} \pm V_{CPD})^2 + \frac{1}{2}V_{AC}^2\right] - \frac{dC}{dZ}\left[(V_{DC} \pm V_{CPD})V_{AC}\sin(\omega t)\right] + \frac{1}{4}\frac{dC}{dZ}V_{AC}^2\cos(2\omega t) \tag{17.5}$$

其中：

$$F_{DC} = -\frac{1}{2}\frac{dC}{dZ}\left[(V_{DC} \pm V_{CPD})^2 + \frac{1}{2}V_{AC}^2\right] \tag{17.6}$$

$$F_{\omega} = -\frac{dC}{dZ} \left[(V_{DC} \pm V_{CPD}) V_{AC} \sin(\omega t) \right] \tag{17.7}$$

$$F_{2\omega} = \frac{1}{4} \frac{dC}{dZ} V_{AC}^2 \cos(2\omega t) \tag{17.8}$$

这样可以把静电力分为直流 F_{DC}、一倍频 F_{ω}、二倍频 $F_{2\omega}$ 三个部分，其中 F_{DC} 用于实现 AFM 针尖的静态偏转，F_{ω} 用于测量 V_{CPD}，$F_{2\omega}$ 用于电容显微镜。KPFM 主要对应于一倍频分量 F_{ω}，考虑 V_{DC} 施加在针尖上的情况 $V_{DC} - V_{CPD} = 0$，当时，一倍频静电力分量为 0。这正是 SKPM 的含义，使用一个反馈回路来调整直流偏置来最小化振幅。一般在实验上采用锁相放大器测量 V_{CPD}，首先提取频率为 ω 的静电力分量 F_{ω}。由式(17.7)知锁相放大器的输出信号 F_{ω} 与 V_{CPD} 和 V_{DC} 的差值成正比。通过记录锁定信号的大小，可以测量到静电力的变化。通过在尖端施加直流 V_{DC} 反馈使锁相放大器的输出信号值 $F_{\omega} = 0$，然后获取每个扫描位点的 V_{DC}，那么就间接得到了样品表面相对于针尖的电势分布图。而在实际测量过程中，直流反馈电压是多个贡献因素叠加的效果，这些来源包括但不限于以下几点：

(1)尖端和样品表面功函数的差异；

(2)样品表面的捕获电荷；

(3)针尖和样品间施加的固定电压。

由于这些原因 KPFM 技术通常被认为是伪定量技术，同时功函数对样品表面的洁净度要求很高，所以一般情况下，KPFM 的测量结果适用于定性分析某些科学问题。但在超高真空的操作条件下或可实现绝对功函数的测量。

和 AFM 一样，KPFM 技术也可在调幅（AM）及调频（FM）两种模式下实现静电力 F_{ω} 的检测。在 AM 模式下，首先一定频率的交流偏置电压诱导悬臂产生振荡，振荡的振幅可以通过光束偏转信号和锁相放大器来检测。通过控制施加在针尖上直流偏置 V_{DC} 的大小匹配接触电势差 V_{CPD} 使得信号输入最小化。扫描形貌图时记录 V_{DC} 的大小去获得 V_{CPD} 的扫描图像。一些 KPFM 系统使用这种技术，交流频率从几千赫兹到几万赫兹。为了获得足够的灵敏度，通常使用 $1\sim3$ V 的交流电压。与 AM 模式通过悬臂振荡直接检测静电力不同，FM 模式是通过检测悬臂振荡的频移检测静电力梯度，这赋予 FM 模式更高的空间分辨率。

17.1.3 开尔文力探针显微镜和静电力显微镜的主要应用

KPFM 是记录尖端和样品之间的静电力相互作用一种技术。这种测量不需要两个物体直接接触。这种无接触、低破坏性的测量特性导致 KPFM 适用的研究范围非常广。除了研究一般的硬质无机材料，KPFM 也适用于测量柔性材料、有机材料等柔软脆弱的样品，且测试样品无须复杂的前处理。此外，高的电压分辨率允许其研究各种薄膜的表面电位分布或差异，甚至包括导电性能较差的薄膜。和其他表面技术相比，KPFM 可以记录各种材料在不同温度、压力、气氛等各种实验条件下的表面功函数，由于表面功函数是一个敏感的表面参数，这就为记录微观纳米结构的物理和化学变化提供了可能。自 20 世纪 90 年代初 KPFM 技术问世以来就被长期用来研究无机半导体材料和传统的半导体器件,随着技术的成熟以及各研究领域的深入发展,KPFM 在无机薄膜和金属微纳表面、有机半导体基材料和器件甚至液体工作环境中应用广泛。

（1）在表征无机材料及纳米结构上的应用。

Wickramasinghe 及其合作者首次使用 KPFM 测量了不同材料之间的接触电位差。使用的仪器在接触电势差（优于 0.1 mV）和横向尺寸（小于 50 nm）方面都具有很高的分辨率,并允许同时成像形貌和接触电势差。如图 17.1 所示是使用镀金硅或者镍/铬尖端在空气中扫描的金、铂和钯表面电势分布图像,可以明显看出不同金属的电势分布差异,以此证明了在纳米尺度上同时进行形貌和表面电势表征的可能性。

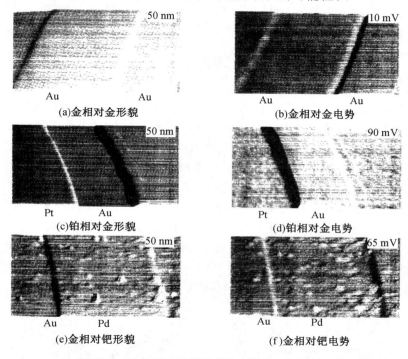

50 nm
(a)金相对金形貌
10 mV
(b)金相对金电势
50 nm
(c)铂相对金形貌
90 mV
(d)铂相对金电势
50 nm
(e)金相对钯形貌
65 mV
(f)金相对钯电势

图 17.1　比较不同样品的形貌和接触电势差图像

KPFM 在探究晶面、晶界处物理化学变化上应用广泛,通过 KPFM 和霍尔测量在多晶薄膜中发现了晶界和局域空间电荷。以黄铜矿为例,研究人员先从理论角度预测了黄铜矿的晶界是一个没有带电缺陷的势垒。且局域表面电势测量显示,晶界附近没有空间电荷分布,即该晶界势垒是中性的。这一预测也被 Siebentritt 等人在实验上成功证明。如图 17.2 所示,通过 KPFM 检测出在砷化镓单晶上外延生长的 $CuGaSe_2$ 晶界处无电荷分布,在实验上证明了中性晶界势垒的存在,但实验结果比理论预测值要小。

近年来,金属纳米结构被广泛应用于物理、化学、生物等众多研究领域。在这些研究中,弄清金属纳米结构和基底材料之间的电荷输运机制是理解和解决科学问题的关键。此外电荷的转移伴随着金属纳米结构局部表面性质的变化,因此,KPFM 技术的引入也从物理学的角度加深了对相关器件工作过程的理解。金属纳米结构的具体形态除了和热力学波动以及自身生长不确定性强关联外还和衬底的表面缺陷相关。研究认为带电缺陷

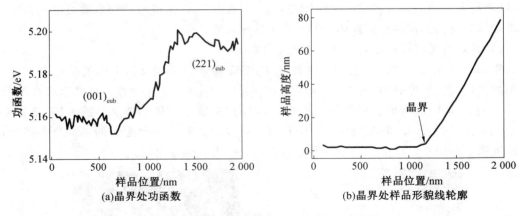

(a)晶界处功函数　　　　　　　　(b)晶界处样品形貌线轮廓

图 17.2　CuGaSe₂ 晶界处的功函数和形貌图

是金属纳米结构生长成核的主要位点。

　　图 17.3(a)和图 17.3(b)展示了洁净的超高真空裂解 KCl(001)表面的表面形貌及电势分布图。从电势分布的图像中发现在部分角位点和扭结位点以及 KCl 片上的电势较其他平台区域的电势差相比高 0.7 V 左右,他们认为主要原因是带电缺陷改变了功函数的局域分布。图 17.3(c)～(f)分别是在室温及高温(200 ℃)条件下在 KCl 衬底上沉积 0.4 mL和 1.44 mL 金表面形貌图和对应电势分布图像。KPFM 结果表明,在形貌上差异很小的部分金纳米结构表现出更高的功函数。根据结果统计对比发现这种高功函数的纳米结构往往出现在带电表面的缺陷上方。一种解释是沉积金后,衬底的带电缺陷和金纳米结构之间发生了电荷转移,导致缺陷位点上的纳米团簇功函数高于其他位点。另一方面,金纳米颗粒在扫描隧道显微的过程中可能受导电尖端影响,尖端和金纳米团簇在扫描过程中的相互作用导致了在扫描范围内缺陷位置上的纳米颗粒功函数差异。

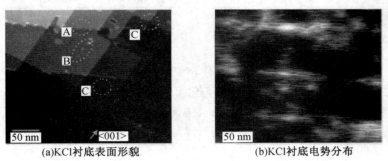

(a)KCl衬底表面形貌　　　　　　　(b)KCl衬底电势分布

图 17.3　超高真空裂解的 KCl(001)以及金纳米结构表面的形貌及电势分布

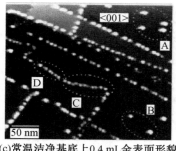
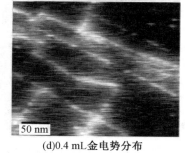

(c)常温洁净基底上0.4 mL金表面形貌　　　　　(d)0.4 mL金电势分布

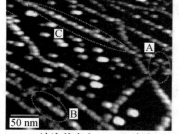
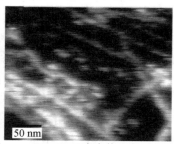

(e)200 ℃洁净基底上1.44 mL金表面形貌　　　　(f)1.44 mL金电势分布

续图 17.3

随着半导体技术和器件的发展,KPFM 在重构半导体表面原子组成、表面缺陷、力分布、载流子扩散长度以及能态等研究上均具有重要的应用前景。Zhang 等人通过 KPFM 研究 70 K 下吸附在 Si(111) 表面的 Co 原子。通过测量 Co 纳米团簇的 V_{CPD} 发现在 230 ℃退火后 Co 簇具有图 17.4 所示的环状结构。结合 DFT 计算,模拟的环状 Co 团簇在 Si 表面上的局域电势分布和实验结果完全相同,利用这种特殊的电子结构可以开发新型电子器件。除了传统半导体 Si 表面,KPFM 也被用于研究 TiO_2、GaN、石墨烯等新兴半导体表面及器件中。

KPFM 另一个非常有趣的应用是测量传统半导体中少数载流子扩散长度。该方法是基于对 SFM 尖端和发光半导体 p−n 结表面之间表面光诱导电压的研究。光生载流子扩散到 p−n 结,通过改变尖端和样品之间的电压差作为尖端和样品之间距离的函数,利用少数载流子的连续性方程拟合测量的接触电势差,得到扩散长度 L,应用该方法测定了 GaP p−n 结和肖特基结中的电子扩散长度。

KPFM 最有前景的应用之一是它在器件上的应用,通过 KPFM 观察电流或光通过器件的影响。Jiang 等人利用 KPFM 观察了光照对太阳能电池电荷产生和电位积累的影响,并结合宏观 $I-V$ 表征进行了系统分析。太阳能电池内置的电势分布非常复杂,高分辨率的 KPFM 常被用研究太阳能电池的精细结构,观察分析晶界对电荷产生及收集的影响,通过 KPFM 和宏观的光电流测量,为实现最佳性能的器件选择出合适的电池组分。

(2)在有机材料及其半导体器件上的应用。

KPFM 技术的一个重要优点是兼容研究材料的多样性,从金属到半导体材料再到有机物。温和的工作方式适用于探索基于分子有机材料或聚合物工作器件的电子和形态变化。理解电子输运性能和有机层形态之间的关系是进一步开发高性能材料和器件的关

(a)纳米团簇形貌图   (b)纳米团簇电势分布

图 17.4   在 Si(111)表面上的环状 Co 纳米团簇的形貌和电势图像

键。金属－有机界面作为一个复杂的系统应用于发光二极管（LED）、场效应晶体管（FETs）和太阳能电池等众多研究领域。KPFM 测量已经被结合在纳米尺度上评估电应力对有机薄膜晶体管（OTFTs）性能的影响。L.Bürgi 等人在亚微米长度上对 OTFTs 中的电荷输运进行了实验研究，利用 KPFM 研究了偏置温度不稳定性（BTI）应力对 OTFTs 的影响，获取了施加电应力后聚合物/介电界面的电荷密度信息。在此研究基础上，A.Ruiz 等人扩展了这种技术的应用，初步分析了电应力（在聚合物层和 OTFT 的栅极层）的影响。使用两种具有纳米级分辨率的 KPFM 配置，获取了关于器件不同区域/材料损伤的额外信息，成功将器件特性与材料纳米级特性关联起来。

21 世纪最大的挑战之一是解决世界日益增长的能源需求问题。光伏（PV）技术在开发可再生能源方面具有巨大的潜力，除了目前发展成熟的 Si 基光伏电池外，构建在轻质柔性基底上的有机太阳能电池是发展替代光伏技术的一种很有前途的方法，这种特性也为新的光伏应用提供了可能性。KPFM 除了能够成像固有电荷分布外，还可以通过分析表面光电压来探测光产生的载流子。在过去的十几年里，基于供体和受体材料混合的"全有机"光伏（OPV）器件的性能不断提高，单结的功率转换效率纪录超过 15%，但仍远低于理论计算效率最大值，于是科学家们通过 KPFM 研究有机太阳能电池的光电特性。21 世纪初，Shaheen 在有机光伏器件的性能上取得了重要进展，证明了有机光伏器件的功率转换效率受 MDMO－PPV/PCBM 共混物的分子形态调制。可以通过选择合适的铸造溶剂来优化共混物的形貌进而提高系统的功率转化效率。通过使用氯苯代替甲苯，得到了更加细密均匀的共混物，使当时太阳能电池的功率转换效率较文献报道水平提高了近三倍。Hoppe 等人在 2005 年对由 MDMO－PPV/PCBM 共混物组成的经典有机太阳能电池系统进行了全面 KPFM 研究。通过 KPFM 方法获取了纳米尺度的形貌信息和局部功函数。如图 17.5 所示在黑暗和连续光照条件下共混物的表面出现了明显的能量差异。结合高分辨率的扫描电子显微镜的观察结果可以得出结论，他们认为甲苯铸型样品表面阻碍了太阳能电池器件中电子向阴极输运。Chiesa 研究团队也在超高真空下使用了 nc－AFM/KPFM 对平面 PFB/F8BT（PFB 为电子供体，F8BT 为电子受体）双分子层进行了初步的 KPFM 研究。从表面光电压和共混形态之间的强相关性出发，KPFM 测量结果证实了横向和垂直相分离会形成复杂的形貌，在表面形成不连续的覆盖层。而这种覆盖层的存在通过阻止光产生的电子输运到表面，降低了光伏器件的效率。结果表明，共混膜中最高的表面光电压是存在于简单双层结构的区域中，这表明光生电子的有效传导路径对实现高器件效率至关重要。这两项开创性工作明确地证明了 KPFM 可以探测有机太阳能电池中的光诱导电荷产生机制,并在随后的许多研究中作为参考工作和技术基础。

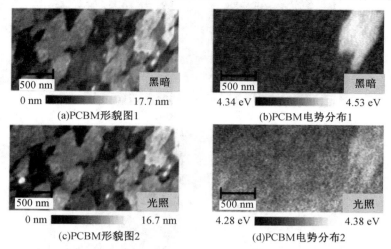

(a)PCBM形貌图1

(b)PCBM电势分布1

(c)PCBM形貌图2

(d)PCBM电势分布2

图 17.5　原始 PCBM 薄膜在黑暗和 442 nm HeCd 激光照明下的形貌和功函数图像

(3)液体环境下的 KPFM。

KPFM 已被广泛应用于绘制样品表面形貌和超高真空环境中材料在纳米尺度上的电势分布。然而,能量储存、腐蚀、传感和多种生物功能的基本机制直接与固-液界面上的电子输运过程和离子动力学息息相关,需要在液体环境中进行纳米级的表面电势测量。液体 KPFM 将有助于进一步理解基本结构(如 EDL、离子通道)和与物理学、生物学和化学等各种学科相关的过程(如吸附、腐蚀)。几十年来,液体中表面电势的定量测量引起了许多研究小组的研究兴趣。早在 1968 年,Fort 等人首次报道了将宏观开尔文探针(KP)方法从气体环境扩展到液体环境的尝试。他们考察了液体环境下电势采集的可行性,研究发现只有在少数极性液体(甲苯、溴苯、溴十烷)下才能进行准确可靠的测量,而在其他液体(丙酮、苯腈、癸醇)中则难以实现精准测量。虽然研究有限,但也为后续研究小组解决基于液体环境下的电势分布问题提供了一定的参考价值。随着 KPFM 技术的不断发展和应用,目前在液体 KPFM 方面的技术也取得了突破性的进展。第一个在液体 KPFM 上的重大突破是由 Domanski 等人在电绝缘的非极性溶剂中实现了经典的 KPFM 扫描成像。在这项开创性的工作中,使用液体 KPFM 来研究十烷分子在金电极界面上的物理吸附,并探究了表面的杂质吸附对功函数测量的影响。在环境和非极性癸烷溶剂中高度有序的热解石墨(HOPG)电极上演示了这种测量的可能性。对表面吸附过程提出了两种不同的定量研究方法。在第一种方法中,尖端在吸附步骤中不存在,假设尖端的工作函数始终保持恒定,得到与超高真空中紫外光电子能谱测量一致的结果。在第二种方法中,他们使用了如图 17.6 所示的 SiO_x/Au 图案底物,其中 SiO_x 作为参考样以量化吸附时金功函数的变化。使用同样的方法,Umeda 等人在氟碳液体中成功成像了 p-n 图案硅样品的表面电位。这一结果证明在液体中进行良好控制 KPFM 测量的可能性,但同时揭示了在液体 KPFM 中样品表面的洁净程度高度影响测试结果。

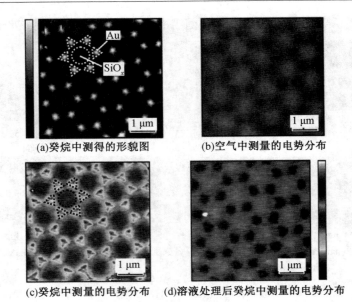

(a)癸烷中测得的形貌图　　　(b)空气中测量的电势分布

(c)癸烷中测量的电势分布　　(d)溶液处理后癸烷中测量的电势分布

图 17.6　光刻法制备 Au 纳米球结构的 SPM 图像

　　综上所述，在非极性溶剂中实现经典的 KPFM 是可能的，它克服了与极性溶液的电导率相关的重要问题。此外，非极性液体中缺乏可移动电荷导致其行为与无损介质的行为相匹配，这是 KPFM 操作的一个基本假设。因此，在这些条件下，经典的 KPFM 可以成功地实现，并在研究固—液界面的动态化学过程方面显示出巨大的应用前景。然而，对于许多能源和大多数生物应用而言，水基溶剂是最常用的，使得这种方法并不实用。

　　除了非极性液体之外，不少研究人员也把目光转向了极性液体中经典 KPFM 测试。Collins 等人进一步研究了去离子水中 Au 表面的偏置增加条件下 V_{DC} 对倍频谐波振幅、二倍频谐波振幅的依赖关系。如图 17.7 所示为连续收集小(± 200 mV)、中(± 400 mV)和大(± 800 mV)偏置范围的数据扫描。EFM 测量结果发现了包括滞后行为和多个极大值和最小值的存在，响应的一般形状和大小严重依赖于扫描速率，这表明响应存在潜在的时间依赖性。这些结果表明，即使在极性溶剂中有极低的离子浓度（如去离子水），倍频谐波振幅 A_{ω} 没有唯一的最小值，并且存在的这种非线性滞后和不可逆反应是当前 KPFM 应用的基本障碍。因此，经典 KPFM 目前还无法适配于所有材料、偏置范围和应用。

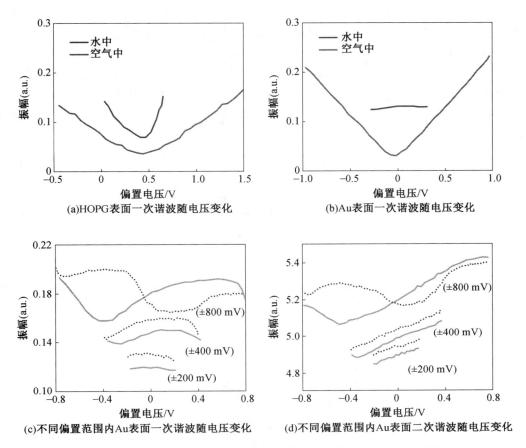

(a)HOPG表面一次谐波随电压变化

(b)Au表面一次谐波随电压变化

(c)不同偏置范围内Au表面一次谐波随电压变化

(d)不同偏置范围内Au表面二次谐波随电压变化

图 17.7　不同偏置范围内在空气和去离子水表面采集的振幅变化情况

17.2　导电探针原子力显微镜

17.2.1　导电探针原子力显微镜简介和原理

导电探针原子力显微镜（C－AFM）是在 AFM 接触模式下衍生的一种电学成像模块，一般用于样品的电导率测量和电学成像。如图 17.8 所示的 C－AFM 原理示意图，C－AFM在一般操作下会施加直流偏压至探针而样品接地，当探针在样品表面扫描时，电流通过针尖和样品产生导电式 AFM 影像。使用锋利的导电探头以纳米级分辨率绘制样品电导率的局部变化。C－AFM 扫描技术常见于纳米电子、钙钛矿太阳能电池、有机/无机半导体材料及器件各领域，广泛应用于形态学、局部电导、薄膜电荷输运和掺杂剂分布等各个领域。

C－AFM 一般在接触模式下运行，导电探针和样品表面直接接触。尖端可以施加自定义的偏置电压，当针尖和样品非常接近时，二者之间的静电力相互作用使得对力高度敏感的悬臂发生一定的偏转,再将通过光杠杆作用放大的微小偏转进入检测器,通过低噪声,高增益前置放大器进行电导率测量。能够实现样品表面形貌和电流图像独立采集,有效避免了 STM 中形貌和电流图像相互依赖的问题。

C-AFM 可以简单认为是观察通过尖端和样品间电流的工具,在大多数情况下这种测量存在微小的偏差,但这些技术在原理上基本相同。它们测量欧姆定律 $V=IR$ 中三个变量中的两个,其中 V 是施加在样品上的电压,I 是通过样品和尖端的电流,R 是整个电路的电阻。

$$\frac{V_{out}}{R_{gain}} = \frac{V_{bias}}{R_{sample}} \tag{17.9}$$

$$V_{out} = \frac{V_{bias}}{R_{sample}} \cdot R_{gain} \tag{17.10}$$

$$\frac{V_{bias}}{R_{sample}} = I_{bias} \tag{17.11}$$

$$V_{out} = I_{bias} R_{gain} \tag{17.12}$$

其中,V_{bias} 是施加在样品上的偏置电压;V_{out} 是输出电压;I_{bias} 是偏置电压作用下样品上的偏置电流。

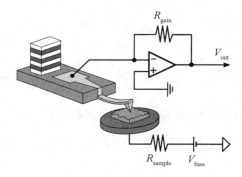

图 17.8　C-AFM 原理示意图

考虑 C-AFM 技术测量的原理和特性,一般采用带有导电涂层的探针,探针选择需要充分考虑其劲度系数,过低会导致悬臂难以克服针尖和样品之间的接触电阻,而劲度系数过高会导致流过尖端和样品触点的电流密度过高,这种高电流密度和高频次的互动会加快探针的磨损,甚至会损伤样品。根据使用经验,理想的劲度系数范围一般在 0.5～5 N/m。

C-AFM 测量中的影响因素及一般处理办法可归结为以下几点:

(1)针尖问题。导电探针表面存在污染、断裂和其他机械问题。一般表现为在电流与形貌图像的不对称或电流图像的复制性结构,即电流只会出现在表面上所有颗粒或特征位点的一侧。一般可更换探针或扫描硬质样品尝试去除杂质。

(2)样品表面上的杂质碎片。在接触模式下软杂质会被探针推走而无法显示在接触模式图像中。一般在 C-AFM 扫描前先在待采集区域扫描一幅轻敲模式下的表面形貌图以确认样品表面未被污染。

(3)接触电阻的变化。通过调节探针和样品之间的力接触一般能够获取较高质量的表面形貌,但无法确保所有特征的接触电阻保持恒定,这一点在软物质测量上尤为明显。如果施加力过大,则样品表面会被针尖改变;如果施加力过小,则可能出现接触电阻在不同位点显著变化。这是导电聚合物成像困难的关键。

(4)样品表面变化。通常发生的样品表面变化包括但不限于表面氧化、表面破坏或表面改性。表面氧化常见于硅表面和其他半导体表面。聚合物和碳纳米管的表面破坏也很常见。有些材料通过电流或偏压其导电属性亦会发生变化。需在测试前充分了解样品材料的特性,提前避免这些外在影响因素。

(5)电路搭建。不涉及尖端和待测样品的制备及装样问题。在前期制备样品环节需要对样品进行接地处理并搭建测量电路,需避免测量电路的连接件接触不良。一般在扫描前需要对整个搭建的测量回路进行检查确定通路后再进行测试。

(6)硅基样品。对于一般的硅基样品,测试前需要从表面刮掉二氧化硅,并迅速在表面涂上导电涂料(银浆等)以确保电路中没有金属氧化半导体(MOS)。

17.2.2　导电探针原子力显微镜的应用

导电探针原子力显微镜作为 SPM 的一种衍生方法,在介电膜表征领域尤为重要。除了同时进行的形貌扫描和二维隧道电流映射外,它还可以检测亚埃区的厚度变化。最初用于分析二氧化硅栅介质的降解和介电击穿效应,随着研究的深入和技术的不断发展,其应用已迅速扩展。基于局部的 $I(V)$ 测量,可以通过隧道方程的建模来实现绝对厚度的测量。为了获得二氧化硅的电活性厚度,测量的 $I(V)$ 曲线采用半解析隧道建模。结果表明,对于不同的氧化物厚度,测量的和计算的隧穿电流具有良好的一致性。Giannazzo 等人研究了在二氧化硅衬底上剥离的多层二硫化钼表面的电流注入情况。采用镀 Pt 的 Si 针尖在如图 17.9 所示的 C—AFM 装置中进行图像扫描,发现所有的曲线都表现出一种关于偏置反转的非对称行为,这是二硫化钼和尖端的带电接触造成的。当纳米粒子是正向偏置时(对于 $V_{tip}>0$),宏观粒子是反向偏置的,反之亦然。结合计算仿真得出结论金属接触电流注入的优先路径是二硫化钼表面的硫空位。此外,NiO 是研究最多的 p 型过渡金属氧化物半导体之一,非化学计量单位的 NiO 已被证明是太阳能电池中的一种有吸引力的空穴传输层(HTL)材料。实验证明可以通过金属原子掺杂提高其电导率。金属原子的掺杂量是影响 NiO 电导率的决定性因素,C—AFM 技术可以直接观察到不同掺比后薄膜的电导率变化。

Zhang 等人应用 C—AFM 和 KPFM 研究了铜掺杂的一氧化镍薄膜在氟氧化锡(FTO)衬底上的纳米级电流成像。实验结果发现 Cu 掺杂后电流明显增加。随着铜离子用量的增加,电流不断增加。但当掺杂量为 10% 时,电流开始减小。说明一定量的 Cu 掺杂可以提高其功函数和电导率。然而,过量的 Cu 掺杂会由于相分离和带隙内缺陷态的形成而破坏电性能,增加电子空穴复合,恶化表面质量。

半导体聚合物是有机电子器件的核心部件,如有机发光二极管或有机光伏器件。了解反应层的形貌与局部电学性能之间的关系是提高器件性能的关键。J.Loos 团队首次用 C—AFM 研究了两种半导体聚合物共混物的局部电学特性。所研究的混合物作为有机光伏器件中的核心作用层具有潜在的研究潜力。除了传统的形貌和相分离形貌分析

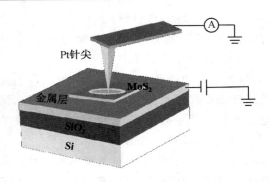

图 17.9　在二硫化钼上进行 C−AFM 测量的实验装置示意图

外,还通过纳米尺度空间分辨率观察电流分布,研究了核心反应层的内部结构。从每个扫描点获得的光谱数据阵列中提取了不同类型的 $I-V$ 特性,并讨论了电特性的局部异质性,最终得出了光照下空穴电流主要的流动位置。钙钛矿也是一种具有良好光伏光电性能的半导体,然而,单个钙钛矿纳米线的基本电导率特性尚未被实验表征。D.Porath 介绍了卤化铅铯纳米线的导电探针原子力显微镜表征。只含溴化物的纳米线和含有溴化物和碘化物混合物的纳米线的电导率有明显的差异,如图 17.10 所示,在 $CsPbBr_3$ 纳米线上测量的 $I-V$ 曲线比在 $CsPb(Br_xI_{1-x})_3$ 纳米线上测量的曲线电流更高,这种差异来源于混合溴−碘含量的纳米线的晶体缺陷密度及固有电导率的不同。

　　以上 C−AFM 分析是在环境条件下进行的,测量的结果可能会受到尖端和样品表面发生的物理化学变化影响,进而导致横向分辨率的下降。但实验证明,超高真空的测量环境可大幅提高 C−AFM 电流扫描分辨率。

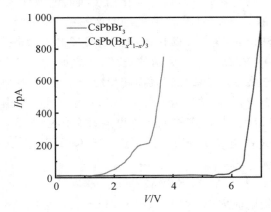

图 17.10　$CsPbBr_3$ 和 $CsPb(Br_xI_{1-x})_3$ 钙钛矿纳
米线测量的 $I-V$ 曲线

17.3　磁力显微镜

17.3.1　磁力显微镜简介

磁力显微镜(MFM)是 1987 年首次展示的非接触式原子力显微镜(AFM)的一个变种。在 MFM 中,通过安装在一个非常靠近样品表面的悬臂弹簧上的磁性尖端可以检测到平坦样品上面的杂散磁场。杂散磁场的图像是通过在样品表面缓慢扫描的悬臂梁所获得的。根据探针与样品相互作用的物理机制,目前使用的成像技术可以大致分为两类:杂散磁场映射和磁化映射。扫描区域为 $1 \sim 200$ mm,成像时长为 $5 \sim 30$ min。在磁力显微镜的测量中,样品和探针之间的磁力关系公式为

$$\boldsymbol{F} = \mu_\circ (\boldsymbol{m} \cdot \nabla) \boldsymbol{H} \tag{17.13}$$

其中,$\boldsymbol{m}$ 是探针的磁矩;$\boldsymbol{H}$ 是样品表面杂散磁场的磁场强度;$\mu_\circ$ 是自由空间的磁导率。然而,这种力通常不会被 MFM 直接检测到。通常仪器检测的是悬臂梁的垂直分量的挠度。其中样品与探针之间的磁力(F)与悬臂梁的垂直分量的力(F_d)的关系为:$F_d = n \cdot F$,其中 n 为从悬臂表面向外的单位法线。

17.3.2　磁力显微镜构成与原理

如图 17.11(a)所示,MFM 的主要部件由压电扫描部件(沿 x、y 和 z 方向移动样本)、悬臂和磁探针、激光、探测器以及 SPM 控制器所构成。在压电扫描器中,1 V 电位会导致 $1 \sim 10$ nm 的位移,通过以光栅方式缓慢扫描样品表面来将图像叠在一起,扫描区域范围为 $1 \sim 200$ μm。用来放置尖端的悬臂长度一般为 200 mm,而尖端长度为 4 mm,直径为 50 nm,与表面的距离为 30 nm。磁性尖端上的力通过光学手段测量悬臂末端的位移来检测。在典型的 MFM 应用中测得的力约为 30 pN,而悬臂偏转一般为纳米级。尖端悬臂模块由压电晶体驱动,频率范围为 10 kHz~1 MHz。磁力探测器的原理如图 17.11(b)所示。

最常见的 MFM 扫描过程是基于双通道方法,即样品表面被扫描两次。在第一次扫描过程中,尖端会采取轻敲模式扫描一条线以便于记录用于重建样本表面形貌的线轮廓。线轮廓会被用于再一次扫描同一线过程中使尖端与样品表面保持固定距离,即提升高度 Δz,这会使得尖端对近距离的相互作用力不敏感,而只对远距离的相互作用力(如静电或磁力)敏感。在第二次扫描过程中,使用与悬臂芯片耦合的双晶片将悬臂设置为以其第一自由共振频率振荡。通过两次扫描过程可以得到共振频率和相位的位移,而这两个位移包含样品附近的杂散磁场信息。因此,可以通过获得悬臂的相位或者共振频率的偏移图来定性和定量地反映由样品产生的杂散磁场。特别是,如果 MFM 尖端可以被认为是一个永磁极子,并且成像的样品具有永磁畴,则相位或者共振频率的映射可以直接显示样品产生的杂散磁场 H 沿 z 方向分量的垂直梯度。

MFM 的扫描工作模式分为静态和动态模式,在静态模式工作过程中,样品杂散磁场会对尖端施加力从而使得悬臂挠度发生变化,使得悬臂端向样品表面偏转或远离样品表

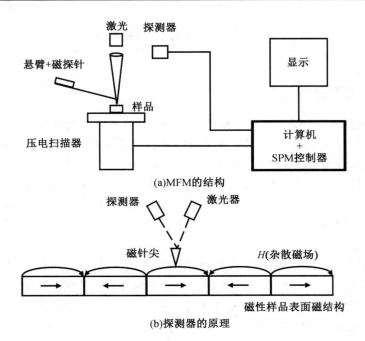

(a)MFM 的结构

(b)探测器的原理

图 17.11　MFM 和其所携带探测器的原理和结构示意图

面一段距离。当通过测量挠度而得到样品杂散磁场的分布时,则称为静态模式;而对于悬臂共振频率的测量称为动态模式。在这种模式下,悬臂通常在 $10 \sim 30$ nm 的振幅下共振,因此可以精确检测非常小的频率偏移(通常是 3 Hz～80 kHz)。需要一个控制电路使驱动悬臂的频率与实际共振频率相匹配。通常使用锁相环(PLL)电路,它使驱动信号和测量的悬臂挠度之间的相位差保持在约为 90°,但是这种控制电路给测量信号增加了额外的噪声。因此,对于测试信号比较弱的样品,需要将驱动信号的频率固定不变,并测量驱动信号和被测悬臂挠度之间的相位差。

从根本上说,静态模式和动态模式之间的灵敏度没有区别,因为这两种模式使用相同的探针结构。然而,由于漂移等低频噪声的存在,动态模式往往能得到较好的结果。

对于图像形成过程,最大的影响因素为尖端上所受的力,因此必须首先分析样品系统的能量 U,可以通过能量梯度计算出力的矢量。所以 MFM 主要关注在 $\partial U / \partial Z$。从理论上讲,尖端采样系统的磁静态能量(U)可以通过以下两种方式计算:一种是计算样品杂散场存在时磁尖的能量;另一种是计算样品磁尖杂散磁场存在时磁性样品的能量。然而在这两种情况下,需要对磁场和磁化率的内积在磁化率不为零的区域上进行积分:

$$U = -\mu_0 \int_{\text{tip}} \boldsymbol{M}_{\text{tip}} \boldsymbol{H}_{\text{sample}} \, dV = -\mu_0 \int_{\text{sample}} \boldsymbol{M}_{\text{sample}} \boldsymbol{H}_{\text{tip}} \, dV \qquad (17.14)$$

然而选取哪种方法取决于分析的问题,通常选取会更加容易执行杂散磁场计算的方式。

当讨论图像的形成和分辨率时,在空间频域中很方便。样品平面(x,y)中的样品磁化 M 需要分解为傅里叶分量,而 z 分量则不需要进行变换:

$$\hat{M}(k_x, k_y, z) = \int_{-\infty}^{\infty} \int_{-\infty}^{\infty} M(x, y, z) \mathrm{e}^{-\mathrm{i}(xk_x + yk_y)} \, dx \, dy \qquad (17.15)$$

某一分量 λ 的波长与傅里叶分量的关系为

$$k = (k_x, k_y) \tag{17.16}$$

$$k_{x(y)} = \frac{2\pi}{\lambda_{x(y)}} \tag{17.17}$$

这种磁化分布所产生的杂散磁场可以用拉普拉斯变换的方法来计算。对于厚度为 t 的薄膜,采用以下公式:

$$\begin{bmatrix} \hat{H}_x(k_x, k_y, z) \\ \hat{H}_y(k_x, k_y, z) \\ \hat{H}_z(k_x, k_y, z) \end{bmatrix} = \begin{bmatrix} -\mathrm{i}k_x/|k| \\ -\mathrm{i}k_y/|k| \\ 1 \end{bmatrix} \frac{1}{2}(1 - \mathrm{e}^{-|k|t})\mathrm{e}^{-|k|z}\hat{\sigma}_{\mathrm{eff}}(k) \tag{17.18}$$

其中,$\hat{\sigma}_{\mathrm{eff}}(k)$ 为有效表面电荷分布。它表示了拉普拉斯变换的性质,即样本表面上方高度 z 处的杂散磁场完全由高度 $z=0$ 处的杂散磁场决定。有效表面电荷分布可以看作是样品表面的电荷,其会与样品内部产生相同的杂散磁场。对于垂直磁化($M_x = 0$,$M_y = 0$)的样品,$\sigma_{\mathrm{eff}}(x, y)$ 简单地等于表面电荷密度 σ:

$$\sigma_{\mathrm{eff}}(k) = \hat{M}_z(k) = \hat{\sigma}(k) \tag{17.19}$$

对于面内磁化($M_z = 0$)的样品,只有体积电荷 $\rho(x, y)$。当 $\partial M_x/\partial z = 0$ 和 $\partial M_x/\partial y = 0$ 时,有效表面电荷分布为

$$\hat{\sigma}_{\mathrm{eff}}(k) = -\frac{\mathrm{i}k}{|k|} \cdot \hat{M}(k) = \frac{\hat{\rho}(k)}{|k|} \tag{17.20}$$

对于更复杂的情况,样品中的每个磁荷都必须转换,这会导致更复杂的形式。

假设已知有效表面电荷分布,可以通过结合式(17.14)和式(17.18)来计算尖端/样品系统的能量,唯一不确定的是 MFM 尖端的磁化分布。然而,讨论将局限于沿 z 轴固定磁化的棒状尖端,并考虑理想的 MFM 尖端形状。力可以通过对矩形尖端体积上的杂散磁场进行积分获得,取 $\partial U/\partial z$:

$$\hat{F}_z(k, z) = -\mu_0 M_{\mathrm{t}} \cdot b \sin c\left(\frac{k_x b}{2}\right) \cdot S \sin c\left(\frac{k_y S}{2}\right) \times (1 - \mathrm{e}^{-|k|h})(1 - \mathrm{e}^{-|k|t})\mathrm{e}^{-|k|z}\hat{\sigma}_{\mathrm{eff}}(k) \tag{17.21}$$

其中,M_{t} 为尖端磁化强度(A/m);$b \times S$ 为尖端截面;h 为尖端高度;t 为薄膜厚度;z 为尖端/样品距离(均为 m)($\sin c(x) = \sin(x)/x$)。这种力与有效表面磁化之间的关系通常称为尖端传递函数(TTF)。由于尖端沿特定方向磁化,因此它对样品中与同一方向对齐的杂散磁场的分量很敏感。

MFM 具有可以在大气、常温环境下测试、样品制备较为简单、不会损坏测试样品,以及分辨率较高等特点,在磁记录领域,主要应用包括磁记录系统的记录性质(如磁记录介质的写入情况)、读磁头对工作电流的响应、写磁头在高频电流驱动下的磁畴或磁场分布等。其也在基础磁性研究方面也有一定的应用,例如:微米和纳米磁性中的成像、映射样品磁化、以特定元素的方式成像磁化、表征磁性和原子结构之间的相互作用、成像自旋动力学等等。同时,MFM 也在材料的基础磁性研究方面得到了广泛使用。使用 MFM 时存在一些缺点或困难,例如:由于吸头与样品的相互作用,记录的图像取决于吸头和磁性

涂层的类型。尖端和样品的磁场可以改变彼此的磁化 M,这可能导致非线性相互作用,从而导致相对较短的横向扫描范围(数百微米)内无法得到有效图像。此外,探针扫描(抬起)的高度也会很显著地影响成像效果。MFM 系统的外壳对于屏蔽样品上的电磁噪声(法拉第笼)、声学噪声(抗震台)、气流(空气隔离)和静电荷非常重要。

17.3.3　磁力显微镜的应用

(1)在磁性纳米粒子中的应用。

近年来磁性粒子被广泛应用在众多科技领域,极大地增加了对性能优化的纳米粒子需求。在纳米尺度上表征纳米粒子磁学性能,并将它们与可调节的物理参数(例如大小或形状)联系起来显得尤为重要。实际上,可采用振动样品磁强计、超导量子干涉装置或交变梯度场磁强计来描述纳米粒子的磁性。然而,由于它们的灵敏度不能达到要求,这些技术只能对含有大量新粒子的样品进行分析,因此测量的磁特性是在整体新粒子集合的平均值。当研究磁性能对纳米粒子物理参数的影响时,仅表征平均磁性能已经无法满足需求。因此,陆续出现了一些新的纳米材料磁性分析技术,例如离轴电子全息术、X 射线全息术、透射 X 射线显微镜、X 射线光电子显微镜等等。总的来说,这些方法在成像和选择单一纳米材料进行探测的灵敏度和能力方面具有显著的优势。然而,其中也有很多缺点,例如:无法在真空或者低温条件下进行,样品制备复杂,实验设置烦琐等等。

而 MFM 则可以改善这些问题,采用 MFM 技术进行表征,具有表征条件灵活(例如,空气、液体、惰性气体、真空和室温或低温)、样品制备的简单等诸多优点,所以是一种很有效的磁表征方法。磁矩是使用 MFM 和相关技术研究的新粒子的磁参数。其测试通常是在不使用外部静态磁场或使用单一的外部磁场值来保持新粒子的磁化,所以,测试实验的配置相对简单,并且可以通过改变外加静磁场的强度和方向得到完整的磁化曲线。如图17.12 所示,Jaafar 等人利用 Kelvin 探针显微镜结合磁力显微镜获得了 Co 纳米条纹的磁

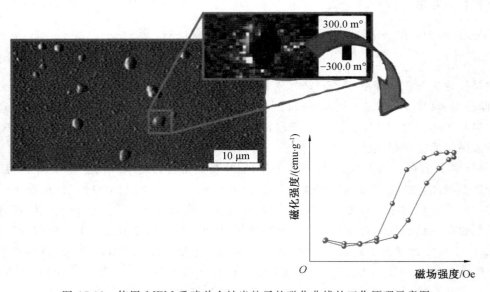

图 17.12　使用 MFM 重建单个纳米粒子的磁化曲线的工作原理示意图

滞曲线,同时鉴别了纳米结构的畴构型,即多畴或单畴。

　　磁性纳米粒子也可以应用在纳米生物医学领域,主要可以概括为治疗应用,即选择功能化纳米材料用作诊断材料、药物传递载体、原位治疗工具和监测治疗效果等。因此,这些纳米生物系统的开发和优化需要能够检测不同非磁性基质中磁性纳米粒子的存在。由于对长程磁力敏感,MFM 可用于检测嵌入非磁性基质中的磁性纳米粒子。如图 17.13所示,MFM 可以实现对磁性纳米粒子的检测,并且,可以在空气和液体环境中进行分析样品,这使得 MFM 相对于其他检测方式具有很大优势。

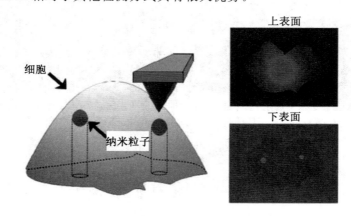

图 17.13　MFM 探测生物样品中磁性纳米粒子的工作原理示意图

(2)磁操纵。

　　MFM 除了应用在磁性纳米材料表征方面,它还可以通过磁力方式机械操控纳米粒子。如图 17.14 所示,Liu 等人利用基于磁力显微镜(MFM)的磁性探针捕获并去除云母表面的目标纳米粒子。当尖端沿螺旋曲线为捕获路径时,目标粒子在接近过程中受到磁力、切向力和推力的作用。当尖端更接近粒子时,磁力显著。目标粒子可以附着在磁性探针尖端的表面上,然后在探针尖端从云母表面缩回后拾取,成功实现连续三个磁性纳米粒子(P1、P2、P3)的磁操纵。

　　由于 MFM 对远距离磁力敏感,它可用于检测非磁性(如生物)基质中的单个磁性纳米粒子,从而对磁性纳米复合材料进行表征。此外,MFM 可以作为一种工具来评估铁蛋白在生物组织中的存在,并分析带有功能化磁性纳米粒子标记的细胞。最后,MFM 不仅可以作为一种成像工具,而且可以通过机械或磁性纳米操作来改变磁性纳米粒子的形貌和磁态。

　　尽管 MFM 表征的性能和结果令人鼓舞,但仍有一些问题需要解决,例如:通过开发改进的探针来提高灵敏度;MFM 信号中非磁性伪影的去除;横向和纵向分辨率的定义和改进;尖端样品相互作用的综合建模。解决这些计量方面的问题将使 MFM 在磁性纳米粒子研究中具有重大的改进意义,为验证真正准确、灵敏和可靠的,基于 MFM 的磁性纳米表征工具铺平道路,并有可能发展基于 MFM 的断层扫描方法,用于磁性纳米复合材料中纳米粒子的分析。

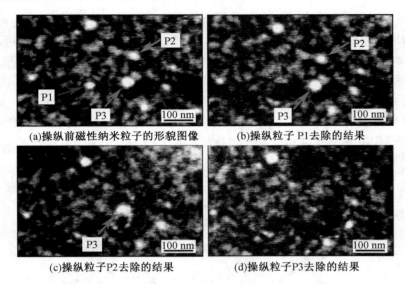

(a)操纵前磁性纳米粒子的形貌图像   (b)操纵粒子 P1 去除的结果

(c)操纵粒子P2去除的结果   (d)操纵粒子P3去除的结果

图 17.14 连续操纵三个磁性纳米粒子的图像

17.4 摩擦力显微镜

17.4.1 摩擦力显微镜简介

摩擦力显微镜(FFM)是扫描力显微镜的子领域,用于测量小滑动接触中的侧向力。与所有扫描探针方法一样,其基本思想是利用非常锋利的探针进行局部相互作用,以获得表面的微观信息。FFM 可以在将尖端滑过平坦表面时检测原子尺度上的横向力变化。此外,还可以通过横向分辨率揭示非均匀表面上由材料差异引起的摩擦学对比。FFM 最初由 Mate 等人开创,该小组首次设计了一台扫描力显微镜,并通过光学干涉计量法测量钨丝的横向挠度。当钨丝的蚀刻尖端滑过石墨表面时,侧向力随石墨晶格的原子周期性变化而变化,同时建立基本线性横向力的载荷关系。在基础物理中,两个接触物体之间的摩擦力 $F_{friction}$ 通常用以下的摩擦现象学定律来描述:

$$F_{friction} = \mu F_{load} \tag{17.22}$$

其中,F_{load} 表示外载荷;μ 表示摩擦系数,摩擦系数仅取决于接触材料表面粗糙度。这个方程由列奥纳多·达·芬奇(1452—1519)首次总结,但并未做进一步研究。直到 Guillaume Amontons(1663—1705)独立地重新发现,并于 1699 年 12 月 19 日向法国皇家科学学院报告。因此,式(17.22)通常被称为阿蒙顿定律,尤其在干摩擦或库仑摩擦的情况下,这代表了两个相互作用的物体之间没有润滑的滑动情况。不幸的是,到目前为止,它还不能从第一原理推导出来。更糟糕的是,由于大多数宏观和微观摩擦效应通常受磨损、塑性变形、润滑和表面粗糙度的影响,所以在原子尺度上对摩擦基本机制的整体理解仍然有限。因此,宏观摩擦实验很难用一个通用的理论来分析。

然而,在过去的几十年里,纳米摩擦学领域通过引入新的实验工具而建立起来,使得摩擦学领域专家可以接触到纳米和原子尺度。纳米摩擦学的基本思想：首先研究单个粗糙体接触的摩擦行为，即研究一个纳米级的单一粗糙面上的摩擦的原子尺度表现，然后借助统计学的帮助来解释宏观摩擦的行为。在原子水平上进行此类实验的首要步骤是，在表面力仪器上安装了特殊的样品台，从而能够测量两个相互滑动的分子光滑表面之间的横向力。近年来随着 FFM 的发展，使得实现这一重要步骤成为可能。

17.4.2　摩擦力显微镜的构成和原理

到目前为止，原子力显微镜实验中应用最广泛的检测方案是图 17.15 所示的激光束偏转技术。其不仅可以测量悬臂的挠度，还可以测量悬臂的扭转。主要由两大部分所构成：一部分是由激光、反射镜、光电二极管以及比例－微分－积分控制器（PID）所组成测量尖端与样品相互作用力的传感器系统；另一部分是带有尖端的悬臂系统，其弹簧常数极低，在很小的力（0.1 nN 或更低）下就能够具有很高垂直和横向分辨率，并且具有较高的共振频率（10～100 kHz），能够最大限度地降低附近建筑物振动噪声的影响。FFM 通过一个反馈系统来控制尖端在样品表面的垂直位置并保持悬臂的挠度恒定。通过压电驱动在表面的 $x-y$ 平面上相对于样品移动尖端，尖端的实际 z 位置被记录为横向 $x-y$ 位置的函数，理想情况下精度低于亚埃（Å）。得到的数据经过处理后形成了样品表面形貌图。

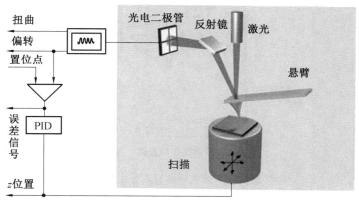

图 17.15　摩擦力显微镜结构示意图

目前，各种用于 FFM 的探头（悬臂和尖端）已经被广泛研究。FFM 中使用的悬臂应符合以下标准：（1）低弹簧常数；（2）高谐振频率；（3）高质量因子；（4）高横向弹簧常数；（5）悬臂长度短；（6）能够与偏转传感的组件进行结合；（7）尖锐的突出尖端。早期悬臂是用薄金属箔手工切割，或者用细线成型。这些悬臂的尖端是通过手工将金刚石碎片连接到悬臂的末端来制备，或者在钢丝悬臂的情况下，将悬臂进行电化学蚀刻处理。通常通过弯曲 90°角的电线加工成 L 形悬臂；其他几何形状包括单 V 和双 V，在 V 的顶点附有尖锐的尖端，以及在交叉处连接尖锐尖端的双 X 形悬臂梁。手工制造难以满足 FFM 所需的小尺寸和高质量要求，因此传统的微细加工技术成为构建具有亚微米横向尺寸尖端的理想选择。各种材料已被应用于制备悬臂和尖端，最常见的制备材料是 Si_3N_4、Si 和不锈钢/金刚石等。除了几何形状，决定悬臂梁共振频率的材料参数还包括弹性模量和密度。此外，硬度也是决定尖端使用寿命的重要依据。

　　为了能够收集定量数据,正确校准悬臂的弯曲和扭转(图 17.16)是首要问题。其中涉及相关参数,例如悬臂尺寸、悬臂材料的弹性模量、尖端长度、悬臂背面反射激光束的确切位置以及四象限光电二极管的灵敏度。

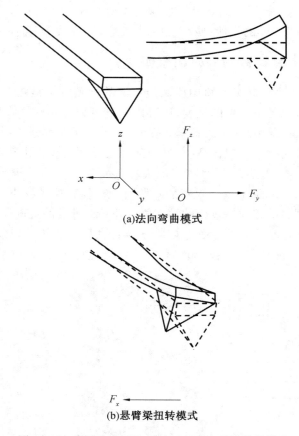

(a)法向弯曲模式

(b)悬臂梁扭转模式

图 17.16　悬臂在表面上滑动时两种主要的偏转模式

　　(2)FFM 的原理和普兰德－汤姆林森(Prandtl－Tomlinson)模型。

　　FFM 的主要原理为通过检测作用在样品表面和悬臂尖端之间的力来表征样品。其工作原理与光束反射法 AFM 相似,即利用对微弱力敏感的微悬臂自由端的微小针尖在极小载荷下相对样品进行接触式扫描,表面形貌的变化造成微悬臂在法线方向上发生微小位移,针尖与样品之间的横向力使得微悬臂扭曲,采用光束反射法检测微悬臂在垂直或平行于样品方向的偏移并转换为电信号,经过 PID 控制电路和模数转换由数字采集电路进行计算机成像,最终得到表面形貌和摩擦力图像。图 17.17 概述了 FFM 的原始仪器结构与光束偏转方案。

　　摩擦力显微镜可以重复研究单一粗糙接触摩擦特性,与使用表面科学方法进行表征的技术相比,FFM 的最大优势是能够在原子尺度上对样品表面进行摩擦学表征。这种对接触区域原子组成的表征将极大地促进我们对纳米尺度上摩擦过程的理解。但是随着近些年来 FFM 技术的发展,许多新观察到的原子尺度效应可以采用经典模型解释,即

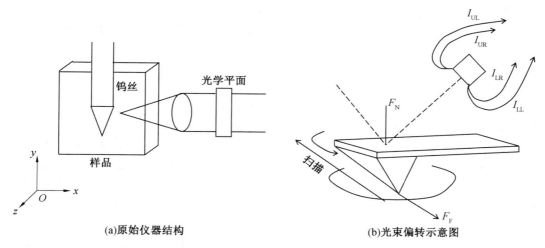

(a)原始仪器结构　　　　　　　　　　**(b)光束偏转示意图**

图 17.17　Mate 等人使用的原始仪器的概念以及设计的光束偏转方案

Prandtl－Tomlinson 模型，如图 17.18 所示。

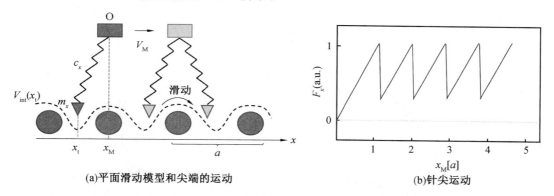

(a)平面滑动模型和尖端的运动　　　　　**(b)针尖运动**

图 17.18　基于 Prandtl－Tomlinson 模型的尖端在原子平面上滑动的简单模型以及在正弦相互作用
　　　　　电位中尖端运动的示意图（侧向力为锯齿状函数）

在该模型中，点状尖端与主体 O 弹性耦合，弹簧在 x 方向上具有弹簧常数 c_x，并通过周期势 $V_{int}(x_t)$ 与样品表面相互作用，其中 x_t 反映尖端的实际位置。滑动过程中，物体 O 沿 x 方向以速度 V_M 移动，尖端的运动方程可以写成：

$$m_x \ddot{x}_t = c_x(x_M - x_t) - \frac{\partial V_{int}(x_t)}{\partial x_t} - \gamma_x \dot{x}_t \tag{17.23}$$

其中，m_x 是系统的有效质量；x_M 是弹簧在时间 t 时的平衡位置，$x_M = V_M t$。右边的最后一项是一个简单的速度相关阻尼项，阻尼常数为 γ_x。它描述了与实际耗散（声子或电子激发）所无关的尖端能量耗散。

点状尖端代表实际尖端－样品接触或单一粗糙接触的平均值，其中可能包括数百个原子。实际尖端－样品接触也可以被视为由许多独立的原子通过弹簧相互作用组成的系统，这将导致更复杂的模型。代表性的例子是由 Frenkel 和 Kotorova 提出的基于暴露在周期性电位下的弹性耦合原子链模型。然而，这里的讨论将局限于上面介绍的简单模型，该模型已被证明成功地描述了许多材料的尖端运动。

在滑动速度较低的情况下,假设尖端始终处于稳定的平衡位置,对应于其总能量的实际最小值,可推导出式(17.23)的解析解:

$$E_{tot} = \frac{1}{2}(x_t - x_M)^2 + V_{int}(x_t) \tag{17.24}$$

图 17.19 中展示了 Prandtl－Tomlinson 模型在零温度下的电位图。根据式(17.24),净电位为固定正弦相互作用电位和抛物线弹簧电位的总和,其最小值位于位置 x_M,它以速度 V 从左到右移动。在图 17.19(a)中,当 $x_M \approx 0.66$ nm 时,尖端被困在局部能量最小值并通过高度 ΔE 的能垒与右侧的下一个最小值隔开,高度为 ΔE 的能垒阻止尖端达到右边的下一个能量最小值。由于尖端基底 M 沿 x 方向移动,能量势垒随着时间的推移而减小,尖端底部(以及抛物线势的最小值)已向右移动($x_M \approx 0.8$ nm),直到局部极小值在某一位置消失。当尖端跳到下一个局部极小值,它将再次被困住,如图 17.19(b)所示。跳跃高度是尖端样品相互作用势 V_{int}、弹簧常数 c_x 和晶格常数 a 的相关函数。由于相互作用势的周期性,只要支撑 O 在样品表面上扫描,这种"黏附"和"滑动"机制就会重复。对于有限的温度,必须考虑尖端有时可能跳过热激活越过一个不消失的势垒 ΔE 达到下一个局部最小值。

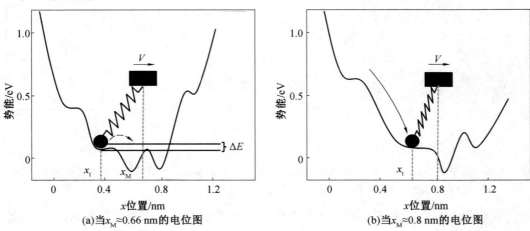

(a)当$x_M \approx 0.66$ nm的电位图   (b)当$x_M \approx 0.8$ nm的电位图

图 17.19　Prandtl－Tomlinson 模型在零温度下的电位图

为了进一步分析,必须考虑局部极小值的两个条件:$\partial E_{tot}/\partial x_t = 0$ 和 $\partial^2 E_{tot}/\partial x_t^2 > 0$。那么由式(17.25)的解则可以确定尖端的路径:

$$c_x(x_M - x_t) = \frac{\partial V_{int}(x_t)}{\partial x_t} \tag{17.25}$$

而对于一个硬弹簧,平均侧向力为零且只有一个解,导致尖端连续运动和摩擦消失。然而,如果式(17.26)中的条件满足,则尖端的运动会发生巨大的变化:

$$c_x < -\left[\frac{\partial^2 V_{int}}{\partial x_t^2}\right]_{min} \tag{17.26}$$

尖端在样品表面以一种"黏滑"式的运动间断移动,从一个电位最小值跳到另一个电位最小值。尖端的这种特定运动会导致侧向力呈现锯齿状函数。由于在这种情况下,平均横向力非零,因此需要一个有限的摩擦力才能在 x 方向上移动物体 M。

17.4.3　摩擦力显微镜的应用

(1)表面组分的鉴定。

FFM 是在原子力显微镜基础上发展起来的一种新技术。在地形图像中很难区分材料表面的不同成分,污染物可能会覆盖样品的真实表面。FFM 恰好能够研究那些形貌上难以区分、具有相对不同摩擦特性的多组分材料的表面。它可以识别聚合混合物、复合物和其他混合物的不同组分转变,鉴别表面有机或其他污染物以及研究表面修饰层和其他污染物,研究表面修饰层和其他表面层覆盖程度。它可以用在半导体、高聚物沉积膜、数据储存器以及对表面污染、化学组成观察研究等领域。之所以能对材料表面的不同组分进行区分和确定,是因为表面性质不同的材料或组分在 FFM 图像中给出不同的响应。例如对于碳氢羧酸和部分氟代酸的混合朗缪尔－布洛吉特(LB)膜体系,FFM 能够有效区分开 C—H 和 C—F 相。这些相分离膜上,H—C 相、F—C 相及硅基底间的相对摩擦性能比是1∶4∶10,说明碳氢羧酸可以有效提供低摩擦性,而部分氟代羧酸则是很好的阻抗剂。

此外,摩擦力显微镜测量不同成分的示例如图 17.20(a)和(b)所示。这些图像表示吸附在云母基板上的 DPPC 薄膜的测量。侧向力与地形同时记录,并显示出 DPPC 薄膜与基底之间的对比。这种效果可以归因于 DPPC 和云母基板上的不同摩擦力,经常用于在平面上获得化学对比,例如:利用甲基和三氟甲基所引起的摩擦力特性来辨别具有相同链长、堆积密度和堆积能量,但末端不同(甲基与三氟甲基)的薄膜;通过 FFM 比较不同长度的奇数和偶数长度烷基链的摩擦特性来获得薄膜中所含有自组装单分子层的数量等等。

(2)原子尺度摩擦。

关于原子尺度摩擦的研究始于 1987 年,正如费曼在 1963 年提到的那样,"在摩擦力中进行定量实验是相当困难的,摩擦定律仍然没有得到很好的分析,尽管目前具有巨大的工程价值,但是实际上无法计算两种物质之间的摩擦系数"。尤其是当摩擦达到纳米尺度上时,阿蒙顿定律实际上已经失效。事实证明,原子尺度摩擦与宏观摩擦差异巨大。因此对于原子尺度摩擦还有许多问题等待进一步研究,而对于研究原子尺度摩擦,在 AFM 之后发明的 FFM 是目前主要的研究手段。

Mate 等人首次采用 FFM 进行晶格分辨的测量,采用了法向力为几十 μN 的 FFM 扫描石墨的表面。根据连续介质力学,这些数值对应的接触直径约为 100 nm,这表明石墨薄片可能已经从表面脱落并黏附在尖端。实验人员在许多不同的材料上发现了原子尺度的黏滑运动,如云母、NaF、TeS$_2$、KBr、MoS$_2$、MoTe$_2$ 以及铜和金等金属表面。图 17.21 显示了高定向热解石墨(HOPG)上的黏滑摩擦。由于在特高压下表面清洁度比在环境条件下控制得更好,因此可以得到更加精确和可重复性的结果。如图 17.22 所示,Gnecco 等人在特高压环境下通过 FFM 研究了尖端与 NaCl(100) 之间的滑动摩擦,并进一步推导出了摩擦力在原子尺度上与速度的函数关系。

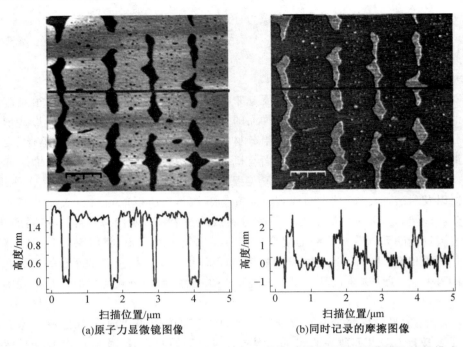

图 17.20　吸附在云母上的单分子 DPPC(1－二棕榈酰磷脂酰胆碱)薄膜的接触模式
　　　　　下的原子力显微镜图像和摩擦图像

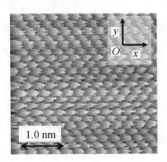

图 17.21　HOPG 表面 FFM 扫描的侧向力信号(3 nm×3 nm)

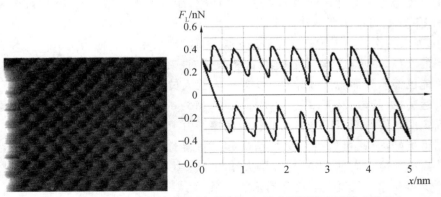

图 17.22　采用 FFM 在特高压下测定 NaCl 表面图像和摩擦力曲线

尖端和表面之间的接触由多个原子形成,所以对于缺陷的观察一直无法实现。Maier 等人通过使用曲率半径低于 2 nm 的超锋利尖端成功克服了这一问题。图 17.23 展示了在 NaCl 衬底上外延生长的超薄 KBr 薄膜形成的莫尔图案的高分辨率 FFM 成像。该图案由衬底与吸附物的晶格失配引起(衬底与吸附物之晶格常数之比 6∶7)。

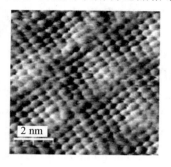

图 17.23　FFM 表征的 NaCl 衬底上外延 KBr 薄膜表面结构

虽然到目前为止,原子摩擦的黏滑过程似乎已经得到了充分的理解,但"滑移"过程中发生的能量耗散的性质仍然不清楚。但是,总的来说,FFM 大大促进了对微观摩擦机理的理解,这为最终完全控制机械接触中运动表面的摩擦特性提供了希望。

习　　题

1.简述 KPFM 测量功函数的原理。

2.简要分析 KPFM 技术的适用范围及其测量局限性。

3.总结 KPFM 技术在实际操作中的注意事项。

4.列举出 C—AFM 测量过程中可能的影响因素及一般解决办法。

5.简述磁力显微镜和摩擦力显微镜的工作模式及原理。

6.概述磁力显微镜和摩擦力显微镜的原理及构成。

7.列举磁力显微镜和摩擦力显微镜的应用。

8.在 KPFM 测试中使用新鲜解理的 HOPG 对铂—铱尖探针进行了标定,得到 $V_{CPD} = 0.4$ V,已知新鲜解理的 HOPG 功函数为 4.7 eV,使用该探针对未知样品进行测量得到 $V_{CPD} = -0.7$ V,计算该样品的表面功函数。

本章参考文献

[1] NONNENMACHER M,O'BOYLE M P,WICKRAMASINGHE H K.Kelvin probe force microscopy[J].Applied Physics Letters,1991,58(25):2921-2923.

[2] MARTIN Y, WILLIAMS C C, WICKRAMASINGHE H K.Atomic force microscope-force mapping and profiling on a sub 100-Å scale[J].Journal of Applied Physics,1987,61(10):4723-4729.

[3] KELVIN L.V.Contact electricity of metals[J].The London,Edinburgh,and Dublin

Philosophical Magazine and Journal of Science,1898,46(278):82-120.

[4] KALININ S V,GRUVERMAN A.Scanning probe microscopy:electrical and electromechanical phenomena at the nanoscale[M].Berlin:Springer Science & Business Media,2007.

[5] KIKUKAWA A,HOSAKA S,IMURA R.Silicon p-n junction imaging and characterizations using sensitivity enhanced Kelvin probe force microscopy[J].Applied Physics Letters,1995,66(25):3510-3512.

[6] ZERWECK U,LOPPACHER C,OTTO T,et al.Accuracy and resolution limits of Kelvin probe force microscopy[J].Physical Review B,2005,71(12):125424.

[7] GOMEZ-NAVARRO C,MORENO-HERRERO F,DE PABLO P J,et al.Contactless experiments on individual DNA molecules show no evidence for molecular wire behavior[J].Proceedings of the National Academy of Sciences,2002,99(13):8484-8487.

[8] SHAO G,GLAZ M S,MA F,et al.Intensity-modulated scanning Kelvin probe microscopy for probing recombination in organic photovoltaics[J].ACS Nano,2014,8(10):10799-10807.

[9] KLEINHENZ N,PERSSON N,XUE Z,et al.Ordering of poly(3-hexylthiophene) in solutions and films:effects of fiber length and grain boundaries on anisotropy and mobility[J].Chemistry of Materials,2016,28(11):3905-3913.

[10] PALTRINIERI T,BONDI L,ÐEREK V,et al.Understanding photocapacitive and photofaradaic processes in organic semiconductor photoelectrodes for optobioelectronics[J].Advanced Functional Materials,2021,31(16):2010116.

[11] MA J Y,DING J,YAN H J,et al.Temperature-dependent local electrical properties of organic-inorganic halide perovskites:in situ KPFM and c-AFM investigation[J].ACS Applied Materials & Interfaces,2019,11(24):21627-21633.

[12] MAALI A,BHUSHAN B.Nanorheology and boundary slip in confined liquids using atomic force microscopy[J].Journal of Physics:Condensed Matter,2008,20(31):315201.

[13] COLLINS L,JESSE S,KILPATRICK J I,et al.Probing charge screening dynamics and electrochemical processes at the solid-liquid interface with electrochemical force microscopy[J].Nature Communications,2014,5(1):1-8.

[14] SADEWASSER S,GLATZEL T,SCHULER S,et al.Kelvin probe force microscopy for the nano scale characterization of chalcopyrite solar cell materials and devices[J].Thin Solid Films,2003,431:257-261.

[15] PERSSON C,ZUNGER A.Compositionally induced valence-band offset at the grain boundary of polycrystalline chalcopyrites creates a hole barrier[J].Applied Physics Letters,2005,87(21):211904.

[16] SIEBENTRITT S,SADEWASSER S,WIMMER M,et al.Evidence for a neutral

grain-boundary barrier in chalcopyrites[J].Physical Review Letters,2006,97(14):
146601.

[17] MIN B K,WALLACE W T,SANTRA A K,et al.Role of defects in the nucleation and growth of Au nanoclusters on SiO₂ thin films[J]. The Journal of Physical Chemistry B,2004,108(42):16339-16343.

[18] ZHANG Q,BRNDIAR J,KONÔPKA M,et al.Unraveling the charge states of Au nanoclusters on an oxygen-rich rutile TiO₂(110) surface and their triboelectrification overturn by nc-AFM and KPFM[J]. The Journal of Physical Chemistry C, 2021,125(50):27607-27614.

[19] BARTH C,HENRY C R.Gold nanoclusters on alkali halide surfaces:charging and tunneling[J].Applied Physics Letters,2006,89(25):252119.

[20] QU Z,WEI J,LIU X,et al.Atomic structure and electron distribution of Co atoms adsorbed on Si(111) surface by NC-AFM/KPFM at 78 K[J].Surface Science, 2022,724:122130.

[21] OKAMOTO K,YOSHIMOTO K,SUGAWARA Y,et al.KPFM imaging of Si (1 1 1) 53×53-Sb surface for atom distinction using nc-AFM[J].Applied Surface Science,2003,210(1-2):128-133.

[22] IZUMI R,LI Y J,NAITOH Y,et al.Study of high-low KPFM on a p-n-patterned Si surface[J].Microscopy,2022,71(2):98-103.

[23] ENEVOLDSEN G H,GLATZEL T,CHRISTENSEN M C,et al.Atomic scale Kelvin probe force microscopy studies of the surface potential variations on the TiO₂ (110) surface[J].Physical Review Letters,2008,100(23):236104.

[24] ZHANG Q,LI Y J,WEN H F,et al.Measurement and manipulation of the charge state of an adsorbed oxygen adatom on the rutile TiO₂(110)-1×1 surface by nc-AFM and KPFM[J].Journal of the American Chemical Society,2018,140(46): 15668-15674.

[25] KAI C,SUN X,JIA Y,et al.Characterization of carrier transport behavior of specific type dislocations in GaN by light assisted KPFM[J].Journal of Physics D:Applied Physics,2020,53(23):235104.

[26] LOCHTHOFEN A,MERTIN W,BACHER G,et al.Electrical investigation of V-defects in GaN using Kelvin probe and conductive atomic force microscopy[J].Applied Physics Letters,2008,93(2):022107.

[27] PALACIOS-LIDÓN E,ISTIF E,BENITO A M,et al.Nanoscale J-aggregates of poly(3-hexylthiophene):key to electronic interface interactions with graphene oxide as revealed by KPFM[J].Nanoscale,2019,11(23):11202-11208.

[28] PERSSON N E,CHU P H,MCBRIDE M,et al.Nucleation,growth,and alignment of poly(3-hexylthiophene) nanofibers for high-performance OFETs[J].Accounts of Chemical Research,2017,50(4):932-942.

[29] MEODED T,SHIKLER R,FRIED N,et al.Direct measurement of minority carriers diffusion length using Kelvin probe force microscopy[J].Applied Physics Letters,1999,75(16):2435-2437.

[30] KALININ S V,BONNELL D A.Surface potential at surface-interface junctions in SrTiO$_3$ bicrystals[J].Physical Review B,2000,62(15):10419.

[31] JIANG C S,FRIEDMAN D J,GEISZ J F,et al.Distribution of built-in electrical potential in GaInP$_2$/GaAs tandem-junction solar cells[J].Applied Physics Letters,2003,83(8):1572-1574.

[32] JIANG C S,NOUFI R,ABUSHAMA J A,et al.Local built-in potential on grain boundary of Cu(In,Ga)Se$_2$ thin films[J].Applied Physics Letters,2004,84(18):3477-3479.

[33] ISHIZUKA S,NISHINAGA J,BEPPU K,et al.Physical and chemical aspects at the interface and in the bulk of CuInSe$_2$-based thin-film photovoltaics[J].Physical Chemistry Chemical Physics,2022,24:1262-1285

[34] KRONIK L,SHAPIRA Y.Surface photovoltage spectroscopy of semiconductor structures:at the crossroads of physics,chemistry and electrical engineering[J].Surface and Interface Analysis:An International Journal Devoted to the Development and Application of Techniques for the Analysis of Surfaces,Interfaces and Thin Films,2001,31(10):954-965.

[35] CUI Y,YAO H,ZHANG J,et al.Single-junction organic photovoltaic cells with approaching 18% efficiency[J].Advanced Materials,2020,32(19):1908205.

[36] YUAN J,ZHANG Y,ZHOU L,et al.Single-junction organic solar cell with over 15% efficiency using fused-ring acceptor with electron-deficient core[J].Joule,2019,3(4):1140-1151.

[37] SHAHEEN S E,BRABEC C J,SARICIFTCI N S,et al.2.5% efficient organic plastic solar cells[J].Applied Physics Letters,2001,78(6):841-843.

[38] HOPPE H,GLATZEL T,NIGGEMANN M,et al.Kelvin probe force microscopy study on conjugated polymer/fullerene bulk heterojunction organic solar cells[J].Nano Letters,2005,5(2):269-274.

[39] CHIESA M,BÜRGI L,KIM J S,et al.Correlation between surface photovoltage and blend morphology in polyfluorene-based photodiodes[J].Nano Letters,2005,5(4):559-563.

[40] FORT JR T,WELLS R L.Measurement of contact potential difference between metals in liquid environments[J].Surface Science,1968,12(1):46-52.

[41] DOMANSKI A L,SENGUPTA E,BLEY K,et al.Kelvin probe force microscopy in nonpolar liquids[J].Langmuir,2012,28(39):13892-13899.

[42] UMEDA K,KOBAYASHI K,OYABU N,et al.Practical aspects of Kelvin-probe force microscopy at solid/liquid interfaces in various liquid media[J].Journal of

Applied Physics,2014,116(13):134307.

[43] MARTIN Y,ABRAHAM D W,WICKRAMASINGHE H K.High-resolution ca-pacitance measurement and potentiometry by force microscopy[J].Applied Physics Letters,1988,52(13):1103-1105.

[44] COLLINS L,JESSE S,KILPATRICK J I,et al.Kelvin probe force microscopy in liquid using electrochemical force microscopy[J].Beilstein Journal of Nanotechnology,2015,6(1):201-214.

[45] FRAMMELSBERGER W,BENSTETTER G,KIELY J,et al.C-AFM-based thick-ness determination of thin and ultra-thin SiO₂ films by use of different conductive-coated probe tips[J].Applied Surface Science,2007,253(7):3615-3626.

[46] ALEXEEV A,LOOS J,KOETSE M M.Nanoscale electrical characterization of semiconducting polymer blends by conductive atomic force microscopy(C-AFM) [J].Ultramicroscopy,2006,106(3):191-199.

[47] CHEN W,NIKIFOROV M P,DARLING S B.Morphology characterization in or-ganic and hybrid solar cells[J].Energy & Environmental Science,2012,5(8):8045-8074.

[48] KONG Q,LEE W,LAI M,et al.Phase-transition-induced pn junction in single hal-ide perovskite nanowire[J].Proceedings of the National Academy of Sciences,2018,115(36):8889-8894.

[49] ZHAO F,WANG C,ZHAN X.Morphology control in organic solar cells[J].Ad-vanced Energy Materials,2018,8(28):1703147.

[50] LU R P,KAVANAGH K L,DIXON-WARREN S J,et al.Scanning spreading re-sistance microscopy current transport studies on doped Ⅲ-Ⅴ semiconductors[J].Journal of Vacuum Science & Technology B:Microelectronics and Nanometer Structures Processing,Measurement,and Phenomena,2002,20(4):1682-1689.

[51] OLBRICH A,EBERSBERGER B,BOIT C.Nanoscale electrical characterization of thin oxides with conducting atomic force microscopy,March,1998[C].Reno:IEEE International Reliability Physics Symposium Proceedings,1998.

[52] GIANNAZZO F,FISICHELLA G,PIAZZA A,et al.Nanoscale inhomogeneity of the Schottky barrier and resistivity in MoS₂ multilayers[J].Physical Review B,2015,92(8):081 307.

[53] ZHANG Y,ZUO J,GAO Y,et al.Investigation on the nanoscale electric perform-ance of NiO thin films by C-AFM and KPFM:the effect of Cu doping[J].Journal of Physics and Chemistry of Solids,2019,131:27-33.

[54] STERN A,AHARON S,BINYAMIN T,et al.Electrical characterization of individ-ual cesium lead halide perovskite nanowires using conductive AFM[J].Advanced Materials,2020,32(12):1907812.

[55] AGUILERA L,POLSPOEL W,VOLODIN A,et al.Influence of vacuum environ-

ment on conductive atomic force microscopy measurements of advanced metal-oxide-semiconductor gate dielectrics[J].Journal of Vacuum Science & Technology B, 2008,26(4):1445-1449.

[56] PLANCK M.A survey of physical theory[M].Chicago:Courier Corporation,1993.

[57] FRENCH A P,TAYLOR E F.An introduction to quantum physics[M].New York:Routledge,2018.

[58] BINNIG G,ROHRER H,GERBER C,et al.Tunneling through a controllable vacuum gap[J].Applied Physics Letters,1982,40(2):178-180.

[59] BINNIG G,QUATE C F,GERBER C.Atomic force microscope[J].Physical Review Letters,1986,56(9):930.

[60] MARTIN Y,WICKRAMASINGHE H K.Magnetic imaging by "orce microscopy" with 1 000 Å resolution[J].Applied Physics Letters,1987,50(20):1455-1457.

[61] HOPSTER H,OEPEN H P.Magnetic microscopy of nanostructures[M].Berlin: Springer Science & Business Media,2006.

[62] KIRTLEY J,KETCHEN M,STAWIASZ K,et al. High-resolution scanning SQUID microscope[J].Applied Physics Letters,1995,66(9):1138-1140.

[63] 韩宝善.磁力显微镜的发展历史、原理和应用[J].理化检验:物理分册,1998,34(4): 24-27.

[64] SUEOKA K,WAGO K,SAI F.MFM and its application to magnetic recording:for DC and high-frequency characterization[J].IEEE Translation Journal on Magnetics in Japan,1993,8(4):236-244.

[65] KOBLISCHKA M,HEWENER B,HARTMANN U,et al.Magnetic force microscopy applied in magnetic data storage technology[J].Applied Physics A,2003,76 (6):879-884.

[66] KOBLISCHKA M,PFEIFER R,CAZACU A,et al. HF-MFM imaging of stray fields from perpendicular write heads[C].Moscow: IOP Publishing,2010,200 (11):112004.

[67] KOBLISCHKA M,WEI J,SULZBACH T,et al.High-frequency MFM characterization of magnetic recording writer poles[J].Applied Physics A,2009,94(2):235-240.

[68] QIAN C,TONG H,LIU F,et al.Characterization of high density spin valve recording heads by novel magnetic force microscope[J].IEEE transactions on magnetics, 1999,35(5):2625-2627.

[69] PROKSCH R,NEILSON P,AUSTVOLD S,et al. Measuring the gigahertz response of recording heads with the magnetic force microscope[J].Applied Physics Letters,1999,74(9):1308-1310.

[70] VERSCHUUR G L,DAY P.Hidden attraction:the mystery and history of magnetism[J].Physics Today,1994,47(4):64.

[71] FOLKS L,BEST M,RICE P,et al.Perforated tips for high-resolution in-plane magnetic force microscopy[J].Applied Physics Letters,2000,76(7):909-911.

[72] HUG H J,STIEFEL B,VAN SCHENDEL P,et al.Quantitative magnetic force microscopy on perpendicularly magnetized samples[J].Journal of Applied Physics,1998,83(11):5609-5620.

[73] GRÜTTER P,LIU Y,LEBLANC P,et al.Magnetic dissipation force microscopy[J].Applied Physics Letters,1997,71(2):279-281.

[74] MCVITIE S,CHAPMAN J,ZHOU L,et al.In-situ magnetising experiments using coherent magnetic imaging in TEM[J].Journal of Magnetism and Magnetic Materials,1995,148(1-2):232-236.

[75] KIRK K,CHAPMAN J,MCVITIE S,et al.Switching of nanoscale magnetic elements[J].Applied Physics Letters,1999,75(23):3683-3685.

[76] TONOMURA A,MATSUDA T,TANABE H,et al.Electron holography technique for investigating thin ferromagnetic films[J].Physical Review B,1982,25(11):6799.

[77] CHANG A,HALLEN H,HARRIOTT L,et al.Scanning hall probe microscopy[J].Applied Physics Letters,1992,61(16):1974-1976.

[78] WILLIAMS H,FOSTER F,WOOD E.Observation of magnetic domains by the Kerr effect[J].Physical Review,1951,82(1):119.

[79] ARGYLE B E,MCCORD J G.New laser illumination method for Kerr microscopy[J].Journal of Applied Physics,2000,87(9):6487-6489.

[80] MATE C M,MCCLELLAND G M,ERLANDSSON R,et al.Atomic-scale friction of a tungsten tip on a graphite surface[M].Berlin:Springer,1987.

[81] BHUSHAN B,ISRAELACHVILI J N,LANDMAN U.Nanotribology:friction,wear and lubrication at the atomic scale[J].Nature,1995,374(6523):607-616.

[82] URBAKH M,KLAFTER J,GOURDON D,et al.The nonlinear nature of friction[J].Nature,2004,430(6999):525-528.

[83] BHUSHAN B.Nanotribology and nanomechanics[J].Wear,2005,259(7-12):1507-1531.

[84] ISRAELACHVILI J,TABOR D.The shear properties of molecular films[J].Wear,1973,24(3):386-390.

[85] PRANDTL L.Ein gedankenmodell zur kinetischen theorie der festen körper[J].ZAMM-Journal of Applied Mathematics and Mechanics/Zeitschrift für Angewandte Mathematik und Mechanik,1928,8(2):85-106.

[86] TOMLINSON G A.CVI.A molecular theory of friction[J].The London,Edinburgh,and Dublin Philosophical Magazine and Journal of Science,1929,7(46):905-939.

[87] KONTOROVA T,FRENKEL J.On the theory of plastic deformation and twin-

ning. II [J].Zh.Eksp.Teor.Fiz.,1938,8:1340-1348.

[88] SOCOLIUC A,BENNEWITZ R,GNECCO E,et al.Transition from stick-slip to continuous sliding in atomic friction:entering a new regime of ultralow friction[J]. Physical Review Letters,2004,92(13):134301.

[89] HÖLSCHER H,SCHIRMEISEN A,SCHWARZ U D.Principles of atomic friction: from sticking atoms to superlubric sliding[J].Philosophical Transactions of the Royal Society A: Mathematical, Physical and Engineering Sciences, 2008, 366 (1869):1383-1404.

[90] HANSMA P K,TERSOFF J.Scanning tunneling microscopy[J].Journal of Applied Physics,1987,61(2):R1-R24.

[91] HIRANO M,SHINJO K,KANEKO R,et al.Observation of superlubricity by scanning tunneling microscopy[J].Physical Review Letters,1997,78(8):1448.

[92] DIENWIEBEL M,DE KUYPER E,CRAMA L,et al.Design and performance of a high-resolution frictional force microscope with quantitative three-dimensional force sensitivity[J].Review of Scientific Instruments,2005,76(4):043704.

[93] MEYER G,AMER N M.Simultaneous measurement of lateral and normal forces with an optical-beam-deflection atomic force microscope[J].Applied Physics Letters,1990,57(20):2089-2091.

[94] MARTI O,COLCHERO J,MLYNEK J.Combined scanning force and friction microscopy of mica[J].Nanotechnology,1990,1(2):141.

[95] SADER J E.Susceptibility of atomic force microscope cantilevers to lateral forces [J].Review of Scientific Instruments,2003,74(4):2438-2443.

[96] GREEN C P,LIOE H,CLEVELAND J P,et al.Normal and torsional spring constants of atomic force microscope cantilevers[J].Review of Scientific Instruments, 2004,75(6):1988-1996.

名 词 索 引